高等院校智能制造应用型人才培养系列教材

智能制造概论

孙巍伟　编著

吴玉厚　审

Introduction to
Intelligent Manufacturing

化学工业出版社

·北京·

内 容 简 介

　　《智能制造概论》是"高等院校智能制造应用型人才培养系列教材"之一，从智能制造的跨专业、交叉特性出发，力求全面系统地介绍智能制造发展历史、理论基础以及智能制造中涉及的关键技术，如工业软件、信息技术、关键装备等，可以使读者全面了解智能制造中所涉及的知识点。

　　本书深入浅出，并结合实际应用案例，既可以作为高等院校及职业院校智能制造、机械工程和机械设计制造及自动化等相关专业的智能制造概论、智能制造导论等课程的教材，也可供智能制造领域相关企业技术人员阅读参考。

图书在版编目（CIP）数据

　　智能制造概论/孙巍伟编著.—北京：化学工业
出版社，2023.8
　　高等院校智能制造应用型人才培养系列教材
　　ISBN 978-7-122-43809-6

　　Ⅰ.①智… Ⅱ.①孙… Ⅲ.①智能制造系统-高等学
校-教材　Ⅳ.①TH166

　　中国国家版本馆 CIP 数据核字（2023）第 129715 号

责任编辑：雷桐辉　　　　　　　　　　　文字编辑：张　宇
责任校对：宋　玮　　　　　　　　　　　装帧设计：韩　飞

出版发行：化学工业出版社（北京市东城区青年湖南街 13 号　邮政编码 100011）
印　　刷：北京云浩印刷有限责任公司
装　　订：三河市振勇印装有限公司
787mm×1092mm　1/16　印张 22　字数 534 千字　2024 年 1 月北京第 1 版第 1 次印刷

购书咨询：010-64518888　　　　　　　　售后服务：010-64518899
网　　址：http://www.cip.com.cn
凡购买本书，如有缺损质量问题，本社销售中心负责调换。

定　　价：69.80 元

高等院校智能制造应用型人才培养系列教材建设委员会

主任委员：

罗学科　　郑清春　　李康举　　郎红旗

委员（按姓氏笔画排序）：

门玉琢	王进峰	王志军	王丽君	田　禾
朱加雷	刘　东	刘峰斌	杜艳平	杨建伟
张　毅	张东升	张烈平	张峻霞	陈继文
罗文翠	郑　刚	赵　元	赵　亮	赵卫兵
胡光忠	袁夫彩	黄　民	曹建树	戚厚军
韩伟娜				

教材建设单位（按笔画排序）：

上海应用技术大学机械工程学院	北京信息科技大学机电工程学院
山东交通学院工程机械学院	四川轻化工大学机械工程学院
山东建筑大学机电工程学院	兰州工业学院机电工程学院
天津科技大学机械工程学院	辽宁科技学院机械工程学院
天津理工大学机械工程学院	西京学院机械工程学院
天津职业技术师范大学机械工程学院	华北水利水电大学机械学院
长春工程学院汽车工程学院	华北电力大学（保定）机械系
北方工业大学机械与材料工程学院	华北理工大学机械工程学院
北华航天工业学院机电工程学院	安阳工学院机械工程学院
北京石油化工学院工程师学院	沈阳工学院机械工程与自动化学院
北京石油化工学院机械工程学院	沈阳建筑大学机械工程学院
北京印刷学院机电工程学院	河南工业大学机电工程学院
北京建筑大学机电与车辆工程学院	桂林理工大学机械与控制工程学院

序

党的二十大报告指出，要建设现代化产业体系，坚持把发展经济的着力点放在实体经济上，推进新型工业化，加快建设制造强国、质量强国、航天强国、交通强国、网络强国、数字中国。实施产业基础再造工程和重大技术装备攻关工程，支持专精特新企业发展，推动制造业高端化、智能化、绿色化发展。推动战略性新兴产业融合集群发展，构建新一代信息技术、人工智能、生物技术、新能源、新材料、高端装备、绿色环保等一批新的增长引擎。其中，制造强国、高端装备等重点工作都与智能制造相关，可以说，智能制造是我国从制造大国转向制造强国、构建中国制造业全球优势的主要路径。

制造业是一个国家的立国之本、强国之基，历来是世界各主要工业国高度重视和发展的重要领域。改革开放以来，我国综合国力得到稳步提升，到 2011 年中国工业总产值全球第一，分别是美国、德国、日本的 120%、346% 和 235%。党的十八大以来，我国进入了新时代，发展的格局更为宏大，"一带一路"倡议和制造强国战略使我国工业正在实现从大到强的转变。我国不但建立了全球最为齐全的工业体系，而且在许多重大装备领域取得突破，特别是在三代核电、特高压输电、特大型水电站、大型炼化工、油气长输管线、大型矿山采掘与炼矿综采重点工程建设项目、重大成套装备、高端装备、航空航天等领域取得了丰硕成果，补齐了短板，打破了国外垄断，解决了许多"卡脖子"难题，为推动重大技术装备高质量发展，实现我国高水平科技自立自强奠定了坚实基础。进入新时代的十年，制造业增加值从 2012 年的 16.98 万亿元增加到 2021 年的 31.4 万亿元，占全球比重从 20%左右提高到近 30%；500 种主要工业产品中，我国有四成以上产量位居世界第一；建成全球规模最大、技术领先的网络基础设施……一个个亮眼的数据，一项项提气的成就，勾勒出十年间大国制造的非凡足迹，标志着我国迎来从"制造大国""网络大国"向"制造强国""网络强国"的历史性跨越。

最早提出智能制造概念的是美国人 P.K.Wright，他在其 1988 年出版的专著 *Manufacturing Intelligence*（《制造智能》）中，把智能制造定义为"通过集成知识工程、制造软件系统、机器人视觉和机器人控制来对制造技工们的技能与专家知识进行建模，以使智能机器能够在没有人工干预的情况下进行小批量生产"。当然，因为智能制造仍处在发展阶段，各种定义层出不穷，国内外有不同专家给出了不同的定义，但智能机器、智能传感、智能算法、智能设计、解决制造过程中不确定问题的智能方法、智能维护是智能制造的核心关键词。

从人才培养的角度而言，实现智能制造还任重道远，人才紧缺的局面很难在短时间内扭转，相关高校师资力量也不足。据不完全统计，近五年来，全国有 300 多所高校开办了智能制造专业，其中既有双一流高校，也有许多地方院校和民办高校，人才培养定位、课程体系、教材建设、实践环节都面临一系列问题，严重制约着我国智能制造业未来的长远发展。在此情况下，如何培养出适应不同行业、不同岗位要求的智能制造专业人才，是许多开设该专业的高校面临的首要任务。

智能制造的特点决定了其人才培养模式区别于其他传统工科：首先，智能制造是跨专业的，其所涉及的知识几乎与所有工科门类有关；其次，智能制造是跨行业的，其核心技术不仅覆盖所有制造行业，也适用于某些非制造行业。因此，智能制造人才培养既要考虑本校专业特色，又不能脱离社会对智能制造人才的需求，既要遵循教育的基本规律，又要创新教育体系和教学方法。在课程设置中要充分考虑以下因素：

- 考虑不同类型学校的定位和特色；
- 考虑学生已有知识基础和结构；
- 考虑适应某些行业需求，如流程制造，离散制造，混合制造等；
- 考虑适应不同生产模式，如多品种、小批量生产、大批量生产等；
- 考虑让学生了解智能制造相关前沿技术；
- 考虑兼顾应用型、技能型、研究型岗位需求等。

改革开放 40 多年来，我国的高等教育突飞猛进，高等教育的毛入学率从 1978 年的 1.55%提高到 2021 年的 57.8%，进入了普及化教育阶段，这就意味着高等教育担负的历史使命、受教育的对象都发生了深刻的变化。面对地方应用型高校生源差异化大，因材施教，做好智能制造应用型人才培养，解决高校智能制造应用型人才培养的教材需求就是本系列教材的使命和定位。

要解决好这个问题，首先要有一个好的定位，有一个明确的认识，这套教材定位于智能制造应用人才培养需求，就是要解决应用型人才培养的知识体系如何构造，智能制造应用型人才的课程内容如何搭建。我们知道，应用型高校学生培养的主要目的是为应用型学科专业的学生打牢一定的理论功底，为培养德才兼备、五育并举的应用型人才服务，因此在课程体系、基础课程、专业教育、实践能力培养上与传统综合性大学和"双一流"学校比较应有不同的侧重，应更着眼于学生的实用性需求，应培养满足社会对应用技术人才的需求，满足社会实际生产和社会实际发展的需求，更要考虑这些学校学生的实际，也就是要面向社会发展需求，为社会各行各业培养"适销对路"的专业人才。因此，在人才培养的过程中，对实践环节的要求更高，要非常注重理论和实践相结合。据此，在应用型人才培养模式的构建上，从培养方案、课程体系、教学内容、教学方式、教材建设上都应注重应用型人才培养的规律，这正是我们编写这套应用型高校智能制造相关专业教材的目的。

这套教材的突出特色有以下几点：

① 定位于应用型。这套教材不仅有适应智能制造应用型人才培养的专业主干课程和选修课程教

材，还有基于机械类专业向智能制造转型的专业基础课教材，专业基础课教材的编写中以应用为导向，突出理论的应用价值。在编写中引入现代教学方法和手段，结合教学软件和工业仿真软件，使理论教学更为生动化、具象化，努力实现理论课程通向专业教学的桥梁作用。例如，在制图课程中较多地使用工业界成熟设计软件，使学生掌握比较扎实的软件设计能力；在工程力学教学中引入有限元软件，实现设计计算的有限元化；在机械设计中引入模块化设计的概念；在控制工程中引入 MATLAB 仿真和计算机编程内容，实现基础教学内容的更新和对专业教育的支撑，凸显应用型人才培养模式的特点。

② 专业教材突出实用性、模块化、柔性化。智能制造技术是利用先进的制造技术，以及数字化、网络化、智能化等知识和控制理论来解决制造过程中不确定和非固定模式的问题，使得制造过程具有智能的技术，它的特点是综合性和知识内涵的丰富性以及知识本身的创新性。因此，在教材建设上与以前传统的知识技术技能模式应有大的区别，更应注重对学生理念、意识、认知、思维方式和系统解决问题能力的培养。同时考虑到各行业、各地和各校发展阶段和实际办学水平的不同，希望这套教材尽可能为各校合理选择教学内容提供一个模块化、积木式结构，并在实际编写中尽量提供项目化案例，以便学校根据具体情况做柔性化选择。

③ 本系列教材注重数字资源建设，更多地采用多媒体的互动方式，如配套课件、教学视频、测试题等，使教材呈现形式多样化，数字内容更为丰富。

由于编写时间紧张，智能制造技术日新月异，编写人员专业水平有限，书中难免有不当之处，敬请读者及时批评指正。

高等院校智能制造应用型人才培养系列教材建设委员会

╪ 前　言

在当今世界形势下，强大的制造业已成为国家整体实力的基石。"中国制造 2025"奠定了中国的制造强国战略，要发展先进的制造业，智能制造无疑是制造业转型升级的关键点。智能制造基于新一代信息技术，贯穿设计、生产、管理、服务等制造活动的各个环节，具有以智能工厂为载体、以关键制造环节智能化为核心、以端到端数据流为基础、以网络互联为支撑等特征，可有效缩短产品研制周期、降低运营成本、提高生产效率、提升产品质量、降低资源和能源消耗。目前中国作为世界新的制造中心，正在从制造大国走向制造强国，亟需智能制造工程相关的专业技术人才。

智能制造是一个系统工程，集成了数字化设计与制造、智能装备、工业机器人、工业物联网、人工智能、大数据等关键技术，涉及机械工程、控制工程、计算机科学和管理科学等多个学科，融合了各相关学科的最新发展技术。其涉及的知识面很宽，因此，想要全面了解智能制造，智能制造概论或导论教材尤为重要。

本书写作条理清晰、要点突出，从智能制造整体出发，全面系统地介绍智能制造的基本概念及其涉及的相关知识单元。全书共分 8 章。第 1 章为绪论，主要介绍了智能制造概念及国内外智能制造的发展现状。第 2 章为智能制造基本理论，对智能制造的内涵与特征进行了详细介绍，并详细说明了智能制造的技术机理；在此基础上，还介绍了智能制造中比较重点的几项关键技术；最后，详细介绍了当前主流的智能制造架构模型。第 3 章为先进制造技术，首先介绍了先进制造技术的内涵及其体系结构；然后从定义、发展、关键技术及应用领域等方面重点介绍了先进制造技术中涉及的增材制造技术、数字化制造技术、绿色制造技术、虚拟制造技术、纳米制造技术和云制造技术。第 4 章为工业智能软件，首先介绍了工业软件的定义及其分类；然后从定义、发展、体系及功能等方面分别重点介绍了工业软件中信息管理、生产控制、研发设计三类最具代表性的软件 ERP、MES、PLM。第 5 章为计算机集成制造系统，首先介绍了 CIMS 的定义、发展、系统构成等内容；然后从定义、发展、体系及功能等方面分别重点介绍了 CIMS 中比较有代表性的 CAD、CAPP、CAM、FMS。第 6 章为新一代智能制造信息支撑技术，从基本概念、工作原理、发展历程、关键技术及智能制造中的应用等方面出发，重点介绍了智能传感技术、物联网与工业物联网、工业互联网、人工智能、大数据与工业大数据、云计算与边缘计算、虚拟现实/增强现实/混合现实、数字孪生与工业数字孪生技术等。第 7 章为智能制造中的智能装备，从基本概念、工作原理、发展历程、关键技术及智能制造中的应用等方面出发，重点介绍了智能制造装备中的智能机床、工业机器人和智能物流设备。第 8 章为智能工厂，首先介绍了数字化工厂和智能工厂的内涵与特征；然后介绍了智能工厂的核心 CPS 及其进一步发展的 CPPS；在此基础上，介绍了智能工厂的三项集成和基本特征，进一步介绍了智能工厂架构与建设模式；最后介绍了国内典型的智能工厂的实际案例。

在本书的撰写过程中，参阅了大量图书、论文以及其他形式的参考资料，并在书后的参考文献中列出，以便读者可以拓展阅读。在此，特向所有参考文献的原作者表示感谢!

由于作者理论和技术水平有限，本书难免有不妥之处，敬请专家、同行和读者批评指正。

编著者

目　录

第 3 章　先进制造技术

第 6 章　新一代智能制造信息支撑技术　　180

第1章

绪论

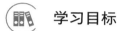 学习目标

① 掌握智能制造的概念。
② 了解智能制造的基本意义。
③ 熟悉国内外智能制造的发展现状。

思维导图

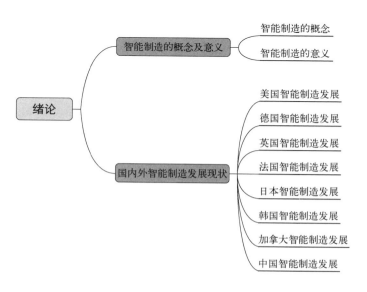

扫码获取本章课件

进入 21 世纪以来,以信息网络技术深度融合应用为显著特征的新一轮科技革命和产业变革正在孕育兴起,全球科技创新呈现出以信息网络技术为支撑平台的发展态势和特征。从 18 世纪 60 年代蒸汽机的发明引爆第一次工业革命开始,制造业经历机械化、电气自动化、数字化三个阶段,进入以网络化、智能化为代表的工业 4.0 发展阶段。

1.1 智能制造的概念及意义

1.1.1 智能制造的概念

智能制造(intelligent manufacturing,IM),源于人工智能的研究。一般认为智能是知识和智力的总和,前者是智能的基础,后者是指获取和运用知识求解的能力。智能制造应当包含智能制造技术和智能制造系统。智能制造系统不仅能够在实践中不断地充实知识库,而且具有自学习功能,还有搜集与理解环境信息和自身的信息,并进行分析判断和规划自身行为的能力。

智能制造是新一代信息技术与先进制造技术融合的产物,通过工业物联网将物理设备连接到网络上,运用网络空间的高级计算能力将物理空间的物理实体在信息世界进行全要素重建,形成具有感知、分析、决策、执行能力的数字孪生体,从而实现物理世界和信息世界的融合,创造出一个虚实合一的制造系统。与传统制造相比,智能制造最本质的变化是制造系统由物理和信息两个系统组成,这两个系统一个适用于现实物理世界,一个适用于虚拟信息世界,两者一一对应,并互相映射。

目前,国际和国内尚且没有关于智能制造的准确定义。

国际电工委员会工业过程测量、控制和自动化技术委员会(IEC/TC65)制定的 IEC TR 63283-1《工业过程测量、控制和自动化 智能制造 第 1 部分:术语和定义》中对智能制造的定义:智能制造是通过集成化和智能化使用网络、物理实体和人员各维度的过程和资源来生成和提供产品与服务,以提升制造性能,同时与企业价值链中的其他环节进行协作的制造业。

IEC/TC65 与国际标准化组织自动化系统与集成技术委员会(ISO/TC184)联合成立的智能制造参考模型联合工作组(IEC/TC65/JWG21)在其工作范围内对智能制造的基本概念进行了界定:智能制造是制造业的扩展,其特征是独立的参与方能够共享标准化的信息。这些参与方可以主动地或者被动地作用于这些信息,在网络架构中动态地进行协作。这些协作在策略层面或者运行层面出现在全生命周期中,为相关组织提供附加值。

国际标准化组织工业 4.0/智能制造战略顾问组(ISO SAG Industry4.0/SM)在提交技术管理委员会(TMB)的最终报告中对智能制造的愿景进行了描述:智能制造引领敏捷性、实时优化、自组织价值链的实现,可以高度适应快速变化的社会技术环境。这种趋势需要适当的标准化接口和协调的业务流程来支持。

美国智能制造创新研究院对智能制造的定义:智能制造是先进传感、仪器、监测、控制和过程优化的技术和实践的组合,它们将信息和通信技术与制造环境融合在一起,实现工厂和企业中能量、生产率、成本的实时管理。

我国工信部组织专家对智能制造给出了一个比较全面的描述性定义:智能制造是基于新一代信息技术与先进制造技术深度融合,贯穿于设计、生产、管理、服务等制造活动的各个环节,具有自感知、自决策、自执行、自适应、自学习等功能的新型生产方式。其具有以智能工厂为载体、以关键制造环节智能化为核心、以端到端数据流为基础、以网络互联为支撑等特征，可有效缩短产品研制周期、降低运营成本、提高生产效率、提升产品质量、降低资源及能源消耗。这实际上指出了智能制造的核心技术、管理要求、主要功能和经济目标，体现了智能制造对于我国工业转型升级和国民经济持续发展的重要作用。

智能制造系统是一种由智能机器和人类专家共同组成的人机一体化智能系统，它在制造过程中能以一种高度柔性化与集成化的方式，借助计算机模拟人类专家的智能活动进行分析、推理、判断、构思和决策等，从而取代或者延伸制造环境中人的部分脑力劳动，同时，收集、存储、完善、共享、集成和发展人类专家的智能。这种制造模式突出了知识在制造活动中的价值地位，而知识经济又是继工业经济后的主体经济形式，所以智能制造就成为影响未来经济发展过程的制造业的重要生产模式。智能制造系统是智能技术集成应用的环境，也是智能制造模式展现的载体。

1.1.2　智能制造的意义

智能制造意味着在产品生命周期内对整个价值创造链的组织和控制再进一步，即意味着从创意、订单到研发、生产、终端客户产品交付，再到废物循环利用，包括与之紧密联系的各服务行业，在各个阶段都能更好地满足日益个性化的客户需求。所有参与价值创造的相关实体形成网络，获得随时从数据中创造最大价值流的能力，从而实现所有相关信息的实时共享。以此为基础，通过人、物和系统的连接，实现企业价值网络的动态建立、实时优化和自组织，根据不同的标准，对成本、效率和能耗进行优化。

对于制造企业来说，构建智能制造系统的核心价值主要是降低生产成本、提升生产效率和重塑生产方式。通过综合考量生产现场数据与生产工艺、运营管理等数据，企业可以实现精准的供应链管理和财务管理，减少物料浪费，减轻仓储压力，降低运营成本；通过对生产制造过程各环节的全面数据采集和分析，企业可以发现生产瓶颈和产品缺陷等问题，提高生产效率和产品质量；运用数控机床、机器人等生产设备，企业可以实现多品种、小批量的生产方式，推动个性化定制生产。

此外，制造业在宏观经济中占有极其重要的作用，智能制造也可以被视为是以"智能+"为代表的新经济的"基石"，已成为当今世界各国技术创新和经济发展竞争的焦点，对于推动制造业高质量发展具有非常重要的意义。

对于我国来说，发展智能制造同样有着重要的意义。

（1）发展智能制造业是实现制造业升级的内在要求

长期以来，我国制造业主要集中在中低端环节，产业附加值低。发展智能制造业已经成为实现我国制造业从低端制造向高端制造转变的重要途径。同时，将智能制造这一新兴技术快速应用并推广，可以通过规模化生产，尽快收回技术研究开发的投入，从而持续推进新一轮的技术创新，推动智能制造技术的进步，实现制造业升级。

（2）发展智能制造业是重塑制造业新优势的现实需要

当前，我国制造业面临来自发达国家加速重振制造业与发展中国家以更低生产成本承接国际产业转移的"双向挤压"。我国必须加快推进智能制造技术研发，提高其产业化水平，以应对传统低成本优势削弱所面临的挑战。虽然我国智能制造技术已经取得长足进步，但其产业化水平依然较低，高端智能制造装备及核心零部件仍然严重依赖进口，发展智能制造业也是加快我国智能制造技术产业化的客观需要。此外，发展智能制造业可以应用更节能环保的先进装备和智能优化技术，有助于从根本上解决我国生产制造过程的节能减排问题。

（3）发展智能制造也是我国抢占全球新一轮产业竞争制高点的战略选择

制造业是我国国民经济的主体，是综合国力的决定性力量，也是当前"稳增长、调结构"的战略支点。经几十年的艰苦奋斗，我国制造业规模已经稳居全球第一，但是"大而不强、基础不牢"的问题依然突出，同时面临新工业革命的激烈竞争。发达国家提出了工业4.0、工业互联网、智能制造等新战略，推进智能技术与制造业融合发展，抢占新一轮产业革命的竞争制高点。在此形势下，我国一方面要强化材料、工艺、技术、零部件等基础能力，另一方面要抢占智能制造高端领域，要瞄准工业物联网、机器人、大数据等关键环节，鼓励技术创新和应用创新，用足规模经济优势，大力发展新业态、新模式，全面持续地推进工业转型升级，从根本上增强我国制造业的国际竞争力，从而实现我国工业从大到强的历史性跨越。

作为我国制造强国建设的主攻方向，加快发展智能制造，对巩固实体经济根基，建成现代产业体系，实现新型工业化具有重要作用：

第一，智能制造是发展壮大战略性新兴产业，加快形成现代产业体系的重要手段。一方面，智能制造可以带动工业机器人、增材制造、工业软件等新兴产业发展；另一方面，智能制造可以在全球范围内推动产业的协同合作和优化升级，提升产业链、供应链现代化水平。

第二，智能制造是提升供给体系适配性，推动构建新发展格局的重要抓手。智能制造通过重构制造业研发、生产、管理和服务等各个环节，有效提升国内大循环的效率，推动实现全球范围内的资源协同和优化。

第三，智能制造是推进数字产业化和产业数字化，建设数字中国的重要途径。智能制造不仅可以推动制造业产业模式和企业形态发生根本性转变，还能促进农业、交通、物流、医疗等各领域数字化转型、智能化变革。

1.2 国内外智能制造发展现状

1.2.1 智能制造的发展历程

智能制造的历史，最早源于机器与人的关系。早期机器的功能表现不能遂人愿，人很难掌控机器的全部状态情况。而在机器不智能的时代，只能靠人的智能来弥补，以"人在回路"的方式来解决。关于智能制造的研究大致经历了三个阶段：起始于20世纪80年代人工智能在制造领域中的应用，智能制造概念被正式提出；发展于20世纪90年代智能制造技术、智能制造系统的提出；成熟于21世纪以来新一代信息技术条件下的智能制造（smart manufacturing）。

20世纪80年代：概念的提出。1998年，美国赖特（Paul Kenneth Wright）、伯恩（David Alan Bourne）正式出版了智能制造研究领域的首本专著《制造智能》（*Smart Manufacturing*），就智能制造的内涵与前景进行了系统描述，将智能制造定义为"通过集成知识工程、制造软件系统、机器人视觉和机器人控制来对制造技工们的技能与专家知识进行建模，以使智能机器能够在没有人工干预的情况下进行小批量生产"。在此基础上，英国技术大学 Williams 教授对上述定义做了更为广泛的补充，认为"集成范围还应包括贯穿制造组织内部的智能决策支持系统"。麦格劳·希尔科技词典将智能制造界定为采用自适应环境和工艺要求的生产技术，最大限度地减少监督和操作，来制造物品的活动。

20 世纪 90 年代：概念的发展。20 世纪 90 年代，在智能制造概念提出不久后，智能制造的研究获得欧盟国家、美国、日本等工业化发达国家的普遍重视，并围绕智能制造技术（IMT）与智能制造系统（IMS）开展国际合作研究。1991 年，日本、美国、欧盟共同发起实施的"智能制造国际合作研究计划"中提出："智能制造系统是一种在整个制造过程中贯穿智能活动，并将这种智能活动与智能机器有机融合，将整个制造过程从订货、产品设计、生产到市场销售等各个环节以柔性方式集成起来的能发挥最大生产力的先进生产系统"。

21 世纪以来：概念的深化。21 世纪以来，随着物联网、大数据、云计算等新一代信息技术的快速发展及应用，智能制造被赋予了新的内涵，即新一代信息技术条件下的智能制造（smart manufacturing）。2010 年 9 月，美国在华盛顿举办的"21 世纪智能制造的研讨会"指出，智能制造是对先进智能系统的强化应用，使得新产品的迅速制造、产品需求的动态响应以及对工业生产和供应链网络的实时优化成为可能。德国正式推出工业 4.0 战略，虽没明确提出智能制造概念，但包含了智能制造的内涵，即将企业的机器、存储系统和生产设施融入信息物理系统（cyber physical system，CPS）。在制造系统中，这些信息物理系统包括智能机器、存储系统和生产设施，能够相互独立地自动交换信息、触发动作和控制。

1.2.2　美国智能制造发展

2011 年 6 月 24 日，美国智能制造领导联盟（Smart Manufacturing Leadership Coalition，SMLC）发表了《实施 21 世纪智能制造》报告。报告认为智能制造是先进智能系统强化应用、新产品制造快速、产品需求动态响应以及工业生产和供应链网络实时优化的制造。智能制造的核心技术是网络化传感器、数据互操作性、多尺度动态建模与仿真、智能自动化以及可扩展的多层次的网络安全。该报告给出了智能制造企业框架。智能制造企业将融合从工厂运营到供应链所有方面的制造，并且使得对固定资产、过程和资源的虚拟追踪横跨整个产品的生命周期，最终结果将是在一个柔性的、敏捷的、创新的制造环境中优化性能和效率，并且使业务与制造过程有效串联在一起。

2014 年 2 月，美国国防部牵头成立了"数字制造与设计创新机构"（简称"数字制造"，Digital Manufacturing）。2014 年 12 月，美国能源部宣布牵头筹建"清洁能源制造创新机构之智能制造"（简称"智能制造"，Smart Manufacturing）。两个部门针对不同的侧重点，对智能制造技术及内涵展开研究。2014 年 12 月，美国政府建立了国家制造创新网络中的第 8 个创新机构，即"智能制造创新研究院"。该研究院由能源部牵头组织建设，能源部给智能制造下的定义是：智能制造是先进传感、仪器、监测、控制和过程优化的技术和实践的组合，它们将信息和通信技术与制造环境融合在一起，实现工厂和企业中能量、生产率、成本的实时管理。智能制造需要实现的目标有 4 个：产品的智能化、生产的自动化、信息流和物资流合一、价值链同步。

目前，美国已建成多家制造业创新中心，并且整合政府、学术界和企业界的资源，以高新技术改造传统制造业，确保了美国制造业的全球核心竞争力，推动美国经济再次走上可持续增长之路。美国提出了"再工业化"战略，并且投资 10 亿美元组建美国制造业创新网络（NNMI），建立了 45 个研究中心。美国"再工业化"计划框架从重振制造业到大力发展先进制造业，积极抢占世界高端制造业的战略跳板，推动智能制造产业发展的思路越来越明确。

美国主要战略目标：

① 信息技术与智能制造技术融合：美国向来重视信息技术，此轮实施"再工业化"战略进程中，信息技术被作为战略性基础设施来投资建设。

② 高端制造与智能制造产业化：为了重塑美国制造业的全球竞争优势，美国政府将高端制造业作为"再工业化"战略产业政策的突破口。作为先进制造业的重要组成，以先进传感器、工业机器人、先进制造测试设备等为代表的智能制造，得到了美国政府、企业各层面的高度重视，创新机制得以不断完善，相关技术产业展现出了良好发展势头。

③ 科技创新与智能制造产业支撑：美国"再工业化"战略的主导方向是以科技创新引领的更高起点的工业化。美国政府在"再工业化"进程中瞄准清洁能源、生物制药、生命科学、先进原材料等高新技术和战略性新兴产业，加大研发投入，鼓励科技创新，培训高技能员工，力推 3D 打印技术、工业机器人等的应用。

④ 中小企业与智能制造创新发展动力：美国将中小企业视为其"再工业化"的重要载体，为中小企业提供健全的政策、法律、财税、融资以及社会服务体系，加大对中小企业的扶持力度。

2015 年，美国通用电气（GE）倡议出版了《工业互联网——打破智慧与机器的边界》一书，正式提出了"工业互联网"的概念，通过把工业与互联网结合，将机器、设施、数据、人连接起来，建立更加开放、全球化的网络，从而提高制造业的生产效率。

2017 年，美国清洁能源智能制造创新研究院（CESMII）发布的《智能制造 2017—2018 路线图》指出，智能制造是一种制造方式，在 2030 年前后就可以实现，是一系列涉及业务、技术、基础设施及劳动力的实践活动，通过整合运营技术和信息技术的工程系统，实现制造的持续优化。该定义认为智能制造有 4 个维度，其中"业务"位于第一位，智能制造最终目标是持续优化。该路线图的目标之一就是在工业中推动智能制造技术的应用。

2018 年，美国发布《先进制造业美国领导力战略》，提出三大目标：开发和转化新的制造技术、培育制造业劳动力、提升制造业供应链水平。具体的目标之一就是大力发展未来智能制造系统，如智能与数字制造、先进工业机器人、人工智能基础设施、制造业的网络安全。

2019 年，美国发布《国家人工智能研究和发展战略计划：2019 年更新版》，为人工智能的发展制定了一系列的目标，确定了八大战略重点。

1.2.3　德国智能制造发展

德国政府 2010 年制定的《高技术战略 2020》计划中，意图以未来项目工业 4.0 奠定德国在关键工业技术上的国际领先地位，并于 2013 年 4 月在汉诺威工业博览会上正式推出了工业 4.0 战略，其核心是通过信息物理系统（CPS）实现人、设备与产品的实时连通、相互识别和有效交流，构建一个高度灵活的个性化和数字化的智能制造模式。同年，德国工业 4.0 工作组向德国政府提交《保障德国制造业的未来——关于实施工业 4.0 战略的建议》，这一概念正式落地。工业 4.0 可以理解为"建设一个系统、研究两大主题、实现三项集成、实施八项计划"。首先，一个系统是指信息物理系统 CPS（cyber physical system），将物理设备联网，设备、物料互联互通，连接物理空间和虚拟信息空间，使得信息空间对物理空间深度感知，物理设备通过信息空间实现数据计算、控制、远程协调等功能，实现人、物、数据深度融合。其次，两大主题是指智能工厂和智能生产。智能生产对产品设计、生产规划等生产各个环节数据语义结构和表达方式进行统一，使价值链全流程数据透明互通。智能工厂将不同层级软硬件皆进行模块化，统一接口，使得生产系统从分层次的网络化生产向管理、生产、控制一体化的平面结构转变。再次，三项集成可以看作在实现智能生产和智能工厂之后，实现价值链端到端工程数字化集成、价值链上企业间横向集成以及企业内部灵活的纵向集成与网络化制造系统。最后，八项计划可以看作实施保障，为达到上述目标，需要从标准架构、系统模型、基础设施等八个方面着手。

2013 年 12 月，德国电气电子和信息技术协会发表了《德国工业 4.0 标准化路线图》，其目标是制定出一套单一的共同标准，形成一个标准化的、具有开放性特点的标准参考体系，最终达到通过价值网络实现不同公司间的网络连接和集成。德国工业 4.0 提出的标准参考体系是一个通用模型，适用于所有合作伙伴公司的产品和服务，提供了工业 4.0 相关的技术系统的构建、开发、集成和运行的框架，意图将不同业务模型的企业采用的不同作业方法统一为共同的作业方法。

2014 年 8 月，德国出台《数字议程（2014—2017）》。这是德国《高技术战略 2020》的十大项目之一，旨在将德国打造成数字强国，包括网络普及、网络安全及数字经济发展等方面内容。

2016 年，德国发布《数字化战略 2025》，目的是将德国建成最现代化的工业化国家。该战略指出，德国数字未来计划包括工业 4.0 平台、未来产业联盟、数字化议程、重新利用网络、数字化技术、可信赖的云、德国数据服务平台、中小企业数字化、进入数字化等。

2019 年 11 月，德国发布《德国工业战略 2030》，主要内容包括改善工业基地的框架条件、加强新技术研发和调动私人资本、在全球范围内维护德国工业的技术主权。德国认为当前最重要的突破性创新是数字化，尤其是人工智能的应用，要强化对中小企业的支持，尤其是数字化进程。

德国工业 4.0 计划中智能制造概念也占据核心位置，具有鲜明的发展特征，主要在以下四个领域优先采取行动。

① 工业标准化与智能制造基础投入。工业 4.0 的目标是建立一个物联网、互联网和服务化的智能连接的系统框架。

② 工业系统化管理与智能制造流程再造。工业 4.0 计划以智能化工厂建设来带动复杂制造系统的应用，同时随着开放虚拟工作平台与广泛使用人机交互系统，使得企业的工作内容、工作流程、工作环境等发生深刻改变。智能制造流程再造能够颠覆封闭性的传统工厂车间管理模式，将智能化设备、智能化器件、智能化管理、智能化监测等技术集成全新的制造流程，实现真正的智能生产。

③ 工业合法化监管与人员能力提升。技术创新周期短和新技术颠覆性变革可能会导致滞后效应风险，即现有规则未能跟上技术变化的步伐。新技术和商业模式使得沿袭固有规章制度几乎不可能。智能制造模式、再造新的作业流程和立体化业务网络框架，对企业数据保护、责任归属、个人数据处理以及贸易限制都提出了挑战。原有的职业培训体系，也随着智能化导致的工作和技能的改变而改变。因此，建立同智能化制造相匹配的合法监管体系和职业发展体系尤为重要。

④ 工业资源分配与智能决策系统。制造业需要消耗大量的原材料和能源，这对自然环境和安全供给带来了若干威胁。工业 4.0 计划的智能制造也带来了资源利用率的提升。因此企业在进行智能化生产时要权衡"投入的额外资源"与"产生的节约潜力"之间的利弊。

1.2.4　英国智能制造发展

英国是老牌的工业强国，曾经拥有全球领先的工业基础，曾具有"世界工厂"和"现代工业革命的摇篮"的美誉。英国经济逐渐"脱实向虚"，其中制造业占国内生产总值（GDP）的15%，而服务业占比则超过70%。值得一提的是，在科技发展史上，英国曾拥有闻名遐迩的牛顿、达尔文、法拉第等著名科学家。英国作为第一次工业革命的先驱，其科技产业不可小觑。

2008年起，英国政府推出"高价值制造"战略，鼓励英国企业在本土生产更多世界级的高附加值产品，确保高价值制造（HVM）成为英国经济发展的主要推动力，促进企业实现从概念到商业化整个过程的创新。该战略包括五大扶持措施：①在HVM方面创新的直接投资翻倍，达到每年5000万英镑；②集中投资那些能保证英国从全球市场受益的技术和行业；③利用22个制造业能力组合制定投资决策，它们可以分为五个战略主题——资源效率、制造系统、材料集成、制造工艺和商业模式；④投资HVM弹射中心，为世界级技术的商业化提供尖端设备和技能资源；⑤提供开放共享的知识交流平台，如知识转化网络（KTN）、HVM弹射中心等，帮助企业聚合最佳的制造创新，创造世界一流的产品、工艺和服务。

2011年，英国政府科技办公室颁布《英国工业2050战略》。此项战略通过分析目前制造业所面临的机遇和挑战，提出了英国制造业发展与振兴的政策。

2017年1月，英国政府正式推出了以"工业数字化"为核心的《工业战略白皮书——建设适合未来的英国》。为了保证其贯彻落实，2017年11月，英国制造技术中心受英国政府委托发布了《让制造更智能——2017评论》报告，在分析英国工业面临的机遇与挑战的基础上，从加快工业数字技术创新应用、加强人才教育培训、加强组织领导、破除技术应用障碍等四个方面提出了英国推进工业数字化的路径与政策建议。

2018年4月，英国启动了以人工智能为核心的"现代工业战略"，其愿景是使英国成为世界上最具创新能力的国家。英国政府计划，到2027年研发支出占国内生产总值的比例达到2.4%，从长远来看，这一比例将达到3%。英国政府希望依托"现代工业战略"，扭转英国高度依赖金融服务业的失衡的产业结构，提高劳动生产率，奠定英国工业在全球领先的地位。

1.2.5　法国智能制造发展

2013年9月12日，奥朗德正式宣布施行"新工业法国"计划。他反复强调，尽管法国工业有着辉煌的历史，但人们必须正视的是，法国工业已经历"失去的十年"，随着新兴国家的崛起和英、美、德等国"再工业化"的推进，法国一流工业强国的地位岌岌可危。

面对伴随"去工业化"而来的工业增加值和就业比重的持续下降，法国政府意识到"工业强则国家强"，于是在2013年9月推出了《新工业法国》战略，旨在通过创新重塑工业实力，使法国重回全球工业第一梯队。

该战略是一项10年期的中长期规划，展现了法国在第四次工业革命中实现工业转型的决心和实力。其主要目的为解决三大问题：能源、数字革命和经济生活。该战略共包含34项具体计划，分别是：可再生能源、环保汽车、充电桩、蓄电池、无人驾驶汽车、新一代飞机、重载飞艇、软件和嵌入式系统、新一代卫星、新式铁路、绿色船舶、智能创新纺织技术、现代化木材工业、可回收原材料、建筑物节能改造、智能电网、智能水网、生物燃料和绿色化工、生物医药技术、数字化医院、新型医疗卫生设备、食品安全、大数据、云计算、网络教育、宽带网络、纳米电子、物联网、增强现实技术、非接触式通信、超级计算机、机器人、网络安全、未来工厂。

1.2.6 日本智能制造发展

日本是全球公认的智能制造强国。国际上公认的四级工业水平划分中，日本处在仅次于美国的第二阶段，属于制造业强国，以高端制造领域为主。

日本于1990年首先提出为期10年的智能制造系统（IMS）的国际合作计划，并与美国、加拿大、澳大利亚、瑞士和欧洲自由贸易协定在1991年开展了联合研究。其目的是克服柔性制造系统（FMS）、计算机集成制造系统（CIMS）的局限性，把日本工厂和车间的专业技术与欧盟的精密工程技术、美国的系统技术充分地结合起来，开发出能使人和智能设备都不受生产操作和国界限制，且能彼此合作的高技术生产系统。

日本是工业机器人装机数量最多的国家，其机器人产业也极具竞争力。为适应产业变革的需求和维持其"机器人大国"的地位，2015年1月，日本政府发布了《机器人新战略》，并提出三大核心目标：

一是成为"世界机器人创新基地"，通过增加产、学、官合作，增加用户与厂商的对接机会，诱发创新，同时推进人才培养、下一代技术研发、开展国际标准化等工作，彻底巩固机器人产业的培育能力；

二是成为"世界第一的机器人应用国家"，在制造、服务、医疗护理、基础设施、自然灾害应对、工程建设、农业等领域广泛使用机器人，在战略性推进机器人开发与应用的同时，打造应用机器人所需的环境，使机器人随处可见；

三是"迈向世界领先的机器人新时代"，随着物联网的发展和数据的高级应用，所有物体都将通过网络互联，日常生活中将产生无数的数据，因此，未来机器人也将通过互联网交换和存储数据，平台安全以及标准化也会不可或缺。

2016年12月，日本正式发布了工业价值链参考架构（IVRA），形成了独特的日本智能制造顶层架构。该架构包括3个层级，即基础结构层、组织方式层、哲学观和价值观层。该架构包括产品维、服务维和知识维3个维度，企业在产品维和知识维上开展生产活动，从而形成4个周期，即产品供应周期、生产服务周期、产品生命周期、工艺生产周期。

2017年3月，日本明确提出"互联工业"的概念，发表《互联工业：日本产业新未来的愿景》。其中三个主要核心是：人与设备和系统的相互交互的新型数字社会、通过合作与协调解决工业新挑战、积极推动培养适应数字技术的高级人才。"互联工业"已经成为日本国家层面的愿景。

在《制造业白皮书（2018）》中，日本经产省调整了工业价值链计划是日本战略的提法，明确了"互联工业"是日本制造业的未来。为推动"互联工业"，日本提出支持实时数据的共享与使用政策；加强基础设施建设，提高数据有效利用率，如培养人才、网络安全等；加强国际、国内的各种协作。

2019年，日本决定开放限定地域内的无线通信服务，通过推进地域版5G，鼓励智能工厂的建设。

1.2.7 韩国智能制造发展

韩国是全球制造业强国之一。韩国在造船、汽车制造、钢铁、电子等领域实力出众，其制造业实力不容小觑，且多个经济领域融入全球产业链，对全球经济发展具有一定的助推作用。韩国早在 2018 年工业增加值就位居世界第六位，甚至超过俄罗斯、英国、法国等欧洲国家。仅有 5000 多万人口的韩国，创造的制造业增加值竟比 14 亿人口的印度创造的增加值还要多，韩国制造业的实力可见一斑。

2009 年 7 月，韩国政府公布了《绿色增长国家战略及五年计划》，明确指出要发展绿色产业、应对气候变化和能源自立等战略。此外，韩国还公布了《新增长动力规划及发展战略》和《绿色能源技术开发战略路线图》。这几大战略文件显示了韩国"绿色增长战略"的框架。

根据绿色增长战略，五年间，韩国在发展绿色经济方面的累计投资额达到 107 万亿韩元。此外，韩国政府还计划到 2030 年，将新再生能源普及率由 2007 年的 2.1%提高到 11%；将新再生能源在世界市场的占有率由 2007 年的 0.7%提高到 15%；将新再生能源产值由 2007 年的 5 亿美元提高到 1300 亿美元，使韩国跻身世界能源强国之列。

韩国曾经宣布将 2019 年定为"韩国制造业复兴元年"，并推出制造业复兴愿景计划，帮助韩国政府及产业界积极应对外部变化，力争使韩国跻身全球制造业四大强国之一。许多韩国专家认为，韩国制造业正面临"无改革、毋宁死"的重要时刻，这些措施也成为韩国制造业近年来最重要的"自我救赎"。韩国提出，至 2030 年，韩国制造业的平均附加价值将从目前的 25%提高至 30%，新兴产业所占据的比重从 16%提高至 30%，并将韩国拥有的具有核心竞争力的全球顶尖企业数量在目前的基础上再翻一倍。至 2030 年，韩国还将推出 2000 家基于人工智能的工厂，为此韩国政府将积极开放政府数据，由此建立数据中心，以支持基于人工智能的服务，并促进关键软件、机器人、传感器和设备等智能制造设施的发展。

1.2.8　加拿大智能制造发展

加拿大是全球发达国家之一。加拿大是西方七大工业化国家之一，制造业和高科技产业发达，制造业、建筑业、矿业构成其国民产业经济的三大支柱。加拿大在航空、航天、有色冶金、通信、动力装备、电力、水利、纸浆造纸、微电子软件、新能源、新材料等产业方面拥有世界领先水平。

加拿大曾经是全球首个发布 AI 全国战略的国家，其 2017 年的财政预算五年计划——《泛加拿大人工智能战略》中，政府计划拨款 1.25 亿加元支持 AI 研究及人才培养。加拿大制定的 1994~1998 年发展战略计划中，认为未来知识密集型产业是驱动全球经济和加拿大经济发展的基础，认为发展和应用智能系统至关重要，并将具体研究项目选择为智能计算机、人机界面、机械传感器、机器人控制、新装置、动态环境下系统集成。

加拿大在智能制造产业的主攻方向集中在机器人、3D 打印和虚拟现实三大领域。

1.2.9　中国智能制造发展

伴随生产成本的不断上升，传统制造业的优势不断被削减，中国"世界工厂"这种依靠发达国家拉动制造业发展的局面正在发生改变，如何实现从制造向创造的转变，是我国制造业需要长期思考的问题。早在 1993 年，我国就对"智能制造系统关键技术"进行了探讨研究，但受限于客观条件并未取得较大的进展。

近年来，国家不断出台法律法规和政策支持高端装备制造行业健康、良性发展，智能制造装备制造业作为高端装备制造业的重点领域得到了国家政策的鼓励与支持。

2015 年，国务院与工业和信息化部先后出台了《中国制造 2025》《国务院关于积极推进"互联网+"行动的指导意见》《工业和信息化部关于贯彻落实〈国务院关于积极推进"互联网+"行动的指导意见〉的行动计划（2015—2018 年）》等一系列指导性文件，部署全面推进实施制造强国战略。2016 年政府工作报告中进一步提出要深入推进"中国制造+互联网"。

"中国制造 2025"从国家层面确定了我国建设制造强国的总体战略，明确提出要以加快新一代信息技术与制造业深度融合为主线，以推进智能制造为主攻方向，实现制造业由大变强的历史跨越。

《中国制造 2025》可以概括为"一二三四五五十"的总体结构。

"一"，就是从制造业大国向制造业强国转变，最终实现制造业强国的一个目标。

"二"，就是通过"两化"（信息化、工业化）融合发展来实现这一目标。党的十八大提出了用信息化和工业化深度融合来引领和带动整个制造业的发展，这也是我国制造业所要占据的一个制高点。

"三"，就是要通过"三步走"的战略，大体上每一步用十年左右的时间来实现我国从制造业大国向制造业强国转变的目标，如图 1.1 所示。

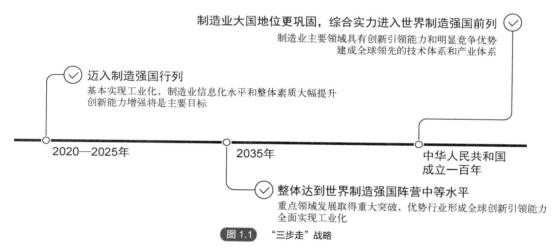

图 1.1　"三步走"战略

"四"，就是确定了四项原则。第一项原则是市场主导、政府引导。第二项原则是既立足当前，又着眼长远。第三项原则是全面推进、重点突破。第四项原则是自主发展和合作共赢。

"五五"，就是有两个"五"。第一就是有五条方针，即创新驱动、质量为先、绿色发展、结构优化和人才为本。还有一个"五"就是实行五大工程，包括制造业创新中心建设工程、工业强基工程、智能制造工程、绿色制造工程和高端装备创新工程。

"十"，就是十大领域，包括新一代信息技术产业、高档数控机床和机器人、航空航天装备、海洋工程装备及高技术船舶、先进轨道交通装备、节能与新能源汽车、电力装备、农机装备、新材料、生物医药及高性能医疗器械等十个重点领域，如图 1.2 所示。

2018 年 9 月，工信部、国标管理委员会发布《国家智能制造标准体系建设指南（2018 年版）》，主要内容：到 2018 年，累计制修订 150 项以上智能制造标准，基本覆盖基础共性标准和关键技术标准；到 2019 年，累计制修订 300 项以上智能制造标准，全面覆盖基础共性标准和关键技术标准，逐步建立起较为完善的智能制造标准体系，建设智能制造标准试验验证平台，提升公共服务能力，提高标准应用水平和国际化水平。

图 1.2　十大重点领域

　　智能制造是制造强国建设的主攻方向，其发展程度直接关乎我国制造业质量水平。2021 年 12 月，工业和信息化部等八部门联合印发了《"十四五"智能制造发展规划》，从基础设施、供给能力、推广应用等多个方面对中国智能制造发展做出适时的规划布局。规划提出了一系列具体目标，其中，到 2025 年的具体目标为：一是转型升级成效显著，70% 的规模以上制造业企业基本实现数字化、网络化，建成 500 个以上引领行业发展的智能制造示范工厂；二是供给能力明显增强，智能制造装备和工业软件市场满足率分别超过 70% 和 50%，培育 150 家以上专业水平高、服务能力强的智能制造系统解决方案供应商；三是基础支撑更加坚实，完成 200 项以上国家、行业标准的制修订，建成 120 个以上具有行业和区域影响力的工业互联网平台。

　　智能制造为中国制造业跨越发展提供历史性机遇。新一轮科技革命和产业变革与我国加快转变经济发展方式形成历史性交汇，为我们实施创新驱动发展战略提供了难得的重大机遇。要推进互联网、大数据、人工智能同实体经济深度融合，做大做强数字经济。要以智能制造为主攻方向推动产业技术变革和优化升级，推动制造业产业模式和企业形态根本性转变，以"鼎新"带动"革故"，以增量带动存量，促进我国产业迈向全球价值链中高端。

本章小结

　　智能制造是新一代信息技术与先进制造技术融合的产物，通过工业物联网将物理设备连接到网络上，运用网络空间的高级计算能力将物理空间的物理实体在信息世界进行全要素重建，形成具有感知、分析、决策、执行能力的数字孪生体，从而实现物理世界和信息世界的融合，创造出一个虚实合一的制造系统。本章主要介绍了智能制造概念及各国智能制造发展现状。

思考题

1-1　我国对智能制造的定义是什么？

1-2　各个国家智能制造发展的不同特点是什么？

1-3　进一步查阅文献和资料，以具体案例分析各国智能制造发展特点。

第 2 章

智能制造基本理论

学习目标

① 掌握智能制造的内涵、特征、基本范式及其技术机理。

② 熟悉智能制造的关键技术。

③ 了解各国智能制造模型构架及发展趋势。

思维导图

扫码获取本章课件

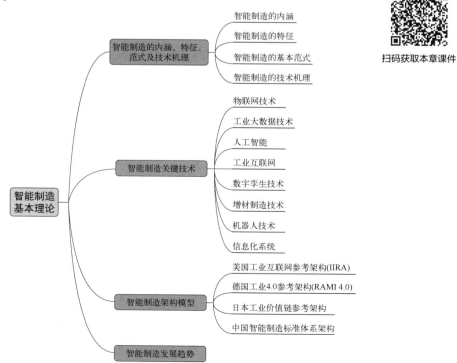

随着物联网、大数据和移动应用等新一轮信息技术的发展，全球化工业革命开始提上日程，工业转型开始进入实质阶段。在中国，"智能制造""中国制造2025"等战略的相继出台，表明国家开始积极行动起来，把握新一轮工业发展机遇实现工业化转型。

2.1 智能制造的内涵、特征、范式及技术机理

2.1.1 智能制造的内涵

智能制造是新一代信息技术与先进制造技术的深度融合，贯穿于产品、制造、服务全生命周期的各个环节及相应系统的优化集成，实现制造的数字化、网络化、智能化，并不断提升企业的产品质量、效益、服务水平，推动制造业创新、协调、绿色、开放、共享发展。

智能制造是新工业革命的核心，它并不在于进一步提高设备的效率和精度，而在于更加合理化和智能化地使用设备，通过智能运维实现制造业的价值最大化。它聚焦生产领域，但又是一次全流程、端到端的转型过程，会让研发、生产、产品、渠道、销售、客户管理等一整条生态链为之发生剧变。对工业企业来说，在生产和工厂侧，它依然以规模化、标准化、自动化为基础，但它还需被赋予柔性化、定制化、可视化、低碳化的新特性；在商业模式侧，会出现颠覆性的变化——生产者影响消费者的模式被消费者需求决定产品生产的模式取而代之；在国家层面，则需要建立一张比消费互联网更加安全可靠的工业互联网。

智能制造作为广义的概念包含了五个方面：产品智能化、装备智能化、生产方式智能化、管理智能化和服务智能化，如图2.1所示。

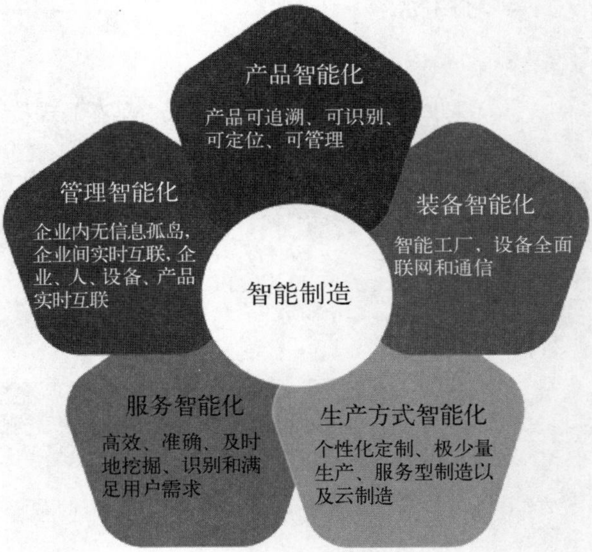

图2.1 智能制造广义概念

（1）产品智能化

产品智能化是把传感器、处理器、存储器、通信模块、传输系统融入各种产品，使得产品具备动态存储、感知和通信能力，实现产品可追溯、可识别、可定位。计算机、智能手机、智能电视、智能机器人、智能穿戴都是物联网的"原住民"，这些产品从生产出来就是网络终端。而传统的空调、冰箱、汽车、机床等都是物联网的"移民"，未来这些产品都需要连接到网络世界。

（2）装备智能化

通过先进制造、信息处理、人工智能等技术的集成和融合，可以形成具有感知、分析、推理、决策、执行、自主学习及维护等自组织、自适应功能的智能生产系统以及网络化、协同化

的生产设施，这些都属于智能装备。工业 4.0 时代，装备智能化的进程可以在两个维度上进行：单机智能化，以及单机设备的互联而形成的智能生产线、智能车间、智能工厂。需要强调的是，单纯的研发和生产端的改造不是智能制造的全部，基于渠道和消费者洞察的前端改造也是重要的一环。二者相互结合、相辅相成，才能完成端到端的全链条智能制造改造。

（3）生产方式智能化

个性化定制、极少量生产、服务型制造以及云制造等新业态、新模式，其本质是在重组客户、供应商、销售商以及企业内部组织的关系，重构生产体系中信息流、产品流、资金流的运行模式，重建新的产业价值链、生态系统和竞争格局。工业时代，产品价值由企业定义，企业生产什么产品，用户就买什么产品，企业定价多少钱，用户就花多少钱——主动权完全掌握在企业手中。而智能制造能实现个性化定制，不仅打掉了中间环节，还加快了商业流动，产品价值不再由企业定义，而是由用户来定义——只有用户认可的、用户参与的、用户愿意分享的、用户不给差评的产品，才具有市场价值。

（4）管理智能化

随着纵向集成、横向集成和端到端集成的不断深入，企业数据的及时性、完整性、准确性不断提高，必然使管理更加准确、更加高效、更加科学。

（5）服务智能化

智能服务是智能制造的核心内容，越来越多的制造企业已经意识到了从生产型制造向生产服务型制造转型的重要性。今后，将会实现线上与线下并行的 O2O 服务，两股力量在服务智能方面相向而行，一股力量是传统制造业不断拓展服务，另一股力量是从消费互联网进入产业互联网，比如微信未来连接的不仅是人与人，还包括设备和设备、服务和服务、人和服务。个性化的研发设计、总集成、总承包等新服务产品的全生命周期管理，会伴随着生产方式的变革不断出现。

2.1.2　智能制造的特征

智能制造和传统的制造相比，具备以下特征。

（1）自律能力

自律能力即搜集与理解环境信息和自身的信息，并解析判断和规划自身行为的能力。具备自律能力的设备称为"智能机器"，"智能机器"在一定程度上表现出独立性、自主性和个性，甚至相互间还能协调运作与竞争。强有力的知识库和基于知识的模型是自律能力的基础。

（2）人机一体化

智能制造系统（IMS）不单纯是"人工智能"系统，而是人机一体化智能系统，是一种混合智能。基于人工智能的智能机器只能进行机械式的推理、预测、判断，它只能具备逻辑思维（专家系统），最多做到形象思维（神经网络），完全做不到灵感（顿悟）思维，只有人类专家才真正同时具备以上三种思维能力。因此，想以人工智能全面取代制造历程中人类专家的智能，独立承担起解析、判断、决策等任务是不现实的。人机一体化突出人在制造系统中的核心地位，同时在智能机器的配合下，更好地发挥出人的潜能，使人机之间表现出一种平等共事、相互"理解"、相互协作的关系，使二者在区别的层次上各显其能，相辅相成。

因此，在智能制造系统中，高素质、高智能的人将发挥更好的作用，机器智能和人的智能将真正地集成在一起，互相配合，相得益彰。

（3）虚拟现实（virtual reality）技术

这是实现虚拟制造的支持技术，也是实现智能制造中高水平人机一体化的关键技术之一。虚拟现实技术是以计算机为基础，融合信号处理、动画技术、智能推理、预测、仿真和多媒体技术于一体，借助各种音像和传感装置，虚拟展示现实生活中的各种历程、物件等，从感官和视觉上使人获得完全如同真实的感受。其特点是可以按照人们的意愿任意变化，这种人机结合的新一代智能界面，是智能制造的一个显著特征。

（4）自组织与超柔性

智能制造系统中的各组成单元能够依据工作任务的需要，自行组成一种最佳结构。其柔性不仅表现在运行方式上，而且表现在结构形式上，所以称这种柔性为超柔性，如同一群人类专家组成的群体，具备生物特征。

（5）学习能力与自我维护能力

智能制造系统能够在实践中不断地充实知识库，具备自学习功能。同时，智能制造系统在运行历程中能自行诊断故障，并具备对故障自行排除、自行维护的能力。这种特征使智能制造系统能够自我优化并适应各种复杂的环境。

2.1.3　智能制造的基本范式

根据智能制造基本技术特征，智能制造可总结归纳为三种基本范式，分别为数字化制造、数字化网络化制造（即"互联网+"制造）和新一代智能制造，如图 2.2 所示。

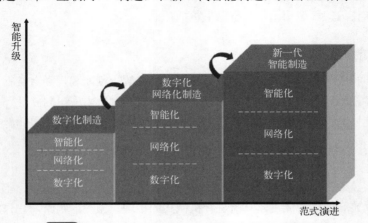

图 2.2　智能制造三个基本范式演进（周济，李培根等，2018）

（1）数字化制造

第一代智能制造是数字化制造，它是智能制造的第一种范式。20 世纪 80 年代后期，智能制造的概念被首次提出，当时智能制造的主体就是数字化制造，是后两个智能制造基本范式的基础。

数字化制造的主要特征表现为以下几点。

① 在产品方面，数字化技术得到普遍应用，形成数控机床等"数字一代"创新产品。

② 大量采用计算机辅助设计/工程设计中的计算机辅助工程/计算机辅助工艺规划/计算机辅助制造（CAD/CAE/CAPP/ CAM）等数字化设计、建模和仿真方法；大量采用数控机床等数字化装备；建立了信息化管理系统，采用物料需求计划/企业资源计划/产品数据管理（MRP Ⅱ /ERP/PDM）等，对制造过程中的各种信息与生产现场实时信息进行管理，提升各生产环节的效率和质量。

③ 实现生产全过程各环节的集成和优化运行，产生了以计算机集成制造系统（CIMS）为标志的解决方案。在这个阶段，以现场总线为代表的早期网络技术和以专家系统为代表的早期人工智能技术在制造业得到应用。

数字化制造是智能制造的基础，其内涵不断发展，贯穿于智能制造的三个基本范式和全部发展历程。

（2）数字化网络化制造

第二代智能制造是数字化网络化制造，它是智能制造的第二个范式。网络化制造是指通过采用先进的网络技术、制造技术及其他相关技术，构建面向企业特定需求的基于网络的制造系统，并在系统的支持下，突破空间对企业生产经营范围和方式的约束，开展覆盖产品整个生命周期全部或部分环节的企业业务活动。

从本质上讲，数字化网络化制造就是"互联网+"制造，在国外也被称为"smart manufacturing"，是在数字化制造的基础上实现网络化，应用工业互联网、工业云的技术实现联通和集成，同时还具备一定的智能。

"互联网+"制造是在数字化制造的基础上，深入应用先进的通信技术和网络技术，用网络将人、流程、数据和事物连接起来，联通企业内部和企业间的"信息孤岛"，通过企业内、企业间的协同和各种社会资源的共享与集成，实现产业链的优化，快速、高质量、低成本地为市场提供所需的产品和服务。先进制造技术和数字化网络化技术的融合，使得企业对市场变化具有更好的适应性，能够更好地收集用户对产品使用和产品质量的评价信息，在制造柔性化、管理信息化方面达到了更高的水平。

（3）新一代智能制造

新一代智能制造，即数字化网络化智能化制造，是智能制造的第三种基本范式，可对应于国际上推行的"intelligent manufacturing"。

21 世纪以来，移动互联、超级计算、大数据、云计算、物联网等新一代信息技术飞速发展，集中汇聚在人工智能技术的突破上。人工智能技术与先进制造技术的深度融合，形成了新一代智能制造，成为新一轮工业革命的核心驱动力。新一代智能制造的主要特征表现在制造系统具备了"认知学习"能力。通过深度学习、增强学习、迁移学习等技术的应用，新一代智能制造中制造领域知识的产生、获取、应用和传承效率将发生革命性变化，显著提高创新与服务能力。随着制造知识产生方式的变革，新一代智能制造形成了一种新的制造范式。

新一代智能制造将给制造业带来革命性变化，是真正意义上的智能制造，将从根本上引领和推进第四次工业革命，为我国实现制造业换道超车、跨越发展带来了历史性机遇。如果说数字化网络化制造是新一轮工业革命的开始，那么新一代智能制造的突破和广泛应用将推动形成新一轮工业革命的高潮。

智能制造的三个基本范式体现了智能制造发展的内在规律：一方面，三个基本范式次第展开，各有自身阶段的特点和重点解决的问题，体现着先进信息技术与先进制造技术融合发展的阶段性特征；另一方面，三个基本范式在技术上并不是绝对分离的，而是相互交织、迭代升级，体现着智能制造发展的融合性特征。对中国等新兴工业国家而言，应发挥后发优势，采取三个基本范式"并行推进、融合发展"的技术路线。

2.1.4 智能制造的技术机理

（1）传统制造系统（"人–物理系统"）

传统制造系统包含人和物理系统两大部分，是完全通过人对机器的操作控制去完成各种工作任务，如图2.3（a）所示，同时，其也可抽象描述为图2.3（b）所示的"人-物理系统"。

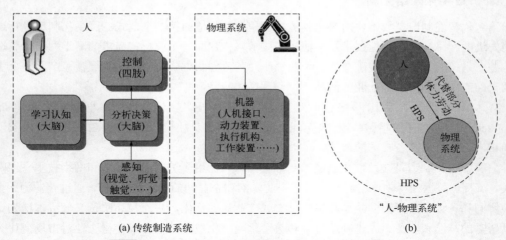

(a) 传统制造系统   (b)

图2.3　传统制造系统（"人–物理系统"）（周济、李培根等，2018）

（2）数字化制造、数字化网络化制造（"人–信息–物理系统"）

与传统制造系统相比，第一代和第二代智能制造系统发生的本质变化是，在人和物理系统之间增加了信息系统，信息系统可以代替人类完成部分脑力劳动，人的相当部分的感知、分析、决策功能向信息系统复制迁移，进而可以通过信息系统来控制物理系统，以代替人类完成更多的体力劳动，如图2.4所示。

第一代和第二代智能制造系统集成人、信息系统和物理系统的各自优势，系统的能力尤其是计算分析、精确控制以及感知能力都得到很大提高。制造系统从传统的"人-物理系统"向"人-信息-物理系统"（human-cyber-physical systems，HCPS）的演变可进一步用图2.5进行抽象描述。

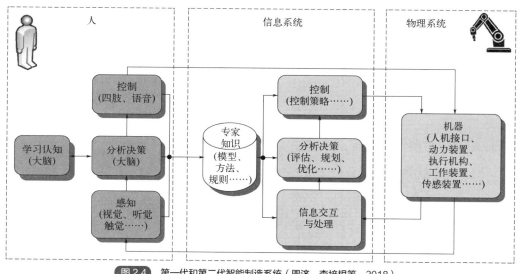

图2.4　第一代和第二代智能制造系统（周济，李培根等，2018）

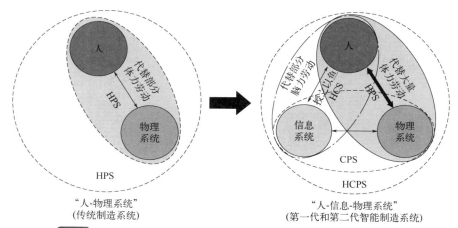

图2.5　从"人–物理系统"到"人–信息–物理系统"（周济，李培根等，2018）

美国在 21 世纪初提出了 CPS 的理论，德国将其作为工业 4.0 的核心技术。CPS 在工程上的应用是实现信息系统和物理系统的完美映射和深度融合。

（3）新一代智能制造（新一代"人–信息–物理系统"）

新一代智能制造系统最本质的特征是信息系统增加了认知和学习的功能，信息系统不仅具有强大的感知、计算分析与控制能力，更具有学习提升、产生知识的能力，如图 2.6 所示。

新一代人工智能技术将使"人-信息-物理系统"发生质的变化，形成新一代"人-信息-物理系统"，如图 2.7 所示。

新一代"人-信息-物理系统"中，HCS、HPS 和 CPS 都将实现质的飞跃。新一代智能制造进一步突出了人的中心地位，是统筹协调"人""信息系统"和"物理系统"的综合集成大系统；将使制造业的质量和效率跃升到新的水平，为人民的美好生活奠定更好的物质基础；将使人类从更多体力劳动和大量脑力劳动中解放出来，使得人类可以从事更有意义的创造性工作，人类社会开始真正进入"智能时代"。

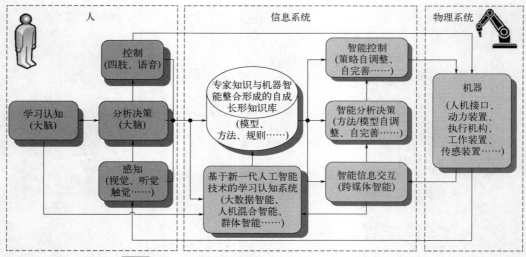

图 2.6 新一代智能制造系统的基本机理（周济，李培根等，2018）

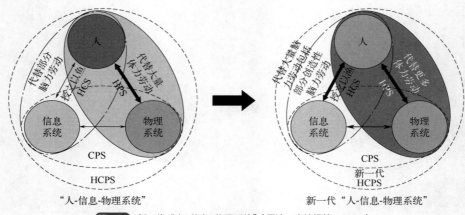

图 2.7 新一代"人-信息-物理系统"（周济，李培根等，2018）

2.2 智能制造关键技术

2.2.1 物联网技术

物联网是一种将互联网和各种信息传感设备结合而形成的巨大网络，其目的是实现万物互联，本质上是互联网的延伸和扩展。物联网通过嵌入电子传感器、执行器或其他数字设备的方式将所有物品通过网络连接起来，通过万物互联来收集和交换数据，从而实现智能化识别、定位、跟踪、监控和管理。物联网的几大关键技术包括传感器技术、RFID 技术和嵌入式系统技术。这些技术可以实现透明化生产、数字化车间、智能化工厂，减少人工干预，提高工厂设施整体协作效率，提高产品质量一致性。

物联网技术是智能制造的数据渠道，在具体应用中，物联网可以划分为感知层、网络层、应用层三个层次。感知层首先通过通信模块将设备、工厂等实体连接到网络层和应用层；网络层进而实现信息的路由、控制和传递；最终由应用层提供资源调用接口及通用基础服务，实现物联网在智能制造领域的实际应用。例如，基于射频识别技术的装配线智能识别系统、基于加速度传感器的车床刀具实时监测系统、基于超带宽的实时定位平台等。

2.2.2　工业大数据技术

工业大数据是指在工业领域的信息化应用产生的和各类传感器采集的海量数据，是为决策问题服务的大数据集、大数据技术和大数据应用的总称，贯穿设计、制造、维修等产品的全生命周期，其价值主要体现在对异常状况的诊断和预测上，通过科学的数据分析方法可以从中获取新价值。大数据分析是智能制造的思考工具，通过数据渠道、数据预处理、数据存储、数据挖掘和数据展现等环节实现数据的标准化、分析与展示。大数据分析在智能制造系统中的重要应用之一是产品全生命周期的优化。大数据分析可以深入挖掘产品生命周期积累的数据，分析产品在设计、制造、使用、服务、回收、拆解等过程中的信息，发现问题产生的本质、规律和内在关联，进而形成反馈机制，逆向指导产品全生命周期的优化与协同。

2.2.3　人工智能

人工智能是研究如何用人工的方法和技术，使用各种智能机器或自动化机器模仿、延伸和拓展人类智能的技术科学。人工智能技术的三大特点就是大数据技术、按照计划规则的有序采集技术、自我思考的分析和决策技术。新一代的人工智能在新的信息环境的基础上，把计算机和人连成更强大的智能系统，来实现新的目标。

人工智能是智能制造的决策手段，是智能制造的重要基础和关键技术保障。一方面，智能制造需要应用人工智能的分布式系统、智能网络、智能机器人、智能控制、智能推理与智能决策等关键技术，构建人机融合系统，实现制造过程的柔性化、集成化、自动化、机器人化、信息化与智能化。另一方面，智能制造是人工智能的一个具有广泛交叉的重要应用领域，涉及智能机器人、分布式智能系统、智能推理、智能控制、智能管理与智能决策等人工智能方向。

2.2.4　工业互联网

工业互联网是互联网和新一代信息技术制造业深度融合所形成的新兴业态和应用模式，是连接工业全系统、全产业链、全价值链，支撑工业智能化发展的关键基础设施。工业互联网包括物联网、大数据、人工智能等技术，是智能制造的主体。具体来说，工业互联网在网络层面上实现物品、机器、信息系统、控制系统、人之间的泛在连接；在平台层面上通过工业云和工业大数据实现海量工业数据的集成、处理与分析；在新模式、新业态层面上实现智能化生产、网络化协同、个性化定制和服务化延伸，例如包含虚拟化产品研发设计、个性化生产线、智能运维等的工厂智能化生产，包含运行环节一体化、企业调度能力优化等的工厂智能管理，产品服务化，企业间网络协同制造等。

2.2.5　数字孪生技术

数字孪生（digital twin）是充分利用物理模型、传感器更新、运行历史等数据，集成多学科、多物理量、多尺度、多概率的仿真过程，在虚拟空间中完成映射，从而反映相对应的实体装备的全生命周期过程。数字孪生是一种超越现实的概念，可以被视为一个或多个重要的、彼此依赖的装备系统的数字映射系统，成为现实世界和虚拟世界之间的桥梁。

数字孪生最为重要的启发意义在于，它实现了现实物理系统向网络空间数字化模型的反馈。这是一次工业领域中逆向思维的壮举。人们试图将物理世界发生的一切，塞回到数字空间中。只有带有回路反馈的全生命跟踪，才是真正的全生命周期概念。这样，就可以真正在全生命周期范围内，保证数字与物理世界的协调一致，各种基于数字化模型进行的各类仿真、分析、数据积累、挖掘，甚至人工智能的应用，都能确保它在现实物理系统的适用性。

数字孪生作为以数据和模型驱动、以数字孪生体和数字线程为支撑的新型制造模式，通过结合多物理场仿真、数据分析和机器学习功能，不需要搭建实体原型，即可展示设计、使用场景、环境条件和其他无限变量所带来的影响，同时缩短了开发时间，并可提高成品或流程的质量。利用海量传感器数据，数字孪生能够不断演进并持续更新，从而反映整个产品生命周期中实际对应物的变化，使工业全要素、全产业链、全价值链达到最大限度闭环优化。数字孪生技术已成为智能制造使能技术之一，是未来企业实现转型与创造价值的重要驱动力。

2.2.6 增材制造技术

增材制造（additive manufacturing，AM）是指基于离散-堆积原理，由零件三维数据驱动直接制造零件的科学技术体系。AM是一种支持新产品、新商业模式和新供应链的使能技术，内涵上包括快速成形、固体自由形式制造、层制造、数字制造或3D打印等，在各产业中应用愈加广泛。AM具有取代许多传统制造工艺的潜力优势，如直接从CAD数据文件制造零件、无须额外工具或制造成本的大规模定制、制造复杂几何形状零件、制造空心零件或晶格结构、"零浪费"的材料高利用率、按需制造和出色的可扩展性等。下一代AM工艺，如微/纳米级3D打印、生物印刷和4D打印（AM与智能材料的组合）等技术应用均在不断推进中。

2.2.7 机器人技术

当前，制造范式正在迅速从大规模生产转向定制化生产，企业生产必须灵活适应更广泛的产品变化，因此需要自主机器人（autonomous robots）技术支持。自主机器人将微处理器和人工智能（AI）与产品、服务和机器相结合，使制造相关的计算、通信、控制、自治和社会性的能力得以实现，具有AI、自适应和灵活的机器人可以促进不同的产品制造，从而降低生产成本。产品开发、制造和组装等过程中，自主机器人可以在不断变化的环境中自主执行操作而无须操作员的交互；非结构化环境中的恶劣危险场景下的工业应用，可以通过自主工业机器人与人密切合作来改进；协作机器人（collaborative robots）技术发展破除人机障碍，为解决方案提供更大的可承受性和灵活性。

2.2.8 信息化系统

智能工厂信息化系统需要将现代管理理论、智能制造理论与最新的信息化技术、自动化技术、网络通信技术、信息物理系统、大数据技术、云计算技术深度融合，通过科学规划和全面集成企业设备单元、生产监控、制造执行、企业管理、设计研发等各类系统，最终构建由智能设计、智能经营、智能生产、智能决策组成的智能工厂。

　　智能制造信息系统，在数据采集基础上，建立完善了智能工厂生产管理系统，实现了生产制造从硬件设备到软件系统，再到生产方法，全部生产现场上下游信息的互联互通。

　　基于智能工厂所需的主要业务系统进行规划建设，主要有：

　　① ERP（企业资源计划系统）：企业信息化的核心系统，管理销售、生产、采购、仓库、质量、成本核算等；

　　② PLM（产品生命周期管理系统）：负责产品设计的图文档、设计过程、设计变更、工程配置的管理，为 ERP 系统提供最主要的数据源 BOM 表，同时为 MES 系统提供最主要的数据源工艺路线文件；

　　③ MES（制造执行系统）：负责车间中生产过程的数字化管理，实现信息与设备的深度融合，为 ERP 系统提供完整、及时、准确的生产执行数据，是智能工厂的基础；

　　④ WMS（仓库管理系统）：具备入库业务、出库业务、仓库调拨等功能，从 ERP 系统接收入出库物料清单并从 MES 系统中接收入出库指令，协同 AGV 小车完成物料配送的自动化，实现立体仓库、平面仓库的统一仓储信息管理。

2.3　智能制造架构模型

　　目前国际主流参考架构模型包括：德国工业 4.0 参考架构模型（RAMI 4.0）、美国工业互联网参考架构（IIRA）、NIST 智能制造生态系统、日本工业价值链参考架构、中国智能制造标准体系架构等。

2.3.1　德国工业 4.0 参考架构（RAMI 4.0）

　　该架构模型是从产品生命周期/价值链、层级和架构等级三个维度，分别对工业 4.0 进行多角度描述的一个框架模型。

　　RAMI 4.0 的第一个维度，是在 IEC 62264 企业系统层级架构的标准基础之上（该标准是基于普度大学的 ISA-95 模型，界定了企业控制系统、管理系统等各层级的集成化标准），补充了产品或工件的内容，并由个体工厂拓展至"互联世界"，从而体现工业 4.0 针对产品服务和企业协同的要求。图 2.8 为工业 4.0 参考架构模型图。

　　第二个维度是信息物理系统（CPS）的核心功能，以各层级的功能来进行体现。具体来看，资产层是指机器设备、零部件及人等生产环节的每个单元；集成层是指一些传感器和控制实体等；通信层是指专业的网络架构等；信息层是指对数据的处理与分析过程；功能层是企业运营管理的集成化平台；商业层是指各类商业模式、业务流程、任务下发等，体现的是制造企业的各类业务活动。图 2.9 为 RAMI 功能层的作用图。

　　第三个维度是价值链，即从产品全生命周期视角出发，描述了以零部件、机器和工厂为典型代表的工业要素从虚拟原型到实物的全过程。具体体现为三个方面：一是基于 IEC 62890 标准，将其划分为模拟原型和实物制造两个阶段；二是突出零部件、机器和工厂等各类工业生产部分都要有虚拟和现实两个过程，体现了全要素"数字孪生"特征；三是在价值链构建过程中，工业生产要素之间依托数字系统紧密联系，实现工业生产环节的末端连接。

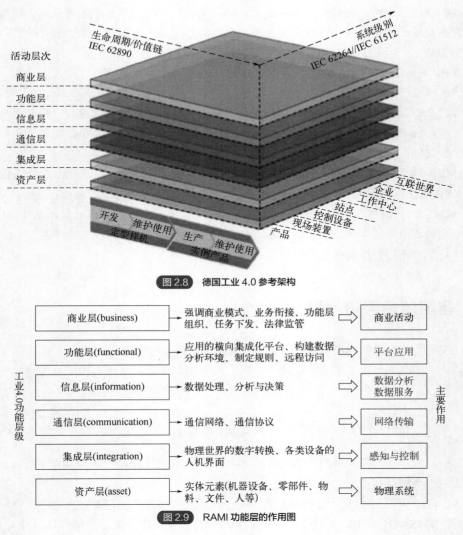

图2.8 德国工业4.0参考架构

图2.9 RAMI功能层的作用图

2.3.2 美国工业互联网参考架构（IIRA）

2015年6月，美国工业互联网联盟发布了全球第一个针对工业互联网具有跨行业适用性的参考架构——工业互联网参考架构（industrial internet reference architecture，IIRA），意在使工业物联网（IIoT）系统架构师能够基于通用框架和概念设计，开发可以互操作的IIoT系统，加快工业互联网的发展，如图2.10所示。2017年1月，美国工业互联网联盟发布工业互联网参考架构1.8版，在1.7版的基础上融入新型IIoT技术、概念和应用程序；2019年6月进一步发布了1.9版。IIRA从商业、使用、功能和实施4个视角对工业互联网进行描述。商业视角描述了企业所希望实现的商业愿景、价值和目标；使用视角描述了工业互联网系统的操作使用流程；功能视角确定了工业互联网系统所需要具备的控制、运营、信息、应用和商业等关键功能及其相互关系；实施视角包括边缘层、平台层和企业层三层架构。

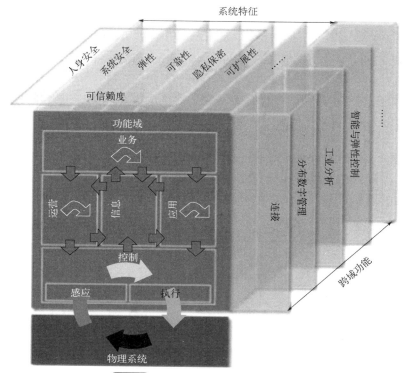

图 2.10　美国工业互联网参考架构模型

　　具体来说，美国工业互联网包括系统安全、信息安全、弹性、互操作性、连接性、数据管理、高级数据分析、智能控制、动态组合九大核心内容。具体如下：

　　① 系统安全：系统运转的主要核心问题，单个组件的安全不能保证整个系统的安全，缺乏系统行为预测的前提下很难预警系统安全问题；

　　② 信息安全：为了解决工业互联网中的安全、信任与隐私问题，必须保障系统端到端信息安全；

　　③ 弹性：弹性系统需要有容错、自我配置、自我修复、自我组织与计算的自主计算概念；

　　④ 互操作性：工业互联网系统由不同厂商和组织的不同组件装配而成，这些组件需确保基于兼容通信协议的相互通信功能，基于共同概念模型互相交换与解释信息，基于交互方期望在重组方式下相互作用；

　　⑤ 连接性：工业互联网系统运行的关键基础技术之一，针对系统内的分布式工业传感器、控制器、设备、网关和其他子系统，有必要定义新的连接性功能层模型；

　　⑥ 数据管理：涉及从使用角度考虑的任务角色和从功能角度考虑的功能组件的具体协调活动，如数据分析、发布与订阅、查询、存储与检索、集成、描述和呈现、数据框架和权限管理；

　　⑦ 高级数据分析：利用先进的数据处理方法将来自传感器的数据进行转换与分析，从而提取能提供特定功能的有效信息，给运营商提供有见地的建议，支持实时业务与运营决策；

　　⑧ 智能控制：提出相关的概念模型，并就如何建立智能弹性控制提出关键的概念；

　　⑨ 动态组合：工业互联网系统需要对各种来源的分散组件进行安全、稳定和可扩展组合。这些组合通常基于不同协议，提供可靠的端到端服务。

2.3.3　NIST 智能制造生态系统

美国国家标准与技术研究院（National Institute of Standards and Technology，NIST）在《智能制造系统现行标准体系》的报告中提到，智能制造区别于其他基于技术的制造范式，是一个有着增强能力，从而面向下一代制造的目标愿景。它基于新兴的信息和通信技术，并结合了早期制造范式的特征，如图 2.11 所示。

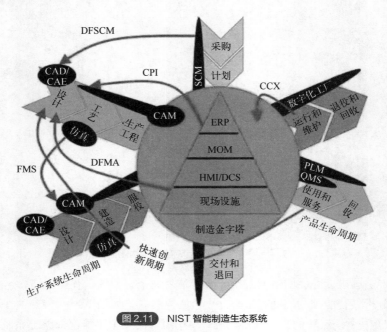

图 2.11　NIST 智能制造生态系统

NIST 智能制造生态系统模型涵盖制造系统的广泛范围，包括业务、产品、管理、设计和工程功能，给出了智能制造系统中显示的三个维度。每个维度（如产品、生产系统和业务）代表独立的全生命周期。制造金字塔是其核心，三个生命周期在这里汇聚和交互。

①　第一维度（产品生命周期维度）：涉及信息流和控制，智能制造生态系统（SMS）下的产品生命周期管理包括 6 个阶段，分别是设计、工艺、生产工程、制造、使用和服务、回收。

②　第二维度（生产系统生命周期维度）：关注整个生产设施及其系统的设计、建造、服役、运行维护和退役回收。

③　第三维度（供应链管理的商业周期维度）：关注供应商和客户的交互功能。电子商务在今天至关重要，任何类型的业务或商业交易，都会涉及利益相关者之间的信息交换。制造商、供应商、客户、合作伙伴，甚至是竞争对手之间的交互标准，包括通用业务建模标准、制造特定的建模标准和相应的消息协议，这些标准是提高供应链效率和制造敏捷性的关键。

④　制造金字塔：智能制造生态系统的核心，产品生命周期、生产周期和商业周期都在这里聚集和交互。每个维度的信息必须能够在金字塔内部上下流动，为制造金字塔从机器到工厂、从工厂到企业的垂直整合发挥作用。沿着每一个维度，制造业应用软件的集成都有助于在车间层面提升控制能力，并且优化工厂和企业决策。这些维度和支持维度的软件系统，最终构成了制造业软件系统的生态体系。

2.3.4 日本工业价值链参考架构

日本工业价值链促进会（Industrial Value Chain Initiative，IVI）是一个由制造业企业、设备厂商、系统集成企业等发起的组织，旨在推动"智能工厂"的实现。2016 年 12 月 8 日，IVI 基于日本制造业的现有基础，推出了智能工厂的基本架构——工业价值链参考架构（industrial value chain reference architecture，IVRA），从制造业一直追求的质量、成本和效率（产出）传统要素加上环保要求的管理角度出发，结合生产环境的资产（人、流程、产品和工厂）角度和作业流程（计划、执行、查验和反应）角度，细分出智能制造单元，对信息化在生产过程中的优化进行了细致分析，进而提出了智能制造的总体功能模块架构，在不同的（设备、车间、部门和企业）层次上，分析知识、工程流程（相当于产品链）和供给流程（相当于价值链）的各个环节的具体功能构成，如图 2.12 所示。IVRA 也是一个三维模式，三维模式的每一个块被称为智能制造单元（SMU）。将制造现场作为一个单元，通过三个轴进行判断。纵向作为"资源轴"，分为人员、流程、产品和设备。横向作为"执行轴"，分为计划（plan）、执行（do）、检查（check）和处置（action），即 PDCA 循环。内向作为"管理轴"，分为质量（quality）、成本（cost）、交付（deliver）、环境（environment），即 QCDE 活动。

IVRA 中，通过多个智能制造单元（SMU）的组合，展现制造业产业链和工程链等。多个智能制造单元（SMU）的组合被称为通用功能块（GFB）。GFB 纵向表示企业或工厂的规模，分为企业层、部门层、厂房层和设备层；横向表示生产流程，包括市场需求与设计、架构与实现、生产、维护和研发等 5 个阶段；内向表示需求与供给流程，包括基本计划、原材料采购、生产执行、物流销售和售后服务等 5 个阶段。

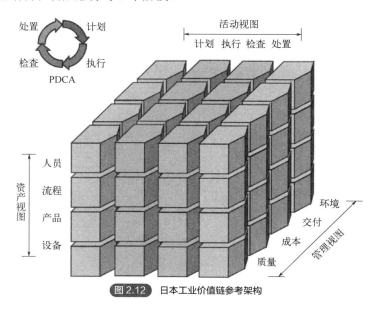

图 2.12 日本工业价值链参考架构

2.3.5 中国智能制造标准体系架构

为落实国务院"中国制造 2025"的战略部署，加快推进智能制造发展，发挥标准的规范和引领作用，指导智能制造标准化工作的开展，工业和信息化部、国家标准化管理委员会共同组织制定了《国家智能制造标准体系建设指南（2018 年版）》。该标准于 2018 年 7 月正式发布。该标准对智能制造系统架构给出了一个认知度较高的模型。

（1）智能制造系统架构

智能制造系统架构通过生命周期、系统层级和智能功能三个维度构建完成，主要解决智能制造标准体系结构和框架的建模研究，如图 2.13 所示。

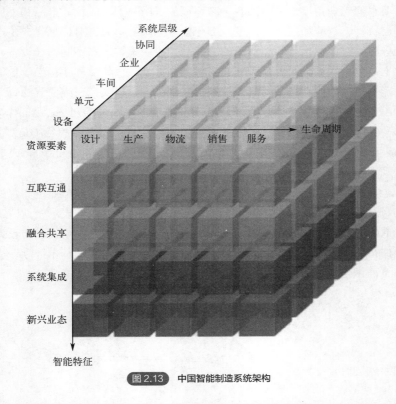

图 2.13　中国智能制造系统架构

① 生命周期。生命周期是指从产品原型研发开始到产品回收再制造的各个阶段，包括设计、生产、物流、销售、服务等一系列相互联系的价值创造活动。生命周期的各项活动可进行迭代优化，具有可持续性发展等特点，不同行业的生命周期构成不尽相同。

a．设计是指根据企业的所有约束条件以及所选择的技术来对需求进行构造、仿真、验证、优化等研发活动的过程。

b．生产是指通过劳动创造所需要的物质资料的过程。

c．物流是指物品从供应地向接收地的实体流动过程。

d．销售是指产品或商品等从企业转移到客户手中的经营活动。

e．服务是指提供者与客户接触过程中所产生的一系列活动的过程及结果，包括回收等。

② 系统层级。系统层级是指与企业生产活动相关的组织结构的层级划分，包括设备层、单元层、车间层、企业层和协同层。

a．设备层是指企业利用传感器、仪器仪表、机器、装置等，实现实际物理流程并感知和操控物理流程的层级。

b. 单元层是指用于工厂内处理信息、实现监测和控制物理流程的层级。

c. 车间层是实现面向工厂或车间的生产管理的层级。

d. 企业层是实现面向企业经营管理的层级。

e. 协同层是企业实现其内部和外部信息互联和共享过程的层级。

③ 智能特征。智能特征是指基于新一代信息通信技术使制造活动具有自感知、自学习、自决策、自执行、自适应等一个或多个功能的层级划分，包括资源要素、互联互通、融合共享、系统集成和新兴业态等五层智能化要求。

a. 资源要素是指企业生产时所需要使用的资源或工具及其数字化模型所在的层级。

b. 互联互通是指通过有线、无线等通信技术，实现装备之间、装备与控制系统之间、企业之间相互连接及信息交换功能的层级。

c. 融合共享是指在互联互通的基础上，利用云计算、大数据等新一代信息通信技术，在保障信息安全的前提下，实现信息协同共享的层级。

d. 系统集成是指企业实现智能装备到智能生产单元、智能生产线、数字化车间、智能工厂，乃至智能制造系统集成过程的层级。

e. 新兴业态是企业为形成新型产业形态进行企业间价值链整合的层级。

智能制造的关键是实现贯穿企业设备层、单元层、车间层、企业层、协同层不同层面的纵向集成，跨资源要素、互联互通、融合共享、系统集成和新兴业态不同级别的横向集成，以及覆盖设计、生产、物流、销售、服务的端到端集成。

通过以上分析可以看到，美国、德国、日本和中国等几个世界主要制造大国都提出并推广工业互联网参考架构，以此为基础加快本国工业互联网和智能制造的发展。不同国家的工业互联网参考架构具有共性，主要包括：第一，都重视物理世界与数字世界的融合，将信息物理系统（CPS）作为技术使能系统；第二，都强调数据在其中的作用，通过数据感知、传输、集成、处理、分析、决策与反馈，提升设备和运营效率；第三，都认为工业互联网应该涵盖广泛的范围，包括全价值链、全产品生命周期、全商业生态；第四，各国的工业互联网参考架构在竞争的同时，也在加强合作，推动互联互通。例如，美国工业互联网联盟与德国工业4.0平台自2015年底就开始合作，并成立生产系统和工业物联网解决方案、参考架构对接、测试床协作、互操作标准需求、安全、文件及路线图制定等六个工作组推动合作的落实，双方专家于2017年12月5日联合发表《架构对接和可互操作性》白皮书，推动工业互联网与工业4.0之间在标准、架构和业务方面的合作与可互操作性，推动智能制造的深入发展。日本的工业价值链参考架构（IVRA）同时参考了美国工业互联网参考架构（IIRA）和德国工业4.0参考架构（RAMI 4.0）。我国的智能制造标准体系与工业互联网体系架构也受到 IIRA 与 RAMI 4.0 很大的影响。

（2）智能制造标准体系结构

智能制造标准体系结构包括"A 基础共性""B 关键技术""C 行业应用"等三个部分，主要反映标准体系各部分的组成关系。智能制造标准体系结构图如图 2.14 所示。

具体而言，"A 基础共性"标准包括通用、安全、可靠性、检测、评价等五大类，位于智能制造标准体系结构图的最底层，是"B 关键技术"标准和"C 行业应用"标准的支撑。"B 关键技术"标准是智能制造系统架构智能特征维度在生命周期维度和系统层级维度所组成的制造平面的投影，其中"BA 智能装备"对应智能特征维度的资源要素，"BB 智能工厂"对应智能特征维度的资源要素和系统集成，"BC 智能服务"对应智能特征维度的新兴业态，"BD 智能赋能技术"对应智能特征维度的融合共享，"BE 工业网络"对应智能特征维度的互联互通。"C 行业应用"标准位于智能制造标准体系结构图的最顶层，面向行业具体需求，对"A 基础共性"标准和"B 关键技术"标准进行细化和落地，指导各行业推进智能制造。

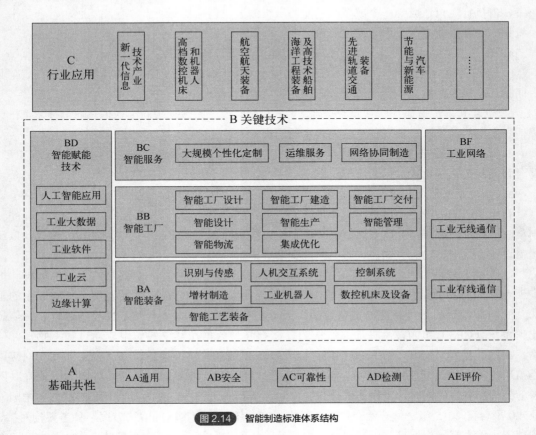

图 2.14 智能制造标准体系结构

2.4 智能制造发展趋势

伴随着工业互联网、5G、大数据、人工智能等技术与先进制造技术的深度融合，智能制造呈现出自动化、数字化、规模化、生态化、绿色化的发展趋势，如图 2.15 所示。

（1）自动化

出于对提高效率、降低成本的不断追求，全球制造业几乎都面临技能和劳动力短缺的压力。自动化是帮助制造商填补技能差距，消除仓库中耗时的流程和提高产品质量的答案。这里的自动化是指通过合理规划生产工艺、加工节拍、节点动作，添加部分硬件（如：机械手、轨道、运输、视觉成像等装置）及对相关硬件的编程，达到节约人力、稳定质量、提高效率的目的。未来将是一个人机协作的世界，机器人和人类在工厂和仓库中共存和协作。我们已经看到无人车间、无人工厂数量日益增多，未来更多制造商将投资协作机器人来承担枯燥、危险和重复性的工作，让人类专注于创造性工作。

自动化	数字化	规模化	生态化	绿色化
制造业持续追求效率与成本的优化，疫情加速制造业自动化升级	数据支持制造知识的产生利用，数字孪生建立物理世界与数字世界准实时联系，数字安全重要性凸显	从少数智能工厂用例转变为大规模部署智能工厂	在保障数字安全的前提下，构成全产业链和供应链的互联互通	智能技术和ESG支持制造业可持续发展并创造价值

图 2.15　智能制造发展趋势

（2）数字化

大数据与智能制造之间的关系可以总结为：制造系统中问题的发生和解决过程会产生大量数据，通过对这些数据的分析和挖掘可以了解问题产生的过程、造成的影响和解决方式，这些信息被抽象化建模后转化成知识，再利用知识去认识、解决和避免问题。其核心是从依靠人的经验，转向依靠挖掘数据中的隐形线索，使得制造知识能够被更高效地产生、利用和传承。数字孪生是以数字化的形式对某一物理实体过去和目前的行为或流程进行动态呈现，有助于提升企业绩效。其真正的功能在于能够在物理世界和数字世界之间全面建立准实时联系，源源不断地为企业创造价值。数据已成为与物质资产和人力资本同样重要的基础生产要素。随着越来越多的数据共享开放、交叉使用，数字安全重要性凸显。

（3）规模化

全球"灯塔"工厂展示了将智能制造规模化的可能性。云计算等基础技术可实现计算能力的可见性、大规模和高速度。5G 部署随着技术和用例的进步而扩大。随着众多初创公司的加入，视频分析、人工智能、网络安全、自主移动机器人等技术变得更具成本效益。工厂智能化改造的方式正从单一的设备升级、软件应用、网络铺设转变为实施整厂的系统集成解决方案。

（4）生态化

智能制造的语境下，生态化是指在数字化、集成化基础上，在保障数字安全的前提下，打通供应链上下游，将整个产业链互联，实现协同，并在此基础之上建立开放互联平台，将所有利益相关者互联起来，形成生态系统。生态系统能为制造业企业带来更高的产能与灵活性。生态系统中多对多关系的成功可以惠及系统中的所有参与方，从而达到多赢的效果。

（5）绿色化

制造业可持续发展关乎所有利益相关者。毫无疑问，制造业企业需要为客户和股东创造价值，同时还需要投资于员工，与供应商公平地交易，支持其经营所在的社区。制造业企业可能会以更多的资源和更高的严谨性来推进可持续发展，提高数字治理能力，并更积极地采用智能技术来减少环境影响，传达其可持续的商业实践的价值，例如优化能源消费与追踪、保障作业安全及开发绿色产品等。

本章小结

本章对智能制造的内涵与特征进行了详细介绍，并详细说明了智能制造的基本范式和技术机理，在此基础上，介绍了智能制造中比较重点的几项关键技术。同时，详细介绍了当前主流的智能制造架构模型：德国工业 4.0 参考架构、美国工业互联网参考架构、NIST 智能制造生态系统、日本工业价值链参考架构和中国智能制造标准体系架构。

 思考题

2-1 如何理解智能制造的内涵与特征？

2-2 试讨论智能制造的基本范式及技术机理。

2-3 比较德国工业 4.0 参考架构、美国工业互联网参考架构、NIST 智能制造生态系统、日本工业价值链参考架构和中国智能制造标准体系架构的特点和异同。

第3章

先进制造技术

 学习目标

① 掌握先进制造技术的定义及体系结构；掌握增材制造技术、数字化制造技术、绿色制造技术、虚拟制造技术、纳米制造技术和云制造技术的基本定义及内涵。

② 熟悉先进制造技术、增材制造技术、数字化制造技术、绿色制造技术、虚拟制造技术、纳米制造技术和云制造技术的关键技术。

③ 了解先进制造技术、增材制造技术、数字化制造技术、绿色制造技术、虚拟制造技术、纳米制造技术和云制造技术的应用领域及发展趋势。

扫码获取本章课件

思维导图

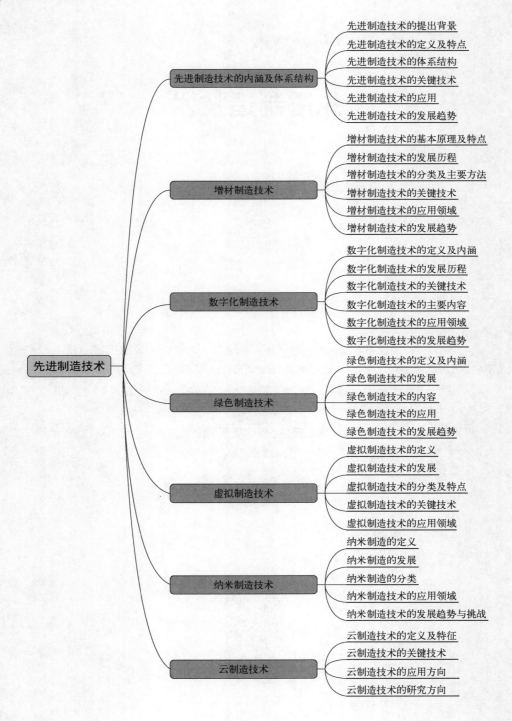

先进制造技术

- 先进制造技术的内涵及体系结构
  - 先进制造技术的提出背景
  - 先进制造技术的定义及特点
  - 先进制造技术的体系结构
  - 先进制造技术的关键技术
  - 先进制造技术的应用
  - 先进制造技术的发展趋势
- 增材制造技术
  - 增材制造技术的基本原理及特点
  - 增材制造技术的发展历程
  - 增材制造技术的分类及主要方法
  - 增材制造技术的关键技术
  - 增材制造技术的应用领域
  - 增材制造技术的发展趋势
- 数字化制造技术
  - 数字化制造技术的定义及内涵
  - 数字化制造技术的发展历程
  - 数字化制造技术的关键技术
  - 数字化制造技术的主要内容
  - 数字化制造技术的应用领域
  - 数字化制造技术的发展趋势
- 绿色制造技术
  - 绿色制造技术的定义及内涵
  - 绿色制造技术的发展
  - 绿色制造技术的内容
  - 绿色制造技术的应用
  - 绿色制造技术的发展趋势
- 虚拟制造技术
  - 虚拟制造技术的定义
  - 虚拟制造技术的发展
  - 虚拟制造技术的分类及特点
  - 虚拟制造技术的关键技术
  - 虚拟制造技术的应用领域
- 纳米制造技术
  - 纳米制造的定义
  - 纳米制造的发展
  - 纳米制造的分类
  - 纳米制造技术的应用领域
  - 纳米制造技术的发展趋势与挑战
- 云制造技术
  - 云制造技术的定义及特征
  - 云制造技术的关键技术
  - 云制造技术的应用方向
  - 云制造技术的研究方向

新一代智能制造是新一代人工智能技术与先进制造技术的深度融合，贯穿于产品设计、制造、服务全生命周期的各个环节及相应系统的优化集成，不断提升企业的产品质量、效益、服务水平，减少资源能耗，是新一轮工业革命的核心驱动力，是今后数十年制造业转型升级的主要路径。先进制造技术是使一个国家制造业强盛的关键所在，是企业兴旺发达的重要途径，也是企业赢得市场的有力武器。它在国防建设和国民经济发展中占有影响全局、决定全局的战略地位。

3.1　先进制造技术的内涵及体系结构

3.1.1　先进制造技术的提出背景

先进制造技术作为一个专用名词出现在 20 世纪 80 年代末，是美国根据本国制造业面临的挑战和机遇，对其制造业存在的问题进行深刻的反省，为了加强其制造业的竞争力和促进国民经济的增长而提出来的，并得到充分重视。同时，以计算机技术为中心的新一代信息技术的发展，推动了制造技术的飞跃发展，逐步形成了先进制造技术的概念。

先进制造技术是在现代制造战略的指导下，集制造技术、电子技术、信息技术、自动化技术、能源技术、材料科学以及现代系统管理技术等众多技术交叉、融合和渗透而发展起来的，涉及制造业中的产品设计、加工装配、检验测试、经营管理、市场营销等产品生命周期的全过程，以实现优质、高效、低耗、清洁、灵活的生产，提高对动态多变市场的适应能力和竞争能力的一项综合性技术。它是制造业为了适应现代生产环境及市场的动态变化，在传统制造技术基础上通过不断吸收科学技术的最新成果而逐渐发展起来的一个新兴技术群。

先进制造技术的产生和发展有其自身的社会经济、科学技术以及可持续发展的根源和背景。

（1）社会经济发展背景

近几十年来，市场环境发生了巨大变化，一方面表现为消费需求日趋主题化、个性化和多样化，生产模式则朝着多品种、小批量、单件化、柔性化、生产周期大幅度缩短等方面发展；另一方面表现为全球性产业结构调整步伐加快。制造业的进步和发展，使更多的国家参与到世界经济发展中，形成全球性的大市场，生产能力在世界范围内迅速提高和扩散并形成全球性的激烈竞争格局。经济全球化正在将越来越多的国家带进世界经济范围，随着生产力的国际扩散，产业之间和产业内部的国际分工已成为一股不可阻挡的发展趋势。制造商着眼于全球市场激烈竞争的同时，着力于实力与信誉基础上的合作和协作。

此外，制造业核心要素（质量、成本、生产率）的内涵发生了深刻变化，具体表现为：

① 产品质量观发生了变化，现代质量观主要是指全面满足用户的需求，即不断跟上用户要求和及时响应市场变化，在适当的时间、适当的地点满足用户的功能需求和非功能需求；

② 产品的成本不仅仅指制造成本，还包括用户使用成本、维护成本以及社会环境成本；

③ 快速响应市场，满足已有和潜在顾客需求，获得更多订单，主动适应市场、引导市场，快速开发产品，是赢得竞争，获取最大利润，影响企业成败的关键。产品质量、成本（价格）和时间（生产率）已成为增加企业竞争力的三个决定性因素。

（2）科学技术发展背景

传统的机械制造是各种机械制造方法和过程的总称，是以机械制造中的加工工艺问题为研究对象的一门应用技术学科。制造业从 20 世纪初开始逐渐走上科学发展的道路。近 30 年来，制造业不断吸取机械、电子、信息、材料、能源以及现代管理等方面的成果，并将其综合应用于产品设计、制造、检测、管理、售后服务等生产制造的全过程，实现优质、高效、低耗、清洁、灵活生产，取得了理想的技术经济效果。

伴随科学技术和生产发展而产生的高新技术，在推动传统机械制造向先进制造技术转变的同时，极大地促进了制造技术在宏观和微观（超精密加工）两个方向上蓬勃发展。企业内联网和国际互联网的广泛应用，急剧地改变了现代制造业的产品结构、生产方式、生产工艺和设备及生产组织体系，使现代制造业发展为技术密集、知识密集型产业，成为主宰制造业的决定性因素。

（3）可持续发展战略

工业经济时代，制造技术一味追求经济的高速增长，无暇顾及资源和生态环境。工业排放废弃物的大量增加，能源的巨大消耗，使人类生存的地球生态环境日趋恶化。在经历一系列全球性生态环境问题带来的影响和痛苦之后，人们不得不积极反思和总结传统经济发展模式中的矛盾，探索新的发展战略，从而达成共识即发展是一个多目标函数，除经济增长外，还需要考虑到整个社会的协调，要考虑人们生活质量的提高，从而领悟到了新的发展观——可持续发展观。

世界环境与发展委员会（WCED）于 1987 年向联合国 42 届大会递交报告《我们共同的未来》，正式提出了"可持续发展"的思路，其定义是：既满足当代人的需求，又不对子孙后代满足其需要之生存环境构成危害的发展。世界资源研究所于 1992 年对可持续发展给出了更简洁明确的定义：建立极少产生废料和污染物的工艺或技术系统。

先进制造技术应是基于可持续发展战略的。当代人在创造和追求发展和消费的时候，不能以牺牲今后几代人的利益为代价，而是依靠科技进步，建立极少产生废料和污染物的工艺或技术系统，实现可持续长远发展规划。社会经济发展模式应由粗放经营、掠夺式开发向集约型、可持续发展转变。

鉴于上述社会经济、科学技术，以及环境资源保护的历史背景下，各国政府和企业界都在寻求对策，以获取全球范围内的竞争优势。传统的制造技术已变得越来越不适应当今快速变化的形势，而先进制造技术在制造业中的广泛应用，使人们正在或已经摆脱传统观念的束缚，使人类跨入制造业的新纪元。

3.1.2　先进制造技术的定义及特点

先进制造技术（advanced manufacturing technology，简称为 AMT）是指微电子技术、自动化技术、信息技术等先进技术给传统制造技术带来的种种变化与新型系统。具体地说，就是制造业不断吸收机械、电子、信息（计算机与通信、控制理论、人工智能等）、能源及现代系统管理等方面的成果，并将其综合应用于产品设计、制造、检测、管理、销售、使用、服务乃至回收的制造全过程，以实现优质、高效、低耗、清洁、灵活生产，提高对动态多变的产品市场的适应能力和竞争能力的制造技术的总称。先进制造技术是当今工业企业在激烈的市场竞争中离不开的集设计、生产、管理、市场、信息、创新于一体的综合技术。

先进制造技术的技术特点有：

① 先进制造技术涉及产品从市场调研、产品开发及工艺设计、生产准备、加工制造、售后服务等产品生命周期的所有内容，它的目的是提高制造业的综合经济效益和社会效益，是面向工业应用的技术；

② 先进制造技术强调计算机技术、信息技术、传感技术、自动化技术、新材料技术和现代系统管理技术在产品设计、制造、生产组织管理、销售及售后服务等方面的应用，它驾驭生产过程的物质流、能量流和信息流，是生产过程的系统工程；

③ 先进制造技术的最新发展阶段保持了过去制造技术的有效要素，同时吸收各种高新技术成果，渗透到产品生产的所有领域及其全部过程，从而形成了一个完整的技术群，面向新世纪新的技术领域。

3.1.3　先进制造技术的体系结构

（1）先进制造技术的构成

先进制造技术的内涵、层次及其技术构成如图 3.1 所示。图中从内层到外层分别为基础技术、新型单元技术和集成技术。

图 3.1 的最内层是优质、高效、低耗、少或无污染（清洁）的基础制造技术。铸造、锻压、焊接、热处理、表面保护、机械加工等基础工艺至今仍是生产中大量采用、经济适用的技术，这些基础工艺经过优化而形成的基础制造技术是先进制造技术的核心及重要组成部分。

中间层是新型的先进制造单元技术。它们是在市场需求及新兴产业的带动下，将制造技术与电子、信息、新材料、新能源、环境科学、系统工程、现代管理等高新技术结合而形成的崭新的制造技术，如

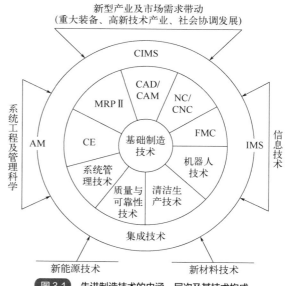

图 3.1　先进制造技术的内涵、层次及其技术构成

制造业自动化单元技术、极限加工技术、质量与可靠性技术、系统管理技术、先进技术基础方法、清洁生产技术、新材料成形与加工技术、激光等特种加工技术、工艺模拟及工艺设计优化技术等。

最外层是先进制造集成技术。它是应用信息、计算机和系统管理技术对上述两个层次的技术局部或系统集成而形成的先进制造技术的高级阶段，如 FMS、CIMS、IMS 等。

（2）先进制造技术的技术群

先进制造技术包含三个技术群，即主体技术群；支撑技术群；制造技术基础设施。

① 主体技术群包括两个基本部分：设计技术和工艺技术。

a．设计技术。

面向制造的设计技术群系指用于生产准备（制造准备）的工具群和技术群。设计技术对新产品开发生产费用、产品质量以及新产品上市时间都有很大影响。产品和制造工艺的设计可以采用一系列工具，例如计算机辅助设计（CAD）、工艺过程建模和仿真等。生产设施、装备和工具，甚至整个制造企业都可以采用先进技术更有效地进行设计。近几年发展起来的产品和工艺的并行设计具有双重目的，一是缩短新产品上市的周期，二是可以将生产过程中产生的废物减少到最低程度，使最终产品成为可回收、可再利用的，因此对实现面向保护环境的制造而言是必不可少的。

b．工艺技术。

制造工艺技术群是指用于物质产品（物理实体产品）生产的过程及设备。例如，模塑成形、铸造、冲压、磨削等。随着高新技术的不断渗入，传统的制造工艺和装备正在产生质的变化。制造工艺技术群是有关加工和装配的技术，也是制造技术（或称生产技术）的传统领域。

② 支撑技术群是指支持设计和制造工艺两方面取得进步的基础性的核心技术。基本的生产过程需要一系列的支撑技术，诸如测试和检验、物料搬运、生产（作业）计划的控制以及包装等。它们也是用于保证和改善主体技术的协调运行所需的技术，是工具、手段和系统集成的基础技术。支撑技术群包括：

a．信息技术：接口和通信、数据库技术、集成框架、软件工程、人工智能、专家系统和神经网络、决策支持系统；

b．标准和框架：数据标准、产品定义标准、工艺标准、检验标准、接口框架；

c．机床和工具技术；

d．传感器和控制技术：单机加工单元和过程的控制、执行机构、传感器和传感器组合、生产作业计划；

e．其他。

③ 制造技术基础设施是指为了管理好各种适当的技术群的开发并鼓励这些技术在整个国家工业（基地）内推广应用而采取的各种方案和机制。由于技术只有应用适当才会产生效用，因此技术基础设施的各要素和基本技术本身同样重要。这些要素包括了车间工人、工程技术人员和管理人员在各种先进生产技术和方案方面的培训和教育。这些技术和方案将提高企业的生产竞争力。可以说，制造技术的基础设施是使制造技术适应具体企业应用环境、充分发挥其功能、取得最佳效益的一系列措施，是使先进的制造技术与企业组织管理体制和使用技术的人员协调工作的系统工程，是先进制造技术生长和壮大的土壤，是其不可分割的一个组成部分。先进制造技术是促进科技和经济发展的基础。

（3）先进制造技术的分类

① 现代设计技术：现代设计方法、产品可信性设计、设计自动化技术。

② 先进制造工艺：高效精密成形技术、高效高精度切削加工工艺、现代特种加工工艺、现代表面工程技术。

③ 加工自动化技术：数控技术、工业机器人技术、柔性制造技术。

④ 现代生产管理技术：MRP II 、ERP、PDM、JIM。

3.1.4　先进制造技术的关键技术

（1）成组技术（GT）

揭示和利用事物间的相似性，按照一定的准则分类成组，同组事物采用同一方法进行处理，以便提高效益的技术，称为成组技术。在机械制造工程中，成组技术是计算机辅助制造的基础，将成组哲理用于设计、制造和管理等整个生产系统，可改变多品种、小批量生产方式，获得最大的经济效益。

成组技术的核心是成组工艺，它是将结构、材料、工艺相似的零件组成一个零件族（组），按零件族制定工艺进行加工，扩大批量，减少品种，便于采用高效方法，提高劳动生产率。零件的相似性是广义的，在几何形状、尺寸、功能要素、精度、材料等方面的相似性为基本相似性，以基本相似性为基础，在制造、装配等生产、经营、管理等方面所导出的相似性，称为二次相似性或派生相似性。

（2）敏捷制造（AM）

敏捷制造（AM）是指企业实现敏捷生产经营的一种制造哲理和生产模式。敏捷制造包括产品制造机械系统的柔性、员工授权、制造商与供应商关系、总体品质管理及企业重构。敏捷制造是借助于计算机网络和信息集成基础结构，构造有多个企业参加的"VM"环境，以竞争合作的原则，在虚拟制造环境下动态选择合作伙伴，组成面向任务的虚拟公司，进行快速和最佳生产。

（3）并行工程（CE）

并行工程（CE）是对产品及其相关过程（包括制造过程和支持过程）进行并行、一体化设计的一种系统化的工作模式。在传统的串行开发过程中，设计中的问题或不足，要分别在加工、装配或售后服务中才能被发现，然后再修改设计，改进加工、装配或售后服务（包括维修服务）。并行工程就是将设计、工艺和制造结合在一起，利用计算机互联网并行作业，大大缩短生产周期。

（4）快速成形技术（RP）

快速成形技术（RP）是集 CAD/CAM 技术、激光加工技术、数控技术和新材料等技术领域的最新成果于一体的零件原型制造技术。它不同于传统的用去除材料的方式制造零件，而是用材料一层一层积累的方式构造零件模型。它利用所要制造的零件的三维 CAD 模型数据直接生成产品原型，并且可以方便地修改 CAD 模型后重新制造产品原型。由于该技术不像传统的零件制造方法需要制作木模、塑料模和陶瓷模等，可以把零件原型的制造时间减少为几天、几小时，大幅缩短了产品开发周期，减少了开发成本。随着计算机技术的快速发展和三维 CAD 软件应用的不断推广，越来越多的产品基于三维 CAD 软件开发，使得快速成形技术的广泛应用成为可能。快速成形技术已广泛应用于航天、航空、汽车、通信、医疗、电子、玩具、军事装备、工业造型（雕刻）、建筑模型等领域。

（5）虚拟制造技术（VMT）

虚拟制造技术（VMT）以计算机支持的建模、仿真技术为前提，对设计、加工制造、装配等全过程进行统一建模，在产品设计阶段，实时并行模拟出产品未来制造全过程及其对产品设计的影响，预测出产品的性能、产品的制造技术、产品的可制造性与可装配性，从而更有效、更经济、更灵活地组织生产，使工厂和车间的设计布局更合理、有效，以达到产品开发周期和成本的最小化、产品设计质量的最优化、生产效率的最高化。虚拟制造技术填补了 CAD/ CAM 技术与生产全过程、企业管理之间的技术缺口，把产品的工艺设计、作业计划、生产调度、制造过程、库存管理、成本核算、零部件采购等企业生产经营活动在产品投入生产之前就在计算机上加以显示和评价，使设计人员和工程技术人员在产品真实制造之前，通过计算机虚拟产品来预见可能发生的问题和后果。虚拟制造系统的关键是建模，即将现实环境下的物理系统映射为计算机环境下的虚拟系统。虚拟制造系统生产的产品是虚拟产品，但具有真实产品所具有的一切特征。

（6）智能制造（IM）

智能制造（IM）是制造技术、自动化技术、系统工程与人工智能等学科互相渗透、互相交织而形成的一门综合技术。其具体表现为：智能设计、智能加工、机器人操作、智能控制、智能工艺规划、智能调度与管理、智能装配、智能测量与诊断等。它强调通过"智能设备"和"自治控制"来构造新一代的智能制造系统模式。

智能制造系统具有自律能力、自组织能力、自学习与自我优化能力、自修复能力，因而适应性极强，而且由于采用 VR 技术，人机界面更加友好。所以，智能制造技术的研究开发对于提高生产效率与产品品质，降低成本，提高制造业市场应变能力、国家经济实力和国民生活水准，具有重要意义。

3.1.5　先进制造技术的应用

（1）在产品设计开发过程中的应用

在机械制造过程中，现代设计的思想和方法已经在机械产品的设计、开发等过程中得到了广泛应用，诸多现代设计方法和技术，如绿色设计、计算机辅助设计、虚拟技术、可靠性设计以及并行工程等，促使传统设计思想和方法逐渐开始发展改变。从设计内容的角度上讲，传统机械产品设计的设计过程主要可分成三个层次，即方案、技术、工艺设计，其设计的内容存在一定的局限性。而现代设计的内容已经延伸到了产品制造的全过程，如产品规划、制造、检验、销售、维护和回收等。而从设计方法的角度上讲，传统设计主要是结合所积累的经验、单一化的知识以及滞后的生产设计工具来实施，而现代设计则是在计算机辅助设计技术的基础上，以多种学科及技术手段为核心，让并行化、最优化以及精确化的设计过程得以实现。

（2）在产品制造工艺技术中的应用

机械制造工艺主要是指将原材料和半成品加工制造成机械产品的一种方法和流程，在机械制造的整个过程中有着非常重要的作用。在其制造过程中，随着先进制造技术的日渐渗透，再加上生产的实际需求，已然衍生出来一系列全新工艺和技术。例如：在毛坯制造上，近几年来涌现出来了诸多高新技术，包括钢液精炼和保护成套技术、高效金属型铸造工艺及设备、新型焊接电源及控制技术、激光焊接与切割技术等。从机械加工角度上来看，有精密加工/超精密加工技术、难加工材料的切削技术、复杂型面的数控加工技术等。从热处理上看，有可控气氛热处理、真空热处理、激光表面合金化等先进技术。从自动化生产角度上看，机床数控技术、工业机器人、传感技术以及集成制造技术等已经得到了较为广泛的运用。这些应用技术，不仅能够让机械制造本身的需求得到有效满足，而且也能够对先进制造技术的体系发展和建设带来一定的支持作用。

（3）先进制造技术让企业组织管理模式得到创新

在大批量生产模式下，企业组织管理模式大都是以功能专业化为主，通过对刚性生产线进行运用，让各个部门都能够严格执行自身的职责。而随着先进制造技术的渗透，现在制造业的生产模式正逐渐转变成中小批量生产模式，由此也就促使企业的组织和管理模式不得不进行针对性的创新和改革：一是，从传统的顺序工作方式逐渐转变成并行工作方式；二是，从组织形式上，以功能划分部门的固定形式逐渐转变成小组组织下的动态、自主管理形式；三是，从金字塔式的多层次生产管理结构转变成扁平式网络结构；四是，从质量为主的竞争战略转变成迅速响应市场的竞争战略；五是，从以技术为核心转变成以人为本。

（4）先进制造技术在铸造企业中的应用

通过工作实际调查和阅览相关的文献材料可知，国内铸造企业可以应用以下四方面先进制造技术，有助于增加其竞争力。

① 自动化铸造设备的应用。为了适应不断变化的市场环境和不断提高的铸件质量要求，越来越多的企业开始认可"用设备保质量"的观点，在新厂建设和老厂改造中，传统铸造企业不再像以往一样拘泥于资金投入，而是积极采用国内外先进设备，就造型方面来说，KW 线、维尔线等先进生产线越来越多地被引进，制芯设备也已从单机作业逐步向安全、可靠、高效的自动化制芯线过渡。越来越多的铸造工艺过程由机器人来完成，尤其是熔炼、清理等高强度的工作内容交给自动化机器人，解放了大量劳动力，大幅度提升了生产效率和铸件质量。智能化铸造车间中，可追溯性编码也融入智能化生产线中，设备与工艺相互交流对某些工业企业来说并不新鲜，但对于铸造企业来说，这种方式的交流可以提高铸造水平。

② 新型铸造技术。随着科学技术的发展，传统铸造工艺已经难以满足不断变化的市场需求，尺寸精确、性能优良、成本低廉成为基本要求。为适应这些要求，越来越多的新型铸造技术被应用，如金属型铸造、压力铸造、熔模铸造、低压铸造、消失模铸造、真空吸铸等。这些新型铸造技术不仅改善了液体金属充填铸型及随后的冷凝条件，还改变了铸型的制造工艺或材料，具备传统黑色金属铸造难以达到的优点：

a. 铸件尺寸精确、表面粗糙度小，可以预设更小的加工余量，降低后续加工难度；

b. 铸件内部质量好、力学性能高，铸件壁厚可以减薄；

c. 降低金属消耗和铸件废品率；

d. 优化铸造工序，便于实现生产过程的机械化、自动化、信息化；

e. 改善劳动条件，提高劳动生产率。

③ 3D 打印技术与传统铸造相结合。3D 打印机根据三维数模将塑料、金属粉末或固体无机物粉末等可黏合材料通过不同类型的喷头，逐层堆积在工作台上并最终形成目标零件。孟宪宝、张文朝认为 3D 打印技术与传统的"减材"制造工艺不同，3D 打印是通过添加材料完成工件的成形，在制作难度大或无法加工材料时有着明显的优势。目前虽然 3D 打印金属成形件工艺尚不是很成熟，而且成本相对较高，但在铸造企业新产品开发中，采用 3D 打印砂芯再进行传统浇铸的工艺方法，可大幅度节约新产品开发周期，精度较高，并且节约了开模等成本费用，同时能帮助解决一些铸造中无法解决的疑难问题。

④ 计算机技术的应用。随着计算机技术的不断发展，以及计算机模拟软件等在工业领域的不断扩展应用，铸造领域的研究和实际生产中也越来越多地开始应用计算机技术，并且取得了重大经济效益。

计算机辅助设计（CAD）是利用计算机帮助设计人员完成产品设计、计算、制图、分析和信息存储等；计算机辅助工程（CAE）是指利用计算机对工程或产品进行性能和安全可靠性分析，具体可以用来求解复杂工程、工艺设计或产品结构强度、刚度、屈服稳定性等；而计算机辅助制造（CAM）是利用计算机控制机床和设备自动完成离散产品加工、装配、检测和包装等制造过程。CAD、CAE、CAM 在铸造企业的应用中往往不是单独存在的，将三者相互结合使用，可以覆盖产品制图、工艺编制、模具设计、机械加工、远程控制以及数据管理等过程。即便是复杂的射芯过程，现在也能用计算流体力学（CFD）来模拟，这些工具能够显著缩短铸件从形成概念到进行规模生产的时间。

企业资源计划（enterprise resource planning，ERP）是由美国计算机技术咨询和评估集团 Gartner Group Inc 为解决供应链管理问题而提出的。企业资源计划是以信息技术为基础，整合了企业管理理念、业务流程、人力资源、数据管理，以及计算机软硬件功能于一体的企业资源综合管理系统。ERP 系统支持离散型、流程型等混合制造环境，通过融合数据库技术、图形用户界面、第四代查询语言、客户服务器结构、计算机辅助开发工具、可移植的开放系统等对企业资源进行有效集成，发挥 CAD/CAE/CAM 的设计研发优势，结合质量检测、过程控制和 ERP 的综合管理优势，将产品的设计研发、质量控制、物料管理、生产销售进行统筹管理，形成适合铸造企业的先进制造集成系统。

3.1.6　先进制造技术的发展趋势

在社会、经济、科技快速发展的今天，产品市场需求更趋向多元化与个性化发展，以企业为主导的市场运营模式逐渐转向以客户为中心。中国与世界的联系越来越紧密，先进制造技术必然会朝着全球化、绿色化、网络化、智能化、集成化的方向发展。

（1）全球化

全球化是一个包含政治、经济、文化、科技、生活等多方面、多层次的概念，生产力发展和科技进步是推动全球化的主要动力，而制造业是生产力发展水平的根本驱动。在"互联网+"时代，全球制造一体化成为必然趋势，小到一个笔记本，大到航天飞机，每一个零部件都可能来自世界的不同地方。所谓的"中国制造"再也不会像瓷器和茶叶那样，百分百来自中国，产品所依赖的价值链也是全球合作的结果。新的生产方式、生产工具和营销模式不断改造，甚至某一个核心部件的创新，都可能带来整个产业链的重组，从而使研发和生产中心发生全球范围的迁移和利益重配。只有抓住全球化生产机遇，才能促进制造业内部研发国际化发展；只有加强研发合作，才能形成强大的技术创新能力，集中优势资源，提高核心竞争力，实现技术进步，降低市场成本，打造中国品牌。

（2）绿色化

绿色制造也称环境意识制造。近年来，盲目发展工业造成大气污染和工业排放全面升级，生态与环境危机加剧，传统发展模式给人类带来的生产危机逐渐被世界各国所注意。新一轮的工业革命发生了从自然要素投入向绿色要素投入的迁移，从材料选择、产品包装、回收处理等环节，加强对产品的动态测试、分析和控制，成为衡量产品性能的重要因素。消耗大、环境污染严重的传统产业必将不断朝着节能降耗、降低环境影响因素的绿色制造发展。

（3）网络化

网络化是在通信和计算机技术的基础上，通过指定的网络协议，将位于不同空间位置的设备终端互相连通，从而实现用户软件、硬件和资源共享的技术。网络化制造技术是一项系统工程，既包括纵向信息化的全产品生命周期，也涵盖了制造业横向信息化的所有产品类别的相互交织。网络化产品设计、物料选择、零件制造是降低创新成本的最佳途径。作为新一轮工业革命，工业4.0跟前三次工业革命最根本的差异就是网络化，由于生产制造核心价值体系大量采用网络化技术，原有的价值体系将发生革命性的改变，互联网技术在制造领域的应用，必将给人们的生活带来翻天覆地的改变。

（4）智能化

20世纪80年代以来，随着人们对产品个性化要求的提高，对产品的精密度也提出了更高的要求，产品结构和功能越来越多样化。这促使产品从研发设计到生产全过程信息量增加，制造系统由能力驱动向信息驱动发展，先进制造设备离开了信息传输就可能面临全面瘫痪，于是对制造系统提出了柔性化和智能化的需求。随着大数据、互联网、无线射频识别、激光技术、微型电机系统等的日益成熟，人们对制造技术的认识和掌握逐渐趋向"泛在感知"的多维时空与透明化方向发展。基于"泛在信息"的智能制造技术，成为我国制造技术发展的核心驱动力。

（5）集成化

现代化制造业的发展方向并不只是计算机技术的高度集成，而是人、机、料的整体集成，包括各种功能的集成、组织的集成、各种信息的集成、制造过程的集成、储备知识的集成和企业间合作的集成。

3.2　增材制造技术

增材制造（additive manufacturing，AM）技术是采用材料逐渐累加的方法制造实体零件的技术，是一种"自下而上"的制造方法；而传统的零部件制造过程中往往使用的是减材制造，比如木工在工作时会将木料切削、打磨成需要的形状，如图 3.2 所示。2013 年美国麦肯锡咨询公司发布的《展望 2025》报告中，将增材制造技术列入决定未来经济的十二大颠覆技术之一。近几十年来，AM 技术取得了快速发展，"快速原型制造（rapid prototyping）""三维打印（3D printing）""实体自由制造（solid free-form fabrication）"之类各异的叫法分别从不同侧面表达了这一技术的特点。

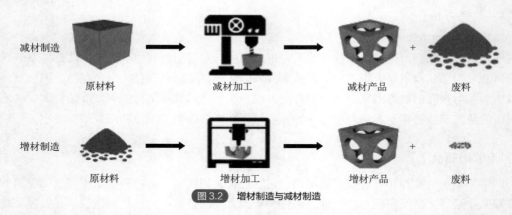

图 3.2　增材制造与减材制造

增材制造从根本上突破了复杂异型构件的制造瓶颈，改变了传统的"制造引导设计、可制造性优先于性能/功能"的设计理念，基本实现了工程师的"设计自由"，使得从功能需求出发的正向设计成为可能。增材制造特有的逐点逐层制造方式，配合自带的数字化基因，实现了材料微观组织可控、结构宏观性能可调、制造工艺全过程可监控、产品质量全生命可追溯，是未来最有可能实现数字孪生的技术之一，真正意义上实现了"设计引导制造、功能先于设计"的转变，为制造业技术创新、军民深度融合、产业结构升级与发展开辟了巨大空间。

3.2.1　增材制造技术的基本原理及特点

（1）增材制造的基本原理

关桥院士提出了广义和狭义的增材制造概念。广义的增材制造是以材料累加为基本特征，以直接制造零件为目标的大范畴技术群。而狭义的增材制造是指不同的能量源与 CAD/CAM 技术结合，分层累加材料的技术体系。

增材制造的基本原理：首先将三维 CAD 模型模拟切成一系列二维的薄片状平面层，然后利用相关设备分别制造各薄片层，与此同时将各薄片层逐层堆积，最终制造出所需的三维零件。其工作过程主要包括三维设计和逐层打印两个过程，先通过计算机建模软件建模，再将建成的三维模型分区成为逐层的截面，指导打印机逐层进行打印。

① 三维设计。设计软件和打印机之间协作的标准文件格式是 STL 文件格式。一个 STL 文件使用三角面来近似模拟物体的表面，三角面越小其生成的表面分辨率越高。PLY 是一种通过扫描产生三维文件的扫描器，其生成的 VRML 或者 WRL 文件经常被用作全彩打印的输入文件。

② 逐层打印。打印机通过读取文件中的横截面信息，用液体状、粉状或片状的材料将这些截面逐层地打印出来，再将各层截面以各种方式粘合起来制造出一个实体，从而可以造出任何形状的物品。

（2）增材制造的特点

增材制造技术已经有了长足的发展，其种类、技术原理和应用范围也越来越多。但到目前为止，虽然其成形的技术方法多种多样，且各有优劣，但是增材制造都具备 5 个基本的技术特点。

① 数字制造。增材制造由零件数字模型直接驱动材料的堆积过程，可快速、高效和精确地再现三维模型。也就是说，增材制造是基于数字制造的，因此增材制造是一种 CAM 方法（计算机辅助制造）的实际运用。

增材制造首先需要具备零件的三维数字化模型，通过一定的算法，由计算机辅助规划，在加工制造的预处理过程中，先将三维零件转化为有厚度的二维片层的组合，再通过预设算法将二维片层的组合转化为运动轨迹，最后分解为 3D 打印机每个单轴的数字控制。因此，增材制造对数字制造是有很强的依赖性的。数字制造的精度和效率，决定了增材制造的精度和效率。

② 降维制造（分层制造）。降维制造（分层制造）是增材制造的基本技术原理，即在三维空间中进行二维加工、三维堆叠，最终加工形成三维立体的零件。由于其降维和堆叠的特性，因此增材制造的加工柔性极高。

③ 堆积制造。堆积制造是增材制造的另一个技术特点。堆积制造是指零件所有部分都通过材料的受控堆积成形，通过对材料堆积过程的控制，可以实现对各个位置的材料和微结构进行控制。

实际上，堆积制造是由增材制造的基本原理决定的。增材制造基于分层制造，是一个三维到二维的过程，但由于零件最终是三维的，因此需要一个二维还原到三维的过程，即堆积制造。

④ 直接制造。直接制造是指在增材制造的过程中，材料的制备过程可与零件的成形过程是一体化的，也即零件是材料"长"成的，在材料"长"成零件的过程中，就已经考虑到了零件的形貌特征，通过形貌特征决定特定的三维空间是否需要"长"材料（即是否需要进行材料的填充）。因此，零件的形貌特征并不影响加工的技术过程，使用增材制造几乎可以无视材料的复杂特征，可解决难加工材料的成形问题。但需要注意的是，增材制造的直接制造过程可以忽略材料的复杂表面特征，但是相对于传统制造而言，并不具备特征尺寸量级要求上的优势。

⑤ 快速制造。增材制造是一个直接制造的过程，零件由材料一步"长"成，不需要经过铸锭、开坯、锻造、初加工等传统工序，由粉末材料直接获得近净成形的零件。因此，相对于传统制造过程而言，其加工制造的过程更为简单快速。

（3）增材制造的优势

相比传统的生产方式，增材制造有三大独有优势。

① 个性化定制。增材制造几乎可以打印任何三维形状，设计自由度高，支持定制设计，使设计者能够自由地创造出比传统替代品性能更好或成本更低的零件。例如，空中客车公司生产的一个增材制造的钛合金支架比之前的零件轻 30%，且不影响性能或耐久性。

② 精度高。目前 3D 打印设备精度可控制在 0.3mm 以下。例如在建筑修缮领域，传统的大木作由人工制作完成，精度难免有误差，而 3D 打印的三维模型以毫米为计算单位，在精度方面远远高于传统的修缮方式。

③ 周期短。由于 3D 打印不需要模具或固定工具，一般几个小时甚至几十分钟就可以完成一个模型的打印，因此非常适合大规模定制。因为消除了耗时的工具制造和加工操作过程，加快了产品开发和生产，所以增材制造可以有效缩短上市时间。

3.2.2 增材制造技术的发展历程

增材制造技术起源于美国。1983 年，美国科学家查尔斯•胡尔（Charles Hull）发明了光固化成形技术并制造出全球首个增材制造部件。1986 年，查尔斯•胡尔获得了全球第一项增材制造专利，同年成立 3D Systems 公司。1987 年，3D Systems 发布第一台商业化增材制造设备，全球进入增材制造时代。此后，美国涌现出多家增材制造公司，增材制造产业迅速发展。但在之后的近 20 年，由于技术不成熟，利用增材制造技术只能打印一些强度低、精度差的塑料模型，导致人们对其可靠性产生怀疑，致使增材制造产业发展进入低谷。2008 年，英国巴恩大学的 Adrian Bowyer 等人发布 3D 打印项目 RepRap1.0 系列的"Darwin"3D 立体打印机，实现了增材制造设备的自我复制。同年，Objet 推出 Connex500，使得多材料增材制造成为可能。此后，增材制造产业重新进入高速发展阶段，一大批企业进入此领域。在此过程中，熔融沉积成形技术（FDM）、激光选区烧结（SLS）、激光选区熔化（SLM）、激光近净成形（LENS）、电子束选区熔化（EBSM）、三维立体打印（3DP）、分层实体制造（LOM）、生物 3D 打印等成形工艺先后出现。

20 世纪 80 年代末，我国启动增材制造技术的研究，研制出一系列增材制造装备，并开展产业化应用。1988 年，清华大学成立了激光快速成形中心。1993 年，国内第一家增材制造公司——北京殷华激光快速成形与模具技术有限公司成立。随后，华中科技大学、西安交通大学、西北工业大学、北京航空航天大学等高校开展增材制造技术的研究和产业化。此外，依托社会力量成立的北京隆源自动成型系统有限公司，从 1993 年开始研发 SLS 增材制造设备，同年 5 月，国内首台工业级增材制造设备——激光选区烧结（SLS）设备样机研发成功。近年来，我国高度重视增材制造产业发展，《中国制造 2025》《"十三五"国家科技创新规划》《智能制造工程实施指南（2016—2020）》《工业强基工程实施指南（2016—2020）》等发展规划及实施方案将增材制造装备及产业作为重要发展方向之一，以期推动产业持续快速发展。

3.2.3 增材制造技术的分类及主要方法

2010 年，美国测试与材料协会 ASTM F42 增材制造小组提出了一套标准，将增材制造工艺分为 7 类。ISO/ASTM 52900:2015 定义了 7 类增材制造工艺：材料挤出（material extrusion）、光聚合（photopolymerization）、粉末床熔合（powder bed fusion）、材料喷射（material jetting）、黏结剂喷射（binder jetting）、片材层压（sheet lamination）和定向能量沉积（directed energy deposition）。

（1）光聚合成形技术增材制造（主要材料是光敏树脂）

光聚合是增材制造技术用来一次一层地构建物体的常用方法。光聚合物树脂暴露在特定波长的光下时，会发生化学反应，变成固体。光聚合增材制造技术包括几个不同的打印过程，但它们都基于相同的基本策略：把放在大盆（或罐）中的液体光聚合物通过热源选择性地固化，一层一层地构建一个 3D 物理对象，直到完成，如图 3.3 所示。

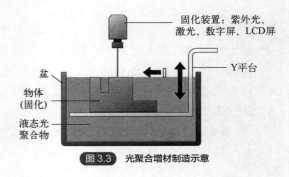

图 3.3 光聚合增材制造示意

① 立体光刻（stereo lithography，SLA）。SLA 技术也是最早实用化的快速成形技术。它的具体原理是选择性地用特定波长与强度的激光聚焦到光固化材料（例如液态光敏树脂）表面，使之发生聚合反应，再按由点到线，由线到面的顺序凝固，完成一个层面的绘图作业，然后升降台在垂直方向移动一个层片的高度，再固化另一个层面，这样层层叠加构成一个三维实体。

② 直接光处理（direct light processing，DLP）。直接光处理 3D 打印是利用数字投影仪屏幕将每个打印层一次闪烁成像到整个打印平台上。直接光处理与 SLA 几乎相同，不同之处在于它使用数字光投影仪屏幕一次闪烁每一层的单个图像。由于投影仪是一个数字屏幕，所以每一层的图像都是由正方形像素组成，从而形成一层被称为体素的小矩形砖块组成的层。直接光处理可以为某些部件实现比 SLA 更快的打印速度，因为每一层都是一次性曝光，而不是用激光一点一点绘制出来。

③ 连续液体界面打印法（continuous liquid interface production，CLIP）。连续液体界面打印法以与 DLP 相同的方式生成对象，但依赖于构建板在 Z 轴上的连续运动。这会缩短构建时间，因为在每生产一层后，打印机不需要停下来将部件与构建板分开。它用树脂罐作为基材，罐底对紫外光是透明的，因此被称为窗口。紫外光透过窗口照射，照亮物体的精确横截面。光使树脂固化（光聚合），物体上升得足够慢，以使树脂在物体底部流动并保持接触。树脂下方有透氧膜，形成死区。这种持久的液体界面可防止树脂附着在窗口上，这意味着窗口和聚合器之间的光聚合受到抑制。与标准的立体光刻不同，连续液体界面打印法的 3D 打印过程是连续的，并且可以比其他商业 3D 打印方法快 100 倍。

④ 日光聚合物打印（daylight polymer printing，DPP）。日光聚合物打印过程使用液晶显示器，而不是使用激光或投影仪来固化聚合物。这种技术也称为液晶显示 3D 打印，它使用未经修改的 LCD 屏幕和特殊配方的日光聚合物。

（2）以烧结和熔化为基本原理（主要材料是金属粉末和聚合混合粉末及金属丝）

粉末床熔合（PBF）增材制造技术使用热源生产固体部件，该热源在塑料或金属粉末的颗粒之间一次一层地诱导熔合、烧结或熔化。大多数 PBF 技术具有在构建部件时散布和平滑粉末薄层的机制，从而在构建完成后将最终部件封装在粉末中。PBF 最常见的应用是功能对象、复杂管道（中空设计）和小批量零件生产，它可生产高精确度的产品。这种增材制造技术能够使用热源（主要是激光或电子束）来制造大量几何形状复杂的产品，通过逐层熔合粉末颗粒，从而形成固体部件。由于粉末床熔合增材制造技术提供了几种不同的技术和材料，因此提供了极大的设计自由，如图 3.4 所示。

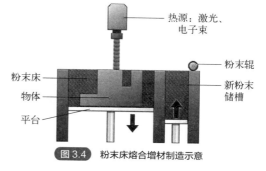

图3.4　粉末床熔合增材制造示意

① 选择性激光烧结（selective laser sintering，SLS）。SLS 可使用的材料广泛，包括尼龙、聚苯乙烯等聚合物，铁、钛等金属，陶瓷，覆膜砂，等。SLS 的成形效率高，由于 SLS 技术并不完全熔化粉末，而仅是将其烧结，因此制造速度快。SLA 的材料利用率高，未烧结的材料可重复使用，材料浪费少，成本较低。由于未烧结的粉末可以对模型的空腔和悬臂部分起支撑作用，

不必另外设计支撑结构，因此 SLS 可以直接生产形状复杂的原型及部件。由于成形材料的多样化，可以选用不同的成形材料制作不同用途的烧结件，因此 SLS 可用于制造原型设计模型、模具母模、精铸熔模、铸造型壳和型芯等。

虽然 SLS 的优点很多，但是 SLS 的原材料价格及采购维护成本都较高。SLS 成形金属零件的原理是低熔点粉末黏结高熔点粉末，导致制件的孔隙度高，力学性能差，特别是延伸率很低，因此其很少能够直接应用于金属功能零件的制造。由于 SLS 所用的材料差别较大，有时需要比较复杂的辅助工艺，例如需要对原料进行长时间的预处理（加热）、制造完成后需要进行成品表面的粉末清理等。

② 激光粉末床熔合（laser powder bed fusion，LPBF）和直接金属激光烧结（direct metal laser sintering，DMLS）。为了制造具有极其复杂结构的高性能金属零件，弗劳恩霍夫激光技术研究所 Meiners 研究组和大阪大学 Abe 研究组在 1996 年首次提出了 LPBF 技术的概念。然而，在 LPBF 技术的早期发展阶段，由于粉末熔合不完全以及熔化后易发生粉末球化，构建部件的密度和强度不足，因此难以实际应用。随着采用高性能光纤激光器和对 LPBF 工艺的优化，LBPF 构建的钛合金、高温合金、钢和铝合金的成形精度、密度和力学性能得到了显著提高，因此 LPBF 技术逐渐成为医疗、汽车、航空、航天等领域的主流商业化增材制造技术之一。

LPBF 也称选择性激光熔化（selective laser melting，SLM）。LPBF 和 DMLS 具有相同的技术原理，但 DMLS 专门用于生产合金零件。由于 LPBF 完全熔化粉末，因此其可用单成分金属如铝等来制造轻质、坚固的备件和原型。而 DMLS 是对粉末进行烧结，将粉末加热到接近熔化温度，直到它发生化学熔化。DMLS 是最成熟的金属增材制造工艺。

③ 电子束熔化（electron beam melting，EBM）EBM 3D 打印技术通过使用高能电子束而不是激光来诱导金属粉末颗粒之间的熔合。聚焦电子束扫描一层薄薄的粉末，导致特定横截面的局部熔化和凝固。

电子束系统的一个优点是它们在物体中产生的残余应力较小，这意味着对支撑结构的需求较少，从而减少变形。EBM 还使用更少的能源，并且可以比 SLM 和 DMLS 更快地生成层。这种方法在航空、航天、国防、赛车运动和医疗假肢等高价值行业中最有用。然而，其制件的最小特征尺寸、粉末颗粒尺寸、层厚度和表面粗糙度通常低于 LPBF 和 DMLS。EBM 要求在真空中生产物体，并且该工艺只能使用导电材料。

④ 多射流聚变（multi jet fusion，MJF）。MJF 3D 打印技术本质上是 SLS 和材料喷射技术的结合，它使用喷墨阵列来施加熔合剂和细化剂，然后通过加热将其熔合成固体层，不涉及激光。带有喷嘴的托架（类似于喷墨打印机中使用的托架）经过打印区域，将熔合剂沉积在一层薄薄的塑料粉末上。同时，在轮廓周围喷射抑制烧结细化剂，以提高零件分辨力，从而使打印逼真的物体成为可能。高功率红外辐射能量源构建并烧结分配熔合剂的区域，同时保持粉末的其余部分不受影响。该过程一直重复，直到对象完成。

（3）以材料挤压成形为基本原理

材料挤压成形是最常用和最便宜的 3D 打印技术。材料挤压 3D 打印技术使用热塑性材料的连续长丝作为基材，细丝从一个线圈通过一个移动的加热打印机挤出机头进料，所用设备通常简称为挤出机（extruder）。熔融材料从挤出机的喷嘴被挤出，并首先沉积到 3D 打印平台上，该平台可以加热以获得额外的附着力。第一层完成后，挤出机和平台在一个步骤中分开，然后可以将第二层直接沉积到正在生长的工件上，挤出机头在计算机控制下移动，后一层沉积在前一层之上，直到物体打印制作完成，这犹如使用一管牙膏来构建一个物体，通过将牙膏层彼此叠放来缓慢构建物体的墙壁，如图 3.5 所示。挤出机至少需要三个轴才能在笛卡尔架构中移动，但极坐标和三角坐标架构系统也越来越普遍。

材料挤压也被称为熔融长丝制造（fused filament fabrication，FFF），是最受 3D 打印业余爱好者欢迎的工艺之一。专有术语熔融沉积建模（fused deposition modeling，FDM）由 Scott Crump 在 20 世纪 80 年代后期创造，并于 1990 年由 Stratasys 公司商业化。随着这项技术的专利到期，现在有一个名为 RepRap 的大型开源开发平台，以及其他商业和 DIY 群体开始使用这种 3D 打印技术，这导致了可观的价格下降。

目前有两大类利用 FDM 技术来生产金属零件的方式：一种是用 FDM 技术打印可以用失蜡法铸造的模具，然后用传统铸造工艺来进行小批量金属件的生产；还有一种工艺是利用 FDM 技术结合 MIM 工艺（金属注射成形），也就是像 Desktop Metal 或 Mark Forged 的方案，直接打印金属注射材料，然后清洗、烧结，最终产出金属零件。

（4）黏结剂喷射

黏结剂喷射增材制造技术使用两种材料：粉末和黏结剂。它将黏结剂沉积在粉末材料的薄层上。黏结剂通常是液体。粉末材料是陶瓷基的（例如玻璃或石膏）或金属（例如不锈钢）。在黏结剂喷射 3D 打印过程中，3D 打印头在构建平台 X 轴和 Y 轴上水平移动，沉积黏结剂液滴，以类似于在纸上打印墨水的 2D 打印机的方式打印每一层，当一层完成时，支撑打印物体的粉末床的平台会向下移动，一层新的粉末散布到构建区域上，该过程逐层重复，直到所有部分完成。打印后，零件处于生坯或未完成状态，需要经过额外的后期处理后才能使用，通常还添加浸润剂物质，以改善零件的力学性能。浸润剂物质通常是氰基丙烯酸酯黏结剂（在陶瓷的情况下）或青铜（在金属的情况下）。另一种策略是将处于生坯状态的工件放入烘箱中以实现物质颗粒的烧结。有趣的是 3D 打印一词最初是指将黏结剂材料一层一层地沉积到粉末床上的过程，该粉末床上带有类似喷墨打印机的打印头，如图 3.6 所示。

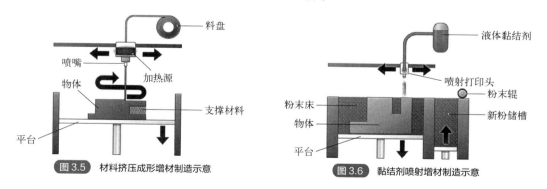

图 3.5　材料挤压成形增材制造示意　　图 3.6　黏结剂喷射增材制造示意

不同制造商开发了多种黏结剂喷射 3D 打印工艺技术，最有名的是 3D Systems 的彩色喷墨打印技术（color jet printing，CJP）。彩色喷墨 3D 打印是全彩色的，最终部件类似于砂岩，并呈现出一些多孔的表面。砂岩材料是喷墨着色的，并在 3D 打印过程中黏结在一起。3D 打印结束时，需要进行渗透以固化和黏结零件。它有数十万种颜色可供选择，几乎是完整的 CMYK 光谱。但是其最终的打印品不适合功能性应用，因为它们仍然是多孔的，并且必须远离潮湿环境，以避免变色。

黏结剂喷射 3D 打印工艺可以使用多种材料，包括金属、砂子和陶瓷，有些材料，如砂子，不需要额外的处理。黏结剂喷射非常适合需要良好美学和形状的应用，例如建筑模型、包装、玩具和小雕像。由于零件的脆性，它通常不适合功能性应用。与 PBF 3D 打印技术相比，黏结剂喷射方法的优点是在构建过程中不使用热量，从而防止在零件中产生残余应力。由于渗透工艺，金属基黏结剂喷射部件具有相对良好的力学性能，所以它们可以用作功能部件。它们也比 SLM 或 DMLS 打印金属部件更具成本效益，只是打印部件力学性能较差，材料的晶粒没有完全熔合在一起。有多种类型的 3D 打印黏结剂材料，每种都适用于特定的应用。它们可分为呋喃树脂黏结剂（用于砂型铸造应用）、酚醛树脂黏结剂（用于砂型和型芯）、硅酸盐黏结剂（环保型，用于砂型和型芯）和水基黏结剂（用于金属）等类别。

（5）材料喷射

在所有增材制造工艺中，材料喷射最能与喷墨打印工艺相媲美。与喷墨打印机将墨水逐层放置在一张纸上的方式相同，材料喷射将材料沉积到构建表面上，然后使用紫外光固化或硬化该层，逐层重复，直到对象完成。由于材料以液滴形式沉积，因此材料仅限于光敏聚合物、金属或蜡，它们在暴露于紫外光或高温时会固化或硬化。材料喷射制造工艺允许在同一部件内 3D 打印不同的材料，如图 3.7 所示。

材料喷射通过从打印头中的数百个微型喷嘴喷射出光聚合物，来逐层构建零件。这允许材料喷射操作以快速、线性的方式沉积构建材料。当液滴沉积到构建平台时，用紫外光直接将其固化。材料喷射过程需要支撑结构，通常是在构建过程

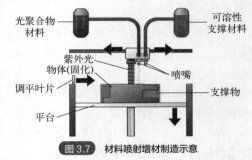

图 3.7　材料喷射增材制造示意

中同时使用可溶解材料来对支撑结构进行 3D 打印，然后在后处理步骤中去除支撑材料。

材料喷射是制作逼真原型的理想选择，可提供细节出色、高精度和光滑的表面。材料喷射技术允许设计师在一次运行中使用多种颜色和多种材料，这使得该工艺非常适用于注塑模具和医疗模型的制作过程。材料喷射技术的主要缺点是 UV 活化光聚合物的高成本和较低的力学性能。

材料喷射技术分为几类，其中最流行的几种技术如下。

① 按需滴注（drop on demand，DOD）。DOD 3D 打印机有两个打印喷嘴：一个用于沉积构建材料，另一个用于沉积可溶解的支撑材料。与所有增材制造机器一样，DOD 3D 打印机遵循预先确定的路径并以逐点方式沉积材料以构建组件的横截面积。这些机器还采用飞刀切割每一层之后的构建区域，以确保在打印下一层之前形成完美平坦的表面。按需滴注技术通常用于在失蜡铸造、熔模铸造和模具制造应用中生产蜡状模型，使其成为一种间接 3D 打印技术。

② 多头喷射（poly jet）。多头喷射 3D 打印技术首先由 Objet 公司获得专利，现在是 Stratasys 的品牌。与喷墨文档打印相似，感光聚合物材料以与喷墨文档打印类似的方式将超薄层喷射到构建托盘上，每个光敏聚合物层在喷射后立即通过紫外光固化，一层又一层地重复喷射和固化步骤，产生完全固化的模型，可以立即使用。凝胶状支撑材料专为支撑复杂的几何形状而设计，可以用手或水射流轻松去除。

③ 纳米粒子喷射（nano particle jetting，NPJ）。这种由 XJet 公司获得专利的材料喷射技术，使用包含构建纳米粒子或支持纳米粒子的液体。该液体作为墨盒装入打印机并以极薄的液滴层喷射到构

建托盘上。建筑外壳内的高温导致液体蒸发，留下由构建材料制成的零件，该技术适用于金属和陶瓷。

为了指定设计零件的特定区域为不同的材料或颜色，必须将模型导出为单独的 STL 文件。当用混合颜色或材料特性来创建数字材料时，必须将设计导出为 OBJ 或 VRML 文件，因为这些格式允许在每个面或每个顶点上指定特殊属性（例如纹理或全色）。

使用材料喷射技术进行打印的主要缺点是成本高，并且紫外光活化的光敏聚合物会随着时间的推移失去力学性能，并且会变脆。

（6）片材层压

片材层压增材制造技术也称为层压物体制造（laminated object manufacturing，LOM），包括叠加几层由薄片组成的材料以制造物体。每个薄片都用刀或激光切割成形，以适合物体的横截面，如图 3.8 所示。

片材层压工艺包括层压物体制造（LOM）和超声波增材制造（UAM）两种。

① 层压物体制造。LOM 与人们熟悉的覆膜机基本相同，若要层压一张纸，则将纸张放入由两种塑料组成的层压机袋中［外层为聚对

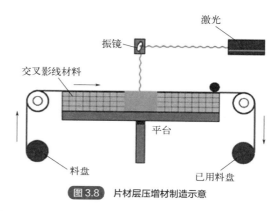

图 3.8　片材层压增材制造示意

苯二甲酸乙二醇酯（PET），内层为乙烯-醋酸乙烯酯（EVA）］。然后，一个加热的滚筒将袋子的两侧黏结在一起，使纸张被完全包裹在塑料中。LOM 构建对象的基本过程与此相同。

② 超声波增材制造。UAM 通过熔合和堆叠金属条、片或带来构建金属物体，这些金属层通过超声波焊接结合在一起。该过程是在能够在构建层时对工件进行铣削的计算机数控机床（CNC）上完成的。该过程需要去除未结合的金属，通常是在焊接过程中进行。UAM 使用铝、铜、不锈钢和钛等金属。该过程可以结合不同的材料，快速构建，并实际制造大型物体，同时由于金属没有熔化，因此需要的能量相对较少。

片材层压 3D 打印技术的应用包括人体工程学研究、地形可视化、纸质物体的结构模型。使用热塑性塑料和纤维层压的 3D 打印技术成本极具竞争力，可直接制造用于航空航天和汽车行业的功能性轻质部件。

（7）定向能量沉积

定向能量沉积（DED）3D 打印技术，通过直接熔化材料并将它们逐层沉积在工件上来制造零件。这种增材制造技术主要用金属粉末或线材作为原材料。DED 技术包括激光近净成形（laser engineered net shaping，LENS）、定向光制造（directed light fabrication，DLF）、激光直接金属沉积（laser direct metal deposition，LDMD）、激光沉积焊接（laser deposition welding，LDW）和 3D 激光熔覆（3D laser cladding）等，如图 3.9 所示。

金属可以通过 DED 增材制造技术进行 3D 打印，

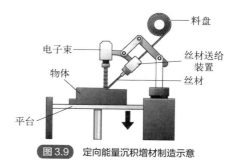

图 3.9　定向能量沉积增材制造示意

包括铝、铜、钛、不锈钢、工具钢、铜镍合金和几种合金钢。除了能够从头开始构建零件（通常与铣削/车削 CNC 机床的使用混合），DED 3D 打印技术还能够修复复杂的损坏零件，例如涡轮叶片或螺旋桨。由于大多数 DED 3D 打印机是占地面积非常大的工业机器，并且需要在封闭和受控的环境下运行，因此典型的定向能量沉积由安装在封闭框架内的多轴臂上的喷嘴组成。该喷嘴将熔化的材料沉积到工件表面，并在那里固化。该过程在原理上类似于材料挤压 3D 打印技术，但使用 DED，喷嘴可以在多个方向上移动，最多有 5 个不同的轴，而大多数 FFF 机器只有 3 个轴。

DED 有几种不同的技术，它们以材料熔合的方式不同来区分，每种材料都适用于不同和特定的目的。DED 3D 打印技术的每个子技术都有其自身的局限性和兼容性，最常见的有如下几种。

① 激光粉末成形（LENS）技术。激光粉末成形也以其专有名称 LENS 而闻名，该名称由美国桑迪亚国家实验室命名。该工艺使用由激光头、粉末分配喷嘴和惰性气体管组成的沉积头。当粉末从喷嘴喷出时，沉积头将粉末熔化以逐层构建物体。激光在构建区域形成一个熔池，粉末被喷射到熔池中，在那里粉末被熔化然后固化。商业化的 LENS 设备，如 Optomec 公司的 LENS 3D 制造系统直接使用激光从粉末金属、合金、陶瓷或复合材料中逐层构建物体。LENS 工艺必须在充满氩气的密闭室中进行，以使氧气和水分含量保持在非常低的水平，这样可以保持零件清洁并防止氧化。金属粉末材料直接输送到材料沉积头，一旦沉积完一层，材料沉积头就会移动到下一层，通过构建连续的层来构建整个部件。完成后，部件将被移除，并可进行热处理、热等静压、机加工或任何需要的后处理。

② 激光定向能量沉积（laser direct energy deposition，LDED）技术。激光定向能量沉积也称激光直接金属沉积（laser direct metal deposition，LDMD），其特点是同步送粉。它将三维模型分散化为二维层，类似于 LPBF。但 LDED 可以使用线材或粉末（或两者）作为原料，添加剂材料被输送到熔池中，而不是散布到粉末床上。与 LPBF 技术相比，LDED 技术利用更高的激光功率和更大的激光束尺寸，来实现更高的构建效率。

③ 气溶胶喷射（aerosol jet）技术。气溶胶喷射 3D 打印技术提供了一种高效、经济、可扩展的工艺，可将功能性天线和传感器直接打印到消费和工业组件上，使其成为智能物联网（IoT）设备。可印刷的天线包括 LTE、NFC、GPS、Wi-Fi、WLAN 和 BT。这种技术更接近于简单的沉积技术，但适用于复杂的复合曲面。气溶胶喷射系统非常适合用于消费电子产品、半导体封装、显示器、航空航天、国防、汽车、生命科学以及高性能电子和生物设备的开发、制造、增强和修复。气溶胶喷射技术可用于多种材料，包括导电纳米颗粒金属油墨、介电浆料、半导体和其他功能材料。商业化的气溶胶喷射 3D 打印机由 Optomec 公司生产。

④ 电子束增材制造（electron beam additive manufacturing，EBAM）。电子束增材制造使用电子束将金属粉末或金属丝焊接在一起来制造金属物体，最初是设计用于太空的真空下工作。与使用激光的激光粉末成形相比，电子束增材制造效率更高，它是一种可生产大规模金属结构的增材制造技术。电子束（EB）枪通过线材原料逐层沉积金属，直到零件达到近净形状并准备好进行后期的精加工。材料沉积速率为 3～9kg/h。相熔的金属包括钛、钽和镍。这种电子束增材制造技术也可用于修复损坏的零件。

⑤ 激光沉积焊接（laser deposition welding，LDW）和混合制造（hybrid manufacturing）。德马吉森精机公司（DMG MORI）的激光沉积焊接和混合制造增材制造工艺使用粉末喷嘴来沉积金属，其速度比 LPBF 技术快 10 倍。此外，德马吉森精机公司已将其 LDW 增材制造技术集

成到 5 轴铣床上。这种创新的混合解决方案将激光金属沉积工艺的灵活性与切削工艺的精度相结合，从而实现了铣削质量的增材制造。这种组合，使得制造各种尺寸的高精度金属零件成为可能。

3.2.4　增材制造技术的关键技术

增材制造技术的成熟度还远不能同传统的金属切削、铸造、锻造、焊接、粉末冶金等制造技术相比，还有涉及从科学基础、工程化应用到产业化生产质量的诸如激光成形专用合金体系、零件的组织与性能控制、应力变形控制、缺陷的检测与控制、先进装备的研发等的大量研究工作。

（1）材料单元的控制技术

如何控制材料单元在堆积过程中的物理与化学变化是一个难点。例如：采用激光束或电子束在材料上逐点形成增材单元进行材料累加制造的金属直接成形中，激光熔化的微小熔池的尺寸和外界气氛控制，直接影响制造精度和制件性能。

（2）设备的再涂层技术

由于再涂层的工艺方法直接决定了零件在累加方向的精度和质量，因此，增材制造的自动化涂层是材料累加的必要工序之一。目前，分层厚度向 0.01mm 发展，而如何控制更小的层厚及其稳定性是提高制件精度和降低表面粗糙度的关键。

（3）高效制造技术

增材制造正在向大尺寸构件制造技术发展，需要高效、高质量的制造技术支撑。例如激光直接制造飞机上的钛合金框梁结构件，框梁结构件长度可达 6m，目前制作时间过长。如何实现多激光束同步制造、提高制造效率、保证同步增材组织之间的一致性和制造结合区域质量是发展的关键。此外，增材制造与传统切削制造结合，发展增材制造与材料去除制造的复合制造技术是提高制造效率的关键技术。

为实现大尺寸零件的高效制造，可发展增材制造多加工单元的集成技术。例如，对于大尺寸金属零件，采用多激光束（4～6 个激光源）同步加工，提高制造效率，成形效率提高 10 倍。对于大尺寸零件，研究增材制造与切削制造结合的复合关键技术，发挥各工艺方法的优势，可提高制造效率。

赫克（Hurco）公司已经开发出一种增材制造适配器，与赫克控制软件相结合，可以把一台数控铣床变成 3D 打印机。用户可以在同一台机器上完成打印塑料原型到金属零部件成品的过程，无须反复设置调校，也不用浪费昂贵的金属和原材料制作多个原型，如图 3.10 所示。

图 3.10　数控铣床结合 3D 打印

（4）复合制造技术

现阶段增材制造主要是制造单一材料的零件，如单一高分子材料和单一金属材料，目前正在向单一陶瓷材料发展。随着零件性能要求的提高，复合材料或梯度材料零件成为迫切需要发展的产品。例如：人工关节未来需要 Ti 合金和 CoCrMo 合金的复合，既要保证人工关节具有良好的耐磨界面（CoCrMo 合金保证），又要与骨组织有良好的生物相容性（Ti 合金），这就需要制造的人工关节具有复合材料结构。增材制造具有微量单元的堆积过程，每个堆积单元可通过不断变化材料实现一个零件中不同材料的复合，可实现控形和控性的制造。

3.2.5 增材制造技术的应用领域

随着增材制造技术的发展，我们似乎已进入一个万物皆可 3D 打印的时代。增材制造技术在航空航天、船舶、汽车、模具、铸造、建筑等各行各业均有应用，更是被认为会成为制造业的主流。

（1）航空航天领域

航空航天产品的特殊工作环境对于其制造技术、金属加工等方面要求极高。增材制造对于航空航天制造技术综合技术性能的完善、产品的研制和生产成本的降低，甚至总体设计思想的具体实现，都起着决定性作用。其凭借独特优势和特点给工业产品的设计思路和制造方法带来了翻天覆地的变化，为航空航天产品设计、模型和原型制造、零件生产和产品测试都带来了新的研发思路和技术路径。

在航空领域，航空发动机和轻量化功能结构是重点也是难点。对于飞机发动机和其他大型复杂结构部件（如发动机涡轮叶片）而言，若将增材制造引入涡轮叶片铸造领域可以大大降低结构复杂性，实现型芯/型壳的无模制备，为空心涡轮叶片的快速制造提供新途径；激光和电子束选区熔化技术可被应用于飞机的防护栅、燃料喷嘴、涡轮叶片等部件的制造过程中；增材制造技术可用于修复和验证钛合金框架和整体叶片的关键结构。西安交通大学的李涤尘团队在型芯/型壳一体化涡轮叶片快速成形技术、陶瓷铸型制备、铸型中高温力学性能调控、全流程叶片精度控制等方面取得了突破，建立了基于光固化 3D 打印的空心涡轮叶片型芯/型壳一体化铸型快速制备技术体系。北京航空航天大学、西安铂力特增材技术股份有限公司等院企通过金属增材制造技术成功研制出了钛合金主风挡整体窗框、起落架整体支撑框、中央翼缘条等 C919 飞机的关键部件，大大提高了 C919 飞机的国产化率。

在航天领域，使用增材制造技术完成火箭、卫星和深空探测器等的复杂零件的快速设计和原型制造，可实现易受损零件的直接制造和维护。中国运载火箭技术研究院（航天一院）利用激光同步送粉增材制造技术，成功实现了长征五号火箭钛合金芯级捆绑支座试验件的快速研制，也是激光同步送粉增材制造技术首次在大型主承力部段关键构件上应用。

（2）船舶领域

增材制造在船舶及配套设备领域的应用研究，如产品开发、结构优化、工艺开发、在线维护等，实现了船舶复杂零部件的快速设计和优化，使动力系统、甲板、舱室机器等关键零部件和备件得以直接制造。例如 2014 年 7 月，海南思海创新机电工程设计有限公司研制的 FDM 型3D 打印机采用了尼龙高分子材料，成功制造出了一艘可搭乘两名成年人的小船。

（3）汽车行业

目前，增材制造技术在汽车行业的应用主要集中在概念模型的设计、功能验证原型的制造、样机的评审及小批量定制型成品的四个生产阶段，并从原先简单的概念模型向功能原型的方向发展，应用到发动机等核心零部件设计领域。在汽车设计和原型制造阶段，采用增材制造技术，可以实现无模具设计和制造，大幅缩短开发周期。增材制造可用于制造形状复杂的零件，增材制造一体化成形技术允许将多个零件整合为一个零件，大大减轻了复杂关键部件的重量。

德国联邦铁路公司已完成了对全球首辆增材制造物联网迷你巴士 Olli 的载人测试。Olli 是由知名美国增材制造汽车公司 Local Motors 与信息巨头 IBM 联手开发，采用了增材制造的外壳，搭载了著名的 IBM Watson 云计算平台，具有强大的自主学习能力，可实现完全的自动驾驶，如图 3.11 所示。

图 3.11　迷你巴士 Olli 及其增材制造外壳

安徽恒力增材制造科技有限公司，采用选择性激光烧结技术结合石膏型真空压力铸造技术，造出了一体化制造的双金属复合材料发动机缸体，革新了传统开模具结合砂型铸造的工艺模式，目前已被成功应用在国内品牌汽车中。

（4）模具领域

使用增材制造技术进行模具优化设计和原型制造，可以促进复杂结构精密模具的一体化成形，同时应用金属增材制造技术直接制造复杂型腔模具，能够大幅缩短模具的研发周期。此外，可以使用增材再制造技术修复损伤失效的模具，通过再利用，在很大程度上可以节约生产成本，实现更多效益。

（5）铸造领域

增材制造主要被应用在模型开发、复杂铸件制造、铸件修复等环节，可以开发专用大型砂型增材制造设备及铸造相关的材料，促进增材制造与传统的铸造工艺一体化发展。

（6）建筑领域

增材制造技术在建筑领域的应用目前可分为两方面：一是在建筑设计阶段，主要是制作建筑模型；二是在工程施工阶段，主要是利用 3D 打印技术直接建造出建筑。

在建筑设计阶段，设计师们利用增材制造技术迅速还原虚拟中的各种设计模型，辅助完善初始设计的方案论证，这为充分发挥建筑师不拘一格、无与伦比的想象力提供了广阔的平台。这种方法既具有快速、环保、成本低、模型制作精美等特点，同时也能更好地满足个性化、定制化的市场需求。

在工程施工阶段，增材制造技术不仅仅是一种全新的建筑方式，更可能是一种颠覆传统的建筑模式。与传统建筑技术相比，3D 打印建筑的优势主要体现在以下方面：更快的打印速度，更高的建筑效率；不再需要使用模板，可以大幅节约成本；更加绿色环保，减少建筑垃圾和建筑粉尘，降低噪声污染；减少建筑工人数量，降低工人的劳动强度；节省建筑材料的同时，内部结构还可以根据需求运用声学、力学等原理做到最优化；可以给建筑设计师更广阔的设计空间，突破现行的设计理念，设计打印出传统建筑技术无法完成的复杂形状建筑。

如图 3.12 所示，荷兰设计师 Janjaap Ruijssenaars 提出了世界上首座打印建筑的构想，并与数学家 Rinus Roelofs、D-shape 水泥 3D 打印创始人、意大利发明家 Dini 合作完成打印。

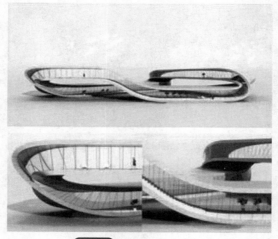

图 3.12　首座 3D 打印建筑

（7）医疗领域

增材制造技术在医学应用方面成效显著。

① 规划和模拟复杂手术。利用增材制造技术打印出 3D 模型，可用于外科医生模拟复杂的手术，从而制定最佳的手术方案，提高手术的成功率。随着增材制造技术的发展，利用打印设备打印出模型，对腹腔镜、关节镜等微创手术进行指导或术前模拟等也将得到更多的应用与推广。图 3.13 所示为利用三维建模工具构建的下颚骨三维立体模型。

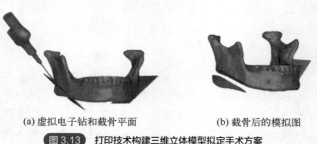

(a) 虚拟电子钻和截骨平面　　　　　　(b) 截骨后的模拟图

图 3.13　打印技术构建三维立体模型拟定手术方案

② 器官定制。随着生物材料的发展，当人类 3D 生物打印速度提高到较高水平，所支持的材料能更加精细全面，且打印制造出的组织器官具有免遭人体自身排斥的性能时，实现复杂的组织器官的定制将成为可能。那时每个人专属的组织器官随时都能打印出来，这就相当于为每个人建立了自己的组织器官储备系统，可以实现定制植入物。苏黎世联邦理工大学的功能性材料实验室研究人员利用增材制造技术制造出一种硅树脂心脏，该人造心脏可持续跳动约 3000 次，大约 30～45min，如图 3.14 所示。

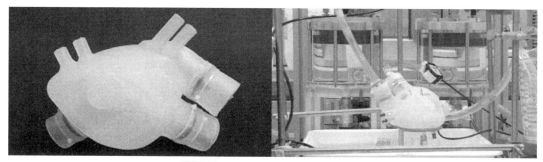

图 3.14　增材制造技术制造的硅树脂心脏

③ 快速制作医疗器械。当 3D 打印设备逐步升级后，在一些紧急情况下，还可利用 3D 打印机制作医疗器械用品，如导管、手术工具、衣服、手套等，可使各种医疗用品更适合患者，同时减少获取环节和时间，临时解决医疗用品不足的问题。

（8）食品工业领域

增材制造技术还可以应用于食品工业中，例如 3D 食物打印机。这是一款能将食物"打印"出来的机器。它使用的并不是传统意义上的墨盒，而是把食物的材料和配料预先放入容器内，再输入食谱，直接打印即可，余下的"烹饪程序"也会由它去做，输出的不是一张又一张的文件，而是真正可以吃的食物。它采用的是一种全新的电子蓝图系统，不仅方便打印食物，而且可以帮助人们根据自己的需求，设计出不同样式、不同种类的食物。该打印机所使用的"墨水"均为可食用原料，如巧克力汁、面糊、奶酪等，如图 3.15 所示。在计算机上画好食物的样式图并配好原料，电子蓝图系统便会显示出打印机的操作步骤，完成食物的整个打印过程，方便快捷。

图 3.15　食品打印

（9）文化创意领域

在文化创意领域，增材制造技术可以满足创新创意设计、文创产品开发、个性化产品的消费需求。例如珠宝设计中，通过 3D 打印技术先打印蜡模，再浇铸成金属首饰，可实现快捷多变的设计，并且不怕繁琐复杂的结构变化。如图 3.16 所示，"Cleopatra`s EYEs"（埃及艳后之眼）作品是结合 3D 打印技术形成的首饰。推动增材制造技术在文创领域的应用，可以开拓消费新热点，构建消费生产新模式，带动消费升级。

图 3.16　饰品打印

3.2.6　增材制造技术的发展趋势

材料多样化、技术复合化、生产方式柔性化是增材制造技术未来的发展方向。

（1）以"万事印刷"为导向，材料多样化发展

塑料材料开启了增材制造的热潮，主要应用于航空航天、汽车工业、医疗器械等多个领域，是 3D System、Stratasys 等国际上生产大规格增材制造材料的厂家的主营方向。金属、陶瓷材料的技术创新，主要面向航空航天、汽车制造、医疗器械等领域，以钛合金、铝合金为主导，是未来的发展重点。陶瓷硬度高、成本低、脆性小，还在继续性能化研究与开发中，主要面向航空航天、牙科医学等领域。

在未来，生物材料将会广泛应用。未来 3D 打印将以生物材料为重点，目前仍处于研发初期。

（2）从整体角度来看，打印是技术综合发展的方向

采用工艺复合实现整体打印是今后的发展方向。现在的增材制造产业基本上是以单材料单零件的生产为主，多种材料和各种技术融合为一体的生产方式，目前还处于开发试验阶段。零件生产后，由于设计模型的复杂性，对装配有很大的阻碍作用，如果能实现整体打印，可为今后的生产制造带来重大突破，既能节省时间和成本，又能省去焊接等工序，实现结构一体化，从而实现更牢固的连接。

（3）以市场需求为导向，灵活开发生产模式

近几年来，智能制造、互联网技术、人工智能等一系列高科技的出现，使得很多不可能实现的技术成为可能。这些技术的发展，为个性化定制提供了技术基础，撕掉了"昂贵"的标签。

3.3　数字化制造技术

数字化制造是以信息和知识的数字化为基础，以现代信息网络为主要载体，运用数字化、智能化、网络化技术来提升产品设计、制造和营销效率的全新制造方式，包括数字化设计、数字化工艺、数字化加工、数字化装配、数字化管理等。随着 5G、云计算、物联网、大数据、人工智能等新技术的兴起，数据资源日益成为关键的生产要素，数字化制造也成为推动制造业发展质量变革、效率变革、动力变革的重要力量。

　　发展数字化制造是培育制造业发展新动能的重要一环。在新一轮科技革命和产业变革加速发展的背景下，以"大（大数据）、智（人工智能）、物（物联网）、云（云计算）"为技术基础、以海量数据互联和应用为核心的数字化制造浪潮，正在推动制造业发展新动能快速增长，网络化协同制造、个性化定制等制造新模式、新业态层出不穷。从实践看，数字化制造能够促进制造业产业链各个环节的高度融合，形成新的数据变现模式，促进新产业、新业态、新模式的涌现，为制造业高质量发展带来新活力。

3.3.1　数字化制造技术的定义及内涵

　　术语性定义：数字化制造是在数字化技术和制造技术融合的背景下，并在虚拟现实、计算机网络、快速原型、数据库和多媒体等支撑技术的支持下，根据用户的需求，迅速收集资源信息，对产品信息、工艺信息和资源信息进行分析、规划和重组，实现对产品设计和功能的仿真以及原型制造，进而快速生产出达到用户性能要求的产品的整个制造全过程。

　　通俗地说：数字化就是将许多复杂多变的信息转变为可以度量的数字、数据，再以这些数字、数据建立起适当的数字化模型，把它们转变为一系列二进制代码，引入计算机内部，进行统一处理，这就是数字化的基本过程。计算机技术的发展，使人类第一次可以利用极为简洁的"0"和"1"编码技术，来实现对一切声音、文字、图像和数据的编码、解码。各类信息的采集、处理、储存和传输实现了标准化和高速处理。数字化制造就是指制造领域的数字化，它是制造技术、计算机技术、网络技术与管理科学的交叉、融合、发展与应用的结果，也是制造企业、制造系统与生产过程、生产系统不断实现数字化的必然趋势。

　　数字化制造的内涵包括三个层面：以设计为中心的数字化制造技术、以控制为中心的数字化制造技术、以管理为中心的数字化制造技术。

（1）以设计为中心的数字化制造

　　由于计算机的发展以及计算机图形学与机械设计技术相结合，产生了以数据库为核心、以交互式图形系统为手段、以工程分析计算为主体的计算机辅助设计（CAD）系统。将 CAD 的产品设计信息转换为产品的制造、工艺规则等信息，使加工机械按照预定的工序、工步组合和排序，选择刀具、夹具、量具，确定切削余量，并计算每个工序的机动时间和辅助时间，即计算机辅助工艺规划（CAPP）。将包括制造、检测、装配等方面的所有规划，以及面向产品设计、制造、工艺、管理、成本核算等所有的信息数字化，转换为计算机所理解，并被制造过程的全阶段所共享的数据，就形成了 CAD/CAPP/CAM 的一体化，从而使 CAD 上升到一个新的层次。

　　由于网络技术和信息技术的发展，多媒体可视化环境技术、产品数据管理系统、异地协同设计，以及跨平台、跨区域、同步和异步信息交流与共享，多企业、多团队、多人、多应用之间群体协作与智能设计正在深入开展研究，并进入实用阶段，这就形成了以设计为中心的数字化制造。

（2）以控制为中心的数字化制造

　　数字制造的概念，首先来源于数字控制技术与数控机床。随着数控技术的发展，出现了对多台机床，用一台（或多台）计算机数控装置进行集中控制的方式，即直接数字控制（DNC）。为适应多品种、小批量生产的自动化，若干台计算机数控机床和一台工业机器人协同工作，以便加工一组或几组结构形状和工艺特征相似的零件，从而构成柔性制造单元（FMC）。随着网络和信息技术的发展，由多台数控机床联网组成局域网实现一个车间或多个车间的生产过程自动化，进而发展到每一台设备的控制器或控制系统成为网上的一个节点，以便制造过程向更大规模和更高水平的自动化发展，就形成了以控制为中心的数字化制造。

（3）以管理为中心的数字化制造

通过企业内部物料需求计划（MRP）的建立与实现，根据不断变化的市场信息、用户订货和预测，从全局和长远的利益出发，通过决策模型，评价企业的生产和经营状况，预测企业的未来和运行状况，决定投资策略和生产任务安排，这就形成了制造业生产系统的最高层次管理信息系统（MIS）。为了使制造企业经营生产过程能随市场需求快速地重构和集成，出现了能覆盖整个企业产品的市场需求、研究开发、产品设计、工程制造、销售、服务、维护等生命周期中信息的产品数据管理系统（PDM）。

当前，随着企业资源计划（ERP）这一建立在信息技术基础上的现代化管理平台的广泛应用，形成了以 ERP 为中心的 MRP/PDM/MIS /ERP 等技术集成的以管理为中心的数字化制造。

3.3.2　数字化制造技术的发展历程

（1）NC 机床（数控机床）的出现

1952 年，美国麻省理工学院首先实现了三坐标铣床的数控化，数控装置采用真空管电路。1955 年，第一次进行了数控机床的批量制造。当时主要是针对直升机旋翼等的自由曲面的加工。

（2）CAM 系统的 APT（自动编程工具）出现

1955 年美国麻省理工学院（MIT）伺服机构实验室公布了 APT（automatically programmed tools）系统。其中的数控编程主要是发展自动编程技术。这种编程技术是由编程人员将加工部位和加工参数以一种限定格式的语言（自动编程语言）写成所谓源程序，然后由专门的软件转换成数控程序。

（3）加工中心的出现

1958 年美国 K&T 公司研制出带 ATC（自动刀具交换装置）的加工中心。同年，美国 UT 公司首次把铣、钻等多种工序集中于一台数控铣床中，通过自动换刀方式实现连续加工。

（4）CAD（计算机辅助设计）软件的出现

1963 年，美国出现了商品化的 CAD 的计算机绘图设备，进行二维绘图。20 世纪 70 年代，发展出了三维的 CAD 表现造型系统，年代中期出现了实体造型。

（5）FMS（柔性制造系统）的出现

1967 年，美国实现了多台数控机床连接而成的可调加工系统，即最初的 FMS（flexible manufacturing system）。

（6）CAD/CAM（计算机辅助设计/计算机辅助制造）的融合

进入 20 世纪 70 年代，CAD、CAM 开始走向共同发展的道路。由于 CAD 与 CAM 所采用的数据结构不同，在 CAD/CAM 技术发展初期，主要工作是开发数据接口，沟通 CAD 和 CAM 之间的信息流。不同的 CAD、CAM 系统都有自己的数据格式规定，都要开发相应的接口，不利于 CAD/CAM 系统的发展。在这种背景下，美国波音公司和 GE 公司于 1980 年制定了数据交换规范 IGES（initia graphics exchange specifications），从而实现了 CAD/CAM 的融合。

（7）CIMS（计算机集成制造系统）的出现和应用

20 世纪 80 年代中期，出现了 CIMS（computer integrated manufacturing system）。波音公司成功将其应用于飞机的设计、制造、管理，将原需八年的定型生产缩短至三年。

（8）CAD/CAM 软件的空前繁荣

20 世纪 80 年代末期至今，CAD/CAM 一体化三维软件大量出现，如 CADAM、CATIA、UG、I-DEAS、Pro/E、ACIS、MASTERCAM 等，并被应用到机械、航空航天、汽车、造船等领域。

（9）快速成形（RP）

快速成形技术是 20 世纪 90 年代发展起来的，是近年来制造技术领域的一次重大突破，影响可与数控技术的出现媲美。RP 系统综合了机械工程、CAD、数控技术、激光技术及材料科学技术，可以自动、直接、快速、精准地将设计思想物化为具有一定功能的原型或直接制造零件，从而可以对产品设计进行快速评价、修改及功能试验，有效地缩短了产品的研发周期。

3.3.3 数字化制造技术的关键技术

在数字化制造技术的发展过程中，出现了一系列的关键和核心技术，主要有如下几点。

（1）关键技术

① 制造过程的建模与仿真。制造过程的建模与仿真是在一台计算机上用解析或数值的方法表达或建模制造过程。建模通常基于制造工艺本身的物理和化学知识，并为实验所验证。目前，仿真与建模已成为推进制造过程设计、优化和控制的有效手段。

② 网络化敏捷设计与制造。其利用快速发展的网络技术，改善企业对市场的响应力。网络化敏捷设计与制造重点发展领域应包括：敏捷信息基础结构、敏捷产品设计技术、敏捷工艺设计技术、基于网络的研究开发、敏捷生产技术。

③ 虚拟产品开发。虚拟产品开发有四个核心要素：数字化产品和过程模型、产品信息管理、高性能计算与通信和组织、管理的改变。

（2）核心技术

① 计算机辅助工业设计（CAID）。计算机辅助工业设计是指以计算机技术为辅助手段进行产品的艺术化工业设计，主要是指对批量生产的工业产品的材料、外形、色彩、结构、表面加

工等方面的设计工作。CAID 的一般过程有市场调查、产品概念草图设计、彩色效果图设计、三维效果图设计、三维造型设计、产品零件图和技术要求说明等，所用到的主要工具包括 Alias、CorelDraw、3DMAX、Pro/CDRS 等。

② 计算机辅助设计与制造（CAD/CAM）。计算机辅助设计与计算机辅助制造已密不可分，在许多领域尤其是模具业，由于其单件或小批量加工的特点，采用 CAD/CAM 技术进行生产的优势非常明显。CAD/CAM 主要是指采用先进的计算机软硬件手段进行产品三维造型、结构设计、装配仿真、加工仿真、数控加工编程等。其中产品的三维造型是基础，从 CAD 三维模型到数控加工程序的生成通常不需人工干预，可由 CAM 软件自动产生。产品的三维造型设计通常有正向设计和逆向设计两种。正向设计是指通过工程师对待开发产品概念的理解来进行产品的设计，即由概念到图纸或数字模型的过程。逆向工程则是从已有产品或实物模型出发，反求产品原始设计参数，并在此基础上进行产品的设计开发。正向设计讲究的是创意，通常开发周期较长；逆向设计则较快，可实现一般正向设计无法实现的产品设计，有时只是对成功产品的复制，开发成本一般较低。目前最常用的 CAD/CAM 设计工具有：UG、Pro/E、CATIA、Power-Shape/PowerMill 等。其中 UG、Pro /E 应用较普遍，而 CATIA 在航空、汽车工业领域的应用近年来呈上升趋势。对逆向设计而言，如果测量手段为简单的手工测量或通用三坐标测量机（CMM），所得数据较少（一般少于一万点），可使用 UG、Pro /E 或 CATIA 进行处理并生成最终三线数模；如果采用的测量工具为激光扫描，则数据量非常大（一般有 100 万点以上），需要大数据（点云）处理软件如 CopyCAD、Geomagic、Surfacer 等，来对数据进行处理，其输出为可被通用 CAD /CAM 软件所接受的 STL、IGES、DXF 等。

③ 快速成形。快速成形是采用激光等技术将树脂、ABS、PC 等材料按产品的三维造（S11 格式）进行快速烧结并成形。这种成形技术可以不制造模具就做出完整的样机，不仅大大加速了新产品的开发进度，还可节约大量成本。

④ 三坐标测量机及计算机辅助检测（CMM/CAI）。产品逆向设计最根本的就是对样件的三维测量或三维数字化。计算机辅助检测（CAI 或 CAV）是最近几年才广泛应用的，尤其是在欧美发达国家。三维扫描测量一半以上的应用为产品的快速检测，即比较产品与设计间的误差，从而找到改进产品制造工艺或设计方案的方法。除了传统的手工测量外，常见的数字化方法包括三坐标测量机测量、光栅扫描，以及最新的三维激光扫描等多种。三坐标测量机测量的主要工具是三坐标测量机（CMM），是目前使用最广泛的高精度测量手段，主要有龙门式、立柱式、机器臂式等几种。

3.3.4 数字化制造技术的主要内容

（1）CAD（计算机辅助设计）

CAD 在早期是英文 computer aided drawing（计算机辅助绘图）的缩写，随着计算机软硬件技术的发展，人们逐步认识到单纯使用计算机绘图还不能称之为计算机辅助设计。真正的设计是整个产品的设计，它包括产品的构思、功能设计、结构分析、加工制造等，二维工程图设计只是产品设计中的一小部分。于是 CAD 的全称由 computer aided drawing 改为 computer aided design，CAD 也不再仅仅是辅助绘图，而是协助创建、修改、分析和优化的设计技术。

（2）CAE（计算机辅助工程分析）

CAE（computer aided engineering）通常指有限元分析和机构的运动学及动力学分析。有限元分析可完成力学分析（线性、非线性、静态、动态）、场分析（热场、电场、磁场等）、频率响应和结构优化等。机构分析能完成机构内零部件的位移、速度、加速度和力的计算，机构的运动模拟及机构参数的优化。

（3）CAM（计算机辅助制造）

CAM（computer aided manufacture）是计算机辅助制造的缩写，能根据 CAD 模型自动生成零件加工的数控代码，对加工过程进行动态模拟，同时完成在现实加工时的干涉和碰撞检查。CAM 系统和数字化装备结合可以实现无纸化生产，为 CIMS（计算机集成制造系统）的实现奠定基础。CAM 中最核心的技术是数控技术。通常零件结构采用空间直角坐标系中的点、线、面的数字量表示，CAM 就是用数控机床按数字量控制刀具运动，完成零件加工。

（4）CAPP（计算机辅助工艺规划）

世界上最早研究 CAPP 的国家是挪威，始于 1966 年，1969 年正式推出世界上第一个 CAPP 系统 AutoPros，并于 1973 年正式推出商品化 AutoPros 系统。美国是 20 世纪 60 年代末开始研究 CAPP 的，并于 1976 年由 CAM-I 公司推出颇具影响力的 CAM-I's Automated Process Planning 系统。

（5）PDM（产品数据库管理）

随着 CAD 技术的推广，原有技术管理系统难以满足要求。在采用计算机辅助设计以前，产品的设计、工艺和经营管理过程中涉及的各类图纸、技术文档、工艺卡片、生产单、更改单、采购单、成本核算单和材料清单等均由人工编写、审批、归类、分发和存档，所有的资料均通过技术资料室进行统一管理。自从采用计算机技术之后，上述与产品有关的信息都变成了电子信息。简单地采用计算机技术模拟原来人工管理资料的方法往往不能从根本上解决先进的设计制造手段与落后的资料管理之间的矛盾。解决这个矛盾，必须采用 PDM 技术。

PDM 是从管理 CAD/CAM 系统的高度上诞生的先进的计算机管理系统软件。它管理的是产品整个生命周期内的全部数据。工程技术人员根据市场需求设计的产品图纸和编写的工艺文档仅仅是产品数据中的一部分。PDM 系统除了要管理上述数据外，还要对相关的市场需求、分析、设计与制造过程中的全部更改历程、用户使用说明及售后服务等数据进行统一有效的管理。PDM 关注的是研发设计环节。

（6）ERP（企业资源计划）

企业资源计划系统是指在信息技术基础上，对企业的所有资源（物流、资金流、信息流、人力资源）进行整合集成管理，采用信息化手段实现企业供销链管理，从而达到对供应链上的每一环节实现科学管理。

ERP 系统集信息技术与先进的管理思想于一身，成为现代企业的运行模式，反映了时代对企业合理调配资源、最大化地创造社会财富的要求，成为企业在信息时代生存、发展的基石。在企业中，一般的管理主要包括三方面的内容：生产控制（计划、制造）、物流管理（分销、采购、库存管理）和财务管理（会计核算）。

（7）RE（逆向工程技术）

RE 是对实物进行快速测量，并反求为可被 3D 软件接受的数据模型，快速创建数字化模型（CAD），进而对样品进行修改和详细设计，达到快速开发新产品的目的。RE 属于数字化测量领域。

（8）RP（快速成形）

快速成形（rapid prototyping）技术是 20 世纪 90 年代发展起来的，RP 技术是在现代CAD/CAM 技术、激光技术、计算机数控技术、精密伺服驱动技术以及新材料技术的基础上集成发展起来的。不同种类的快速成形系统因所用成形材料不同，成形原理和系统特点也各有不同，但是，其基本原理都是一样的，那就是"分层制造、逐层叠加"，类似于数学上的积分过程。形象地讲，快速成形系统就像是一台"立体打印机"。

3.3.5 数字化制造技术的应用领域

（1）数字化制造技术在航空/航天/船舶行业的应用

在产品特点上，航空、航天、船舶产品都是极为复杂的产品，涉及机械、电子、电气、软件等多个学科，同时这类产品对可靠性要求非常高，设计、加工过程中都有非常严格的质量控制。因此，在航空、航天、船舶行业，数字化制造技术应用的重点有以下几点。

① 重点一：工艺设计和规划。航空、航天、船舶产品设计过程中已经采用了数字化样机技术，使得产品设计的可靠性不断提高，但在工艺规划和设计过程中，依然采用较为传统的工艺卡片的形式，无法直观有效地指导生产作业。航空、航天和船舶行业的大部分零部件的精密度、可靠性要求非常高，而如何通过有效的工艺手段制造这些零部件成为航空、航天、船舶行业需要重点解决的难题。

同时航空、航天、船舶行业产品的设计制造过程是一个复杂的工程项目管理过程。由于场地、工装、材料、安全保密要求等限制，组成产品的零部件通常是按照一定的时序生产加工后再运输到装配车间，因此对数以万计的零部件工艺路线和加工顺序的总体规划也是航空、航天、船舶产品应用数字化制造技术的重点。

② 重点二：车间物流设计与仿真。航空、航天、船舶行业的许多零部件尺寸庞大、重量巨大，在生产加工的工序转移过程中，需要专门的运输工具和包装、捆扎工具。为确保这些零部件能够被合理地转移，有效地规划车间物流和仿真显得至关重要。

③ 重点三：数字化预装配和验证。数以万计甚至百万计的零部件依序运到总装现场，如何一步步将其装配成产品成为装配过程中面临的最为重要的难题。工艺人员必须有可视化的工艺规划和设计工具，才能对装配工艺进行直观有效的设计和仿真。

对于装配现场的操作人员而言，要记住如此复杂的装配顺序也是不可能的，必须借助三维可视化的三维装配工艺进行指导，才能保质保量地完成装配过程。例如：中航工业黎明发动机（集团）有限责任公司应用了 Siemens PLM software 提供的 Tecnomatix 数字化制造解决方案并使之与 Teamcenter 产品全生命周期管理系统集成，在工艺规划和验证阶段全面替代了传统的工艺设计手段，覆盖了零部件机械加工、零件质量检测、整机产品装配、生产物流分析优化等整个制造领域，使得更改设计所需的时间已经减少了 48%，流程规划时间（包括批准周期）已经减少了一半，夹具开发时间则缩短了 51%，产能提高了 40%。

（2）数字化制造技术在装备制造业的应用

装备制造业企业的特点是：

① 生产加工能力较强，人员素质高，设备先进。

② 发展迅速，基础建设量较大。在"内需"拉动下，国内装备制造业企业发展迅速，部分装备制造业企业的产值甚至已经超过国外同行企业。在业务量迅速增加的同时，基础建设的工程量也较大。

③ 产品复杂，生产难度较大。

因此，在装备制造业，数字化制造技术应用的重点为以下几点。

① 重点一：数字化工厂设计和仿真。在"内需"的拉动下，工程机械、机床制造、风电设备等装备制造业近年来发展迅速，许多企业在不断增加基础性投资，扩大产能。但在基础设施建设过程中，许多企业在厂房设计、工艺布局、物流路线、产能、生产节拍等方面，只有依据二维的厂房图纸进行推断和计算，在建设过程中甚至等到建设完成后再对不合理的内容进行调整，有些问题到发现时已无法更改。

因此，在基础性投资建设之前，对新建厂房的工艺布局、物流路线、生产节拍进行三维可视化的设计和仿真是装备制造业近年来的数字化制造技术应用重点。

② 重点二：PBOM 的设计和管理。装备制造业的特点是多品种、小批量生产，有些产品甚至是单件生产。这种情况给生产组织带来巨大的困难。许多装备制造企业应用 ERP 较早，但是生产制造管理迟迟无法应用也验证了装备制造企业生产管理的难度。

造成这个问题的根本原因是：装备制造业基本是根据客户需求进行定制，每个批次甚至每个产品的结构都不尽相同；不仅如此，有时在生产过程中客户还会提出变更需求。这样一来，BOM 的管理特别是从 EBOM 到 PBOM 再到 MBOM 的管理成为一个难点。

③ 重点三：装配过程设计与仿真。装备制造业所生产的产品大多体型巨大，结构复杂，在装配和转运过程中需要借助工装或者专用设备。因此，对装配过程进行设计与仿真成为装备制造业数字化制造技术应用的一个重点。

例如：首都航天机械公司从事的是国防尖端产品的最终装配，其特点是产品负责程度高、单件价值高、生产周期长等。其设计属于多品种、单件或小批量、面向订单制造新产品的设计模式。其生产属于小批量定制、多任务成套模式生产。为了赢得竞争，就需要企业能够尽快响应市场要求、严格管理项目进度。

通过实施数字化制造解决方案，首都航天机械公司重点解决企业在产品装配、人机工程、厂房设计、物流优化等方面的需求；同时也满足企业快速进行工艺编制、产品装配仿真、生产和物流仿真、工艺数据管理等方面的要求。该项目的实施给首都航天机械公司带来了很大效益，主要体现在：

a．数字化产品开发实现产品的交付周期提前；

b．产品设计、工艺的效率提高；

c．产品设计和修改成本降低；

d．技术准备和规划效率提高。

（3）数字化制造技术在汽车行业的应用

汽车整车企业的主要工艺就是冲压、焊装、喷涂、总装。因此数字化制造的应用重点也是围绕这四大工艺进行。

① 重点一：冲压生产线的规划和验证。大型车身覆盖件在制造过程中通常由冲压生产线完成。不同的零件对冲压工序、冲床压力、冲压模具的需求都不同，零部件冲压过程中需要进行多道工序转移。一些先进的汽车冲压件生产企业配置了自动化程度较高的冲压生产线，由机器人完成抓取、传输等工作。

冲压的过程看似较为简单，但是在完成一道工序之后，必须保证上下模开启到足够的空间时才能取出工件，否则可能造成工件或者模具的损坏；紧接着，必须保证下道工序的上下模开启到足够的空间，工件放入并定位完成后，冲头才能开始下行，否则就会造成产品不合格或者损坏模具。

如何在保证冲压件的质量和模具安全的情况下尽量提高生产效率，是冲压工艺规划和验证的重点，也是数字化制造在冲压工艺当中的应用重点。

② 重点二：白车身制造工艺的完整解决方案。白车身制造的基本过程就是采用机器人（或者手动加机械手辅助），传输、抓取、夹持离散的钣金件和冲压件并将其焊接成复杂的白车身结构。白车身焊装过程的操作工序繁多，工艺内容复杂，它是汽车制造企业最为关心的工艺领域之一。据统计，一个轿车的白车身在焊装过程中要经历 3000～5000 个点焊步骤，用到 100 多个大型夹具，500～800 个定位器，许多工艺信息都和零部件的三维几何特性密切相关。如此大量的几何数据给车身焊装工艺参数选择、工艺流程规划、车身焊装的质量控制甚至车身设计都带来很多挑战。如何管理好数以千计的焊点，保证无漏焊、重焊，是白车身工艺规划的难点。

③ 重点三：喷涂工艺的规划和验证。目前汽车企业的喷涂基本都由工业机器人在密闭的喷涂车间完成。喷涂工艺主要的应用难点是面对汽车流水线的混流生产，如何保证颜色和漆种被准确喷涂到对应的零部件上。目前汽车企业的喷涂车间都应用了专业的设备对此进行管理。

④ 重点四：总装的数字化预装配和验证。汽车总装的基本过程就是采用手动（或者手动加机械手辅助）的手段，按次序将零部件装配到移动的车身上，最终生成汽车的成品。在过去的十几年中，随着汽车产品型号的急剧增加，产品配置越来越复杂，总装的混流生产变得非常普遍，总装生产线成为汽车制造商在规划设计过程中最费时间的部分。

汽车产品复杂，装配任务的数量巨大，多个品种混流生产，在投产前验证和优化装配工艺规划以及在投产后对生产过程进行高效的管理都变得至关重要。

例如，国内某合资汽车企业在 2003 年引入了"数字化工厂"软件（数字化制造解决方案的前身），该软件包括总装、车身、喷漆和发动机等模块。考虑到数字化制造的复杂性和对人员素质的高要求，公司采取了渐进式的探索实施策略，首先开展了针对白车身工艺的模拟项目，即通过模拟现有的车身生产线来进行验证分析。这样既促使工程师能尽快熟悉软件的使用，从而积累经验，也避免了由于使用不当造成的损失。

（4）数字化制造技术在高科技电子行业的应用

产品生命周期短、消费偏好快速变化、技术发展迅速等特点，使电子产品上市速度成为成功的重要因素之一。这些因素历来都是毫无商量、妥协的余地，产品必须准时交付，容不得半点差错。供应和设计类合作伙伴必须与产品发布计划保持同步，这就使问题变得更加复杂了。

上市时间、成本控制、全球化和环境法规等因素迫使企业必须寻求某种方法，将企业资源集中到价值最高的项目中，控制在预算、计划和质量目标范围内执行项目。因此数字化制造技术在高科技电子行业应用的重点有以下几点。

① 重点一：电装工艺设计和管理。印制电路板上有数以百计甚至千计的各种电子元器件。这些电子元器件的接插、焊接必须依照"由低到高、由小到大"的顺序在越来越狭小的电路板上进行安装。指导电子元器件的接插顺序的就是电装工艺。由于电子元器件的大小、引脚的长短都不尽相同，因此如何可视化地规划电子元器件的接插顺序即进行电装工艺设计和管理成为数字化制造在高科技电子行业应用的一个重点。

② 重点二：装配过程设计与仿真。随着时代的发展，电子产品的功能越来越多，体积越来越小。消费电子产品在注重功能与实用性的同时还必须保持美观。在这样的情况下，电子产品的结构被设计得越来越精密巧妙，在装配过程中必须借助专用的工具甚至工装。与此同时，电子产品通常为流水线装配，对安装顺序有严格的规定。

因此如何正确有效地设计规划和模拟仿真装配过程，成为数字化制造在高科技电子行业应用的重点。

③ 重点三：机器人离线编程与仿真。许多电子企业都应用了自动化程度非常高的印制电路板生产线，生产过程中借助了焊接机器人、取片/插片机器人等先进的生产设备。因此，如何对机器人的动作、运动轨迹等工作参数进行编程设计与仿真也成为数字化制造在电子行业应用的一个重点。

④ 重点四：可视化工艺报表。许多电子企业雇佣外来务工人员在电子产品生产线上进行接插、焊接、装配等工作。电子企业迫切需要一个可视化的工艺报表，能够直观地指导作业人员按照规范动作拾取、接插、焊接相应的电子元器件，以缩短作业人员的学习曲线，尽快投入到生产作业当中。

例如：Zollner 是全球 15 大电子制造服务（EMS）提供商之一。Zollner 没有自己的产品线，而是提供制造服务。Zollner 的服务范围涵盖从开发到供应链管理以及从生产到售后服务的完整产品生命周期。2002 年以来，Zollner 的流程规划人员一直使用针对物流仿真的系统。后来又出现了针对三维可视化人机工程学研究和布局规划的工具，使上述系统得到进一步增强。随着Zollner 在整个企业中推行"数字化工厂"工具，Zollner 计算客户的周期时间、方法-时间测量和生产线平衡会更加精确，取得事半功倍的成效，通过对比和验证多个概念，轻松确定各种优势并将优势集中起来，在虚拟安装的规划阶段确定和消除了缺陷。

3.3.6　数字化制造技术的发展趋势

① 利用基于网络的 CAD/CAE/CAPP/CAM/PDM 集成技术，实现产品全数字化设计与制造。在 CAD/CAM 应用过程中，利用产品数据管理（PDM）技术实现并行工程，可以极大地提高产品开发的效率和质量。企业通过 PDM 可以进行产品功能配置，利用系列件、标准件、借用件、外购件以减少重复设计，在 PDM 环境下进行产品设计和制造，通过 CAD/CAE/CAPP/CAM 等模块的集成，实现产品无图纸设计和全数字化制造。

② CAD/CAE/CAPP/CAM/PDM 技术与企业资源计划、供应链管理、客户关系管理相结合，形成制造企业信息化的总体架构。CAD/CAE/CAPP/CAM/PDM 技术主要用于实现产品的设计、工艺和制造过程及其管理的数字化；企业资源计划（ERP）是以实现企业产、供、销、人、财、物的管理为目标；供应链管理（SCM）用于实现企业内部与上游企业之间的物流管理；客户关

系管理（CRM）可以帮助企业建立、挖掘和改善与客户之间的关系。上述技术的集成，可以整合企业的管理，建立从企业的供应决策到企业内部技术、工艺、制造和管理部门，再到用户之间的信息集成，实现企业与外界的信息流、物流和资金流的顺畅传递，从而有效地提高企业的市场反应速度和产品开发速度，确保企业在竞争中取得优势。

③ 虚拟设计、虚拟制造、虚拟企业、动态企业联盟、敏捷制造、网络制造以及制造全球化，将成为数字化设计与制造技术发展的重要方向。虚拟设计、虚拟制造技术以计算机支持的仿真技术为前提，形成虚拟的环境、虚拟设计与制造过程、虚拟的产品、虚拟的企业，从而大幅缩短产品开发周期，提高产品设计开发的一次成功率。特别是随着网络技术的高速发展，企业可以通过国际互联网、局域网和内部网，组建动态联盟企业，进行异地设计、异地制造，然后在最接近用户的生产基地制造成产品。

④ 以提高对市场快速反应能力为目标的制造技术将得到超速发展和应用。瞬息万变的市场促使交货期成为影响竞争力的诸多因素中的首要因素。为此，许多与此有关的新观念、新技术在 21 世纪将得到迅速发展和应用。其中有代表性的是：并行工程技术、模块化设计技术、快速原型成形技术、快速资源重组技术、大规模远程定制技术、客户化生产方式等。

⑤ 制造工艺、设备和工厂的柔性、可重构性将成为企业装备的显著特点。先进的制造工艺、智能化软件和柔性的自动化设备、柔性的发展战略构成未来企业竞争的软硬件资源。个性化需求和不确定的市场环境，要求企业克服设备资源沉淀造成的成本升高风险，制造资源的柔性和可重构性将成为 21 世纪企业装备的显著特点。将数字化技术用于制造过程，可大大提高制造过程的柔性和加工过程的集成性，从而提高产品生产过程的质量和效率，增强工业产品的市场竞争力。

3.4 绿色制造技术

绿色制造是一种综合考虑产品技术、经济和环境特性的现代制造模式。《中国制造 2025》中明确指出要"加快绿色发展，全面推行绿色制造"。同时，为了进一步落实"碳达峰、碳中和"的相关举措，中央财经委员会第九次会议指出："要实施重点行业领域减污降碳行动，工业领域要推进绿色制造"。绿色制造已经成为制造业实现可持续、高质量发展的重要目标和发展范式。

3.4.1 绿色制造技术的定义及内涵

（1）绿色制造技术的定义

绿色制造技术（green manufacturing，简称 GM）是指在保证产品的功能、质量、成本的前提下，综合考虑环境影响和资源效率的现代制造模式。它使产品从设计、制造、使用到报废整个产品生命周期中不产生环境污染或环境污染最小化，符合环境保护要求，对生态环境无害或危害极小，节约资源和能源，使资源利用率最高，能源消耗最低。绿色制造的目标是充分利用各种新材料、新技术和新方法，实现制造业的节材、节能并减少各类不利于生态环境的排放，可从资源和能源消耗的源头解决生命周期内二氧化碳排放高的问题。

绿色制造模式是一个闭环系统，即原料→工业生产→产品使用→报废→二次原料资源，也是一种低熵的生产制造模式，从设计、制造、使用一直到产品报废回收整个生命周期对环境影响最小，资源利用率最高，即要在产品整个生命周期内，以系统集成的观点考虑产品环境属性，改变了原来末端处理的环境保护办法，对环境保护从源头抓起，并考虑产品的基本属性，使产品在满足环境目标要求的同时，保证产品应有的基本性能、使用寿命、质量等。

（2）绿色制造技术的内涵

近年来，随着科技发展和人们对绿色制造研究的深入，绿色制造的内涵不断丰富。

① 绿色制造涉及的领域有三部分：一是制造问题，包括产品生命周期全过程；二是环境保护问题；三是资源优化利用问题。绿色制造就是这三部分内容的交叉，如图 3.17 所示。

图 3.17　绿色制造

首先，绿色制造是"从摇篮到坟墓"的制造方式，它强调在产品的整个生命周期的每一个阶段并行、全面地考虑资源因素和环境因素，体现了现代制造科学的"大制造、大过程、学科交叉"的特点。绿色制造倡导高效、清洁制造方法的开发及应用，达到绿色设计目标的要求。这些目标包括提高各种资源的转换效率、减少所产生的污染物类型及数量、材料的有效回收利用等。

其次，绿色制造强调生产制造过程的"绿色性"，这意味着它不仅要求对环境的负影响最小，而且要达到保护环境的目的。

最后，绿色制造对输入制造系统的一切资源的利用达到最大化。粗放式的能源消耗导致的资源枯竭是人类可持续发展面临的最大难题，如何最有效地利用有限的资源获得最大的效益，使子孙后代有资源可用是人类生产活动亟待解决的重大问题。

② 绿色制造中的"制造"是一个广义的制造概念，涉及产品全生命周期，是一个"大制造"概念。同计算机集成制造、敏捷制造等概念中的"制造"一样，绿色制造体现了现代制造科学的"大制造、大过程、学科交叉"的特点，其生命周期示意图如图 3.18 所示。

③ 围绕制造过程中的环境问题形成了许多与之相关的制造概念，如绿色设计、绿色工艺、绿色包装、绿色使用、清洁生产和绿色回收等。

④ 绿色制造涉及的范围非常广泛，包括机械、电子、食品、化工、军工等，几乎覆盖整个工业领域。

⑤ 从制造系统工程的观点来看，绿色制造是一个充分考虑制造业资源和环境问题的复杂的系统工程问题。当前人类社会正在实施全球化的可持续发展战略，绿色制造实质上是人类社会可持续发展战略在现代制造业中的体现。

3.4.2　绿色制造技术的发展

（1）国外绿色制造技术的进展

国外发达国家或地区的工业化进程相对较早，其资源、能源和环境问题也较早地凸显。为了解决这些问题，国外率先提出了绿色制造的理念，并从政策支持、技术规范及企业应用等方面不断推进和完善。

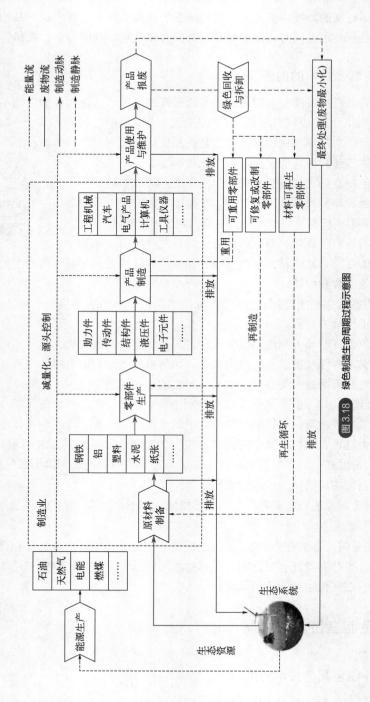

图 3.18 绿色制造生命周期过程示意图

在国家层面，美国在 20 世纪 80 年代开始推进绿色制造，最早将推进绿色制造和低碳经济写入法律文本；2005 年，欧洲 EuP 指令对耗能产品提出了能效标准框架性政策，通过强化生态设计改善产品的性能，提高能源利用效率，大幅度地减少对环境的负面影响；2007 年，日本《绿色经济与社会变革》提出了构建低碳社会、实现与自然和谐共生的社会等中长期方针，强调了发展绿色社会资本、绿色消费、绿色投资及绿色技术创新等多方面的重要意义。美国在《先进制造伙伴计划》（AMP2.0）中将"可持续制造"列为 11 项振兴制造业的关键技术之一；英国将可持续制造（绿色制造）定义为下一代制造，并制定了 2013—2020 年的可持续制造发展路线图；欧洲推行"地平线 2020"（Horizontal 2020）计划，投资 30 亿欧元用于与绿色制造紧密相关的环境、资源效率和稀有材料等研究；德国政府提出了《资源效率生产计划》，并将"资源效率（含环境影响）"列为工业 4.0 的八大关键领域之一。

在企业层面，绿色制造理念进行了广泛普及和实施，绿色制造的生态环境已基本形成，通过系统化的绿色制造技术革新与升级，努力实现节能、减排的关键目标。例如，"欧洲绿色之都"拉赫蒂利用创新技术为整个垃圾处理价值链提供支持，实现 50% 的垃圾被循环利用，46% 的垃圾则转化为能源；欧莱雅集团在亚太地区建成"零碳工厂"，以生物质气体为原料制备绿色蒸汽及生物电，促进厂内"多能互补"，满足每年约 18000t 的全部蒸汽用量；欧洲空中客车公司将激光焊接技术应用于飞机机身、机翼的内隔板与加强筋的连接，取代了原有的铆接工艺，使得机身重量减轻 18%，成本下降 21.4%～24.3%。

（2）我国绿色制造技术的进展

随着我国环境、资源、能源问题日益突出，国际竞争环境的不断改变，为了改善环境质量，防止环境污染进一步加剧，我国从 20 世纪 90 年代初期开始关注绿色制造及其相关技术。通过加强规划引导、完善扶持政策，将绿色经济、低碳经济发展理念和相关发展目标纳入各个"五年规划"和相关产业发展规划中，制定了相关的法律法规、标准规范来约束产品的制造过程及其相关活动。同时，在企业层面，主要从企业发展规划、绿色管理和服务、落实清洁生产关键技术等方面不断实践与推广绿色制造技术。在国家政策引导下，国家相关部门对绿色制造的研究与应用也给予了大力支持。

经过近 30 年的发展，我国突破了面向关键行业和领域的系列绿色制造关键技术，如面向全生命周期的家电产品绿色设计与制造关键技术、增材制造绿色工艺、高端装备再制造检测与修复关键技术以及复合材料的再资源化技术与装备等，使得我国绿色制造水平明显提升，绿色制造体系初步建立。与 2015 年相比，政府、企业等的绿色发展理念显著增强，传统制造业物耗、能耗、水耗、污染物和碳排放强度显著下降，节能环保产业快速发展，绿色制造能力稳步提高，一大批绿色制造关键共性技术实现产业化应用，初步建成较为完善的绿色制造相关评价标准体系和认证机制，绿色制造市场化推进机制基本形成。

2021 年 10 月，国务院印发了《2030 年前碳达峰行动方案》的通知，要求深入实施绿色制造工程，大力推行绿色设计，完善绿色制造体系，建设绿色工厂和绿色工业园区。

3.4.3 绿色制造技术的内容

绿色制造以工业生态学、可持续制造、循环经济和清洁生产等为理论基础，利用产品全生命周期中各阶段的绿色技术实现资源利用率最高、能源消耗与排放最低。

绿色制造技术从内容上应包括"五绿",即绿色设计、绿色材料、绿色工艺、绿色包装和绿色处理等五个方面。在绿色制造实施问题中,绿色设计是关键。

(1)绿色设计

绿色设计是在产品及其生命周期的全过程的设计中,充分考虑对资源和环境的影响,在充分考虑产品的性能、质量、开发周期和成本的同时,优化各有关设计因素,使得产品及其制造过程对环境的总体负影响减到最小。绿色设计又称为面向环境的设计(design for the environment,DFE)。

绿色设计的主要内涵框架如图3.18所示,面向环境的产品设计应包括的内容很广泛,像材料的选择、产品的包装方案设计等环节,考虑到这些环节对资源消耗和环境的影响甚大,应把它们单独作为面向环境设计问题的一个子项加以考虑。其中,面向环境的产品方案设计一般是指涉及产品原理、方法、总体布局、产品类型、包装运输等方面的选择和设计。面向环境的产品结构设计的主要目标是采用尽可能合理和优化的结构(包括有利于包装运输和良好的人机工程的结构),以减少资源消耗和浪费,从而减少对环境的负面影响。面向环境的产品包装设计方案,就是要从环境保护的角度出发,优化产品的包装方案(从包装材料的选取、包装制品的制造到包装制品的回收处理及包装成本等的优化),使得资源消耗和环境负影响最小。

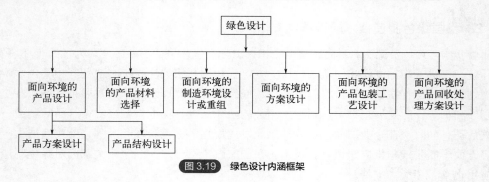

图3.19　绿色设计内涵框架

(2)绿色材料

绿色材料(green materials)是指在制备、生产过程中能耗低、噪声小、无毒性并对环境无害的材料和材料制品,也包括那些对人类、环境有危害,但采取适当的措施后就可以减少或消除危害的材料及制成品。绿色制造中所强调的绿色材料是指在满足一定功能要求的前提下,具有良好的环境兼容性的材料。绿色材料在制备、使用以及用后处置等生命周期的各阶段,具有最大的资源利用率和最小的环境影响。绿色材料又被称为生态材料(eco-material)或环境意识材料(environmentally conscious materials)。选择绿色材料是实现绿色制造的前提和关键因素之一。

绿色制造要求选择材料应遵循的原则:

① 优先选用可再生材料,尽量选用可回收材料,提高资源利用率,实现可持续发展;

② 尽量选用低能耗、少污染的材料;

③ 尽量选择环境兼容性好的材料及零部件,避免选用有毒、有害和有辐射特性的材料,所用材料应易于再利用、回收、再制造或易于降解。

（3）绿色工艺

采用绿色工艺是实现绿色制造的重要一环，绿色工艺与清洁生产密不可分。1992 年，在里约联合国环境与发展大会上，清洁生产被正式认定为可持续发展的先决条件，《中国 21 世纪议程》也将其列入其中，并制定了相应的法律。清洁生产要求对产品及其工艺不断实施综合的预防性措施，其实现途径包括清洁材料、清洁工艺和清洁产品。所谓的绿色工艺是指清洁工艺，指既能提高经济效益，又能减少环境影响的工艺技术。它要求在提高生产效率的同时必须兼顾削减或消除危险废物及其他有毒化学品的用量，改善劳动条件，减少对操作者的健康威胁，并能生产出安全的与环境兼容的产品。

绿色工艺的实现途径包括：

① 改变原材料投入、有用副产品的利用、回收产品的再利用以及对原材料的就地再利用，特别是在工艺过程中的循环利用；

② 改变生产工艺或制造技术，改善工艺控制，改造原有设备，将原材料消耗量、废物产生量、能源消耗量、健康与安全风险以及生态的损坏减少到最低程度；

③ 加强对自然资源使用以及空气、土壤、水体和废物排放的环境评价，根据环境负荷的相对尺度，确定其对生物多样性、人体健康、自然资源的影响评价。

（4）绿色包装

选择绿色包装材料作为产品的包装已经成为一个研究的热点。各种包装材料占据了废弃物的很大一部份份额，很多包装材料的使用和废弃后的处置给环境带来了极大的负担。尤其是一些塑料和复合化工产品，很多是难以回收和再利用的，只能焚烧或掩埋处理，有的降解周期可达上百年，给环境带来了极大的危害。因此，产品的包装应摒弃求新、求异的消费理念，简化包装，这样既可减少资源的浪费，又可减少环境的污染和废弃后的处置费用。另外，产品包装应尽量选择无毒、无公害、可回收或易于降解的材料，如纸、可复用产品及可回收材料（如聚苯乙烯产品）等。

（5）绿色处理

产品的绿色处理（即回收）在其生命周期中占有重要的位置，正是通过各种回收策略，产品的生命周期形成了一个闭合的回路。寿命终了的产品最终通过回收又进入下一个生命周期的循环之中。它们包括重新使用（reusing）、继续使用（usingion）、重新利用（reutilization）和继续利用（utilizingon）。为了便于产品的绿色处理，一般在设计中主要考虑产品的材料和结构设计，如采用面向拆卸的设计方法（design for disassembly，DFD）。拆卸是实现有效回收策略的重要手段，只有拆卸才能实现完全的材料回收和可能的零部件再利用，只有在产品设计的初始阶段就考虑报废后的拆卸问题，才能实现产品最终的高效回收。

3.4.4　绿色制造技术的应用

这里主要说明机械制造过程中对绿色制造技术的应用。

（1）严格遵循绿色环保理念开展产品设计工作

在机械加工中采用绿色生产技术，必须首先按照"绿色"的观念来进行产品的设计。在绿色环保的观念下，机械制造与传统的机械制造有很大的不同，传统的机械制造注重效率与经济效益，而当下，除了效率和经济效益外同时还要求注重环境的保护。在产品的设计与开发中，应充分考虑产品的质量、使用寿命、所需材料，注重产品与自然环境的关系，将人类的绿色理念引入到产品的设计中，从而使产品的各种性能得到保障的同时，减少对环境的不利影响，使其成为真正的绿色的产品。

（2）运用绿色环保材料进行机械制造

仅仅把人的绿色环保思想融入产品的设计中，还远远不够，要把环保生产技术落实到实际生产中，这就要求我们必须使用绿色环保材料。对于机械产品，其是否能够实现绿色环保，关键在于其所用的材料，而现在，人们对环境的要求也在不断地提高，这就使得机械行业开始采用绿色的材料。我国至今尚未对绿色环保材料进行归类，真正绿色环保的材料在机械制造中很难选用。材料的质量、功能和成本都要综合考虑，既要保证材料的质量，又要保证材料的功能，还要选择无污染的材料，才能达到绿色生产的目的。

（3）运用绿色工艺技术进行机械制造

将绿色制造技术引入机械制造业，需要对传统工艺技术进行持续的革新，将绿色环保的材料与传统的工艺技术相结合，转变成绿色的工艺技术，从而达到绿色的机械化生产。机械制造企业应在生产过程中实施绿色生产技术，减少各种能源消耗，并对产生的废物进行有效处理，真正做到绿色环保。

（4）模块化设计方法

模块化设计是现代机械制造中广泛使用的一种方法，在机械结构的设计中，可以根据市场的需要，对各模块进行组合、选取，从而形成各种类型的机械产品，达到资源的最佳分配。比如，在进行绿色机械的设计时，可以采用模块化的方式，使其功能与结构相结合，从而达到绿色产品的迅速发展和再生利用。

（5）深孔钻削工艺绿色化

亚干法是一项环保工艺，它能有效地减少对环境的污染，降低切削液的用量，降低成本。传统的湿法深孔钻削，使用大量切削液进行冷却、润滑和排屑，不但会对环境造成污染，还会增加生产成本。亚干式深孔钻削时，切削液可以很容易地进入到刀具和工件接触区，起到润滑和冷却的作用，同时，由于切削区域的温度较低，使后刀面不易烘干，因而减少了摩擦，降低了加工表面的粗糙度。

（6）绿色环保机床的应用

绿色环保机床是当今世界上最先进的一种机械加工机床，它为人们带来了一种新的节能、减排的理念：在机床使用过程中，可以节约能源，减少机器的数量，节约原材料。根据统计，为了确保机床的刚度，不得不占用80%的机床质量，而只有不到20%的机床质量用于对机床运动学进行满足。针对这种情况，应该从新材料、新结构两个方面来优化机床结构，降低机床质量。新材料是指在机床制造材料中采用复合材料、陶瓷、人造花岗石（树脂混凝土）、碳素纤维等新材料，而新结构是指可以采用箱中箱结构机床、联机床等新型结构机床，能够让机床具有热稳定性好、抗振性强、阻尼系数大等显著的优点。

（7）机械产品的绿色回收技术

在机械产品的设计中，要充分考虑废旧机器产品的再利用，采用环保技术可以防止二次污染。基本原理：对仍有使用价值的物品，在经过循环利用后可以重新利用，如果是一台废弃的机器，那么它的完好零件就可以重新组装成同样的机器。对不能再利用的零件和制品进行分类回收，可以作为再生产中的原料，节约资源。毒性成分要用特殊的方法进行无害化。对同类设备的规格进行标准化，便于零件的替换和制造，从而延长设备的使用寿命。

（8）机械产品的绿色包装技术

绿色包装技术是指产品包装在生产过程中不会对环境造成任何的污染，并能在自然中迅速降解。机械产品的包装既要看重外观，同时还要注重在机械产品运输过程中的寿命，此外还要考虑到生产过程中产生的成本问题。废弃的塑胶包装材料不易降解，对环境也有很大的影响。目前，我国已经研制出了一种可以减少机械损坏的蜂窝纸板，它不会对环境造成任何的污染。

3.4.5　绿色制造技术的发展趋势

全球碳中和的背景下，机械绿色制造技术围绕节约能源、提高利用率、降低污染、提高技术水平几大关键点，发展方向和趋势即是整个世界的主流方向。

首先，是越来越全球化。全球对环境保护和能源节约的认同、全球对绿色制造的大力提倡和支持、各行业的国际标准的推广、全球业务和技术的共享，为绿色制造技术的全球化提供了一个平台。绿色产品将是以后国际进出口产品的主流，也是占领国际市场的主力。

其次，是越来越社会化。绿色制造技术需要整个社会的支撑，需要大家共同参与研究和实施。从上层建筑讲，目前各国为绿色制造技术立法，从法律层面奠定基础，同时积极提供政策和资金扶持，对绿色制造技术进行合理化引导，利用政策手段控制和引导绿色制造技术的发展，大力扶持绿色新型技术，提供资源倾斜，使用政策手段让企业放弃传统制造，自主转向新型绿色制造技术的研发和市场的占领。绿色制造技术的社会化是个大课题，需要政府职能部门深入研究、统筹规划和引导发展方向，让技术、市场和企业之间协调发展。

再次，是越来越集成化。绿色制造技术遍布整个产品的生产使用周期，涉及社会的整个生产链条，它的实施，需要集成各个层面和系统来完成，单一的层面无法形成系统的绿色制造技术。它会集成产品的设计体系、材料体系、工艺技术体系、售后系统、客户反馈系统和回收利用系统，整合各个产业链形成闭环。从社会角度来说，它要集成社会的信息资源系统、基础生产系统、质量保障体系、物流系统和环境评估系统等，整合各领域、各产业链，形成一个系统化的制造体系。

然后，是越来越智能化。当前人工智能是新兴领域，基于数据库、神经系统网络、知识学习、模糊计算的人工智能技术在绿色制造技术中应用越来越广泛。比如，生产车间的专家制造系统，能够自主计算和运行整个车间的产品的制造、转运、备货和调试等工作；沈阳机床出品的 I5 智能化机床，从产品的设计模型到产品的制作成品，全程由智能化信息系统完成，免去了以往的信息的传递、生产的排产甚至加工程序的编制。

最后，是越来越产业化。绿色制造技术的兴起，会带动一片产业的迅猛发展。从设计、制造、服务等领域，涌现出一批新兴产业。比如，各地蜂拥上马的新能源产业园，大批新能源电池和发动机项目上线。人工智能机器人、自动驾驶以及绿色设计制造支撑软件等，越来越产业化。

3.5　虚拟制造技术

3.5.1　虚拟制造技术的定义

虚拟制造技术（virtual manufacturing technology，VMT）是由多学科先进知识形成的综合系统技术。它是以计算机仿真技术为前提，对设计、制造等生产过程进行统一建模，在产品设计阶段，实时地并行地模拟出产品未来制造全过程及其对产品设计的影响，预测产品性能、产品制造成本、产品的制造性，从而更有效、更经济、更灵活地组织制造生产，使工厂和车间的资源得到合理配置，以达到产品的开发周期和成本的最小化，产品设计质量的最优化，生产效率的最高化的目的。

虚拟制造可以表述为：一个在计算机网络及虚拟现实环境中完成的，利用制造系统各层次及不同侧面的数学模型，对包括设计、制造、管理和销售等各个环节的产品全生命周期的各种技术方案和技术策略进行评估和优化的综合过程。

虚拟制造技术的定义：一门以计算机仿真技术、制造系统与加工过程建模理论、VR 技术、分布式计算理论、产品数据管理技术等为理论基础，研究如何在计算机网络环境及虚拟现实环境下，利用制造系统各层次及各环节的数字模型，完成制造系统整个过程的计算与仿真的技术。

虚拟制造系统的定义：一个在虚拟制造技术的指导下，在计算机网络和虚拟现实环境中建立起来的，具有集成、开放、分布、并行、人机交互等特点的，能够从产品生产全过程的高度来分析和解决制造系统各个环节的技术问题的软硬件系统。

3.5.2　虚拟制造技术的发展

虚拟制造在工业发达国家，如美国、德国、日本等已得到了不同程度的研究和应用。1983年，美国国家标准学会提出了《虚拟制造单元》的报告；1993 年，爱荷华大学的报告《制造技术的虚拟环境》中提出了建立支持虚拟制造的环境；1995 年，美国标准与技术研究所的报告《国家先进制造实验台的概念设计计划》，强调了分散的、多节点的分散虚拟制造（DVM），即虚拟企业的概念。美国已经从虚拟制造的环境和虚拟现实技术、信息系统、仿真和控制、虚拟企业等方面进行了系统的研究和开发。欧洲以大学为中心也纷纷开展了虚拟制造技术研究，如虚拟车间、建模与仿真工程等的研究。日本在 20 世纪 60～70 年代的经济崛起受益于先进制造与管理技术的采用。日本对虚拟制造技术的研究也秉承其传统的特点——重视应用，主要进行虚拟制造系统的建模和仿真技术以及虚拟工厂的构造环境研究。

我国在虚拟制造技术方面的研究起步较晚，其研究也多数是在原先的 CAD/CAE/CAM 和仿真技术等基础上进行的，目前主要集中在虚拟制造技术的理论研究和实施技术准备阶段，系统的研究尚处于国外虚拟制造技术的消化和与国内环境的结合上。我国由于受到 CAD/CAE/CAM 基础软件、仿真软件、建模技术的制约，阻碍了虚拟制造技术的发展。但这几年，我国对 VM 的研究和应用也已经开展起来，主要集中在三个方面：产品虚拟设计技术、产品虚拟制造技术、虚拟制造系统。国家自然科学基金和国家高技术研究发展计划（863 计划）等都有专门的研究课题。清华大学国家 CIMS 工程研究中心正在建立支持产品生产全过程的 VM 平台。浙江大学也正在开展体元和面元混合建模的 CAD 系统研究和面向产品创新设计的新一代 CAD 系统开发。据不完全的调查统计，国内进行虚拟制造技术研究的单位达到了 100 家，已经取得了一些可喜的进展，在虚拟现实技术、建模技术、仿真技术、信息技术、应用网络技术等单元技术方面的研究都很活跃。

3.5.3　虚拟制造技术的分类及特点

（1）虚拟制造技术的分类

广义的制造过程不仅包括了产品的设计、加工、装配，还包含了对企业生产活动的组织与控制。从这个意义上讲，虚拟制造可以分为三类：以设计为中心的虚拟制造、以生产为中心的虚拟制造和以控制为中心的虚拟制造。

① 以设计为中心的虚拟制造。以设计为中心的虚拟制造是将制造信息加入产品设计与工艺设计过程中，并在计算机中进行"制造"，仿真多种制造方案和产生许多"软"模型，为设计者提供一个设计产品和评估产品可制造性的环境。它的主要支持技术包括特征造型、面向数学的模型设计及加工过程的仿真技术。其主要应用领域包括造型设计、热力学分析、运动学分析、动力学分析、容差分析和加工过程仿真。

② 以生产为中心的虚拟制造。以生产为中心的虚拟制造是将仿真能力加入生产过程中，其目的是方便和快捷地评价多种加工过程，检验新工艺流程的可信度、产品的生产效率、投资的需求状况（包括购置新设备、征询盟友等），从而优化制造环境的配置和生产的供给计划。其主要支持技术包括虚拟现实技术和嵌入式仿真技术。其应用领域包括工厂或产品的物理布局及生产计划的编排。

③ 以控制为中心的虚拟制造。以控制为中心的虚拟制造是将仿真能力增加到控制模型和实际的生产过程中，模拟实际的车间生产，评估车间生产活动，达到优化制造过程的目的。它的主要支持技术有：对离散制造——基于仿真的实时动态调度；对连续制造——基于仿真的最优控制。

（2）虚拟制造技术的特点

① 虚拟的产品及制造环境。虚拟制造是在计算机上对虚拟模型进行产品设计、制造、测试，甚至设计人员或用户可"进入"虚拟的制造环境检验其设计、加工、装配和操作，而不依赖于传统的原型样机的反复修改；可在实际生产前，可在不消耗资源和能量的情况下验证产品方案。在虚拟制造环境下，工程设计人员可以直接对设计出的产品进行试加工、通过各项实验检查产品各方面的技术性能等一系列验证工作，还可以对生产的组织和进度安排进行实验，确立合理的进度表等。这样就可大大降低生产成本，减少新产品开发的投资，缩短产品开发周期，对难以预测、持续变化的市场需求做出快速响应，同时，还可将已开发的样机部件存储在计算机里，不但大大节省仓储费用，而且能根据用户需求或市场变化快速改变设计，快速投入批量生产，

从而能大幅度压缩新产品的开发时间，提高质量，降低成本。

② 分布式的协同工作环境。分布在不同地点、不同部门的专业人员可以在同一个产品模型上同时工作、相互交流、信息共享，从而减少大量的文档生成及其传递的时间和误差，使产品的开发更快捷。

③ 柔性的组织形式。虚拟制造系统提供的是这样一种环境：它不是针对某个特定的制造系统建立的，但能够对特定系统的产品开发、流程管理与控制模式、生产组织的原则等提供决策依据。

④ 建模与仿真。针对实际过程建模，不仅能够更可靠地估计生产成本，而且能够加深人们对生产过程和制造系统的认识和理解。虚拟制造不仅是制造业改造与提升，而且也是建模与仿真技术本身的一次飞跃。建模与仿真技术的应用可以大大地提高生产柔性，降低固定成本。虚拟制造提供的高逼真度的集成建模与仿真环境，还将加快企业人才培养的速度。

3.5.4 虚拟制造技术的关键技术

（1）建模技术

虚拟制造技术实际运用过程中可以结合计算机语言，在实际的环境中建立起虚拟模型，能够将设计者对于产品的设计理念和设计思考映射到虚拟的环境中，将抽象化的设计模型，进行直观化的表达。大多数的机械工程设计中所涵盖的知识量较多，而且程序较为复杂，通过建模系统可以直接建设虚拟样机，进行大量的数据分析和图形分析。

（2）仿真技术

机械工程设计环节虚拟制造技术的运用过程，就是通过借助计算机语言进行的仿真模拟技术，将复杂的机械生产系统化，并能够得到系统性的模型。仿真技术的运用也能够将模型最终的呈现效果进行展示，帮助设计者科学地分析设计的每一个步骤，如果出现问题可及时整改。另外，仿真技术在机械设计环节应用颇为丰富，如汽车、飞机、轮船等。设计人员在汽车设计过程中针对汽车的内部架构，通过仿真模拟这一设计流程，可直观地看到不合理之处。

（3）虚拟现实技术

虚拟制造技术中能够借助虚拟现实技术，通过计算机的图像系统创设出三维交互的立体图像，让人们真实感受到实际设计的产品。通过虚拟现实技术的运用，也能够不断简化建模的过程，将产品的原貌真实地反映出来。围绕着产品制造全过程和所有流程开展参数的分析，让广大的设计师可以甄别出实际产品制造中容易出现的问题，并及时更正，能够进一步提高客户的满意度，保证产品后续的质量。

3.5.5 虚拟制造技术的应用领域

（1）虚拟企业

虚拟企业建立的一个重要原因是，各企业本身无法单独满足市场需求，迎接市场挑战。因此，为了快速响应市场的需求，围绕新产品开发，利用不同地域的现有资源、不同的企业或不同地点的工厂，重新组织一个新公司。该公司在运行之前，必须分析组合是否最优，能否协调运行，并对投产后的风险、利益分配等进行评估。这种联作公司称为虚拟公司，或者叫动态联盟，是一种虚拟企业，它是具有集成性和实效性两大特点的经济实体。

在面对多变的市场需求时，虚拟企业具有加快新产品开发速度、提高产品质量、降低生产成本、快速响应用户需求、缩短产品生产周期等优点。因此，虚拟企业是快速响应市场需求的部队，能在商战中为企业把握机遇。

（2）虚拟产品设计

飞机、汽车的设计过程中，会遇到一系列问题，如：其形状是否符合空气动力学原理，内部结构布局是否合理，等。在复杂管道系统设计中，采用虚拟技术，设计者可以"进入其中"进行管道布置，并可检查是否发生干涉。

例如，波音 777 飞机有 300 万个零件，这些零件的设计以及整体设计在一个由数百台工作站组成的虚拟环境中得以成功运行。这个虚拟制造系统（VMS）是在原有的 Boing-CAD 的基础上建立。设计师戴上头盔显示器后，能进入虚拟"飞机"中，审视其各项设计。过去为造实体模型需 60 万美元，应用 VMT 后，节省了经费，缩短了研制周期，使最终的实际飞机与原方案相比，偏差小于 1%，且实现机翼和机身结合的一次成功，缩短了数千小时的设计工作量。

（3）虚拟产品制造

应用计算机仿真技术，对零件的加工方法、工序、工装和工艺参数的选用以及加工工艺性、装配工艺性等均可建模仿真，可以提前发现加工缺陷，提前发现装配时出现的问题，从而能够优化制造过程，提高加工效率。

（4）虚拟生产过程

产品生产过程的合理制定，人力资源、制造资源、物料库存、生产调度、生产系统的规划设计等，均可通过计算机仿真进行优化，同时还可对生产系统进行可靠性分析。对生产过程的资金和产品市场进行分析预测，从而对人力资源、制造资源进行合理配置，这对缩短产品生产周期、降低成本意义重大。

John Deere 公司运用 VMT 进行弧焊生产系统的安装。EDS 公司应用 DENEB 软件为通用汽车（GM）公司的中、高档豪华汽车分厂进行装配生产优化设计，GM 公司也为此节省数百万美元，并提前了上市时间。

随着制造战略的发展，虚拟制造技术在产品设计、制造、装配等方面的应用已经越来越广泛。它也逐步从局部应用转化成向集成应用发展，在复杂的高科技产品的开发设计过程中对基于虚拟现实技术的虚拟制造技术的应用逐步加大。

3.6　纳米制造技术

纳米科学技术是目前发展迅速、富有活力的科学技术领域，受到世界各国的高度重视。纳米科学技术集合交叉了多学科内容，是一个融合前沿探索、高技术、工程应用于一体的科学技术体系。纳米科技在纳米尺寸范围内认识和改造自然，开辟了人类认识世界的新层次，使人们改造自然的能力直接延伸到分子、原子尺度水平，这标志着人类的科学技术进入了一个新时代。许多专家认为，以纳米科学为中心的科学技术将成为 21 世纪的主导。

3.6.1 纳米制造的定义

纳米技术（nanotechnology）是用单个原子、分子制造物质的科学技术，研究结构尺寸在 0.1～100nm 范围内材料的性质和应用。纳米科学技术是以许多现代先进科学技术为基础的科学技术，它是现代科学（混沌物理、量子力学、介观物理、分子生物学）和现代技术（计算机技术、微电子和扫描隧道显微镜技术、核分析技术）结合的产物。纳米制造是描述对纳米尺度的粉末、液体等材料的规模化的生产，或者描述从纳米尺度按照"自上而下"或"自下而上"的方式制造器件，是纳米技术的一项具体的应用。

美国国家科学基金会将纳米制造定义为：纳米制造技术是构建适用于跨尺度（纳/微/宏）集成的、可提供具有特定功能的产品和服务的纳米尺度（包括一维、二维和三维）的结构、特征、器件和系统的制造过程。它包括"自上而下"和"自下而上"两种制造过程。纳米制造技术的对象是各类微纳器件，其在微传感器、微执行器、微处理电路及智能化器件上得以体现。

纳米制造将从牛顿力学、宏观统计分析和工程经验为主要特征的传统制造技术，走向基于现代多学科综合交叉集成的先进制造科学与技术。其主要特征有：

① 制造对象与过程涉及跨尺度（纳/微/宏）；
② 制造过程中界面/表面效应占主导作用；
③ 制造过程中原子/分子/行为及量子效应影响显著；
④ 制造装备中微扰动的影响显著。

3.6.2 纳米制造的发展

1959 年 12 月 29 日，物理学家理查德·费曼在加州理工学院出席美国物理学会年会上作出著名的演讲《在底部还有很大空间》，提出的一些纳米技术的概念被视为是纳米技术概念的灵感来源。1974 年，日本学者 Taniuchi 提出了"Nanotechnology（纳米技术）"一词。Taniguchi 关于纳米技术的定义是：获得超高精度和超细尺寸的加工技术，精度和细度均是在纳米尺度的。2000 年 3 月，美国总统克林顿曾向国会发布了名为"纳米技术：将引发下一场工业革命"的发展促进计划。计划一推出，立即在世界引起强烈反响。日本、欧洲等科技强国纷纷调整战略部署，一些发展中国家也竞相推进纳米技术发展计划。制造技术不断向精细化、信息化方向发展，纳米制造基础研究更是引起了国际上的高度关注，已成为发达国家战略高技术竞争的制高点，并对该领域投入了巨大的人力和财力，开展相关的基础研究。美国于 1998 年推出"国家纳米技术计划（NNI）"，从 2005 年起 3 年内联邦政府对纳米科技给予 37 亿美元的资助，并将纳米制造列为重要研究领域之一。英国、法国和德国等欧洲国家每年对纳米技术的研究投入为 5 亿～10 亿欧元，其中纳米制造也被列为重要研究领域。

我国"十一五"规划将"现代制造理论与技术基础"列为 13 个优先发展的综合交叉领域之一，以加快机械学科前沿性研究领域的发展，并于 2006 年启动了重大研究计划。经过近百位不同领域专家多次召开研讨会和前期论证工作，最终"纳米制造的基础研究"重大研究项目得以立项。近年来，全国最顶尖的研究学者围绕纳米制造科学前沿开展了创新性研究，探索了基于物理/化学效应的纳米制造新原理与新方法，揭示了纳米尺度与纳米精度下加工、成形、改性、跨尺度制造中的尺度效应、表面/界面效应等，阐明了物质结构演变机理，建立了纳米制造过程的精确表征与计量方法，发展了若干原创性纳米制造工艺与装备。该研究项目在纳米精度制造、纳米尺度制造、跨尺度制造等方面已经取得了多项重要进展，为集成电路制造重大专项、点火工程重大专项等国家重大战略需求提供了有力支持。

3.6.3　纳米制造的分类

目前关于纳米制造领域的研究还主要集中于制取新型纳米材料、揭示新的现象、开发新的分析测试工具和制造新的纳米功能器件等。形成纳米结构的加工技术主要采用两种方式：一是"自上而下"的方式，二是"自下而上"的方式。目前，虽然要实现工业化规模的纳米制造加工技术还有诸多难点，但随着科技的发展和进步，纳米加工技术的发展前景还是被看好的。

（1）"自上而下"的方式

"自上而下"的方式是 1959 年由美国物理学家 Richard Feynman 首次提出的纳米加工方式。该方法的基本工作原理就是一次又一次地削去材料的某些部分，即可得到逐步变小后的结构。因此，"自上而下"的方式本质是对块体材料进行切割处理，获得所需的材料及结构，这与现代制造加工方法并无本质区别。采用这种方法能达到的最小特征尺寸取决于所使用的工具。这种纳米加工方式主要有以下几种方法。

① 定型机械纳米加工采用专用刀具，可以通过刀具极小的表面粗糙度值和切削刃精度来保证被加工工件的外形尺寸精度，最小去除量能达到 0.1nm，为金刚石车削、微米铣削及微纳米磨削等。

② 磨粒纳米加工是目前超精密加工的主要方法，包括研磨技术、抛光技术和磨削技术。研磨可以加工任何固态材料。研磨已成为光学加工中一种非常重要的加工方法，起着不可替代的作用。

纳米级研磨加工方法主要有以下几种。

a. 弹性发射加工：它是使用一种软的聚氨酯球（在微小压力下很容易发生变形）作为抛光工具，同时控制旋转轴与加工工件的接触线保持 45°。研磨用微粉粒径为亚微米级，微粉与水混合，并强迫其在旋转的聚氨酯球面下方加工工件，并保持球与工件间的距离稍大于微粉尺寸。此法可以使被加工零件的表面（包括形状和变质层等）实现完美表面的要求。

b. 磁流变抛光技术：磁流变抛光技术是利用磁流变液（它含有去离子水、铁质微粉、磨粒和经处理过的其他物质）的特性来改变其在磁场中的黏性，磁流变液由泵驱动稳定循环。在有磁力作用时，其表现为固体形态，进行研磨；而在无磁力作用时，其表现为液体形态，两种形态在整个循环中交替出现。由于其黏度可以通过监控，使其变动范围保持在±1%内，因此，磁流变抛光是一个可控的加工方法。该方法不但材料去除能力（尺寸及去除量）的调节非常简单，而且被加工表面质量好，从而可在保持相对高的、稳定的去除率的同时，加工出表面质量极好、无损伤的表面。

c. 固着磨料高速研磨技术：固着磨料高速研磨技术是在 20 世纪 60 年代发展起来的，如针对铸铁结合剂金刚石固着磨料砂轮，采用电解修整（ELID）。在线电解修锐磨削具有以下几个特点：磨削过程具有良好的稳定性（ELID 可在研磨过程中控制磨粒锐度，使磨具始终保持高效率研磨的能力）；工件的表面质量也十分稳定；金刚石砂轮不会过快磨损，提高了贵重磨料的利用率；磨削过程具有良好的可控性；容易实现镜面磨削，并可大幅度减少超硬材料被磨零件的残留裂纹；对硬质合金和光学玻璃进行超精密研磨，表面粗糙度 Ra 分别达到 10.7nm 和 16.7nm。

d. 化学机械抛光技术：化学机械抛光技术是利用固相反应抛光原理的加工方法，原则上可以加工任何材料，是目前应用最为广泛的一种抛光方法，其抛光质量和效率较高，技术比较成熟。此方法几乎是迄今唯一可以提供全局平面化的表面精加工技术，广泛用于集成电路芯片、MENS 系统、计算机硬磁盘、光学玻璃、蓝宝石、单晶硅、砷化镓及氮化硅等表面的平整化，可以获得光滑无损伤表面（表面粗糙度 Ra 约为 0.1nm）。

③ 非机械纳米加工包括聚焦离子束加工、微米级电火花加工、准分子激光加工和飞秒激光加工。

a. 聚焦离子束加工主要包括定点切割、选择性的材料蒸镀、强化性蚀刻或选择性蚀刻及蚀刻终点侦测等方法。目前商用机型的加工精度可以低于 25nm。

b. 微米级电火花加工。实现微细电火花加工的关键在于工具电极（微小轴）的在线制作、微小能量放电电源、工具电极的微量伺服进给、加工状态检测与系统控制以及加工工艺方法等。对微细电火花加工技术的不断研究探索，已使其在与 MENS 制造结合及实用化方面取得了长足进展，其加工对象已由简单的圆截面微小轴、孔拓展到复杂的微小三维结构。

c. 准分子激光加工：准分子激光由于波长短（193～351nm），光子能量大，加工时的低热效应及穿透深度小，以及激光融化可快速凝固，因此可用来进行材料的去除（包括微加工、激光刻蚀等），另外还可用来对工件进行清洗、抛光，对材料进行表面改性和冲击强化处理。

d. 飞秒激光加工：飞秒激光加工的机理与以往的长脉冲激光（CO_2 激光、Na:YAG 激光）加工不同，它能以极快的速度将其全部能量注入很小的作用区域，瞬间以高能量密度沉积，可以避免线性吸收、能量转移和扩散过程等影响，从本质上改变了激光与工作物质互相作用的机制，使其加工方式成为具有高精度、超高空间分辨率及超高加工广泛性的冷加工过程。这在微电子、光子学及微光机电系统（MOEMS）等高技术领域应用前景巨大。飞秒激光与常规激光相比具有以下几个特点：加工尺度小，可以实现超微细（亚微米至纳米级）加工；加工热影响区小，可以实现高精度的非热熔性加工；没有热扩散，加工边缘整齐且精度高；能克服等离子体屏蔽，具有稳定的加工阈值，加工效率高；加工过程具有严格的空间定位能力，可实现透明材料内部的任意位置的三维超精细加工；峰值功率极高，可实现对任何材料的精细加工，而与材料的种类及特性无关；可以精密微细加工玻璃、陶瓷、各种电介质材料、各种半导体、聚合物以及各种生物材料乃至生物组织，特别是对熔点相对较低，且固体导热性好而易产生热扩散的金属材料进行精密微细加工。

④ 光刻加工采用光刻方法在物体上制作纳米级图案，需要大幅度提高光刻加工的分辨率。光刻加工主要用于制造二维形状，在制造三维立体外形时受到较大限制。目前常用的方法有以下几种。

a. 光学曝光：曝光是芯片制造中最关键的制造工艺，光学曝光技术不断创新。现代曝光技术不仅要求高的分辨率，而且要有工艺宽容度和经济性。1997 年美国 GCA 公司推出了世上第一台分步重复投影曝光机，被视为曝光技术的一大里程碑。

b. X 射线光刻技术：X 射线光刻采用软 X 射线波段光源，是一种接近式光刻。此技术具有分辨率高、曝光相场大、焦源大、工艺简单、光刻工艺宽容度大、产量大、X 射线掩模可以自复制、与集成电路工艺兼容性好、光刻分辨率技术延伸性大及技术成熟等优点。此技术能满足超大规模集成电路迅猛发展的需求，已成为国际光刻技术研究的热点。

c. 电子束直写光刻技术：电子束具有波长短、分辨率高、焦深长、易于控制和修改灵活等特点，广泛应用于光学和非光学曝光的掩模制造。在系统集成芯片的开发中，电子束直写比其他方法更具灵活性，它可直接接收图形数据成像，无须复杂的掩模制作，因此前景十分诱人。采用电子束曝光制作的最小器件尺寸可达 10～20nm。

d. 纳米压印技术：纳米压印技术是华裔科学家周郁在 1995 年发明的一种光刻技术。纳米压印是加工聚合物结构的常用方法，它采用高分辨率电子束等方法将结构复杂的纳米结构图案刻制在印章上，然后用预先图案化的印章使聚合物材料变形而在聚合物上形成结构图案。

e. 极端远紫外光刻技术：极端远紫外光刻技术是用波长为 11～14nm 的光，经过周期性多层膜反射镜照射到掩模上，反射出的远紫外光再经过投影系统，将掩模图形投影在硅片的光刻胶上。2001 年，国外已制备出灵敏度为 $5mJ/cm^2$ 的远紫外光刻胶，使曝光后剩余的光刻胶胶厚达到 140nm。极端远紫外光刻被认为是最有前途的光刻加工方法之一。极端远紫外光刻面临的关键挑战之一就是寻找合适的光刻胶，也就是用来在芯片层面光刻出特定图案的材料。经过数十年的不懈努力，极端远紫外光刻技术已经从研究层面开始迈向实用。

f. 原子纳米光刻：原子纳米光刻是利用激光梯度场对原子的作用力，改变原子束流在传播过程中的密度分布，使原子按一定规律沉积在基底上形成纳米级的条纹、点阵或特定图案。目前已制备出宽度为 60～70nm 的光栅线条。原子纳米光刻技术在纳米器件加工、纳米材料制作等领域具有重要的应用前景。

g. 离子束投影光刻：离子束投影光刻就是由气体（氢气或氦气）离子源发出的离子通过多级静电离子透射镜投照于掩模并将图像缩小后聚焦于涂有抗蚀剂的片子上，进行曝光及步进重复操作。该技术具有分辨率高而焦深长、数值孔径小而视场大、衍射效应小、损伤小、产量高、对抗蚀剂厚度变化不敏感、工艺成本低等特点，应用前景广阔。

在国外，目前对分辨率均超过光学光刻技术的短波长射线光刻技术的研究开展得如火如荼。这些技术包括极端远紫外光刻、软 X 射线投影光刻、电子束投影光刻及离子束投影光刻等。它们的分辨率已可达到 30nm 以下。

⑤ 生物纳米加工。生物制造是 21 世纪生命科学、纳米科技、新材料科学交叉的新领域。与机械工艺有关的生物制造主要是利用生物加工技术制造微结构或生物组织结构。

目前发现的微生物有 10 万种左右，尺度绝大部分为微纳米级。这些微生物具有不同的标准几何外形与亚结构、生物机能及遗传特性。"自上而下"的生物纳米加工就是找到能"吃"掉某些工程材料的微生物，实现工程材料的去除成形。例如，通过氧化亚铁硫杆菌 T-9 菌株，去除纯铁、纯铜及铜镍合金等材料，用掩模控制去除区域，实现生物去除成形。通过生物加工已制作出了 85μm 厚的纯铜齿轮和深 70μm、宽 200μm 的沟槽。生物去除成形的主要工艺特点是：侧向刻蚀量是普通化学加工的一半左右；加工过程中反应物和生成物通过氧化亚铁硫杆菌的生理代谢过程达到平衡；可选用不同微生物加工不同材料；生物刻蚀速度取决于细菌浓度和材料性质。可以预测，生物纳米加工在制作纳米颗粒、纳米功能涂层、纳米管、特殊结构的功能材料、微器件、微动力、微传感器及微系统等方面有着良好的发展前景。

（2）"自下而上"的方式

通过前面叙述可知，"自上而下"的加工方式，其最小可加工结构尺寸最终受限于加工工具的能力。反观大自然，在上亿年间通过自组装及自构建方式，在分子水平基础上创造了世界的复杂万物。由此可见，纳米加工技术的最终发展是分子水平的自组装技术。从分子水平出发构建纳米结构是一种"自下而上"的加工方式，它彻底颠覆了传统的"自上而下"的加工理念。

"自下而上"方式主要采用自组装技术，以原子、分子为基本单元，按照人们的意愿进行设计及组装，即通过人工手段把原子或分子层层沉积构建成具有特定功能的产品。当产品尺寸极限减小到 30nm 以下时，"自下而上"的自组装方式为替代"自上而下"的制作方式提供了可行的途径。"自下而上"方式是采用分子尺度材料作为组元去构建新一代功能纳米尺度装置的制作方法，在可控的自组装过程下，可以形成纳米结构的微观自组装，主要包括：某些分子自组装过程和纳米粒子自组装过程。

① 分子自组装。分子水平的自组装是以分子为个体单位自发组成新的分子结构与纳米结构的过程。并不是所有分子自组装都可以称为纳米加工技术。以往开发的最成功的具有纳米加工意义的分子自组装系统是自组装单层膜系统。此外，另一类通过分子自组装形成的纳米结构是超分子结构。

② 纳米粒子自组装。实现纳米粒子自组装需要满足 3 个条件：纳米粒子必须能够自由运动，以发生相互作用；粒子必须足够小；粒子直径应当均匀一致。

纳米粒子自组装之所以成为自组装纳米加工技术的重要组成部分，是因为其组装成的二维或三维类晶体结构在纳米技术中有大量的应用。

③ 探针纳米加工。最终的"自下而上"纳米组装方法是通过精确地控制单个原子来构成纳米结构，即原子操作。1995 年，Crommie 等采用低温超高真空扫描隧道显微镜（STM）在金属表面上实现原子操作。扫描探针显微术（SPM）近年来也被广泛应用。SPM 为一种探针或检测技术，通过回馈机制控制探针与样品之间的交互作用，进而得知表面特性，由于可使用各式探针，因此可分析表面形貌、电性、磁性、旋光性及力学等多种性质，可以说是最全面的纳米尺度检测技术，其中又以原子力显微镜最为常用。

原子力显微镜除了应用于表面检测外，也可借助控制探针与样品间的交互作用，使样品表面发生改变，即原子力显微镜（AFM）纳米加工技术。其按照作用原理，大致可分为三类：机械力、电场、场发射电流。

④ 蘸水笔纳米加工。近年来发展起来的一种新的扫描探针刻蚀加工技术，有着广泛的应用前景。该技术是直接把弯曲形水层作为媒介来转移"墨水"分子，在样品表面形成纳米结构。通过控制温度可以控制"墨水"分子的移动速度，从而影响纳米结构的线宽。线宽随着样品表面粗糙度增加而变宽。采用该技术，在金基底上可以书写宽为 30~40nm、长为 100nm 的小尺寸线条。

3.6.4　纳米制造技术的应用领域

纳米技术是一种在物质尺度上工作的科技，它可以制造出更小、更轻、更强、更精确、更经济的产品。在制造业中，纳米技术的应用已经成为一个热门话题。

首先，纳米技术可以用来制造超强材料。利用纳米技术，可以制造出具有超强韧性和强度的材料，如碳纳米管和纳米结晶材料。这些材料可以用于制造航空航天器、汽车、医疗设备等高端产品。

其次，纳米技术可以用来制造微型元件。在制造微型元件时，纳米技术可以实现更高的精度和更小的产品尺寸。通过纳米技术制造的微型元件可以应用于电子产品、生物医学、传感器等领域。

另外，纳米技术还可以用于制造纳米涂料和纳米复合材料。这些材料拥有更好的耐水性、耐腐蚀性、耐磨损性和耐高温性，因此这些材料可以应用于汽车、船舶、建筑、医疗和环境保护等领域。

总之，纳米技术在制造业中的应用是非常广泛的。它可以制造出更高性能、更经济、更环保的产品，为制造业的发展提供了新的技术方向。

3.6.5 纳米制造技术的发展趋势与挑战

其今后的发展趋势和挑战可以归纳为以下 3 点。

（1）制造理论由宏观走向微观

在纳米制造中，界面/表面效应、尺度效应以及微观现象与工艺参数之间的关系已经成为研究重点，一些新制造原理和制造方法相继出现，如电化学机械平坦化（ECMP）、高能束去除加工和电场诱导成形等，其作用机理涉及分子/原子的相互作用。在制造对象的尺度从宏观走向微观时，原有的以牛顿力学和统计力学为基础的宏观制造论转变为以分子物理、量子力学和界面/表面科学为基础的纳米制造科学。因此挑战之一是：制造理论由宏观走向微观时，需要揭示纳米制造中原子迁移机制与纳米尺度下物质结构的演变规律。

（2）制造技术从微米走向纳米

全频谱纳米精度的超精密光学镜、纳米器件等的加工精度或特征尺度已经达到了纳米量级，制造的精度和尺度由微米发展到纳米，这是制造理论和技术的一个飞跃，它将赋予产品更多、更新的性能，而且可使产品运行能耗大幅度降低。纳米制造技术的关键是将能量聚集在纳米空间，将物质运动控制在纳米精度，形成功能特殊、性能优异的产品，并且制造过程具有准确的再现性。因此，纳米制造需要创新和发展一系列新的制造原理、方法、技术和装备，对制造装备也提出了更高和更苛刻的要求，同时，对环境的精确控制要求也接近当今技术的极限水平。纳米制造的精度理论和体系、纳米结构的物理性能和力学性能的表征，以及纳米器件可制造性和可检测性的评价都是当前尚未解决的难题或研究的热点问题。

（3）纳米器件由实验室走向产业应用

纳米技术已展现出巨大的工程价值和广阔的应用前景，但绝大多数纳米结构和纳米器件仍停留在实验室原型阶段。一些在国民经济和国防安全中有重要影响的新型纳米结构产品，如效率高达 30%以上的新型纳米结构太阳能电池、下一代平板显示器和生化传感器等，由于缺乏批量化、低成本和质量一致性的纳米制造技术的支持而难以面世。目前，已被广泛认同的批量化的纳米制造技术主要有纳米压印技术、LIGA 技术和自组装技术等。因此，建立批量化纳米制造新原理与新方法，发展纳米批量化制造新工艺与新装备，使纳米器件从实验室原型走向产业化应用也是挑战之一。

3.7 云制造技术

我国是制造业大国，并且正在向制造强国的目标迈进。为了实现这个目标，需要更深层次地推动信息技术与制造业的融合。随着云计算、物联网等新一代信息技术在制造领域的推广，传统的生产方式和商业模式发生了根本性转变，制造业与信息技术紧密结合将是未来的主流生产模式。云制造（cloud manufacturing）是在云计算、网络化制造的基础上发展而来的制造模式。

3.7.1 云制造技术的定义及特征

（1）云制造技术的定义

云制造是在"制造即服务"理念的基础上，借鉴了云计算思想发展起来的一个新概念。云制造是先进的信息技术、制造技术以及新兴物联网技术等交叉融合的产物。

云制造最早由北京航空航天大学的李伯虎等率先提出，并从支撑技术、实现方式和最终目标等 3 个层面做出定义：云制造主要是将物联网、云计算、云安全以及高性能计算等技术与网络化制造和服务技术相融合，通过整合各类制造资源并对这些资源进行智能管理控制的方式，最终实现制造全生命周期各类制造服务活动安全、及时和低成本进行的目标。随着进一步研究，李伯虎等又指出云制造有着基于知识、面向服务和高效低耗的特点并进一步将云制造的生命周期分为 3 个阶段：制造前阶段（如论证、设计、加工、销售等）、制造中阶段（如使用、管理、维护等）和制造后阶段（如拆解、报废、回收等）。

杨海成认为云制造是一种制造服务，服务对象是区域、行业和企业，服务媒介是先进的信息技术，服务内容是产品的开发、生产、销售等全生命周期的制造资源集成与共享。

Matthias Meier 等人认为云制造实质上就是一种面向制造的服务，他们将这种服务环境称为 ManuCloud（制造云）。

Xu Xun 在 NIST（美国国家标准与技术研究院）对云计算的定义的基础上，将计算资源替换成制造资源，对云制造进行如下定义：云制造是这样一种模型，它可以实现随时随地、方便地、按需地从资源共享池中获取制造资源（如制造工具、制造装备和制造能力等），资源可以快速提取并释放，最大程度减轻管理工作量和服务提供商的交互影响。

除了上述学者们，还有一些人也对云制造的概念进行了界定，但也都是基于以上的研究观点，在此就不再赘述。

一般来说，云制造的概念应该包括以下几个方面：

① 云制造是一种面向服务的网络化制造模式；

② 云制造以客户为核心，以知识为支撑，构建了一个虚拟化、分布式、按需分配的资源共享平台；

③ 云制造实现了产品全生命周期的协同制造、管理与创新，提供了可以在任意时空上获取制造资源的工作环境。

（2）云制造技术的特征

通常来说，云制造体系包括制造资源/制造能力、制造云、制造全生命周期应用三大组成部分。云提供端（云制造服务提供者）、云请求端（云制造服务使用者）和云服务端（云制造服务运营者）组成一个完整的云制造服务系统。因此，其特征可以从以下几个方面描述。

① 制造资源/制造能力数字化。即对制造资源/制造能力的属性和静态、动态行为等信息建立相应的数字化模型，以进行统一的分析、规划和重组处理。

② 制造资源/制造能力物联化。即采用物联网和 CPS 技术等信息物理融合新技术，将制造资源/制造能力全系统、全生命周期、全方位、透彻地接入和感知，支持全生命周期的活动。

③ 制造资源/制造能力虚拟化。即通过虚拟化技术，用物理制造资源构成多个相互独立的封装好的虚拟器件，多个物理制造资源/制造能力也可以组合成一个更大的系统。

④ 制造资源/制造能力的协同化。即通过标准化、规范化、虚拟化、服务化及分布/高效能计算等信息技术，形成彼此间可灵活、互联、互操作的"制造资源/制造能力即服务"模块。这些云服务模块能够实现全系统、全生命周期、全方位的互联、互通、协同，以满足用户需求。

⑤ 制造资源/制造能力服务化。即对制造云中汇集的大规模的制造资源/制造能力进行虚拟化，再通过服务化技术进行封装和组合，形成制造活动所需要的按需使用的服务。

⑥ 制造资源/制造能力的智能化。即通过智能化的技术来支持整个系统的两个智能化，一个是制造全生命周期活动的智能化，另一个是制造资源/制造能力本身的一个生命周期的智能化。

3.7.2 云制造技术的关键技术

（1）云计算与物联网技术

作为云制造的关键技术，云计算和物联网技术是制造业中物理世界与信息世界的连接桥梁。云计算凭借其强大的计算能力，将云计算中的基础设施即服务（IaaS）、平台即服务（PaaS）、软件即服务（SaaS）扩展到设计即服务（DaaS）、生产即服务（FaaS）、仿真即服务（SIMaaS）、实验即服务（EaaS）、管理即服务（MaaS）、集成即服务（IaaS），为云制造平台存在的服务效率、资源配置、信息安全等问题提供了解决途径。物联网技术借助传感器、适配器、RFID、GPS等技术将系统植入物理资源，感知物理资源，实现不同物理资源之间及物理资源与互联网之间的互联，从而支撑资源的搜索和集成。通过物联网技术，物理资源的数据信息被自动收集，以便被制造过程的全生命周期所利用，同时物理资源也可以更好地被管理和监控。

（2）虚拟化技术

虚拟化技术将制造资源或制造能力创建为一个或多个"虚拟器件"的模板或镜像，然后进行标准化、规范化的应用封装。对制造资源和制造能力进行虚拟化时，需要考虑资源和能力的特性与变化性、用户需求、资源管理的性能需求等，需要建立制造资源和制造能力的描述模型。

（3）云服务搜索匹配、组合与优化技术

云制造的目的是按需地为资源需求者提供制造资源和制造能力，当海量的分布在不同地理位置的资源虚拟化封装成云服务后，云平台搜索匹配符合要求的云服务，之后再组合出最优云服务。云服务搜索匹配、组合与优化技术作为云制造关键技术，关乎云服务的质量。

（4）云制造安全技术

安全问题一直是企业最关心的问题之一，如果云制造系统没有安全保障，云服务需求企业可能面临商业信息被泄露等损失，所以云制造的实施需要强有力的安全技术的支持。云制造安全技术主要包括：云服务消费者、云资源提供商及云服务提供商的可信评价与认证技术；云制造系统的服务响应性能评价及优化技术；云制造系统稳定性和可靠性的评价与分析技术；服务保证技术和等级协商；多租户可信隔离技术及网络安全。

（5）协同化技术

协同化设计与制造是现代制造行业的发展趋势，虚拟企业、网络化制造、云制造都是以整合制造资源以满足客户定制化需求为目标的。协同化技术面临的关键问题就是在保证协同各方时空一致性的前提下，构建基于云制造平台的企业协同制造信息系统，将各个企业的虚拟制造资源进行聚合，形成可互操作的动态的数据库与知识库。这样一来，不单是企业间实现制造信息的互通，高等院校、科研院所亦可通过云制造信息系统，实现市场调研、产品研制、技术支持和商业合作等，为促进协同制造各方的技术创新、提高产品竞争力奠定了基础。

3.7.3 云制造技术的应用方向

针对我国制造业现状，云制造系统可在以下几个方面应用。

① 面向大型集团企业内部下属单位的私有云制造系统。该系统将集团内部现有计算资源、软件资源和数据资源整合，形成复杂产品研发平台，为集团内部各下属单位提供技术能力、软件应用和数据服务，支持多学科优化、性能分析、虚拟验证等产品研制活动，可极大促进产品创新设计能力。

② 面向广大中小企业的公共云制造系统。对于占企业总数 99% 的中小企业来说，公共云制造系统可以盘活社会制造资源存量，优化配置，为各企业提供产品设计、工艺、制造、采购和营销等服务资源，以解决各企业普遍面临的机器设备老旧、生产水平不高、技术能力不强、经营管理水平低下等问题，以促进中小企业发展。

③ 区域性加工资源共享服务平台。我国是当今世界上制造加工资源最丰富的国家，但制造资源分散且利用率不高，因此可以利用信息技术、虚拟化技术、物联网以及 RFID 等先进技术，建立面向区域的加工资源共享与服务平台，以实现区域内加工制造资源的高效共享与优化配置，促进区域制造业发展。

④ 制造服务化支持平台。由于服务已成为当今制造企业价值的主要来源，因此可以建立制造服务化支持平台，支持制造企业从单一的产品供应商向整体解决方案提供商及系统集成商转变，提供在线监测、远程诊断、维护和大修等服务，以促进制造企业走向产业价值链高端。这类平台主要针对使用大型设备的企业。

⑤ 物流拉动的现代制造服务平台。针对我国制造业物流成本高等现状，为促进物流业与制造业的联动发展，可利用 RFID、网络、物流优化等技术，研究整机制造企业、零部件制造企业和物流企业的多方协作模式和第三方服务模式，建立物流拉动的现代制造服务平台，为制造业整机制造企业、零部件制造企业和物流企业的协作提供服务，促进制造业发展。

3.7.4　云制造技术的研究方向

云制造的理论架构研究已经大致趋同，实际应用也在制造行业的各个领域取得了不少的成果，但还是存在很多新的科学问题和关键技术问题亟待解决。云制造未来的研究方向可以分为以下几点。

（1）云制造的自动化与控制系统

自动化与控制系统对云制造环境下的企业内外部协同执行云端制造任务的促进有着重要的意义。随着工业控制系统、制造执行系统与管理信息系统的高度融合，同时为适应云制造高交互性、快速响应的操作环境，工业控制系统需要在保证传输速率的情况下提高传输距离和安全性。这就使未来的工业控制系统要向迅捷、高效、安全的方向发展，如西门子公司提出的全集成自动化系统，是包括 SCADA 和 DCS 在内的新型控制系统，集开放性、统一性于一身，提升了多机连接的效率，降低了系统的故障率。

（2）云制造服务组合问题

因为云制造模式是将分散式的制造资源集中到云系统中统一调配，所以就产生了响应用户需求的匹配优化问题。快速地制定资源检索、分配、绑定等服务组合方案，优化云制造服务质量，是云制造实现敏捷化、智能化的前提保证。目前已经有很多学者针对这一问题构建了服务组合的优选算法与模型，分别解决了在部分假设条件下的服务组合问题，但还需在实际的任务多发、并行计算等云制造环境下进行不断改进和完善。

（3）云制造信息管理问题

云制造中的信息管理涉及了资源的接入与虚拟化技术、信息存储技术、数据库安全技术等诸多问题。无论是知识型制造资源（数据、模型等）还是虚拟化的物理制造资源，都需要通过统一的接入标准进行封装，以实现云制造平台上的资源识别与互联。在云制造环境下，信息的存储是分布式的，如何实现云数据库的可扩展和资源的有效分发是需要进一步研究的问题。同时，由于企业间信息共享所带来的安全机制问题，如用户访问风险、网络通信安全、核心数据泄露风险，也是今后研究的主要方向。

（4）云制造知识产权问题

云制造的一个主要特色就是多方参与产品制造过程，这就决定了协同制造成员间存在既合作又竞争的复杂状态。为避免资源共享活动中出现知识产权不正当竞争和知识产权被掠夺的情况，云制造合作各方需要在法律和政策的引导下，签订协议以明确约定各方的权利义务关系。这就需要对投入的知识技术资源进行公平的价值评估，对协同创新产品进行合理的收益分配，对产品开发各阶段的知识产权风险进行预先的识别与防范，使参与协同制造的各方成员的权益得到有效的保护。

云制造不是其他先进制造模式的替代，而是它们的结合与进化，其最具发展前景的价值在于所有制造资源的无缝、便捷共享。所以除了上述四种研究方向，云制造还存在巨大的发展空间，不管是在云计算、物联网等实施技术方面，还是在资源共享、平台建设和商业模式等运行机制方面，都存在许多课题需要进一步深化研究。

本章小结

新一代智能制造是新一代人工智能技术与先进制造技术的深度融合，本章首先介绍了先进制造技术的内涵及其体系结构，然后从定义、发展、关键技术及应用领域等方面重点介绍了先进制造技术中涉及的增材制造技术、数字化制造技术、绿色制造技术、虚拟制造技术、纳米制造技术和云制造技术。

 思考题

3-1 如何理解先进制造技术的内涵与特征？

3-2 如何理解增材制造技术的内涵与特征？

3-3 如何理解数字化制造技术的内涵与特征？

3-4 如何理解绿色制造技术的内涵与特征？

3-5 如何理解虚拟制造技术的内涵与特征？

3-6 如何理解纳米制造技术的内涵与特征？

3-7 如何理解云制造技术的内涵与特征？

3-8 进一步查找文献和资料，举例说明先进制造技术在智能制造中的应用。

第4章

工业智能软件

 学习目标

① 熟悉工业软件的定义及其分类。

② 掌握企业资源计划（ERP）、制造执行系统（MES）和产品全生命周期管理（PLM）的定义、结构及功能。

③ 了解企业资源计划（ERP）、制造执行系统（MES）和产品全生命周期管理（PLM）的应用及发展。

思维导图

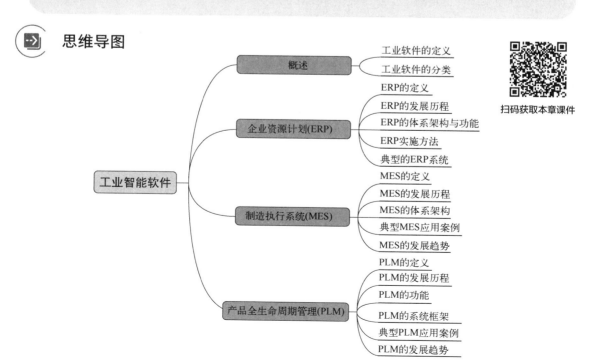

扫码获取本章课件

软件定义制造，软件是智能化的载体，工业软件是智能制造的核心。工业软件被看作是智能制造（第四次工业革命）的核心基础性工具，与前三次工业革命（机械化、电气化、自动化）相比，智能化是工业 4.0 新的内涵，而软件承载着设计、制造和运用阶段的产品全生命周期数据，并根据数据对制造运行规律建模，从而优化制造过程。

4.1　概述

4.1.1　工业软件的定义

工业软件的本质，是将特定工业场景下的经验知识，以数字化模型或专业化软件工具的形式积累沉淀下来。工业软件的意义在于连接设计与制造，在产品实际制造之前，用可视化的方式规划和优化全生命周期的制造过程。工业软件是工业物联网数据利用的关键，帮助工业互联网兑现价值。

工业软件指在工业领域里进行研发设计、业务管理、生产调度和过程控制的相关软件与系统。工业软件在工业制造中发挥着巨大作用，是加快制造业朝智能化发展的必备基础，赢得了工业领域的"皇冠"美誉，其中高端软件更是"皇冠"上的"明珠"。工业软件赋能智能制造，是智能制造的核心力量。

工业软件是工业知识创新长期积累、沉淀并在应用中迭代进化的工具产物。作为智能制造的重要基础和核心支撑，工业软件的应用贯穿企业的整个价值链，从研发、工艺、制造、采购、营销、物流供应链到服务，打通数字主线；从车间的生产控制到企业运营，再到决策，建立产品、设备、生产线到工厂的数字孪生模型；从企业内部到外部，实现与客户、供应商和合作伙伴的互联和供应链协同。企业所有的经营活动都离不开工业软件的全面应用。工业软件是制造业的数字神经系统，也是制造企业体现差异化竞争优势的关键。

由于不同的行业生产流程与工艺差异明显，企业核心痛点不同，因此工业软件通用性较低，面向不同行业的工业软件通常存在较大差异，不同行业的工业软件之间存在明显壁垒。

4.1.2　工业软件的分类

按用途分类，工业软件分为信息管理类、研发设计类、生产控制类和嵌入式软件四大类。每类工业软件均有其代表产品和企业。

信息管理类软件主要用于提高企业管理水平和资源利用效率，代表产品有 ERP、CRM、SCM 等，代表企业有 SAP、Oracle、Saleforce、用友网络、金蝶国际等；研发设计类软件主要用于提高企业产业设计和研发的工作效率，代表产品有 CAD、CAE、PLM 等，代表企业有达索系统、Autodesk、中望软件等；生产控制类软件主要用于提高制造过程的管控水平、改善生产设备的效率和利用率，代表产品有 MES、APS 等，代表企业有西门子、GE、宝信软件、中控技术、鼎捷软件等；嵌入式软件，主要用于提高工业装备的数字化、自动化和智能化水平，代表产品有 PLC、Keil μVision、Eclipse 等，主要应用领域包括工业通信、能源电子、汽车电子等，如表 4.1 所示。

表 4.1　工业软件分类

类型	代表产品	作用
信息管理类	ERP（企业资源计划）、CRM（客户关系管理）、SCM（供应链管理）、HRM（人力资源管理）、EAM（企业资产管理）	提高企业管理水平和资源利用效率
研发设计类	CAD（计算机辅助设计）、CAE（计算机辅助分析）、CAM（计算机辅助制造）、PDM（产品数据管理）、PLM（产品生命周期管理）、EDA（电子设计自动化）	提高企业产业设计和研发的工作效率
生产控制类	MES（制造执行系统）、APS（高级计划排产系统）、SCADA（数据采集与监视控制系统）、DCS（集散控制系统）	提高制造过程的管控水平，改善生产设备的效率和利用率
嵌入式软件	PLC（可编程控制）、Keil μVision、Eclipse	提高工业装备的数字化、自动化和智能化水平

　　ERP、MES、PLM 分别是信息管理、生产控制、研发设计三类工业软件中最具代表性的产品，也是三类工业软件中市场规模最大的产品，是企业信息化的三大基石，被称为"信息化三驾马车"。本章重点对这三类软件进行讲解和分析。

4.2　企业资源计划（ERP）

4.2.1　ERP 的定义

　　企业资源计划（enterprise resource planning，ERP）是制造企业的核心管理软件。ERP 的基本思想是"以销定产"，协同管控企业的"产、供、销、人、财、物"等资源，帮助企业按照销售订单，基于产品的制造 BOM、库存、设备产能、采购提前期、生产提前期等因素，来准确地安排生产和采购计划，进行及时采购、及时生产，从而降低库存和资金占用，帮助企业实现高效运作，确保企业能够按时交货，实现业务运作的闭环管理。

　　ERP 最初被定义为应用软件，但迅速为全世界商业企业所接受，现在已经发展成为一个重要的现代企业管理理论，也是一个实施企业流程再造的重要工具。ERP 是创建在信息技术基础上的系统化管理思想，同时也是为企业决策层及员工提供决策运行手段的管理平台。

　　不同组织、研究机构对于 ERP 的定义有很多，典型的有以下几种。

　　定义 1：ERP 是用于改善企业业务流程性能的一系列活动的集合，由基于模块的应用程序支持，它集成了产品计划、零件采购、库存控制、产品分销和订单跟踪等多个职能部门的活动。

　　定义 2：ERP 是一种对企业所有资源进行计划和控制的方法，这种方法以完成客户订单为目标，涉及订单签约、制造、运输以及成本核算等多个业务环节，广泛应用于制造、分销、服务等多个领域。

　　定义 3：ERP 是一个工业术语，它是由多个模块的应用程序支持的一系列活动组成的。ERP 可以帮助制造企业或者其他类型的企业管理主要的业务，包括产品计划、零件采购、库存维护、与供应商交流沟通、提供客户服务和跟踪客户订单等。

　　定义 4：ERP 系统集成了所有制造应用程序以及与制造应用程序相关的其他应用程序，用于整个企业的信息系统。

定义 5：ERP 系统是一种商业战略，它集成了制造、财务和分销职能以便实现动态平衡和优化企业的资源。

定义 6：ERP 是一个信息技术工业术语，它是集成的、基于多模块的应用软件包，为企业的各种相关业务职能提供服务。ERP 系统是一个战略工具，它通过集成业务流程可以帮助企业提高经营和管理水平，有助于企业优化可以利用的资源。ERP 系统有助于企业更好地理解涉及的业务、指导资源利用和制定未来计划。ERP 系统允许企业根据当前行业的最佳管理实践来标准化其业务流程。

从以上各种定义可以看出，ERP 是一个集成了各种模块、用于管理企业主要业务流程的系统。其主要功能模块如图 4.1 所示。

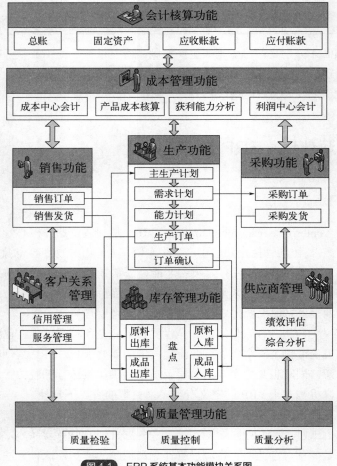

图4.1 ERP 系统基本功能模块关系图

ERP 系统的目标是改进和提高企业的内部业务流程，提高企业的管理水平，降低成本以及增加效益。ERP 系统的构成包括 ERP 软件（实现产品计划、零部件采购、库存管理、产品分销、订单跟踪、财务管理和人力资源管理等职能）、流线化的业务流程（包括战略计划层、管理控制层和业务操作层）、终端用户（高层、中层、底层业务员）、支持 ERP 软件的硬件和操作系统等五部分。ERP 在不同层次都有其作用，在业务操作层可以降低业务成本；在管理控制层可以促进实时管理的实施；在战略计划层可以支持战略计划。ERP 系统的核心思想是对整个供应链资源进行管理，能够进行事先计划与事中控制，并随着时代发展，体现精益生产、并行工程和敏捷制造的思想。

4.2.2　ERP 的发展历程

（1）ERP 的产生与发展

ERP 的形成大致经历了如下几个阶段。

① 订货点法。订货点法始于 20 世纪 30 年代。对于某种物料或产品，由于生产或销售的原因而逐渐减少，当库存量降低到某一预先设定的点时，即开始发出订货单（采购单或加工单）来补充库存，直至库存量降低到安全库存时，发出的订单所订购的物料（产品）刚好到达仓库，补充前一时期的消耗，此开始订货的库存量点，即称为订货点，如图 4.2 所示。

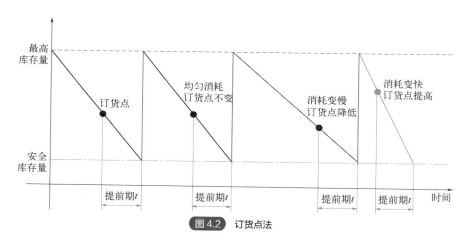

图 4.2　订货点法

订货点法适用于消耗稳定、供应稳定、需求独立、价格不高的情况，跟现实中很多实际情况不符合，比如需求不稳定导致的消耗不稳定、物料供应时各种意外状况等使供应也不可能稳定，这些情况导致订货点设置得越来越高，从而造成了库存积压。再加上有些需求属于相关需求，不独立；有些关键物料比如 A 类零件价值较大，积压库存占用了过多流动资本，导致企业缺乏竞争力。

② 物料需求计划（material requirement planning，MRP）。20 世纪 60 年代，IBM 公司的管理专家约瑟夫·奥利佛博士提出了把对物料的需求分为独立需求与相关需求的概念。独立需求的物料是指与其他任何项目中的物料需求无关的物料，是由市场决定需求量的物料（即出厂产品）。相关需求的物料是指与其他物料或产品需求相关的物料，是由出厂产品决定需求量的各种加工和采购物料，如原材料，不用于直接销售的采购或自制的零部件、附件等。在订货点基础上发展成的物料需求计划由四个基本功能组成，分别是经济定购量（economic order quantity，EOQ）、安全存量（safety stock）、物料清单处理（bill of material processing，BOMP）及工单管理（work order）。如图 4.3 所示，最终销售的方桌属于独立需求件，由市场决定需求量。而板材、方木、螺钉、胶、油漆等属于原材料，面、框、桌面、桌腿等属于零部件，这些都属于相关需求，由出厂产品决定需求量。

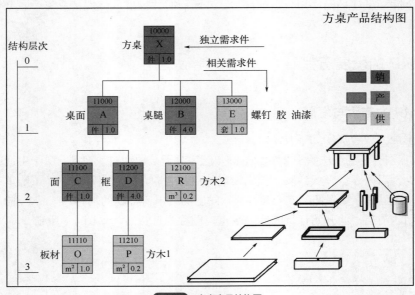

图4.3 方桌产品结构图

MRP 是在产品结构的基础上，运用网络计划原理，根据产品结构各层次物料从属和数量关系的物料表（bill of material，BOM，也称物料清单），以每个物料为计划对象，以主生产计划中的完工日期为时间基准，结合提前期倒排计划，使所有物料在需要的时候都能配套备齐，而在不需要的时候不会过早积压，从而达到减少库存量和占用资金的目的，与订货点法相比，具有很大的优越性。以图4.4所示 X 产品的生产为例，其中绿色 X 代表最终成品，蓝色 A、B、C、

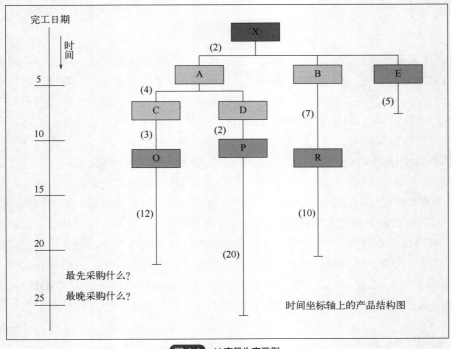

图4.4 X产品生产示例

D 代表生产过程中由原材料加工而成的零部件，橙色 E、O、P、R 代表采购的原材料。假定 X 的市场需求时间（即主生产计划中的完工日期）为 T，装配时间为 2，则倒推 A、B、E 的准备完毕时间应该为 $T-2$，再分别倒推其他物料或零部件的准备时间。比如 E 的采购提前期为 5，则采购订单的发出应该不迟于 $T-2-5$；A 由 C、D 经过装配时间 4 装配完成，所以 C 和 D 的最晚完工时间为 $T-2-4$；D 由原材料 P 制成，所需时间为 2，所以 P 准备完毕的时间应该为 $T-2-4-2$；采购 P 所需提前期为 20，所以采购订单的发出不能晚于 $T-2-4-2-20=T-28$；其他类推。可以看出，在该案例中，原材料 P 的采购订单应该最早发出，最晚发出订单的是原材料 E。

③ 闭环 MRP 阶段（closed-loop MRP）。MRP 是根据市场需求和主生产计划制定的针对生产和采购的建议计划，但如果实际执行中生产能力有问题或是计划细化时发现产能不足的情况，则之前的计划不可行，需要对 MRP 进行调整，形成可行计划。因此，在 MRP 系统的基础上，把能力需求计划和执行物料（及能力）计划的功能也包括进来，形成一个环形回路，称为闭环 MRP。其逻辑流程如图 4.5 所示。

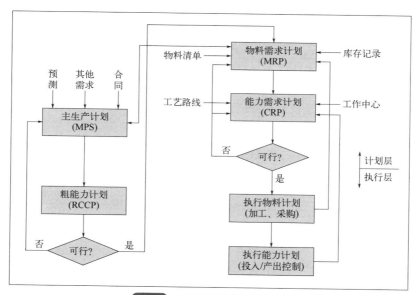

图 4.5 闭环 MRP 的逻辑流程图

闭环 MRP 理论认为主生产计划与物料需求计划（MRP）应该考虑能力的约束，即在满足能力需求的前提下，保证物料需求计划的执行和实现。因此，企业必须对投入与产出进行控制，即对企业的能力进行校验、执行和控制。其能力需求报表的生成过程如图 4.6 所示。

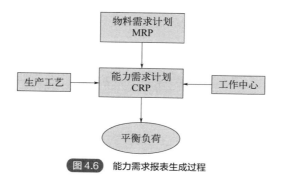

图 4.6 能力需求报表生成过程

④ MRPⅡ阶段。闭环 MRP 解决了物料的计划与控制问题，实现了物料信息的集成，但是没有说明计划执行的结果为企业带来的效益是否符合企业的整体目标。因此，新系统在处理物料计划信息时，需要同步地处理财务信息，将企业的经营状况和效益用资金表达出来，即用金额表示销售收入，对物料进行报价、计算成本，对能力、采购和外协编制预算，把库存表示成资金占用等。该系统称为 MRPⅡ。这样把物料信息和资金信息集成起来，即把成本和财务纳入到系统中来，以生产计划为主线，实现物流、信息流、资金流的集成，是 MRPⅡ 区别于 MRP的一个重要标志。MRPⅡ的系统结构如图 4.7 所示。

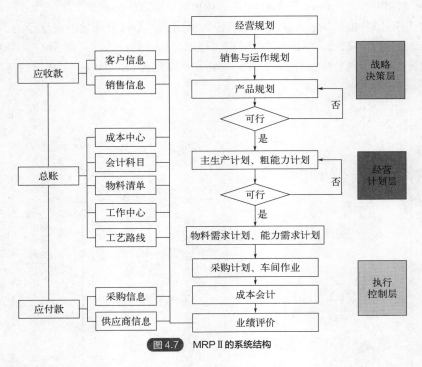

图 4.7　MRPⅡ的系统结构

MRPⅡ通过以下两种方式把物流和信息流集成起来。

第 1 种方式是为每个物料定义标准成本科目，建立物料和资金的静态关系，如图 4.8 所示。在图 4.8 中，层级越高，成本积累值越高。原材料 O、P、R、E 需要进行购买，所以成本为材料费+采购间接费；零部件 C、D、A、B 消耗人工费和间接费以及低层的费用，如 A 的成本包含生成 A 的人工费及间接费+生成 C 的人工费及间接费+生成 D 的人工费及间接费+O 的材料费及采购间接费+P 的材料费及采购间接费；而成品 X 的最终成本取决于本层人工费及间接费+其余 3 层的费用。其中，人工费=工时×人工费率，间接费=工时×间接费率。费率的计算根据生产实际和历史经验推算。

第 2 种方式是为各种库存服务，即为物料的移动（实际的或逻辑的）或数量、价值的调整建立凭证，定义相关的会计科目和借贷关系，来说明物流和资金流的动态关系，如图 4.9 所示。物料的流动大体上可以归纳为四种变化，即位置变化、数量变化、价值变化和状态变化。每一项变化在 ERP 系统里相当于进行一次交易，或称"事务处理"，来与"账务处理"相呼应。例如，从仓库领物料到车间，既是位置的变化，同时又伴随数量的变化；物料存放不当或者超过保质期，造成锈蚀变质，物料从一级品降为三级品甚至报废，发生了价值的变化；物料经过加工，改变了性能或功能，发生了价值的变化。已经下达采购订单并预付了定金的物料，是一种订单状态；开始发运，正在途中，是在途状态；到达仓库，尚未质检验收是待验状态，验收合格入库是库存状态。每种状态都会对应一定的会计科目，并设定好借贷关系。同时赋予每一项"事务处理"一个代码（或直接使用处理某项事务的程序号），同时定义与此代码相关的会计科目（可以是"一对一"或"一对多"）和各个科目的借贷关系，通过这样的处理模式实现物流和资金流的动态集成关系。

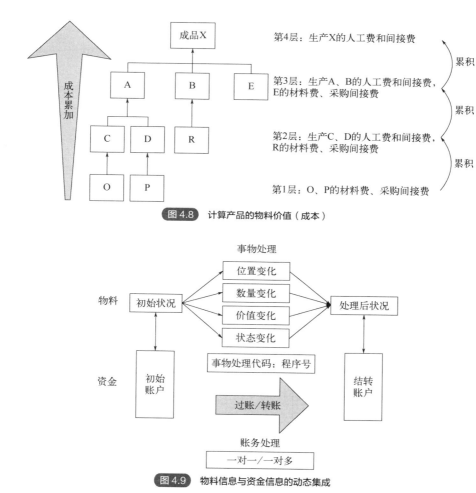

图 4.8　计算产品的物料价值（成本）

图 4.9　物料信息与资金信息的动态集成

⑤ ERP（企业资源计划）形成阶段。MRP Ⅱ 不是各个信息孤岛的组合，而是相关业务信息的集成，是整个企业制造资源的集成。但是随着时代发展和竞争的加剧，企业之间不仅是竞争关系，也是合作关系，信息的共享需要从企业内辐射到整个供应链的视角，这是 MRP Ⅱ 不能实现的。随着新的管理思想和方法涌现，JIT（准时制生产）、TQC（全面质量控制）、OPT（优化生产技术）等工业工程方法在企业的应用越来广。MRP Ⅱ 逐步吸收和融合这些先进思想来完善和发展自身理论，在 20 世纪 90 年代发展到一个新的阶段——ERP（企业资源计划）。其简要功能结构如图 4.10 所示。

ERP 除了包括和加强了 MRP Ⅱ 的各种功能之外，还更加面向全球市场，功能更为强大，所管理的企业资源更多，支持各种生产方式，管理覆盖面也更宽，并涉及了企业供应链管理，从企业全局角度进行经营与生产计划，是制造企业的综合的集成经营系统。由于信息的高度集成，计算机系统取代了传统的人工管理方式，而且扩大到企业的整个资源的利用和管理，因此产生了集成化的企业管理软件系统——企业资源计划（ERP）。

ERP，也称为 ERP 软件或 ERP 套装软件，是由企业的应用程序与工具加以集成的应用软件，通常包含财务、成本会计、分销、物料管理、人力资源、生产管理、项目管理、质量管理、工厂维护和计算机集成制造等。这些应用程序由共同连接的数据库来共享数据。

⑥ ERPⅡ阶段。ERP 的核心思想是对整个供应链资源进行管理，体现精益生产、同步工程和敏捷制造的思想，体现事先计划与事中控制的思想。但是，ERP 系统不是一个完全成熟的系统，还需要不断地发展和完善。高德纳（Gartner Group）又提出一个新的概念——ERPⅡ，管理范围更加扩大，运用最先进的计算机技术，继续支持与扩展企业的流程重组。与 ERP 系统相比，ERPⅡ系统的最大优点是集成了协同电子商务，允许位于多个地理位置的不同的合作伙伴公司以基于电子商务的形式交换信息。

因此，ERP 系统的管理思想和管理内容在不断发展变化，如图 4.11 所示。

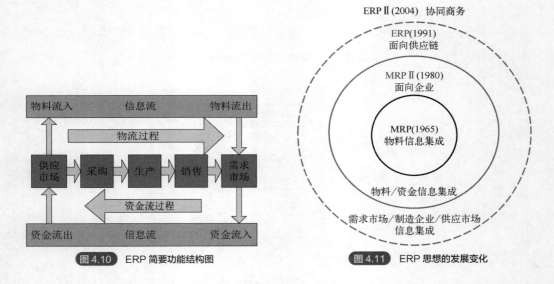

图 4.10 ERP 简要功能结构图　　图 4.11 ERP 思想的发展变化

ERP 系统还日益与计算机辅助设计（computer aided design，CAD）、计算机辅助制造（computer aided manufacturing，CAM）、计算机辅助工艺规划（computer aided process planning，CAPP）、产品数据管理（product data management，PDM）等系统融合，互相传递数据。这样，就使得企业管理人员在办公室中完成的全部业务都纳入到了计算机系统管理范围中，实现了对企业的所有工作及相关内外部环境的全面管理。同时，ERP 系统的实施过程和实际应用也在不断完善，未来应结合新的技术如物联网、数字孪生、区块链等不断改进。

（2）ERP 在中国的发展

① 第一阶段：启动期。这一阶段几乎贯穿了整个 20 世纪 80 年代，其主要特点是立足于MRPⅡ的引进、实施以及部分应用阶段，其应用范围局限在传统的机械制造业内（多为机床制造、汽车制造等行业）。由于受多种障碍的制约，其应用的效果有限，该阶段被人们称为"三个

三分之一"论阶段。

20 世纪 80 年代,中国刚进入市场经济的转型阶段,企业参与市场竞争的意识尚不具备或不强烈。

首先,存在着管理软件本身的技术问题。当时引进的国外软件大都是运行在大、中型计算机上,多是相对封闭的专用系统,开放性、通用性极差,设备庞大,操作复杂,系统性能的提升困难。而且国外的软件没有完成本地化的工作,再就是耗资巨大等,同时又缺少相应配套的技术支持与服务。其次,存在着缺少 MRP Ⅱ 应用与实施经验的问题。再次,存在着思想认识上的障碍问题。当时企业的领导大都对这一项目的重视程度不够,只是将其视为一项单纯的计算机技术。MRP Ⅱ 的目标是实现对全公司的订单、库存、生产、销售、人事、财务等进行统一管理,以提高公司的运营效益,但结果是其应用的部分尚达不到软件系统功能的十分之一。故从整体来看,企业所得到的效益与巨大的投资相去甚远。尽管如此,仍有些企业获得了一些效益。

为此,有些人认为"国外的 MRP Ⅱ 软件不适合中国的国情和厂情";一些专家学者在分析和总结这阶段的应用情况后,提出了"三个三分之一"论点,即国外的 MRP Ⅱ 软件三分之一可以用,三分之一修改之后可以用,三分之一不能用。

② 第二阶段:成长期。这一阶段大致是从 1990 年至 1996 年,其主要特征是 MRP Ⅱ /ERP 在中国的应用与推广取得了较好的成绩,从实践上否定了以往的观念,被人们称为"三个三分之一休矣"阶段。

这阶段应用的大多是国外的软件,但是随着中国的经济改革,国外的 MRP Ⅱ 软件就不太适合了,于是国内就开始进行 MRP Ⅱ 软件的研发。我国虽然是后起之秀但成长的速度非常快,并且研发的 MRP Ⅱ 软件很符合国内的应用需求。但不容忽视的是,我国的 MRP Ⅱ 发展虽然取得了较大的成绩,也存在着诸多不足之处,主要有:企业在选择和应用 MRP Ⅱ 时缺少整体的规划;应用范围的广度不够,基本上是局限在制造业中;管理的范围和功能只限于企业的内部,尚未将供应链上的所有环节都纳入到企业的管理范围之内;部分企业在上马该项目时未对软件的功能和供应商的售后技术支持进行详细和全面的考察,造成浪费。

③ 第三阶段:成熟期。该时期是从 1997 年开始到 21 世纪初的整个时期,其主要特点是 ERP 的引入并成为主角;ERP 的应用范围也从制造业扩展到第二、第三产业;并且由于不断实践探索,ERP 的应用效果也得到了显著提高,因而进入了 ERP 应用的"成熟阶段"。

第三产业的充分发展正是现代经济发展的显著标志。金融业早已成为现代经济的核心,信息产业日益成为现代经济的主导,这些都在客观上要求有一个具有多种解决方案的新型管理软件来与之相适应。因此,ERP 就成为该阶段的主角,并把它的触角伸向各个行业,特别是对第三产业中的金融业、通信业、高科技产业、零售业等情有独钟,从而使 ERP 的应用范围大大地扩展。

4.2.3　ERP 的体系架构与功能

在高德纳公司最早对 ERP 的设想中,该系统可用于管理整个供应链的必要条件,同时也是系统的核心,被称为两个集成——内部集成(internal integration)和外部集成(external integration）。其中内部集成包含了产品研发、核心业务、数据采集，外部集成包括企业与供应链上合作伙伴的集成。各模块所包含的具体功能请见表4.2。

表 4.2　ERP 体系

内部集成	产品研发	成组技术（GT）
		计算机辅助设计（CAD）
		计算机辅助工艺规划（CAPP）
		产品数据管理（PDM）
		产品生命周期管理（PLM）
		电子商务支持下的协同产品商务（CDC）
	核心业务	MRPⅡ基础
		制造执行系统（MES）
		人力资源管理（HR）
		企业资产管理（EAM）
		办公自动化（OA）
	数据采集	（质量）统计过程控制（SPC）
		结合流程控制的分布控制系统（DCS）
		射频识别技术（RFID）
外部集成	客户关系管理（CRM）	
	供应链管理（SCM）	
	供应商关系管理（SRM）	
	供应链例外事件管理（SCEM）	
	仓库管理系统（WMS）	

随着时间的推移，经济和社会环境在不断变化，信息化技术也在不断增强，ERP系统的体系及功能与Gartner Group最初的设想不再完全一致，但业界达成共识的是：ERP是一种企业内部所有业务部门之间，以及企业同外部合作伙伴之间交换和分享信息的系统；是集成供应链管理的工具、技术和应用系统；而原本的MRPⅡ模块则是ERP系统中最为核心的部分，企业其他部门或业务因为与核心部分产生了关联，也逐步拓展成为ERP系统的一部分。要了解ERP系统的体系架构和功能，必须从这个核心模块出发。

（1）核心——MRPⅡ系统

一个生产企业最为核心的是其产供销部分，而从制造业的角度出发又将生产作为了核心，这就是最初的MRP系统。企业的销售中包含直接的订单数据，也会根据历史销售数据以及对市场需求的把握进行需求预测。将不同渠道的销售数据整合以确定主生产计划，一般来说这是对于产品时间及对应数量的判定。根据产品结构图能够获得各型号产品的物料清单，与主生产计划结合则得到了相应的物料需求计划（即最早的MRP），原料的需求时间、数量以及车间生产的安排也就确定了。

而在MRP应用过程中，上一层面计划可行而展开至下一层面生产能力不足的现象时有发生，因而又将能力计划结合到了系统之中。此外，在生产中尽管"产、供、销"在系统中都得到了体现，但这些数据都未能体现在成本、财务的计算中，对于计划效果究竟如何，成本究竟是降低了还是增加了，缺乏相关的数据和信息。另一方面，销售、生产和采购涉及资金的使用，所以也出现过计划时对于资金考虑不足而无法按时采购到物料的情况，因此在 MRPⅡ 中也将财务的部分考虑进去，不仅是对生产过程进行了成本核算，也对"产、供、销"环节进行了财务管理（应收账、应付账、总账）。

除了让企业维持正常生产，这些功能的设置可以为企业发挥更大的作用——通过数据分析为企业提供决策。管理者可以查看系统中的各项数据，也可以通过这些数据所反映出的信息来对之后的生产进行安排，甚至可以进行更长远的决策，比如是否需要研发新产品、是否增加生产线等。

至此，作为 ERP 系统核心的 MRPⅡ 系统中就包含了最基本的"产、供、销"及相应的物流、信息流及资金流管理，这一点在上一节中也有相应说明，如图 4.12 所示。

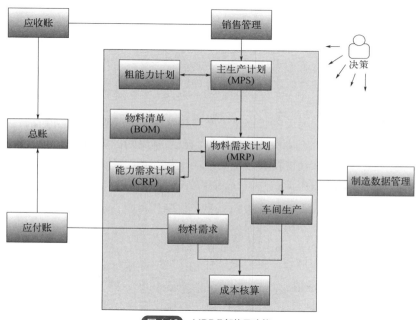

图 4.12　MRPⅡ 架构及功能

（2）内部关联业务——拓展模块

MRPⅡ 系统包含的是"产、供、销"环节中最为基本的物流、资金流和信息流。随着经济社会的发展，企业、顾客之间以及企业之间的关联增强，对企业的管理水平也提出了更高要求，相关业务也需要纳入系统中进行统筹管理。

物料需求在企业内涉及两个方面，即物料的存储及采购，因此关于物流需求的具体功能模块可以拓展为两个功能模块：采购管理模块、库存管理模块。而后者不仅仅是在物料需求过程中有所涉及，销售时同样需要考虑产品的库存管理。

车间生产本身包含了非常多的信息和环节，也涉及不同的部门。在物料需求计划基础上对车间生产进行安排时，详细的排产计划是必不可少的，在 ERP 系统中常常设置为高级计划与排产（advanced planning and scheduling，APS）。车间的生产涉及人员的配置、薪酬，设备的日常管理及维护等，因此 ERP 系统中需要设置设备管理、人力资源管理功能。企业中不仅仅是生产过程需要人员的参与，其他部门和环节也同样需要人力资源管理，所以人力资源管理功能可以是一个相对独立的模块，与企业的人力资源部门相对应。

另外，除了生产设备以外，企业还会有各种固定资产，可以在 ERP 系统中设置对应的固定资产管理功能，其管理角度和侧重点与设备管理不同。

而成本核算在 ERP 中将与更多部门和环节关联，因此它也不仅仅是针对物料需求和车间生产进行了，可以拓展为成本管理，包含更多的成本信息，在企业管理中发挥更大的作用。

此外，企业在采购、生产、销售环节都不能缺少质量控制，因此 ERP 系统中还需要设置质量管理功能模块，它在物料的采购、入库、生产、销售、售后等环节都应发挥作用，并且可以为企业制定一定的质量控制标准。质量标准还可拓展至供应链上下游企业。

（3）外部关联业务——供应链模块

从供应链角度而言，最直接的关联是与上游供应商和下游分销商（也可能是顾客）之间的信息流及物流传递，伴随着资金的流动。

从需求端而言，销售管理可以细分为订单管理、分销管理和需求预测，根据不同场景和行业、企业特点选择不同的模块。

从供应端而言，企业内部的采购管理是一个接口，既要与企业内部的库存、生产计划进行匹配，也需要与上游供应商进行协调、匹配，以达到准确采购的目的。

当然了，以上无论是内部功能模块的拓展，还是外部功能模块的拓展，都离不开财务的身影，因此财务管理的模块是 ERP 系统中一个相对独立，但是又与其他各项功能都有所关联的模块。此外，对于整个系统而言，所有的信息、数据经过一定的采集和分析，都可以为管理层提供决策基础。因此，数据管理和决策的模块也会存在于系统中。

综上所述，ERP 系统包含的功能模块通常有：销售管理（订单管理、分销管理、需求预测）；采购管理；库存管理；主生产计划；物料需求计划；能力需求计划；车间管理；设备管理；排产/高级计划与排产（APS, advanced planning and scheduling）；质量管理；数据管理；人力资源管理；成本管理（为便于成本核算，可提取作为一个独立模块）；财务管理（应收账管理、应付账管理）；固定资产管理；决策。

即使部分功能在系统中作为相对独立的模块存在，但它们互相之间仍存在着一定的关联，而有的模块甚至是紧密相关，如图 4.13 所示。这些功能相互组合，形成了一个有机的整体，让企业维持了良好的运转，并且通过功能之间的调整还可以帮助企业提高管理水平、改进生产效率、降低成本、提升产品质量。

从 ERP 的架构及功能图可以看出，ERP 系统不仅仅是一个软件、一个信息系统和平台，而且是一种管理理论和思想。它利用企业的所有资源，包括内部资源与外部资源，为企业制造产品或提供服务创造最优的解决方案，最终达到企业经营目标。由于这个理论和思想的实施必须要借助信息化技术，所以人们提到 ERP 系统时多将其看作软件，这是一种误解。相应的，在不理解 ERP 系统思想的状态下，希望仅仅通过 ERP 系统的使用来提升企业的管理水平、完成企业的转型升级，也是不现实的。这也是一些企业匆匆上线 ERP 系统却没能达到预期目的的原因。

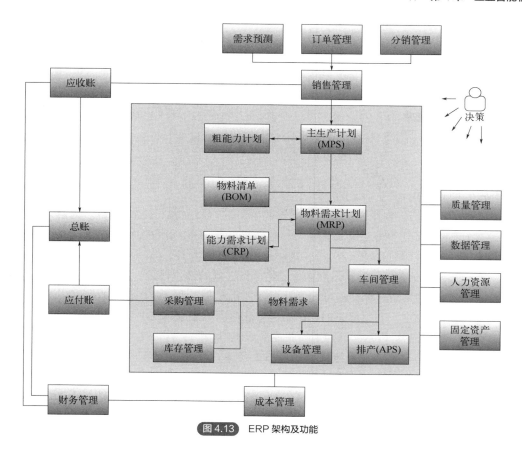

图 4.13 ERP 架构及功能

4.2.4　ERP 实施方法

ERP 的实施包括业务流程重组、管理模式和业务架构转变、岗位职能调整等多方面，因此需要首先取得公司决策者的支持和鼓励，并加强对中层领导和业务骨干的培训，使他们理解在 ERP 实施中如何配合项目小组、管理咨询公司、软件厂商的工作，调整工作方式和工作内容，充分调动所有参与人员的积极性。

企业管理方式的核心是优化和合理配置企业资源。企业资源以基础数据的形式表现在 ERP 系统中，优化和配置资源即是对基础数据的各种加工处理。ERP 项目实施中大部分工作是进行基础数据的收集、整理和应用，对企业资源的结构和属性进行精准定义和描述，以便实现企业资源的优化配置和合理配置。主要工作是：对基础数据的类型进行合理划分和定义；正确编码；管理方式的认定和量化；属性的设置和属性值的采集等。具体内容包括以下几点。

①　确定物料的基本属性、成本属性、计划属性和库存属性。首先用物料编码标识物料，然后确定物料的补货政策。ERP 中一般是两种补货方式：按订货点补货和按需求补货。

②　确定物料清单（BOM）。BOM 是 ERP 系统识别各个物料的工具，是 MRP 运行的最重要的基础数据之一，是 MPS（主生产计划）转变成 MRP 的关键环节。各个物料的工艺路线，通过 BOM，可以生成最终产品项目的工艺路线。同时，BOM 也是物料采购的依据，是零部件外协加工的依据，是仓库进行原材料、零部件配套的依据，是加工领料的依据，是成本计算的重要依据，是制定产品销售价格的基础，是质量管理中从最终产品追溯零件、部件和原材料的工具。

③ 确定工作中心和生产能力。工作中心（work center，WC）是生产资源的描述，是能力计划的基础，包括设备和人，但不属于固定资产或设备管理的范畴。

④ 确定提前期。提前期（lead time，LT）是指作业开始到作业结束花费的时间，是设计工艺路线、制定生产计划的重要基础数据之一。如果是采购物料，从下订单开始到物料到达的时间也属于采购的提前期。

⑤ 确定工序和工艺路线。工序是生产作业人员或机器设备为了完成指定的任务而做的一个动作或一连串动作。工艺路线（routing）是描述物料加工、零部件装配的操作顺序的技术文件，是多个工序的序列，是一种关联工作中心、提前期和物料消耗定额等基础数据的重要基础数据，是实施劳动定额管理的重要手段。

⑥ 确定制造日历。制造日历是考勤计算的依据，是在 MPS、MRP 中基于提前期计算主生产计划、作业计划时用于确定开工日期、完工日期的依据，是计算工作中心产能负荷时的日期基础，是资金实现日期的认定。

⑦ 确定其他基础数据，包括日期的标准格式、记账的本位币、单据审核日期设定、税额计算方式、库存账目的参数、会计年度和会计期间、币种与汇率、常用语、页脚和签核等。

ERP 实施时，确定好数据信息后，需要进行业务流程重组。ERP 实施的目的是提高企业的经济效益，提升企业的管理水平。为了使企业的组织机构、人员配置和工作流程适合 ERP 系统功能的要求，需要将原有的业务流程进行重组，转变管理理念，对现有的流程采用 ECRS 和 5W1H 的方法进行分析，发现企业现存的业务流程中存在的问题，重新设计规范、标准、科学的企业业务流程，同时给业务流程重组提供制度上的保证，建立长期有效的组织保证，加强企业文化与人才建设，保证 ERP 实施的顺利进行。

ERP 实施时应该分阶段进行。首先实现基本 ERP 功能，进行销售、经营规划以及生产计划的编制，建立客户订单录入和预测支持功能，建立物料需求计划展开功能，完成准确库存管理，校正物料清单构造并确保其准确性。然后进行供应链整合，实现 ERP 系统在供应链上向前和向后的扩展。向前通过供应商管理系统扩展，向后通过分销需求计划和零售商管理同客户端进行整合。最后实现 ERP 系统软件功能在整个组织内的进一步扩展，包括所有的财务和会计的要素，在全球范围内同其他业务部门的连接，人力资源系统的应用、维护，产品研发，等。ERP 实施过程中应注重项目监控，分阶段对项目实施进行评估，及时纠正偏差。ERP 上线后也要持续优化，确保其在企业中良好运行。

4.2.5　典型的 ERP 系统

当前的 ERP 系统市场竞争激烈。从国外的 EPR 产品来看，SAP 公司和 Oracle 公司依然在 ERP 系统市场上处于领先地位。

下面详细介绍 SAP 公司的 R/3、Oracle 公司的 ERP 产品、我国用友 ERP-U8 以及华为 MetaERP 的功能及特点。

（1）SAP 的 R/3

SAP 的 R/3 是当前世界上最有代表性的 ERP 系统。R/3 以模块化的形式提供了一整套业务措施，其功能强大而完善。其模块之间有很好的集成性，流程可以重组和优化。R/3 可以灵活地裁剪，从而有效地满足各种特定行业的需要。R/3 具有开放性接口，可以将第三方软件产品有效地集成起来，支持多种语言，特别适用于跨国企业。正是因为 R/3 具有诸多优点，故其受到了世界上许多企业的青睐。据统计，世界 500 强企业中 80%以上采用了 SAP 公司的 R/3 系统。

在管理功能上，它共有 12 个系统模块，如图 4.14 所示。

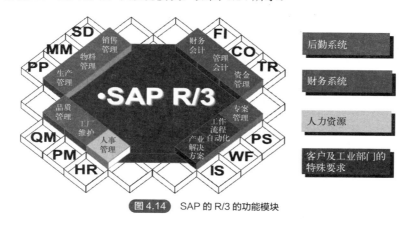

图 4.14 SAP 的 R/3 的功能模块

① 财务会计模块（FI），可提供应收、应付、总账、合并、投资、基金、现金管理等功能，这些功能可以根据各分支机构的需要来进行调整，并且往往是多语种的。同时，科目的设置可遵循任何一个特定国家的有关规定。

② 管理会计模块（CO），包括利润及成本中心、产品成本、项目会计、获利分析等功能。它不仅可以控制成本，还可以控制公司的目标，另外还可提供信息以帮助高级管理人员作出决策或制定规划。

③ 资金管理模块（TR），具有固定资产、技术资产、投资控制等管理功能。

④ 销售管理模块（SD），包括销售计划、询价报价、订单管理、运输发货、发票等的管理，同时可对分销网络进行有效的管理。

⑤ 物料管理模块（MM），主要有采购、库房与库存管理、MRP、供应商评价等管理功能。

⑥ 生产管理模块（PP），可实现对工厂数据、生产计划、MRP、能力计划、成本核算等的管理，使得企业能够有效降低库存，提高效率。同时各个原本分散的生产流程的自动连接，也使得生产流程能够前后连贯地进行，而不会出现生产脱节，耽误交货时间。

⑦ 品质管理模块（QM），可提供质量计划、质量检测、质量控制、质量文档等功能。

⑧ 工厂维护模块（PM），可提供维护及检测计划、交易所处理、历史数据、报告分析等功能。

⑨ 人事管理模块（HR），包括薪资、差旅、工时、招聘、发展计划、人事成本等功能。

⑩ 专案管理模块（PS），具有项目计划、项目预算、能力计划、资源管理、结果分析等功能。

⑪ 工作流程自动化模块（WF），可提供工作定义、流程管理、电子邮件、信息传送自动化等功能。

⑫ 产业解决方案模块（IS），可针对不同的行业提供特殊的应用和方案。

这些功能覆盖了企业供应链上的所有环节，能帮助企业实现整体业务经营运作的管理和控制。

（2）Oracle 公司的 ERP 产品

Oracle 公司是全球最大的数据库产品供应商，在陆续收购了 PeopleSoft、JD Edwards 和 Siebel 等公司之后，其电子商务套件系统在 ERP 系统市场上发展迅猛。2005 年发布的 Oracle 电子商务套件 11i.10 延续了 Oracle 提供解决方案的传统，能提供以行业应用为核心的新功能，并满足企业和政府部门的独特需求。Oracle 电子商务套件 11i.10 还具有新商务智能，与传统商务智能方案相比，它能够降低更多的成本。

Oracle 电子商务套件如图 4.15 所示。

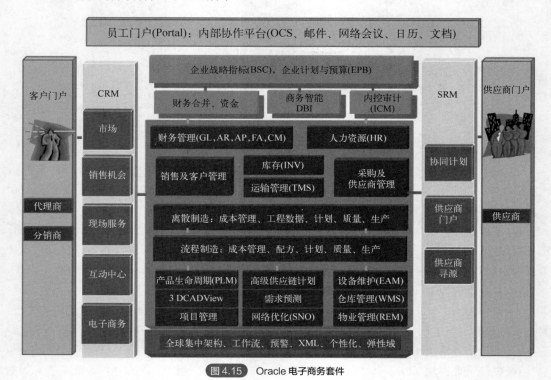

图 4.15　Oracle 电子商务套件

Oracle 解决方案蓝图如图 4.16 所示。

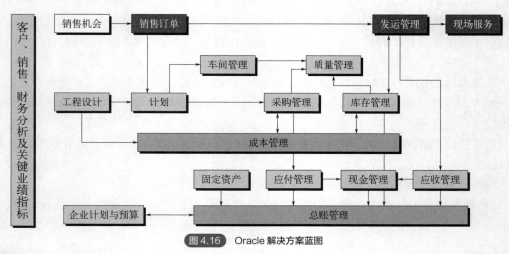

图 4.16　Oracle 解决方案蓝图

（3）用友 ERP-U8

用友 ERP-U8 企业应用套件（简称用友 ERP-U8）是一个企业经营管理平台。它以集成的信息管理为基础，以规范企业运营、改善经营成果为目标，提供从企业日常运营、人力资源管理到办公事务处理等全方位的产品解决方案。

① ERP-U8 系统特点：

a. 共用基础信息和共用一个数据库；

b. 相同的账套和年度账；

c. 所有的操作权限集中管理；

d. 各子系统之间相互独立，各自具有完善和细致的功能。

② ERP-U8 系统构成。用友 ERP-U8 从功能上分为系统管理、财务会计、管理会计、供应链、生产制造、集团应用和企业门户七大系统。各个系统共同构成了用友 ERP-U8 系统框架，每个系统又包括了多个子功能系统。各子功能系统间既相互独立（各自具有完善和细致的功能），又有机地结合在一起，如图 4.17 所示。

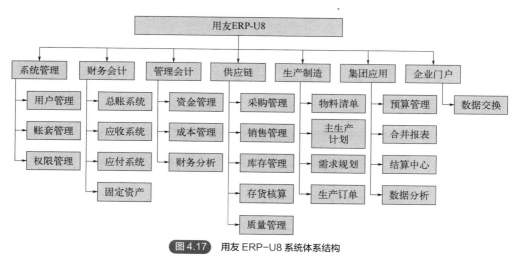

图 4.17　用友 ERP-U8 系统体系结构

（4）华为 MetaERP

2023 年 4 月 20 日，华为宣布完成自主可控的 MetaERP 研发，并完成对旧 ERP 系统的替换。ERP 是最关键、最重要的企业级 IT 应用。自 1996 年引入 MRPⅡ，并持续迭代升级 ERP 版本，ERP 作为华为企业经营最核心的系统，支撑了华为 20 多年的快速发展，每年数千亿产值的业务，以及全球 170 多个国家的业务的高效经营。

2019 年，面对外部环境的压力和自身业务挑战，华为决定启动对旧有 ERP 系统的替换，并开始研发自主可控的 MetaERP 系统。作为华为有史以来牵涉面最广、复杂性最高的项目，华为投入数千人，联合产业伙伴和生态伙伴攻坚克难，研发出面向未来的超大规模云原生的 MetaERP，并成功完成对旧有 ERP 系统的替换。

截至目前，MetaERP 已经覆盖了华为公司 100% 的业务场景和 80% 的业务量，经历了月结、季结和年结的考验，实现了零故障、零延时、零调账。

① MetaERP 概述。MetaERP 是一个开源的 ERP 软件，由法国开发公司 MetaFactory 在 2005

年开始开发。MetaERP 使用 Java EE 技术开发，采用 MVC 框架进行架构设计，支持各种数据库，并且具有较高的可扩展性和可定制性。MetaERP 提供了一套完整的解决方案，包括销售、采购、库存、生产计划等功能模块，帮助企业管理各种资源并提高生产效率，如图 4.18 所示。

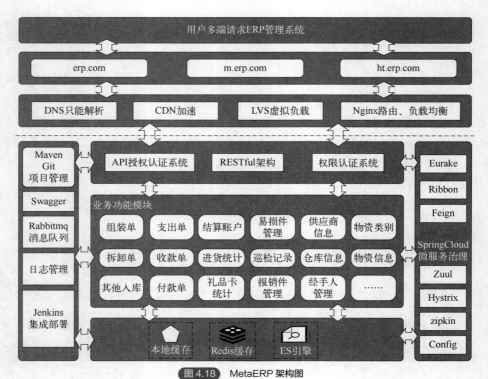

图 4.18　MetaERP 架构图

② MetaERP 的主要作用。MetaERP 的主要作用是协调企业内部的资源，实现 ERP 系统的集成管理。MetaERP 可以提供以下功能模块：

a. 销售管理：包括客户管理、销售订单、发货、收款等功能；

b. 采购管理：包括供应商管理、采购订单、收货、付款等功能；

c. 库存管理：包括物料管理、库存盘点、库存调拨等功能；

d. 生产计划管理：包括生产计划、物料需求计划、生产工单等功能；

e. 财务管理：包括应收账款、应付账款、总账等功能；

f. 统计分析：包括财务分析、销售分析、采购分析等功能。

通过 MetaERP 的集成管理，企业可以实现信息共享、流程优化和资源调度，从而提高生产效率、降低成本和提高企业的市场竞争力。

③ 华为 MetaERP 的意义。华为 MetaERP 实现了全栈自主可控，基于华为欧拉操作系统、GaussDB 等根技术，联合众多伙伴，采用了云原生架构、元数据多组架构、实时智能技术等先进技术，能够有效提高业务效率，提升运营质量。

华为 MetaERP 架构包括四大模块。第一模块是销售相关的，包括合同中心和客户中心所有客户的管理；第二模块是供应相关的，包括计划采购、订单物流；第三模块是最关键的财务管理模块；第四模块主要面向客户服务，即售后服务以及交付服务等。在此架构的基础上，华为整个企业的现金流以及业务流的数据，最终都会汇聚到华为 MetaERP 上进行运作和管理。

华为 MetaERP 的开发成功，不仅体现了中国软件行业的技术实力和创新能力，也标志着中国软件行业进入了一个新的阶段，将向着更高的目标迈进。

在国家"两化融合"和"制造强国"战略的推动下，华为 MetaERP 也有望在未来得到更广泛的应用和推广。它可以为企业提供更加高效、可靠和安全的信息化解决方案，促进企业的数字化转型和升级，同时，也将推动国内软件行业的发展和壮大，促进国家经济的持续发展和进步。华为 MetaERP 作为一款综合性的企业管理软件，具有广泛的应用前景和市场需求。虽然在研发过程中面临诸多挑战和困难，但是经过多年的努力和实践，华为 MetaERP 已经成为国内软件行业的一项重要成果。

4.3　制造执行系统（MES）

ERP 系统以企业战略管理和资源计划为核心，赢得了越来越多企业的认可。但是 ERP 系统从全局制定计划和进行管理时，需要基于工厂层的统计信息，如订单的进度、物料的有效利用率、设备的使用情况等。同时，工厂层生产过程所涉及的人员、物料、设备等的管理、调度、跟踪以及对生产异常情况的实时响应等，是传统意义上静态的 ERP 系统无法实现的。因此，为了在上层的 ERP 系统和底层的控制系统之间架起桥梁，制造执行系统（MES）应运而生。

4.3.1　MES 的定义

① 美国先进制造研究机构 AMR（Advanced Manufacturing Research）将 MES 定义为"位于上层的计划管理系统与底层的工业控制之间的面向车间层的管理信息系统"。它为操作人员/管理人员提供计划的执行、跟踪以及所有资源（人、设备、物料、客户需求等）的当前状态。

② 制造执行系统协会（Manufacturing Execution System Association，MESA）对 MES 所下的定义为"MES 能通过信息传递对从订单下达到产品完成的整个生产过程进行优化管理。当工厂发生实时事件时，MES 能对此及时做出反应、报告，并用当前的准确数据对它们进行指导和处理。这种对状态变化的迅速响应使 MES 能够减少企业内部没有附加值的活动，有效地指导工厂的生产运作过程，从而使其既能提高工厂及时交货能力，改善物料的流通性能，又能提高生产回报率。MES 还通过双向的直接通信在企业内部和整个产品供应链中提供有关产品行为的关键任务信息。"

MESA 在 MES 定义中强调了以下三点：

a．MES 是对整个车间制造过程的优化，而不是单一地解决某个生产瓶颈；

b．MES 必须提供实时收集生产过程中数据的功能，并做出相应的分析和处理；

c．MES 需要与计划层和控制层进行信息交互，通过企业的连续信息流来实现企业信息全集成。

③ 美国标准化组织（ISA）编制 ISA-95《企业控制系统集成标准》的目的是建立企业信息

系统的集成规范。ISA-95 标准文件内容目前包含以下四个部分：第一部分为模型和术语（models and terminology）；第二部分为数据结构和属性（data structures and attributes）；第三部分为制造业运作模型（models of manufacturing operations）；第四部分为事务处理技术报告（transactions technical report）。

ISA-95 标准定义了企业级计划管理系统与工厂车间级控制系统进行集成时使用的术语和标准，其内容主要包括信息化和标准化两个方面。ISA-95 所涉及的信息内容有产品定义信息、生产能力信息、生产进度信息、生产绩效信息。ISA-95 除了上述信息化内容之外，重要组成部分就是生产对象模型的标准化。ISA-95 的生产对象模型根据功能分成了四类、九个模型。四类为资源、能力、产品定义和生产计划。九个模型分别是：资源类的人员、设备、材料和过程段对象；能力类的生产能力、过程段能力；产品定义类的产品定义信息；生产计划类的生产计划和生产性能。这九个模型内容构成了 ISA-95 基本模型框架。

4.3.2　MES 的发展历程

从 20 世纪 70 年代后半期开始，就已经出现了一些解决单一问题的车间管理系统，如设备状态监控系统、质量管理系统，以及涵盖生产进度跟踪、生产统计等功能的生产管理系统。各个企业引入的只是单一功能的软件产品或系统，而不是整体的车间管理解决方案。

1990 年 11 月，AMR 明确提出 MES 概念。AMR 提出了三层结构的信息化体系结构，把企业信息系统分为三层，即计划层、执行层和控制层，用执行层（MES）描述计划层和控制层之间，即 MRP 和控制系统之间模糊的区域，如图 4.19 所示。制造执行系统在计划管理层与底层控制之间架起了一座桥梁，填补了两者之间的空隙。一方面，MES 可以对来自 MRP Ⅱ/ERP 软件的生产管理信息进行细化、分解，将操作指令传递给底层控制；另一方面，MES 可以实时监控底层设备的运行状态，采集设备、仪表的状态数据，经过分析、计算与处理，触发新的事件，从而方便、可靠地将生产控制系统（production control system，PCS）与信息系统联系在一起，并将生产状况及时反馈给计划层。

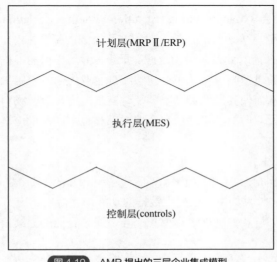

计划层(MRP Ⅱ/ERP)

执行层(MES)

控制层(controls)

图 4.19　AMR 提出的三层企业集成模型

1992 年，美国成立以宣传 MES 思想和产品为宗旨的贸易联合会——MES 国际联合会（MES International）。

此后，ISA（The Instrnmentation Systems and Automation Society，仪表、系统和自动化协会）描述了 MES 模型，包括了工厂管理（资源管理、调度管理、维护管理）、工厂工艺设计（文档管理、标准管理、过程优化）、过程管理（回路监督控制、数据采集）和质量管理（SQC—统计质量管理、LIMS—实验室信息管理系统）4 个主要功能，并由实时数据库支持。20 世纪 90 年代初期，MES 的重点是生产现场的信息整合。

MESA（Manufacturing Execution System Association，制造执行系统协会）于 1997 年提出了 MES 功能组件和集成模型，该模型包括 11 项核心功能。这一时期，大量的研究机构、政府组织参与了 MES 的标准化工作，进行相关标准、模型的研究和开发，其中涉及分布对象技术、集成技术、平台技术、互操作技术和即插即用等技术。

1999 年，美国国家标准与技术研究院（NIST）在 MESA 白皮书的基础上，发布有关 MES 模型的报告，将 MES 有关概念标准化。

进入 2000 年后，MES 作为信息化应用的重要组成部分得到了市场的广泛关注。MES 领域的并购十分活跃，越来越多的北美和欧洲 MES 软件厂商进入中国，中国本土不少自动化厂商，以及 PLM 和 ERP 软件厂商也开始进入 MES 市场。随着企业加强精细化管理，以及面临着越来越严格的质量追溯和管控需求，越来越多的大中型制造企业开始重视 MES 的应用，对 MES 进行选型与实施，并在 MES 应用和集成方面取得显著成效。

国际主流 MES 厂商在推广 MES 时，进一步提出制造运行管理（MOM）以及企业制造智能（EMI）等新理念，赋予了 MES 更加丰富的内涵。各大厂商通过技术革新搭建了基于 SOA 架构的软件平台，并在数据库、应用技术、系统功能、可配置性等方面都有重要突破。

2013 年以后，随着德国"工业 4.0"、美国"工业互联网"、中国"制造强国"等战略的出台，智能制造成为全球制造业的发展目标。MES 作为实现智能制造的重要推手，得到了广泛关注，引发了应用热潮。

4.3.3　MES 的体系架构

（1）MES、ERP、PCS 之间关系

基于 ERP、MES、PCS 构建企业综合自动化系统三层结构体系，已成为现代企业实现综合自动化的主要途径与发展趋势。在该结构体系中，各层的分工明晰，如图 4.20 所示，具有以下功能特点：

① ERP 为企业决策层及员工提供决策运行的管理平台，负责年、季度等生产计划制定，库存控制和财务管理，侧重于优化企业生产组织、生产管理、经营决策等；

② MES 的目标是优化运行、优化控制和优化管理，起承上启下、运筹调度的桥梁中枢作用，作为基础数据处理平台，具有生产调度、物料跟踪、生产过程资源配置管理、质量管理、流程模拟、生产过程系统数据采集、模型计算及过程优化等功能；

③ PCS 可有效地对生产工艺过程进行高精度控制，包括过程控制、仪表控制、电气控制和执行结构（各种信号转换、驱动控制设备），确保产品在质量、成本、交货期等方面具有强大的竞争力，主要功能是完成设备对工艺过程的控制。

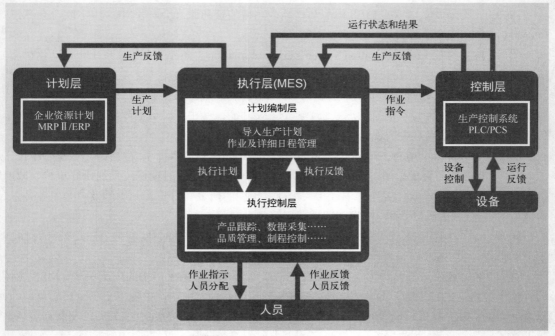

图 4.20 　MES、ERP、PCS 之间关系

（2）MES 的核心功能

近几十年来，制造业生产管理软件已经过数次变革，随着工业物联网等智能制造解决方案的出现，MES 的功能也更趋系统化、智能化。MES 主要管理四种资源，包括生产活动中的人力资源（personnel resources）、生产设备（equipment）、物料和能源（material and energy）以及工艺过程链（process segments），在企业经营计划层面与生产过程控制层面之间，实现生产能力信息的交换、产品信息的交换、生产调度信息的交换、生产绩效信息的交换（4P 交换功能）。

1997 年，制造执行系统协会初定了 11 项核心的 MES 功能。尽管 MESA-11 模型多年来不断发展，但最初的 11 项 MES 核心功能为各种类型工厂的运营奠定了基础，是当今制造执行系统不可或缺的组成部分。这些 MES 功能分别是：

① 资源分配和状态管理：利用实时数据，跟踪和分析机器、物料和劳动力等资源的状态，调整资源分配。

② 作业计划和排产：根据优先级和资源承载力，对活动进行规划、安排和排序，优化绩效。

③ 生产单元调度：实时管理生产数据流，根据计算结果轻松、快速地调整生产调度。

④ 文档控制：管理和分发文档，包括工作指令、图纸、标准操作程序、批次记录等，方便用户访问和编辑这些文档。

⑤ 数据采集：跟踪并收集有关流程、物料和运营的实时数据，并利用这些数据制定更明智的决策，提高效率。

⑥ 人力管理：跟踪员工的工作时间表、资历和授权，通过减少管理人员的时间和资源投入，优化劳动力。

⑦ 质量管理：提供从生产过程中收集的实时数据的分析，以确保对产品质量的控制和需要注意的问题，可能包括 SPC/ SQC 的跟踪和离线检验，以及实验室信息管理系统（LIMS）

中的分析。

⑧ 过程管理：管理从订单下达到成品的整个生产过程，深入了解影响质量的瓶颈和环节，同时建立完整的生产可追溯体系。

⑨ 维护管理：利用 MES 提供的数据，尽早发现潜在的设备问题，并调整设备、工具和机器维护计划，减少停机时间，提高效率。

⑩ 产品跟踪和溯源：跟踪产品的生产进度和生产过程，制定明智的决策。制造商必须严格遵守政府或行业法规，对他们而言，掌握完整的产品生产历史数据十分必要。

⑪ 性能分析：提供最新的生产经营结果报告，并与过去的历史和预期的业务结果进行比较。性能结果包括资源利用率、资源可用性、产品单元周期时间、计划符合性和标准性能等内容。这些内容可以作为报告编写，也可以作为当前绩效评估的在线形式呈现。

MES 各功能模型与其他信息系统的关系如图 4.21 所示。

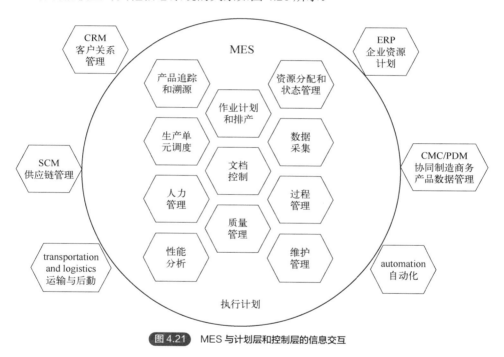

图 4.21　MES 与计划层和控制层的信息交互

4.3.4　典型 MES 应用案例

随着市场经济的成熟和发展，对制造业企业来说，客户需求越来越即时化和多样化，订单也不断趋向小批量和快周期。同时，21 世纪的制造业企业面临着日趋激烈的国际竞争，加上市场细分带来的消费需求的个性化发展，要想赢得市场、赢得用户就必须优化生产制造过程，缩短产品生命周期，严格控制生产过程，提高产品质量。许多企业通过实施 MRP Ⅱ /ERP 来加强管理。然而，这些顶层的宏观管理系统无法监控具体的生产流程，在对制造业企业来说最为重要的生产管理环节出现管理空白。因此为了提高企业的综合竞争力，随着精益生产理论的推进，企业还需要一套高度精细化和智能化的制造执行系统来控制整个生产过程，以使企业向生产制造柔性化和管理精细化方向发展，提高市场应对的实时性和灵活性，降低不良品率，改善生产线的运行效率，降低生产成本。

（1）汽车企业应用

以汽车生产为例，生产过程中为了提高产品质量及生产效率，往往在每一个生产阶段都需要经过严格的产品质量检验、生产追踪、供料测试等，为了节省人力、物力、财力及时间，生产中一般都采用自动化生产设备及精密仪器，通过建立 MES 实现以下功能：

① 生产计划/生产排程。MES 可以根据生产计划变更，实时提供生产指示，使生产同步，可以通过管理工作站查询未来几天的日生产计划及生产排程信息，并根据实时情况更改现场生产计划。

② 生产线控制。MES 自动收集生产实时信息、WIP 状况等，通过看板显示当前的目标台数、已生产台数、差异值等，可以动态显示车体分布情形，追溯每个车体的分布位置等，管理生产进度。

③ 停线原因管理。MES 收集现场停线情况，自动分析停线原因，并确定责任。

④ 次品管理。MES 可以实时显示次品状况、次品待补零件指示，最快时间内完成次品补修，并可以实时追踪次品车。

⑤ 人力资源管理。MES 可以计算各部门组织生产所需的人力产能，对当前的人力产能进行分析，以供人力调配参考。

⑥ 产品质量管理。MES 可以收集产品质量状况，进行实时统计与分析，发现生产异常情况，及时调整。

⑦ 准时供料指示。MES 可以根据生产排程给出供料指示，使物料供应与生产同步，按照车身上线顺序，自动通知生产线、供应仓库需要供料的时间、地点和数据量，实现精准控制。

（2）制造企业应用

机械制造业的水平可以反映一个国家工业发展水平。目前，机械产业升级的关键除了实现生产自动化以外，还需要提高企业管理水平，其中现场信息的采集及利用由 MES 进行。

① 全线总览。MES 实时监控各机器设备的状态，显示故障、停线、瓶颈设备等的信息，实时显示生产进度、产品质量状况等。

② 设备整合。MES 通过连线作业，整合各机台的加工顺序，以计算机为核心，按照"计算机→生产设备→计算机"的加工程序来提高设备使用效率。

③ 设备工作状况。MES 可以监控所有机器设备的工作状态，因此工作人员可以进行设备状态的查询并进行相关效率分析等。

④ 排程管理。MES 可以实时查询各工单的投入时间、完工时间，进行异常工单（进度落后、工程变更、插单等）的查询及处理。

⑤ 进度掌握。应用 MES 可以实时掌握工单的实际进度，与预期进度进行比较，实时掌握在制品情况，实时掌握各在制品的加工进度。

⑥ 产品质量监控。通过 MES 可以实时统计各工序不合格品数目与比例，实时统计不合格品产生的原因，避免造成整批产品不合格。

⑦ 异常状况的记录。MES 可以记录线上所有异常状况，如异常现象发生的原因、发生时间、持续时间、处理方法及结果等。

以某轴承加工企业为例，开发一款面向生产加工过程的制造执行系统，企业对该系统的总体需求如下。

① 高效的生产调度和调度优化能力。按照客户订单设计订单计划，根据工艺文件对订单进行拆分，实现生产作业计划的自动编制；运用合适的生产调度算法对生产调度过程进行优化，

重点解决生产扰动事件导致的调度调整问题，实现调度调整及时有效，降低调度调整的成本。

　　② 建立车间监控和数据管理平台。整合设备参数信息、设备维修保养记录、物料库存状态、生产加工进度、工单进展等车间生产数据，以车间看板或生产报表的形式展示给企业管理和决策人员，加强企业对生产现场的监控和管理，助力企业计划层掌握车间生产加工情况，提高生产数据的信息化层次。在生产过程中，记录车间核心生产数据，如设备运行状态、设备开机时间等。当生产过程因物料或设备等因素无法正常工作时，及时通知管理人员处理。

　　③ 物料管理电子化。实现物料信息的电子化管理，跟踪库存物料的状态，实时维护物料信息，及时记录原材料、半成品、成品的出入库情况，在生产工艺和 BOM 文件指导下，为生产加工准备原材料，保证生产决策中物料信息、状态等数据及时可靠，当物料库存不足时，及时提报物料申购单。

　　针对轴承生产流程和车间级生产管理要求，构建 MES 功能结构，如图 4.22 所示。

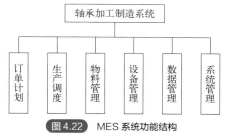

图 4.22 MES 系统功能结构

　　制造执行系统功能分解如图 4.23 所示。系统具备订单计划、生产调度、物料管理、设备管理、数据管理、系统管理等功能模块，每个模块包括子模块。例如，订单计划由订单管理、计划管理两个子项组成。

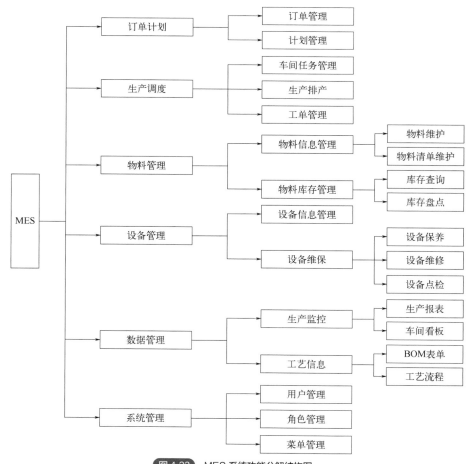

图 4.23 MES 系统功能分解结构图

MES 系统网络架构如图 4.24 所示。

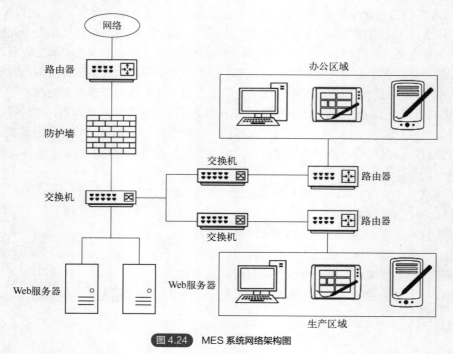

图 4.24　MES 系统网络架构图

除此之外，MES 在电子产品制造企业、流程企业（如水泥企业、石化企业、烟草企业）等的应用也较多，可以根据企业特点参考相应案例。

4.3.5　MES 的发展趋势

目前国际上 MES 技术的发展趋势主要体现在以下几个方面。

（1）多系统的交互集成化功能增强

目前在制造业领域 MES 系统的应用涉及的范围越来越宽，所涉及的行业也越来越多，不仅包括一些生产企业的制作车间，还扩展到企业甚至整个供应链的整个业务链中，这就要求 MES 能通过不同的功能模型来满足众多生产环节、内容所涉及的应用，如物流、质量、设备管理、工艺管理、人员管理等模型，并且在 MES 开发过程中必须要考虑使数据能满足和适应企业业务流程的变更、重组，实现 MES 系统的灵活调配、自由扩展。与此同时，当 MES 系统与其他平台进行数据扩展时应能更快捷、更便于实现，可通过制定 MES 系统的技术标准，让不同 MES 系统软件和平台实现标准化互连，甚至达到即插即连的效果。

（2）实时性和智能化更强

MES 的发展使得 MES 系统在过程跟踪和数据记录上更精确，可以实时获取足够的、有效的、精准的生产数据，这不仅能极大程度上帮助生产过程的控制有效地进行，也能在企业管理方面给予更多的有效决策建议。MES 系统应具有多途径、多方式的信息源，能有效融合相对复杂的信息并进行高效、准确处理，能快速决策。MES 系统在这方面的发展目标是通过更精确的过程状态跟踪和更加完整的记录来进行生产管理与控制，并且通过智能设备来保障生产车间的高效运行。

（3）发展网络化协同

MESA 提出的 e-MES 强调 MES 在企业业务的价值链中，在企业中多系统资源集成方面，追求更敏捷、更智能的功能，以提升整体效率。其特点是支持生产同步性，支持网络协同制造，对分布在不同地区的制造过程进行实时管理。

（4）MES 标准化加强

ISA-95《企业控制系统集成标准》中重点强调了建立企业级的集成规范，同时也对制造级信息系统之间的集成规范做出了规定，其中明确规定了生产过程开发、设计、应用、管控等不同环节的所有资源，对种类繁多的数据结构和不同的表达信息方式，在结合不同行业、不同应用环境的基础上，提出了管理层与执行层之间信息交换的格式和协议。

4.4　产品全生命周期管理（PLM）

4.4.1　PLM 的定义

产品全生命周期管理（PLM）系统是一种以产品为中心、以生命周期为导向的业务模型，它使得产品数据在参与者、流程和组织之间得以共享，并能够有效管理产品的整个生命周期，从产品的最初构想一直到产品被淘汰和废弃为止。

产品的生命周期一般包含三大阶段，即 BOL（beginning of life）、MOL（middle of life）和 EOL（end of life），如图 4.25 所示。BOL 主要包括设计与制造，设计又包含产品设计、工艺设计和工厂设计；制造包含利用人工或机器进行制造的过程。MOL 主要包括物流、使用和售后，这个阶段一般是在最终用户，即消费者、用户或企业手中，售后一般指故障或维修环节。EOL 主要包括产品报废或回收，一般从产品不再为用户所使用的时刻开始，就是 EOL 阶段了。

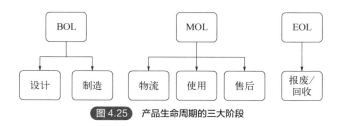

图 4.25　产品生命周期的三大阶段

全球权威 PLM 研究机构 CIMdata 认为，产品全生命周期管理是应用一系列业务解决方案，支持在企业内和企业间协同创建、管理、传播和应用贯穿整个产品生命周期的产品定义信息，并集成人、流程、业务系统和产品信息的一种战略业务方法。

随着 PLM 技术的发展，CIMdata 在此基础上进一步延伸了对 PLM 的内涵定义：PLM 不仅仅是技术，还是业务解决方案的一体化集合；PLM 可以协同地创建、使用、管理和分享与产品相关的智力资产；PLM 包括所有产品/工厂的定义信息，如 MCAD、AEC、EDA、ALM 分析、公式、规格参数、产品组、文档等，还包括所有产品/工厂的流程定义，例如与规划、设计、生产、运营、支持、报废、再循环相关的流程；PLM 支持企业间协作，跨越产品和工厂的全生命周期，从概念设计到生命周期终结。

由于各行各业对 PLM 的定位、应用、内容和功能等各方面存在不同的看法和意见，全球对 PLM 并未达成统一的认识和定义。但是，PLM 本身就是一个多层次、多方位、多元化、多功能的集成系统。表 4.3 中列出了一些具有代表性的定义。

表 4.3　PLM 系统含义

提出者	定义
美国国家标准与技术研究所（NIST）	PLM 是一种战略性商业方法，它能够有效使用和管理企业的智力资产，因而也是企业的一项重要资产，必须对其重视
AMR Research	PLM 是一类应用软件系统的总称，能够实现企业采购、研发、制造、市场以及工程等各方面的有效管理
CIM Data	PLM 作为一种商业化的信息战略，强调过程、人、信息进行有效集成，协调产品生命周期各个环节，并提供信息支撑
IBM 公司	PLM 是一种商业哲学，是工作流、信息流以及相关支持软件的集成，允许企业在产品生命周期的各个阶段进行管理，并使产品数据和信息能够被管理、研发、销售、维护等各个部门的人员使用
EDS	PLM 是一种以产品为中心的战略管理工具，能够突破地域和时间的限制，应用一系列解决方案，协同相关信息的生成、管理和使用，实现在整个企业、供应链中的信息管理，并涉及产品生命周期的各个方面
PLCS	产品生命周期管理联盟（Product Life Cycle Support）
福特汽车	PLM 是用于企业生命周期各个领域的方法、过程和工具，能够为创建、存取、更新和删除产品数据提供良好的环境，能够协调不同地理区域和职能领域之间的信息，避免"信息孤岛"的产生

为了更好地理解 PLM 的定义，可以对 PLM 系统做如下解释：

① PLM 推动制造企业的发展。PLM 系统为制造型企业提供了数字化制造管理、精益化制造管理、智能化制造管理等平台，为制造型企业的发展提供了多种管理模式。

② PLM 是关于产品数据、信息和知识的集成。

③ PLM 实现了时间和空间的集合。PLM 系统能够很好地将不同时间、不同地点的信息关联在一起，保持企业运营的良好衔接。

④ PLM 是一种管理思想，而不是软件或过程。

⑤ PLM 的核心是集成和协同，PLM 系统可以集成和协同数字化管理的其他平台和应用。

⑥ PLM 是综合化行为，系统要求管理产品过程中人员、设备和技术三要素的结合。

4.4.2　PLM 的发展历程

PLM 系统是在制造业工程实践中发展起来的一项管理软件技术，主要经历了三个阶段的发展，如图 4.26 所示。

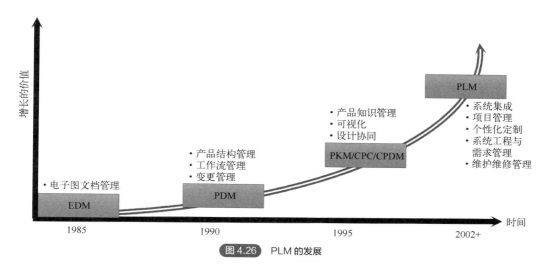

图 4.26　PLM 的发展

第一阶段：诞生于 20 世纪 80 年代初，早期称为 EDM（electronic data management，电子数据管理）或者电子图文档管理，主要是为了解决 CAD 设计中产生的大量工程图纸和文档管理的问题，实现对图文档的共享，以及版本和权限控制。

第二阶段：20 世纪 90 年代，发展为 PDM（product data management，产品数据管理）。PDM系统能够紧密集成设计软件，成为企业产品研发部门信息化的集成平台。还有很多企业将 PDM的终端延伸到车间，用于实现车间无纸化　20 世纪 90 年代末，发展为第二代的 PDM，如PKM/CPC/CPDM 等，由整个企业内部来管理，管理的对象增加了流程部分。

第三阶段，进入 21 世纪，随着智能制造时代的到来，发展为 PLM（product lifecycle management，产品全生命周期管理）。PLM 系统注重于通过标准化、模块化加强对已有智力资产的重用，缩短设计周期，其应用范围包括市场需求、产品研发、工程制造、销售服务、回收报废等整个产品生命周期。

4.4.3　PLM 的功能

PLM 系统不是一个投入即可使用的现成的管理工具和管理系统，除了 PLM 系统的部分基础功能外，还需要根据特定企业的具体需求对功能进行配置和二次开发，因地制宜地解决企业在产品开发和数据管理方面存在的问题。

PLM 的基本功能有：产品数据管理、项目管理、流程管理、供应商管理、个人工作管理、分布式业务协同管理、工作动态及绩效管理、数据安全管理、系统集成管理等。

PLM 系统的基础功能是数据管理，而产品数据是贯穿整个产品生命周期的核心信息。基于产品数据中的零部件信息和物料信息，PLM 系统可以对产品结构进行管理，并且与企业资源计划系统进行集成，实现产品数据的流程化和交互式的应用和管理。PLM 系统分类管理产品数据中的资源类数据，进行资源库管理，进而向产品设计和工艺设计等开发业务提供资源支持，并有助于数据重用。PLM 系统可以对文档和数据进行自动的版本控制和过程记录，可以对工程变更进行严谨和系统的管理和控制。PLM 系统不是独立的管理系统，通过与其他信息系统和管理系统进行集成，使产品数据可以在集成系统之间按流程自动传递和交互使用，从而构建成为企业级的产品开发协同工作平台和管理平台。例如以 PLM 系统为基础，产品数据为核心，资源库和知识库为支撑，系统化的业务流程和自动化的数据流转，以及与相关信息系统和管理系统的集成协作，共同形成企业级的 PLM 系统架构。

（1）产品数据管理

PLM 系统是关于产品数据、信息和知识的集成。PLM 系统能够很有效地将企业产品的各种数据（如图纸、代码、测试结果等）、信息（市场行情、内外部状态）和知识集成在一起，最大限度地挖掘企业的潜能。PLM 系统能够对整个产品生命周期中的数据进行管理和控制，包括从产品概念设计、产品设计、产品生产到售后服务的所有阶段。PLM 系统可以自动地记录产品数据的开发状态，分阶段对产品数据进行归类和管理，按流程对产品数据进行审批和发布，并且对数据的有效版本和状态进行系统化管理，能够分类和构建数据资源库和知识库。PLM 系统产品数据管理的核心功能包括数据编辑、数据查询、数据目录管理、数据属性管理、数据变更和版本管理等。PLM 系统中存储和管理的产品数据是整个产品生命周期的业务过程的基础资源，是智能工厂架构中的数据基础。

（2）项目管理

产品数据管理主要管理产品数据的结果，在权限范围内实现产品数据的共享和重用。但产品数据产生的过程，产生过程中企业人员之间的协同，图文档的签审流程、变更流程等业务管理需求，则需要通过项目管理及工作流程管理来实现。

（3）工作流管理

在企业的日常工作中，很多工作也都是按照企业自身的相关流程来执行，如签审流程、变更流程、订单开发流程等。流程可以与项目管理相结合（在项目中某任务调用相关流程），也可以因为某事件而触发。

（4）供应商管理

供应商管理解决方案为企业从众多的供应商信息中及时获取采购与货源方面的信息，以便更好地控制整个运作过程，制定正确的战略决策，并从与供应商的合作关系中持续获得最大程度的回报。企业有必要对已存在的供应商的信誉度做出正确的评价，并且挖掘更有潜在价值的供应商，为企业所需的货源提供更多的选择。

（5）销售与维护管理

公司销售部门可以通过 PLM 销售管理平台进行产品的虚拟展示，产品基本参数的查阅，并进行进销存管理等。公司售后部门在接到客户反映的产品质量及售后问题时，能够通过系统查阅问题产品的生产过程日志等数据，并能迅速地将问题反馈给相关人员，以便进行工艺改进。

（6）产品报废回收管理

在产品报废及更新换代之后，系统还能够进行回收管理，将回收的产品按照公司的相关规定进行流程化处理，确保产品从设计到回收的每一个环节都有据可查。

（7）个人工作管理

个人工作效率提升是企业整体效率提升的基础。现在的企业任务繁多，每个设计研发人员都有大量繁杂的工作，设计研发人员如何将自己的工作进行系统高效的管理，是提升个人工作效率的前提。

（8）分布式业务协同管理

针对集团性公司，人员、部门众多，设计研发及生产分散，因此需要系统能够满足不同人员之间、不同部门之间、设计研发与各子公司之间的业务协同管理。

（9）工作动态及绩效管理

随时把握设计研发人员的工作动态，使得企业领导能够及时准确地了解到设计研发人员的工作成绩、完成效率等，从而及时掌控和调整工作进度，最终提高设计研发的质量和效率。

通过工作成果动态管理及工作任务动态管理，企业管理人员能够及时、准确地掌握所有设计研发人员完成的工作量、产生的具体成果。执行任务的能力等信息，从而实现对设计人员绩效的评定。

（10）数据安全管理

系统提供多重安全机制来确保数据的安全，使得正确的人在正确的时间可以获得正确的数据，不属于自己权限范围内的数据就无法对其进行相应的操作。

（11）系统集成管理

企业信息化是一个整体，在实施 PLM 系统时要充分考虑企业其他相关系统的集成，避免出现信息化孤岛。

4.4.4　PLM 的系统框架

PLM 系统现在广泛使用的是基于 SOA（service oriented architecture）的体系结构，是一种面向服务的体系结构。其结合了网络支持 PLM 工作流技术和数据库技术。其主要作用是管理产品研发、制造过程的所有过程文件，包括项目文档、设计文档、实验数据等，并制定一个统一的平台维护和管理标准，提供给企业各个部门一个协同工作环境。

目前，PLM 系统普遍采用面向互联网环境的多层体系结构，根据逻辑层次一般可以大致分成 4 层结构：系统服务层、应用服务层、应用功能层、用户应用层等，如图 4.27 所示。

（1）系统服务层

该层为整个系统的基础核心部分，主要包括操作系统服务器、数据库服务器、应用程序服务器和文件搜索引擎等部分。其中整个系统的最基本的支持层在数据库服务器，目前主流的通用的商业化关系型数据库都可以作为 PLM 系统的数据服务支持平台。关系型数据库通过文件搜索引擎等相关工具提供最基本的数据管理功能，比如存储、读取、查询、删除、修改等基本操作。

这层的应用程序服务器是系统模块与应用模块（或应用程序）两者间的桥梁，它允许系统模块和应用模块交互时，能够使用较高层次的虚拟对象（或数据抽象），而不是数据库的实体表（table），例如某个应用模块请求建立一个新文件夹的时候，应用程序服务器就会解析这些命令，并生成 SQL 语句创建。

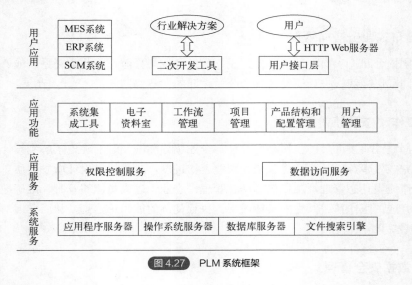

图 4.27　PLM 系统框架

（2）应用服务层

该层为不同的应用模块，通过数据访问服务和权限控制服务，提供最基本的核心功能。数据访问服务主要提供描述产品数据动态变化的数学模型，以及实现 PLM 各项功能的面向对象管理技术。由于关系型数据库侧重于管理事务性的数据，并不能满足产品数据动态变化的管理要求，因此在 PLM 系统中，需要采用若干个用来描述产品数据动态变化的二维关系表格。

PLM 系统将其管理动态变化数据的功能转换成几个甚至成千上万个二维关系表格，从而满足了面向产品对象管理的要求。例如产品的全部图形目录可以用一个二维表格记录，而设计图形的版本变化过程再用另外一个二维表格进行专门记录，这样产品设计图形的更改流程就可由这两张表格来共同描述。

（3）应用功能层

该层主要提供的是系统功能管理与应用的界面。在应用服务层基础上，按照 PLM 系统管理需要，用户可以选取相应的系统功能模块。该层提供了用户所需要的系统集成工具，主要是系统管理员进行操作，如系统维护、数据安全以及系统正常运行的功能模块；同时，该层还包含电子资料管理、工作流管理、项目管理、产品结构和配置管理和用户管理等基本功能模块。

（4）用户应用层

该层包含应用程序开发界面及软件功能模块（如用户工具）。PLM 系统中人机交互的应用程序开发界面和用户化工具，包含视图化的产品树、对话框、菜单、浏览器等。

　　用户可以通过这些视图化的用户界面方便快捷地完成管理整个系统中各种对象的操作。根据企业不同的经营目标，企业对功能模块和人机界面的要求也会有所不同。因此各类用户的特殊要求，可以通过 PLM 系统中提供的二次开发工具来满足。

4.4.5　典型 PLM 应用案例

　　PLM 在国外和国内的各个行业都有广泛及深入的应用，并且也帮助这些企业取得了显著的效益提升。以下是两例 PLM 在行业内的实践。

（1）奇瑞汽车公司

　　奇瑞汽车公司，全称为"奇瑞汽车股份有限公司"，是我国在 1997 年之后迅速崛起的自主汽车企业。

　　奇瑞所面对的压力和挑战在于要持续推出新的产品车型，既要满足各类消费者的需求，又要符合国家不断升级的环保规定。面对竞争激烈的市场以及日趋严格的汽车排气排放物限制性法规，奇瑞公司通过应用 PLM（产品生命周期管理）为产品研发提供有力的支持。

　　① 奇瑞为了提升研发效率，在研发过程中全方面地采用 PLM 数字化设计方式，实现产品设计 CAD 化。通过将所有的设计元素都数字化，奇瑞能够构建企业级的信息网络和数据库。基于应用了数字化的产品设计方案集以及工程文件库，奇瑞重塑了其设计流程和文件管理标准，使得信息传递变得更加规范和顺畅，各个研发阶段衔接得更加紧密，有助于大幅度缩短研发周期，并且有效提升产品的质量。此外，数字化的设计管理帮助研发团队迅速地发现设计问题和排查故障。例如，在新开发的某款车型上出现了两套运动系统相互干涉的问题，若是在过去，由于复杂的运动机制以及涉及数量众多的零件，类似的问题排查将耗时耗力。而在应用了 PLM 数字化设计之后，研发团队在 3 天内就找到了问题的根本原因：供应商在生产时使用了错误的标识，从而导致了非常相似的零件被误用，并且在装配过程中也发生了错误。

　　② 改进开发流程，打造易于用户使用、信息共享的 PLM 研发环境。新车型的功能不断升级，带来的是日益复杂的机械系统、电控机制以及软件模块，这就意味着整个产品开发过程需要规模越来越大的跨部门合作，甚至与企业外部的相关方合作。由于整车开发的项目组成员来自于不同的部门或者业务组织，他们之间常常就一个技术细节要进行反复的沟通和协作，不断重复着"提出要求→修改→讨论→再修改→再提要求"此类周而复始的模式，整个过程往往要经历多轮循环，耗费着大量的研发资源和时间。通过采用 PLM 的多方协作流程以及电子信息实时共享机制，奇瑞得以将原本串行序列、反复循环的研发过程转变成"敏捷"开发流，多方可以对同一个设计方案的不同部分或模块进行同时开发和研究，进而采用即时同步的方式将各独立并行的设计模块予以统一整合，各协作方可以实时地了解开发进程、变更影响以及获得知识信息共享。

　　③ 利用电子数据以及 PLM 环境，建立数据互通的仿真模拟平台。为了提高车辆的整体性能、质量和可靠性，并且控制整车试验的验证成本，充分完善的仿真模拟技术必不可少。奇瑞在基于 PLM 的平台上打造"硬件回路仿真"（HIL）系统，通过实时处理的方式对被测的车辆系统，如 ECU 系统、EPS 系统等，进行模拟仿真，一方面使用模拟数据进行性能预测，另一方

面将仿真数据与真实试验的结果做比较，指导对于产品设计的优化。打造如此精密的仿真系统，需要 PLM 系统的全方位支持。这些支持包括各个方面，最基本的是要将各方面的设计电子数据予以汇总，保持高水平的数据兼容和互通，为此奇瑞建立了相当丰富的 CAD 产品库以及物理元件仿真模型予以支持；再进一层，对于客户的各种标准和应用工况进行"需求管理"，将这些需求作为仿真模拟的"边界条件"来予以约束，从而使仿真计算的结果具有了真实的物理意义；另外，若要真正地帮助设计人员全面、深入地了解仿真结果的含义，需要额外打造诸如虚拟仪表盘、可视化分析界面等，为此，奇瑞通过应用各类自动化商业数据智能技术（business intelligence）进行数据自动汇总和深度计算，帮助设计人员进行全面的分析。

（2）联合利华

联合利华是一家典型的跨国企业，它的产品组合覆盖了超过 20 个类别的家庭用产品、个人护理用品以及各式食品，其产品在美洲、欧洲、亚洲、非洲都相当畅销。由于联合利华所在的产业属于快速消费品市场，竞争相当激烈，因此保持产品创新是该公司保持行业内差别优势的关键。

联合利华所面对的压力和挑战在于在原材料价格不断上涨的外部环境下，既要保持创新领先，进一步提升品质，又要控制成本，保持竞争优势。因此，联合利华将 PLM 研发流程管理作为一项至关重要的经营实践，通过建立一整套先进的信息管理框架，帮助企业做好产品管理和研发技术管理，满足快速向市场上推出新品的业务需求。

① 联合利华通过 PLM 实现全面的产品规格管理。家庭用化学制品的种类繁多，并且即使是同一款产品，由于要面向的消费群体不一样，配方也会有所差异。面对在全球范围内皆持续抬升的原材料成本，联合利华需要对所有原材料的规格、产品的配方进行统一数据化管理，力求简化和减少各种规格的牌号及品号数量，从而有助于增强全球化采购以及获取采购价格优势。因此，该公司在 PLM 系统中建立产品信息管理中枢，将各产品原材料的规格、供应方、产地以及用量等信息进行数字化管理，并且通过将世界各地业务集团的信息实时对接和集成，使得联合利华所有产品原材料的信息在全球范围内即时可见，进而通过系统可视化报表、调优分析算法以及电子化控制流程，大幅度缩减原材料规格的数量，降低了总体的产品成本。

② 联合利华利用 PLM 平台建立企业级的知识管理。联合利华管理层提出了重要的"知识重用"理念，强调创新不仅仅意味着每次都有全新的想法，而更重要的是以新的方式来"重用"已有的发明或产品概念。PLM 作为数字化的研发流程管理平台，集成了海量的现有产品信息，这是一个巨大的知识库，包括产品参数、研发的成功或失败经验、规格资料、配方组成等。对于现有知识的充分理解和再利用是缩短新品研发周期、避免失败、取得竞争胜利的必要条件。例如，联合利华在开发新的产品包装设计的过程中，遵从企业内部"知识重用"的管理流程，通过调用 PLM 系统中已有的各款 CAD 数字设计方案，并且结合汇总的各项消费者喜好信息以及行为数据，在基于现有某款成功包装设计的基础上，综合考虑了诸多新的需求，最终推出了升级后更能吸引消费者的包装设计。

4.4.6 PLM 的发展趋势

在 PLM 的发展过程中，根据国内外 PLM 厂商的发展动向，以及对 PLM 关键技术的研究，

PLM 在未来几年将围绕以下几个重要的方向发展。

（1）可定制化的解决方案

PLM 成功应用的关键取决于软件供应商对企业需求的响应速度和代价，响应速度越快并且付出代价合理，那么系统实施成功并且不断深化的可能性就越大，因此 PLM 必须是一个可定制化解决方案。从 PLM 系统的发展轨迹来看，PLM 系统的可定制能力经历了从缺乏可定制到模型可定制，再到模型驱动的构件可定制的发展过程。随着实施企业的逐渐理性，PLM 可定制的解决方案不仅需要满足企业快速、安全、稳定并且低成本的部署要求，也要满足企业具体业务运行过程的需求。随着 PLM 在产品的各个生命周期阶段功能的完善，PLM 的功能愈来愈丰富和强大，但即使是这样，也不能完全满足不同企业的个性需求，因此提供一个可定制化的解决方案，让用户来决定最终 PLM 产品的形态和配置就显得非常有必要。

当前主流的国际 PLM 厂商在可定制化方面做了相当多的研究，例如 PTC 公司的 Windchill 在 Java 平台的基础上，实现了企业实施过程中的二次开发功能，同时可以进行简单的数据建模，但是这些需要企业进行一定量的开发，而且提供的建模能力远远满足不了不同企业的个性需要。企业在 PLM 系统实施中，经常需要定制大量的基于业务过程驱动的具有严格权限控制的各类业务单据，因此，国外主流 PLM 厂商的解决方案距离真正的可定制化的解决方案尚有距离。

（2）高效多层次协同应用

随着 PLM 的快速发展，PLM 已经逐步覆盖从产品市场需求、概念设计、详细设计、加工制造、售后服务，直到产品报废回收等全过程的管理，并逐步实现了与企业其他信息系统的深入集成。目前国内外许多集团型企业也在使用 PLM 系统，同时产业链的上下游企业之间也需要通过 PLM 实现协同，伴随而来的问题就是解决产品不同阶段、不同参与人员和组织之间的协同，因为只有高效的协同应用、优化的业务过程，才能真正提高企业的工作效率，缩短响应时间，为企业带来更好的利润回报。协同的应用根据企业的业务需求可以分为多个层次，其中可分为三个大的层次：项目管理的协同、业务过程管理的协同和业务数据的协同管理。

① 项目管理的协同可以在整个企业不同部门之间或者产业链的上下游企业之间应用，主要反映任务的关系和结果，这对于解决集团型企业应用非常适合。

② 业务过程管理的协同可以在部门内部或者部门之间应用，主要反映日常业务的执行过程和结果，满足企业日常工作的自动化协同。

③ 业务数据的协同管理是最基本的协同，通过数据的生命周期阶段或者状态在不同人员之间形成协同，保证业务数据在整个生命周期的正确和完整。

当前主流的 PLM 产品都分别提供了这几个层次的协同解决方案，例如 UGS 的 TeamCenter 提供了企业协同、工程协同、制造协同、项目协同、需求协同、可视化协同、社区协同等不同的解决方案，这些协同方案针对不同的需求产生。

高效多层次协同不但强调协同方案的"多"，更强调不同协同方案的一致性和完整性，提供企业产业链之间、企业部门之间、部门内部等多层次的协同的同时，提高不同协同之间的集成，不断探索协同方法，实现不同层次协同的无缝集成。目前 PLM 系统在协同方面的应用还主要停留在企业内部业务规则和业务数据的协同，虽然部分企业也实施了项目管理，但是和 PLM 系统的高效紧密集成还有一定距离。

（3）多周期产品数据管理

PLM 产品是从 PDM 产品发展起来的，在企业的应用已经从研发部门延伸到企业的各个部门，对于同一份系统中的数据，根据企业的划分标准不同，会有多个生命周期，例如对一个文档对象，根据不同的标准，可能会参与两个生命周期的变化：业务生命周期（需求、设计、审批、工艺、制造、售后等），数据生命周期（工作阶段、审批阶段、归档阶段）。因此多周期的数据管理是 PLM 系统发展应用的趋势，同一份数据同时存在于 5 个生命周期线上，需要保证不同生命周期的不同阶段的有效管理。目前主流的 PLM 厂商都有自己的产品生命周期管理解决方案，但是还没有多周期产品数据管理。单周期的数据管理对于项目型的应用比较适合，因为项目本身就包含了一次性的特点，而产品的管理是重复迭代，周而复始的，需要更加复杂的周期管理。

（4）知识共享与重用管理

现在知识管理已经非常热门，企业不断推出各种知识管理解决方案。关于知识管理系统的定义非常多，如知识管理系统是一种把企业的事实知识（know-what）、技能知识（know-how）、原理知识（know-why）与存在于企业数据库和操作技术中的显性知识组织起来的技术。

企业应用 PLM 的时间越来越长，积累的数据越来越多，其中包含了企业多年沉淀的知识，如何让这些知识方便地在企业内部共享和传播就显得非常重要。

知识的共享和重用的应用包含两个方面：一是获取知识，即进行数据挖掘和数据整理；二是知识传播，即把已经整理好的知识融入 PLM 系统，依靠 PLM 系统把必要的知识传递给相关的人，为企业的生产进行服务，减少不必要的重复劳动或者探索。通过知识分类和梳理，可以对企业的各类知识进行有效管理，形成企业的知识资产。

知识管理系统在 PLM 已有的数据中进行挖掘和整理，形成可共享的知识，然后通过 PLM 系统传播给所有部门的人员，在使用的过程中，整合人们总结的知识，并和已有的知识进行累积分析，形成循环使用，达到智力资源的优化配置。

（5）数字化仿真应用普及

随着企业对生产制造过程的仿真和管理的需求不断加大，全球三大 PLM 厂商 UGS-Tecnomatix（已被西门子收购）、达索-Delmia、PTC-Polyplan 均已拥有了自己的数字化制造解决方案，开始了产品生命周期的一个新阶段的应用探索。通过数字化仿真，企业可以节约产品研发、生产准备和生产节拍制定等许多成本，并可以节约大量的时间。

数字化仿真主要分为两个方面，一是产品生产制造的仿真，二是管理过程的仿真。

产品生产制造的仿真主要应用在航空航天、汽车和电子等复杂、大型制造行业中。一个产品研制完成需要较长的时间，复杂度比较高，如果按照传统的生产流程，在产品形成和测试过程中，需要耗费大量的人力和物力进行验证，这些工作需要耗费企业大量的成本，而且测试并不意味着一次性成功。有了数字化仿真，就可以在计算机上进行大量的测试和验证工作，大大节省了成本和时间。

管理者在制定新的业务过程的时候，按照传统的做法，需要进行较长的适应和磨合期，而且进行已有业务规则的调整，需要实际的人员参与，形成的周期比较长，对于企业的管理是一个很大的挑战。有了管理过程的数字化仿真，管理者可以通过 PLM 系统仿真业务规则的制定和执行过程，生成相关的数据，制定相关的业务过程，进行仿真，在仿真的过程中发现问题进行改进，节省了成本，提高了管理过程的可控制性。管理以人为本，辅以先进的信息技术，才能真正提高企业的管理水平。

本章小结

软件定义制造，工业软件是智能制造的核心。本章首先介绍了工业软件的定义及其分类，然后从定义、发展、体系及功能等方面分别介绍了工业软件中信息管理、生产控制、研发设计三类最具代表性的软件 ERP、MES、PLM。

 思考题

4-1　ERP 的功能和体系架构是什么？

4-2　MES 的体系架构是什么？

4-3　PLM 的功能和体系架构是什么？

4-4　进一步查找文献和资料，举例说明其他工业软件在智能制造中的应用。

第 5 章

计算机集成制造系统

 学习目标

① 掌握计算机集成制造系统（CIMS）的定义及其系统构成；熟悉其控制结构及技术构成；了解其发展历程及发展趋势。

② 掌握智能 CAD 技术、智能 CAPP 技术和 CAM 技术的定义和系统组成，了解其发展及应用，熟悉 CAD/CAPP/CAM 系统集成基本原理。

③ 掌握柔性制造系统（FMS）的基本概念及组成，熟悉其控制系统和分类情况，了解其发展历程及发展趋势。

扫码获取本章课件

思维导图

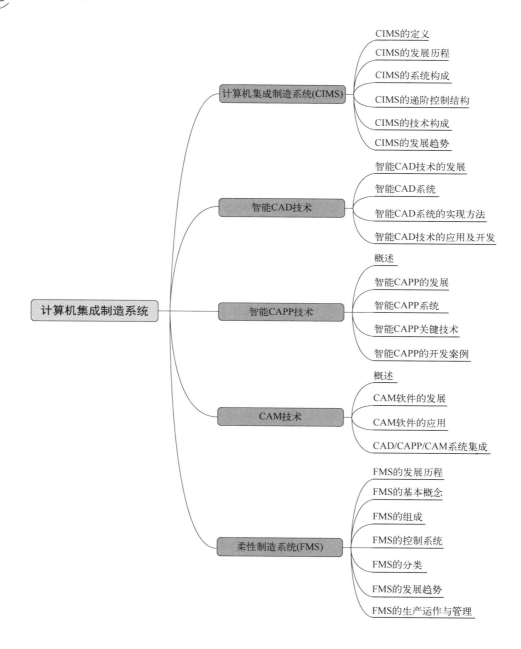

从 20 世纪 60 年代起，计算机和数字控制技术在制造企业中得到广泛的应用。早期的计算机应用是从设计、制造、管理等领域独立发展起来的，等发展到一定程度后，却形成了一个个相互独立的"自动化孤岛"，虽然能取得孤岛的局部效益，但孤岛之间的相互通信和数据交换却很难进行，难以达到信息共享和整体最优的目的。在这种形势下，计算机集成制造（computer integrated manufacturing，CIM）概念受到重视并被普遍接受。计算机集成制造系统（computer integrated manufacturing system，CIMS）是一种基于 CIM 概念构成的制造系统。

CIMS 是自动化程度不同的多个子系统的集成，如管理信息系统（MIS）、物料需求计划（MRP Ⅱ）、计算机辅助设计（CAD）、计算机辅助工艺规划（CAPP）、计算机辅助制造（CAM）、柔性制造系统（FMS），以及数控机床（NC，CNC）、机器人等。CIMS 正是在这些自动化系统的基础之上发展起来的，它根据企业的需求和经济实力，把各种自动化系统通过计算机实现信息集成和功能集成。

本章主要对 CIMS、CAD、CAPP、CAM、FMS 进行重点讲解。

5.1 计算机集成制造系统（CIMS）

5.1.1 CIMS 的定义

CIMS 是随着计算机辅助设计与制造的发展而产生的。它是在信息技术、自动化技术与制造的基础上，通过计算机技术把分散在产品设计制造过程中各种孤立的自动化子系统有机地集成起来，形成适用于多品种、小批量生产，实现整体效益的集成化和智能化制造系统。

CIM 概念包含两个基本的观点：

第一个基本观点是"系统的观点"，即企业的各个生产环节是不可分割的一个整体，需要统一安排与组织；

第二个基本观点是"信息化的观点"，即产品的制造过程实质上是一个信息采集、传递、加工处理的过程。

CIM 是一种组织、管理与运行企业的哲理。它将传统的制造技术与现代信息技术、管理技术、自动化技术、系统工程技术等有机结合，借助计算机（硬、软件），使企业产品全生命周期[市场需求分析、产品定义、研究开发、设计、制造、支持（包括质量、销售、采购、发送、服务）以及产品最后报废]、环境处理等各阶段活动中有关的人/组织、经营管理和技术三要素及其信息流、物流和价值流有机集成并优化运行，实现企业制造活动的计算机化、信息化、智能化、集成优化，以达到产品上市快、高质、低耗、服务好、环境清洁，进而提高企业的柔性、健壮性、敏捷性，使企业赢得市场竞争。

CIMS 是一种基于 CIM 哲理构成的计算机化、信息化、智能化、集成优化的制造系统。我国 863 计划 CIMS 主题专家组对其的定义是：将信息技术、现代化管理技术和制造技术相结合，按系统技术的理论和方法，应用于产品全生命周期（从市场需求分析到最终报废处理）的各个阶段，通过信息集成、过程优化及资源优化，实现物流、信息流、价值流的集成和优化运行，达到人（包括组织、管理）、经营和技术三要素的集成，以加强企业新产品开发的"T"（时间）、"Q"（质量）、"C"（成本）、"S"（服务）、"E"（环保），从而提高企业的市场应变能力和竞争能力。

5.1.2　CIMS 的发展历程

从 19 世纪 70 年代开始，为了解决经济全球化带来的压力，企业必须采取措施提高企业的生产效率，在最短的时间里推出具有市场竞争力的产品。在同一时期，信息技术也有了快速发展，这就为 CIMS 产生创造了基础。

计算机集成制造（CIM）概念最早由美国的约瑟夫·哈林顿博士于 1973 年提出的。哈林顿强调，一是整体观点，即系统观点，二是信息观点，二者都是信息时代组织、管理生产最基本、最重要的观点。可以说，CIM 是信息时代组织、管理企业生产的一种哲理，是信息时代新型企业的一种生产模式。按照这一哲理和技术构成的便是计算机集成制造系统（CIMS）。

CIM 哲理提出后，引起了各国的重视，许多国家纷纷将其列入国家重点计划，并取得显著成效。美国国家关键技术委员会把 CIM 列入影响美国长期安全和经济繁荣的 22 项关键技术之一。美国空军、国防部、国家标准技术研究院等政府部门都制定了发展 CIM 的战略规划。欧共体在 1984～1993 年实施的欧洲信息技术研究发展战略计划（ESPRIT）中制定了专门的 CIM 计划。原联邦德国政府和技术部制定了制造技术发展计划，它包括 1984～1988 年对 CAD/CAM 的资助计划，1988～1992 年对 CIM 应用的资助计划。日本通产省 20 世纪 80 年代末制定了"智能制造系统"（IMS）计划等。

在系统方法论方面，目前已提出了多种参考体系结构和建模方法。例如，欧共体的 ESPRIT 中的计算机集成制造开放体系结构（CIM-OSA）、法国波尔多大学 GRAI/LAP 实验室提出的 CIM-GRAI 企业建模方法等都各具特色。在制造系统模式方面，国外的研究人员对各种新的制造系统模式，如大批量定制生产模式、敏捷制造模式和可持续发展的制造系统模式等进行了深入研究。这些研究成果充实、丰富了 CIM 的内涵。同时，各种 CIMS 单元技术，如现代产品设计技术、并行工程、产品建模技术、面向产品全生命周期的设计分析技术、先进的单元制造工艺等的研究与开发也取得了长足进步。

我国也十分重视 CIM 的发展，在制定高技术研究发展计划（"863"计划）时把它列为自动化领域的主题之一。从那时起，有关理论和应用方面的研究，以及应用工厂的实施都得到了蓬勃的发展。从 1989 年至今，CIMS 得到了大量企业的应用，这些企业覆盖了多种类型的机械制造，包括单个、多品种、小批量、大批量等类型，飞机、汽车、电子、家用电器、服装、通信、石化、冶金、煤炭、化工等行业。其中典型的应用企业有沈阳鼓风机厂、北京第一机床厂、经纬纺织、长安汽车公司、北京起重机厂、无锡威孚集团、杭州三联电子有限公司等，都取得了非常显著的效果。我国 CIMS 总体技术的研究已处于国际上比较先进的水平，在企业建模、系统设计方法、异构信息集成、并行工程及离散系统动力学理论等方面也有一定的特色或优势，在国际上已有一定的影响。

5.1.3　CIMS 的系统构成

美国制造业工程师计算机和自动化技术委员会发布了展示 CIMS 体系结构的圆轮图，如图 5.1 所示。CIMS 一般可划分为 4 个功能分系统和 2 个支撑分系统，它们分别是管理信息分系统、工程设计自动化分系统、制造自动化分系统、质量保证分系统以及计算机网络支撑分系统和数据库支撑分系统。

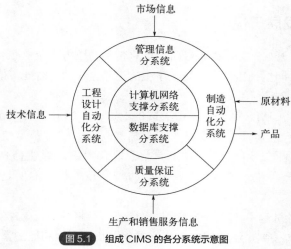

图 5.1 组成 CIMS 的各分系统示意图

（1）管理信息分系统

管理信息分系统是以人为主导，以物料需求计划（MRP II）为核心，通过信息集成，对信息进行收集、传输、加工、储存、更新和维护，达到提高生产效率、缩短生产周期、提高企业反应速度的目的。因而，在企业生产经营中，应该对企业活动中的各因素运动规律进行分析，对企业各种信息进行甄别与筛选，包括经营管理（BM）、生产管理（PM）、物料管理（MM）、人事管理（LM）、财务管理（FM）等，从而达到高效运行的目的。

管理信息分系统有下列特点：

① 它是一个能够将企业中各个子系统有机地结合起来的统一的系统；

② 它是一个与 CIMS 的其他分系统有着密切的信息联系的开放性系统；

③ 企业有统一的中央数据库，所有数据来源于这个中央数据库，各子系统在统一的数据环境下工作。

（2）工程设计自动化分系统

它是用计算机来辅助产品设计、制造准备以及产品性能测试等阶段的工作，通常称为 CAD/CAPP/CAM 系统。它可以使产品开发工作高效、有序、优质地进行。

① CAD 系统（computer aided design）是指利用计算机及其图形设备帮助设计人员进行设计工作，包括产品结构的设计、变型产品的变型设计和模块化结构的产品设计。

② CAPP 系统（computer aided process planning）是指借助于计算机软硬件技术和支撑环境，利用计算机进行数值计算、逻辑判断和推理等来制定零件机械加工工艺过程。

③ CAM 系统（computer aided manufacturing）是利用计算机来进行生产设备管理控制和操作的过程。其输入信息是零件的工艺路线和工序内容，输出信息是刀具加工时的运动轨迹（刀位文件）和数控程序。

（3）制造自动化（柔性制造）分系统

它是在计算的控制与调度下，结合以较少的人工直接或间接干预，按照 NC 代码将毛坯加工成合格的零件并且装配成部件或产品。它包括各种自动化设备和系统，如计算机数控（CNC）、加工中心（MC）、柔性制造单元（FMC）、柔性制造系统（FMS）、工业机器人，自动装配（AA）等。

（4）质量保证分系统

它以提高产品质量为最终目的，对设计、制造过程中与质量有关的大量数据进行采集、存储、评价和处理。它包括计算机辅助检验（CAI）、计算机辅助测试（CAT）、计算机辅助质量控制（CAQC）、三坐标测量机（CMM）等。

（5）两个支撑系统

① 计算机网络支撑分系统。它是支持 CIMS 各个系统的开放的网络通信系统，采用国际标准和工业标准规定的网络协议，满足应用系统对网络支持服务的各种需求，来实现异种机互联、异地局域及多种网络的互联，支持资源共享、分布数据库、分布处理、分成递阶和实时控制。

② 数据库支撑分系统。它支持 CIMS 各分系统，覆盖企业的全部信息，以实现企业的数据共享和信息集成为目标。它一般情况下使用集中与分布相结合的 3 层递阶控制结构体系，即主数据管理系统、分布数据管理系统、数据控制系统，来保障数据的一致性、安全性、易维护性等。

（6）CIMS 的体系结构

CIMS 是一个集产品设计、制造、经营、管理于一体的复杂系统，具有多层次性和多结构性的特点。因此，它有规范的体系结构。

① 面向 CIMS 系统生命周期的体系结构。不同的企业所进行的业务、生产的产品是各不相同的，因而，对于 CIMS，不同企业也就有不同的设计思路及结构。而且对于同一企业来讲，在发展过程中的任务和要求是不相同的，在产品制造过程中，要考虑产品生产的连续性，因此 CIMS 在不同过程中的任务也是不一样的，这就需要有一套结构化方法和平台帮助和支持整个系统生命周期的平稳发展。

② 面向 CIMS 系统功能构成和控制结构的体系结构。CIMS 在实施过程中极为复杂，为了简化其实施过程，人们将其先分解为各个分系统，再将分系统分解为不同的子系统。由于其复杂性，人们可以将其分层分解来降低全局开发和控制难度。

③ 面向 CIMS 集成平台的体系结构。为了解决 CIMS 系统中庞大的软件兼容问题，有公司研究了面向 CIMS 系统集成平台的体系结构，研究了标准化平台。

5.1.4　CIMS 的递阶控制结构

CIMS 是一个复杂的大系统，通常采用递阶控制体系结构。所谓递阶控制就是将一个复杂的控制系统按照其功能分解成若干个层次，各层次进行独立控制处理，完成各自的功能。层与层之间的信息交流主要是上层对下层发出指令，下层向上层返回执行结果，通过信息联系构成完整的系统。这种控制模式减少了全局控制的难度以及系统开发的难度，成为当今复杂系统的主流控制模式。

美国国家标准学会提出了著名的五层递阶控制模型。如图 5.2 所示，这五层分别是：工厂层、车间层、单元层、工作站层和设备层。每层都由各自独立的计算机进行控制，功能单一，易于实现；层次越高，控制功能越强，计算机处理的任务越多；层次越低，则实时处理要求越高，控制回路内部的信息流速越快。

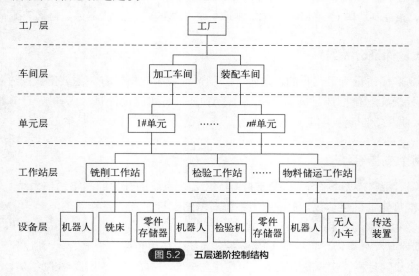

图 5.2 五层递阶控制结构

（1）工厂层

工厂层是企业最高决策层，具有市场预测、生产计划的制定、产品开发以及工艺过程规划的功能，同时还应具有成本核算、库存统计、用户订单处理、后续的跟踪服务等厂级经营管理的功能。

（2）车间层

车间层是根据工厂的生产计划协调车间作业和辅助性工作以及资源配置，包括从设计部门的 CAD/CAM 系统中接收产品物料清单，从 CAPP 系统接收工艺过程数据，并根据工厂层的生产计划和物料需求计划进行车间内各单元的作业管理和资源分配。

（3）单元层

单元层主要负责加工零件的作业调度，包括零件在各个工作站的作业顺序、作业指令的发放和管理、协调工作站间的物料运输、进行机床和操作者的任务分配及调整。

（4）工作站层

工作站层的任务是指挥和协调车间中一个设备小组的活动，规划时间是几分钟到几小时。

（5）设备层

设备层包括各种设备（如机床、机器人、坐标测量机、无人小车、传送装置及存储检索系统等）的控制器。设备层执行上层的控制命令，完成加工、测量、运输等任务。其响应时间为从几毫秒到几分钟。

在上述五层递阶控制结构中，工厂层和车间层主要完成计划方面的任务，确定企业生产什么，需要什么资源，确定企业长期目标和近期任务；设备层是一个执行层，执行上层的控制命令；而企业生产监督管理任务则是由车间层、单元层和工作站层完成。因此，车间层兼有计划和监管的双重功能。

5.1.5　CIMS 的技术构成

（1）先进制造技术（AMT，advanced manufacturing technology）

先进制造技术是传统制造技术不断吸收机械、电子、信息、材料、能源和现代管理等方面的成果，并将其综合应用于产品设计、制造、检测、管理、销售、使用、服务的制造全过程，以实现优质、高效、低耗、清洁、灵活的生产，并取得理想技术经济效果的制造技术的总称。

（2）敏捷制造（AM，agile manufacturing）

敏捷制造是以竞争力和信誉度为基础，选择合作者组成虚拟公司，分工合作，为同一目标共同努力来增强整体竞争能力，对用户需求做出快速反应，以满足用户的需要。

（3）虚拟制造（VM，virtual manufacturing）

虚拟制造利用信息技术、仿真技术、计算机技术对现实制造活动中的人、物、信息及制造过程进行全面的仿真，以发现制造中可能出现的问题，在产品实际生产前就采取预防措施，从而实现产品一次性制造成功，来达到降低成本、缩短产品开发周期、增强产品竞争力的目的。

（4）并行工程（CE，concurrent engineering）

并行工程是集成地、并行地设计产品及其相关过程（包括制造过程和支持过程）的系统方法。它要求产品开发人员在一开始就考虑产品整个生命周期中从概念形成到产品报废的所有因素，包括质量、成本、进度计划和用户要求。并行工程的发展为虚拟制造技术的诞生创造了条件。虚拟制造技术是以并行工程为基础，并行工程的进一步发展就是虚拟制造技术。

5.1.6　CIMS 的发展趋势

随着信息技术的发展和制造业市场竞争的日趋激烈，未来 CIMS 将有向以下八个方面发展的趋势。

（1）集成化

CIMS 的"集成"已经从原先的企业内部的信息集成和功能集成，发展到当前的以并行工程为代表的过程集成，并正在向以敏捷制造为代表的企业间集成发展。

（2）数字化

从产品的数字化设计开始，发展到产品生命周期中各类活动、设备及实体的数字化。

（3）虚拟化

在数字化基础上，虚拟化技术正在迅速发展，它主要包括虚拟显示（VR）、虚拟产品开发（VPD）、虚拟制造（VM）和虚拟企业等。

（4）全球化

随着"市场全球化""网络全球化""竞争全球化"和"经营全球化"的出现，许多企业都积极采用"全球制造""敏捷制造"和"网络制造"的策略，CIMS 也将实现"全球化"。

（5）柔性化

正积极研究发展企业间动态联盟技术、敏捷设计生产技术、柔性可重组机器技术等，以实现敏捷制造。

（6）智能化

制造系统在柔性化和集成化基础上，引入各类人工智能和智能控制技术，实现具有自律、智能、分布、仿生、敏捷、分形等特点的下一代制造系统。

（7）标准化

在制造业向全球化、网络化、集成化和智能化发展的过程中，标准化技术（PTEP、EDI 和 P-LIB 等）已显得越来越重要。它是信息集成、功能集成、过程集成和企业集成的基础。

（8）绿色化

它包括绿色制造、环境意识的设计与制造、生态工厂、清洁化生产等。它是全球可持续发展战略在制造业中的体现，是摆在现代制造业面前的一个崭新课题。

5.2　智能 CAD 技术

计算机辅助设计（CAD）是工程技术人员以计算机系统作为设计工具，综合应用多个学科的专业知识进行产品的设计、分析和优化等过程问题求解的先进的数字化信息处理技术，是专家级创新能力与计算机软件、硬件功能有机结合的产物。

CAD 技术把人类的决策判断及创造能力与计算机的高速运算、信息存储处理等功能有机结合在一起，从而达到缩短工业产品的设计周期、提高设计质量的目的。作为一种现代产品设计方法，计算机辅助设计技术已经广泛应用于机械、电子、汽车、航空、航天、建筑、化工、冶金、环境工程等工程/工业领域，并促进了这些领域的快速发展。

智能 CAD（Intelligent Computer Aided Design，ICAD）是指运用专家系统、人工神经网络等人工智能技术，在作业过程中具有某种程度人工智能的 CAD 系统。

5.2.1　智能 CAD 技术的发展

（1）CAD 技术的发展

1962 年，美国 MIT（林肯实验室）的 I.E.Sutherland 在其发表的博士论文中首次提出了计算机图形技术、交互技术、分层存储技术等新思想，标志着 CAD 技术的诞生。CAD 技术一经提出，就引起了企业和学术界的浓厚兴趣。1964 年，美国通用汽车公司发布了 DAC-I 系统，第二年，洛克希德公司也推出了 CAD/CAM 系统。此时的 CAD 系统只是具有交互功能的二维图和三维线框造型系统。

美国学者 D.T.Ross 于 1967 年提出的对 CAD 系统的看法与 1972 年 10 月在荷兰召开的国际信息处理联合会（IFIP）上对 CAD 的定义，都详细全面地阐明了两大基本特性：CAD 是一个人机结合，发挥各自所长的求解系统；CAD 系统是现代设计相关学科运用的体现。

20 世纪 70 年代，由于航空和汽车行业的推动，CAD 技术取得了快速发展，系统所生成的曲面已能够满足 CAM（computer aided manufacture，计算机辅助制造）中曲面加工的需求，如 1974 年由法国达索公司推出的三维造型软件 CATIA、美国麦道公司的 UG 等 CAD 系统。到了 20 世纪 80 年代，实体造型技术成为 CAD 技术研究的热点，具有代表性的是美国 PTC 公司推出的基于几何约束的造型软件 Pro/Engineering。进入 20 世纪 90 年代后，CAD 技术不断发展，原有的 CAD 系统也不断更新、升级，完善功能和技术。CAD 系统逐渐由单一转向 CAD/CAE/CAM 的集成系统，如 1998 年推出的 CATIA V5 便是这一时期的代表。

经过半个多世纪的发展，到 21 世纪的今天，CAD 技术正朝着集成化、网络化、智能化和可视化的方向发展。

① 系统的集成化。系统的集成是把设计、制造、生产和管理连成一个整体，不仅在设计和制造过程中使用计算机辅助技术，而且材料的库存管理、生产计划、财务管理、销售等方面都使用计算机来完成，通过计算机通信、控制实现信息共享和交换，使各个部门协调一致，成为一个整体，即所谓的计算机集成制造系统。当今，全世界的制造业都在向集成化迈进，在这个领域做出巨大投资，以实现产品设计、工程分析、加工、装配、测试、管理集成于一体的制造环境，从而降低成本，缩短设计和生产周期，提高劳动生产率和产品质量，提高企业的经济效益和社会效益。

② 系统的网络化。基于网络技术，以工作站或高档微机为基础的系统将持续增长，开放式系统、分布式计算机环境等使得远程、近程的资源共享成为可能，网络型系统正具有越来越强大的生命力。网络型系统可以全面统一地考虑各个工作站的具体配置，从而达到用最低的开销获得最好的效果。

③ 系统的智能化。智能化是利用专家系统、人工神经网络等辅助设计，使知识信息处理与一般的数值信息处理结合起来，并通过机器智能对知识进行积累、存储、联想、类比、分析、计算、论证、比较、优选等信息处理过程，求得问题的答案。智能化是机械中极具前途的研究领域。

④ 系统的可视化。可视化（visualization in scientific computing，ViSC）是 20 世纪 80 年代末期发展起来的一门新技术。它将科学计算过程中及计算结果的数据转换为几何图形与图像信息在屏幕上显示出来并进行交互处理，成为发现和理解科学计算过程中各种现象的有力工具。ViSC 将图形生成技术和图像理解技术结合在一起，既可理解送入计算机的图像数据，也可从复杂的多维数据中产生图形。

（2）CAD 技术的智能化

CAD 概念早在 20 世纪 50 年代就已出现，但智能 CAD 却在 20 世纪 70 年代后期才被荷兰的 P.J.W.Ten.Hagen 和美国的 J.Pohl 提出，并认为 ICAD 本身是一个系统，它将专家系统内嵌于其中，依靠知识库、专家系统来解决各种设计问题。其后，我国的周济院士等一些知名学者也相继提出了智能工程和智能设计的概念，其出发点就是要采用系统集成的办法将人工智能与传统技术有机结合，形成智能化、集成化的系统，为工程、产品及零部件设计提供支持。

智能 CAD 技术被提出的几十年来，许多国内外研究单位以及专家学者对其做了深入的研究，并取得了较大的研究成果。

20 世纪 70 年代中期，人工智能专家 H.A.Simon 和 CAD 专家 C.Eastman 在美国卡内基梅隆大学开展了住宅空间方法的研究。至今已研制出多个用于结构方案、室内布置方案、机电设备布置方案的自动综合专家系统和智能设计环境。

澳大利亚悉尼大学的 J.S.Gero 教授领导的设计计算所从 20 世纪 70 年代末期开始人工智能技术的研究。到目前为止，他们在设计理论、基于案例的推理、设计中的认知和学习过程、设计知识库、设计语法的表达、创新设计模型、设计过程模型等多个方面处于世界领先地位。

1977 年，日本东京大学的 H.Yoshikawa 教授提出了通用设计理论（GDT），奠定了智能 CAD 技术研究的基础。同时，他的合作者 T.Tomiyama 教授在人工智能方面展开了深入的研究，并成立了一个 Tomiyama 实验室，专门从事智能 CAD、功能设计、产品知识框架方面的研究。

美国国家标准与技术研究院制造工程实验室也经常邀请世界各地的人工智能专家学者去做研究工作，主要从事产品设计知识表达模型、分布环境下一代知识库的研究。

我国对智能 CAD 技术的研究起步较晚，但是吸收了很多国外先进的技术，因此发展速度很快。一些科研院校在这方面做出了深入的研究，并取得了一定的研究成果。如华中理工大学和天津工程机械研究所的研究人员在周济教授的领导下，以人工智能技术为核心，研制出轮式装载机总体方案设计专家系统；上海交通大学模具 CAD 国家工程研究中心开发的锻模 CAD 系统，能够进行锻模的智能化设计；浙江大学模具所开发了夹具 ICAD 系统，能够进行夹具的智能设计等。

目前的智能 CAD 系统一般都是运用专家系统或人工神经网络两种人工智能技术。其中，专家系统是在知识系统的基础上衍生的，主要是利用计算机对知识进行获取和处理的技术，在实际的应用过程中，就是先把专家的知识和经验输入计算机中，这和普通的问题求解系统有着本质的区别。普通的问题求解系统是没有智能化的，而这个系统可以最大程度上模拟专家处理问题。在设计人员处理问题的过程中，这个系统会对设计人员进行提示，指出当前设计中存在的一些问题，并对下一步的工作提出建议。专家系统一般由知识库、推理机、知识获取系统和解释机构等构成。人工神经网络是最近才发展起来的一种智能系统，这种系统是模仿人类神经元建立的，在人工神经网络系统中，大部分的变量都是可以调节的，对信息的存储也是分布式的，与专家系统相比，人工神经网络的适应能力和容错能力都要强很多，同时还具有一定的自组织能力，现在的人工智能网络在机械结构模型设计的领域还存在很大的局限性，如何把人工神经网络应用到机械结构模型设计中也是目前研究的一个重点。

5.2.2　智能 CAD 系统

智能 CAD 并非"自动设计"，在设计过程中，计算机始终处于辅助地位，而设计者本身仍然是设计过程中的主导者。同时，智能 CAD 系统与设计型专家系统也有一定的区别，设计型专家系统是为了解决某一特定的工作而开发的处理系统，功能比较单一，而智能 CAD 系统是在传统 CAD 系统基础上的智能化扩充，包括了传统 CAD 系统中的各种功能。

ICAD 是一种由多个智能体（或称专家系统）与多种 CAD 功能模块有机集成的支持产品设计的复杂系统，主要的特点有：

① ICAD 是传统 CAD 技术与专家系统技术的有机集成；

② ICAD 中一般包含有多个专家系统（或称智能体）；

③ ICAD 系统为复杂产品的创新设计、革新设计或变型设计提供支持环境或工作平台；

④ ICAD 支持复杂产品设计的范围应包括产品需求分析、方案设计、结构设计、可制造性分析、工程分析、优化设计、可靠性设计、详细设计和运动仿真等环节。

智能 CAD 是一种新型的高层次计算机辅助设计方法与技术。它将人工智能的理论、方法和技术与传统的 CAD 相结合，使计算机具有支持人类专家的设计思维、推理决策及模拟人的思维方法与智能行为的能力，从而把设计自动化推向更高层次。

5.2.3　智能 CAD 系统的实现方法

智能 CAD 系统的实现方法主要有以下几种。

（1）基于搜索的问题求解法

这种方法常用的表示方法为"状态-空间"，即所有变量可能值组成的搜索问题求解空间。在"状态-空间"的搜索是基于目标和约束而作出的决策，搜索效率与状态之间的关系复杂度有关。搜索通常与约束满足和推理相结合使用，是一种基本求解方法，应用在几乎所有的智能系统中。

（2）基于规则的设计生成法

这种方法的核心是利用基本结构或基本操作与规则相结合，来构造复杂的操作。规则是对基本结构或基本操作进行综合的一组设计知识。实际的应用中，对设计规则的应用通常要加以控制，以得到符合设计要求的结果。

（3）约束满足法

设计要求和限制被看成是对变量的约束。设计过程就是从抽象到具体，分层满足约束的求解过程。

（4）基于实例推理的设计方法

这种方法的设计思路就是将以前的设计经验和典型的设计产品存储起来，组成实例库，将设计问题描述为包括功能和结构的设计要求，从实例库中进行匹配和适当的操作，直到获得满足设计要求的结果为止。基于实例推理的设计方法建立在认知模型基础上，符合人类设计思维的特点，因此引起了各国学者的浓厚兴趣。

（5）基于知识的设计方法

这种方法的设计思路是将设计师的设计经验都提炼出来表达为知识，并在知识的指导下进行设计。专家系统就是这种设计方法的典型。它的基本组成是知识库和推理机。机械产品设计不但涉及一系列的计算公式、众多的设计标准和规范以及制图技术,而且还要用到许多非数值的经验性知识,例如开始的概念设计和产品的初步设计就要求设计专家凭借知识和经验来思考、推理和判断,而设计过程是一个从设计、评价、再设计直到产生最优设计结果的反复过程,这就更需要设计专家具有一定的知识和经验,也促进了专家系统和 CAD 系统的结合。

5.2.4 智能 CAD 技术的应用及开发

(1)智能 CAD 技术在机械制造中的应用

① 在机械设计绘图中的运用。机械制造中智能 CAD 技术的应用首先体现在机械设计绘图中。在机械设计与制造中,机械设计绘图是非常重要的内容,绘图的准确性及参数标注的准确性,对于机械设计产品的质量与设计水平起到了直接的决定性作用。对于整个机械设计与制造产业来讲,绘图可谓是非常重要的环节。在进行传统机械设计的绘图工作时,通常需要设计师利用大量的手绘与精巧构思来进行机械绘图,整个过程需要耗费大量的工作,同时效率也不高,一旦有人为误差的出现,就会对整套机械设计产品的整体进度造成影响。采用智能 CAD 技术代替人工绘图,则可以实现对机械产品设计图的任意编辑、修改与检查。智能 CAD 技术能够使产品设计图的精确性显著提升。与此同时,设计师还能够利用智能 CAD 技术对产品的相关参数做出修改与调整,对设计图进行逐步优化,另外,利用智能 CAD 技术还可以对设计图进行备注和文字编辑,从而发挥出智能 CAD 技术的辅助作用,绘图质量和效率将会明显提升。

② 对符号及图形的使用。智能 CAD 技术在机械制造中的应用,体现了机械产品符号与图形的应用。在设计与制造期间,的确需要一些特定的符号和图形代表设计中的某个零件,这样做的目的是使设计图和设计内容得到充分简化。产品设计过程中,智能 CAD 技术发挥辅助作用,能够利用标准化的符号和图形制成表格,保证图形和符号与零部件和零部件参数之间,在数据上一一对应,让使用者能够及时地了解设计师的作图思路,掌握工业产品的图形和符号特征,避免在对同一产品进行设计时,出现因设计人员不同而阐述不准确的现象,从而减少误差。

③ 在机械设计建模中的运用。机械产品设计与制造中智能 CAD 技术的应用还体现在机械设计建模中。三维建模在机械产品数字化和智能化生产中非常关键,同时这也是体现机械设计工程师设计质量的重要环节,对于产品优化与升级改造有着重大意义。智能 CAD 技术可以在机械设计过程中发挥三维建模的效用,促进机械产品设计与制造效率的提升,与此同时,三维建模技术中,很多功能的应用可以将原本的二维模型转化成三维模型,以最快的速度获得工业产品设计的全方位参数信息,为产品优化与改良提供重要支撑。另外,智能 CAD 技术中还包括很多其他标准建模体系的设计,设计师可以在产品设计与制造环节中对这些模型体系进行组装和分解,将传统的建模程序优化、简化,促进工业设计和制造水平的进一步发展。

(2)基于知识工程的夹具智能 CAD 系统的开发实例

计算机辅助夹具设计(CAFD)作为计算机辅助设计技术的一个重要应用方向,是 CAPP

和 CAM 连接的纽带。江苏科技大学的支含绪在其导师的指导下，为满足夹具设计的自动化和智能化设计需求，针对当前传统夹具设计方式的不足，完成了基于知识工程的夹具智能 CAD 系统（CAFDs 系统）设计。

① 夹具智能 CAD 系统需求。通过对某船用柴油机制造企业的夹具设计进行需求调研可知，企业已经积累了大量船用柴油机关键件的专用夹具案例，但长期以来却没有有效的方法对这些夹具进行重复利用，使得夹具的复用率很低，企业不得不投入精力研发新夹具，一方面造成了夹具设计的效率低下，另一方面造成了企业夹具设计的成本日益增加。通过对企业夹具设计实际需求进行分析，对夹具设计系统提出了以下几点需求。

a. 与 CAPP 系统进行集成：夹具设计系统是连接 CAPP 与 CAM 的纽带。目前企业争先研制上线 CAD/CAPP/CAM 集成系统，为了打破信息孤岛效应，方便系统之间数据信息的共享与传递，夹具设计系统必然要与 CAD/CAPP/CAM 集成，这是系统高度集成化的必然需求。

b. 相似夹具案例检索：多年来，企业在夹具设计过程中积累了大量完善的夹具案例，然而企业却没有有效的机制来检索夹具案例。常用的夹具案例检索方法是关键字检索法和特征编码匹配法，两者均存在弊端，并不能准确地为夹具变型设计提供相似的夹具变型模板。

c. 夹具零件快速设计：目前以多品种、小批量为代表的生产模式要求企业能够快速响应需求，缩短产品开发时间。夹具设计行业中的标准件和非标件多种多样，夹具零件的设计效率低下是制约夹具设计效率提升的关键因素之一，这就要求企业能够采用快速设计的方法设计夹具零件。

d. 夹具快速变型设计：机械产品设计可以分为创新设计和变型设计。据研究和调研分析表明，企业中 80%的夹具设计是通过对现存的夹具结构进行变型设计得到的，通过对夹具部分元、组件的修改、替换和添加等对夹具进行重构，使之符合新的工序要求。但是目前企业只能采用人工的方式对夹具结构进行修改，并没有采用夹具自动化快速变型的设计方法。

e. 夹具智能设计：长期以来，企业不仅积累了大量的夹具案例，也积累了完整的夹具设计经验，然而这些宝贵的经验知识却难以被重复利用，导致夹具设计对设计经验的要求越来越高，同时也增加了企业对新进夹具设计员工的培训成本。因而采用智能化的手段对夹具设计的经验知识进行保留与继承，使之辅助夹具快速设计是企业的智能化需求。

② 夹具智能 CAD 系统总体方案。

a. 系统体系架构：根据夹具结构快速设计的需求，并结合当前企业的夹具设计现状，构建了基于知识工程的夹具智能 CAD 系统（CAFDs 系统）。其体系架构如图 5.3 所示，系统分为四个层次：界面层、功能层、数据层和支撑层。

- 界面层。与用户直接进行人机交互的界面，主要包括导入和读取工序模型、夹具案例检索、配置 BOM 结构、夹具零件设计、零件自动装配和知识规则管理。为保证系统稳定运行，需要对用户权限进行设置，保证只有高级权限的用户才可对系统的夹具案例库和知识规则库进行维护。

- 功能层。CAFDs 系统采用了自顶向下的模块化设计，主要实现了基于工序模型的 MBD 特征信息进行相似夹具案例检索和夹具案例重用两大功能。夹具案例检索模块包含工序模型的 MBD 特征信息预处理、夹具案例相似性分析以及相似夹具案例预览等功能。夹具案例重用是利用检索出的相似夹具结构生成夹具可配置 BOM（GBOM）结构，再对其进行扩展、配置。夹具案例重用模块包含夹具零件设计、扩展配置零件、知识驱动配置 BOM 结构、零件自动装配等功能。两大模块是相互关联又相对独立的子系统，彼此之间实现了信息的传递与共享。

- 数据层。在夹具设计过程中，需要对夹具案例库、夹具零件库、工艺资源库以及知识规则库进行资源管理。通过界面与数据平台进行不断交互，保证了数据信息的及时更新，支撑整个设计过程中夹具检索、重用和设计的有效进行。

- 支撑层。支撑层是本系统稳定运行的基础，通过对相关软件的二次开发与功能定制实现本系统的架构搭建。其底层的主要支撑平台是 Visual Studio、UG/NX、Teamcenter 等。

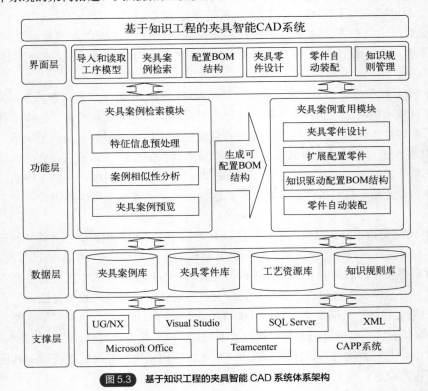

图 5.3 基于知识工程的夹具智能 CAD 系统体系架构

b. 系统总体方案流程：系统充分考虑了企业夹具设计的流程，并通过智能化和自动化的设计方法对传统夹具设计过程进行升级改造，同时融合了夹具快速设计的思想。系统的总体流程如图 5.4 所示。

CAFD 系统是以预定义工序模型的 MBD 特征信息作为输入。考虑到设计系统的通用性，根据工序模型的族类别进行分类，分别制定不同类别的 MBD 特征信息模板，根据模板对工序模型的 MBD 特征信息进行预定义，读取这些预定义的 MBD 特征信息，并生成该工序模型的参数 BOM。基于向量夹角余弦算法计算工序模型和夹具案例中工序模型之间的相似度值，从而筛选出超过设定阈值的相似夹具案例。用户在这些相似夹具案例中选出最符合重用需求的夹具案例。CAFD 系统会自动对该夹具案例的装配 BOM 结构进行解耦分析，生成夹具的三维可配置 BOM 结构。根据工程师的设计经验或知识规则库中的规则对夹具可配置 BOM 结构进行配置，从而根据配置结果进行零件自动装配，组装成符合当前工序模型需求的夹具结构。最终，生成该夹具结构的夹具装配图、非标准零件图以及 BOM 清单表等。

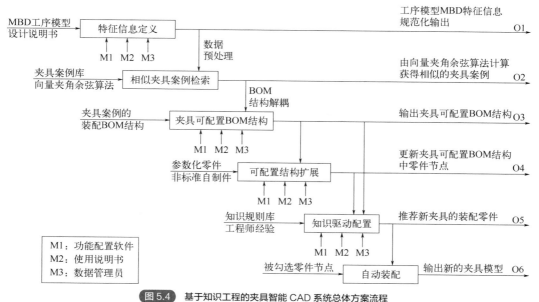

图 5.4 基于知识工程的夹具智能 CAD 系统总体方案流程

　　c. CAFD 系统开发目标：该系统规划除了明确用户的基本需求外，还应本着高效、通用、自动和智能的系统设计原则，为此对基于知识工程的夹具智能 CAD 系统提出更高的要求：

- CAFD 系统与上游的 CAPP 系统高度集成，两者之间实现信息共享与信息传递，有利于打破 CAD、CAPP、CAM 与 CAFD 之间的孤岛效应。

- CAFD 系统摒弃了基于关键字的检索方法，独立开发了基于 MBD 特征信息的案例检索机制，系统自动筛选出相似的夹具案例，并对其相似程度进行衡量，方便夹具设计人员根据相似度值准确快速地进行夹具案例优选。

- CAFD 系统为高级权限的设计人员开放夹具案例库和知识规则库的管理维护接口，为夹具案例库的扩充和知识规则库的写入和修改提供了有效途径，并为以后的夹具设计提供了案例资源和数据支撑。

- CAFD 系统充分利用了模块化的设计思想，对相似的夹具结构进行解耦分析，生成夹具可配置 BOM（GBOM）结构，有利于实现夹具的模块化设计。

- 为了提高夹具可配置 BOM 结构的配置效率，CAFD 系统采用基于知识工程的智能化配置方法，对工程师的夹具设计经验和知识进行存储，并根据当前工序的需求，利用知识规则驱动配置 GBOM 结构，有利于实现夹具设计的智能化。

- 零件模型设计一直以来是夹具设计过程中最耗时耗力的环节之一，为了提高夹具设计效率，CAFD 系统采用模型参数化的方法，建立常用的参数化零件库，为夹具设计提供所需的零件，辅助其进行快速设计。

- CAFD 系统面向夹具装配，能够根据设计人员在 GBOM 中选配的结果进行零件自动装配，从而组装成符合当前设计需求的夹具结构。

　　③ 系统开发的主要开发环境。基于知识工程的夹具智能 CAD 系统是在三维设计软件 UG/NX 的基础上开发的，主要涉及基于 MBD 的 PMI 标注环境、三维建模环境、虚拟装配环境的二次开发。本系统以 Visual Studio 2012 为开发工具，C#为系统开发语言，并结合 Teamcenter 的相关数据管理技术和知识工程技术，对本系统的功能进行定制化开发。

④ 夹具智能 CAD 系统关键技术。从功能需求分析和系统总体方案中可知，基于知识工程的夹具智能 CAD 系统需要对现存的夹具案例进行存储和管理。当有新的夹具设计任务需求时，夹具设计人员可以便捷地检索和重用已有的夹具案例资源。对于检索相似的夹具案例，CAFD 系统应基于工序模型的最小单元——特征，进行夹具快速准确检索。对于重用相似夹具案例，CAFD 系统应对相似夹具案例的装配 BOM 结构进行修改重构，以符合当前工件的夹具设计需求。对于提高夹具设计智能化手段，CAFD 系统应能够存储工程师的设计经验，以用于新的夹具设计任务。

a. 夹具案例检索技术：夹具案例检索技术流程，如图 5.5 所示。基于工序模型预定义的 MBD 特征信息进行相似性检索是夹具案例检索技术的前提。由于夹具设计的相关知识具有丰富的语义内涵和多变的结构关系，使得夹具设计域的相关概念关系复杂且存在多义性。影响夹具设计的因素很多，不能直接将工序模型应用于相似夹具案例的计算中，需要对工序模型特征信息进行定义，将工序模型中抽象的特征具体化为夹具设计领域中的唯一标识，即以属性的形式唯一标识特征信息，建立非结构化数据到结构化数据的映射关系，并为夹具设计领域内的相似夹具案例检索和重用提供统一的信息源。工序模型的形状尺寸相近是夹具案例外形相似的约束条件，工序模型的工艺特征相似是夹具案例功能相似的约束条件。夹具案例检索技术的核心在于从工序模型的最小单元——特征出发，能够规避基于关键字或者语义检索带来的弊端。该技术以夹具案例库中的夹具案例为目标，利用向量夹角余弦算法比较工序模型特征之间的相似程度，进而可以确定夹具之间的相似程度，筛选出超过阈值的相似夹具案例，供用户进行夹具案例重用时参考。

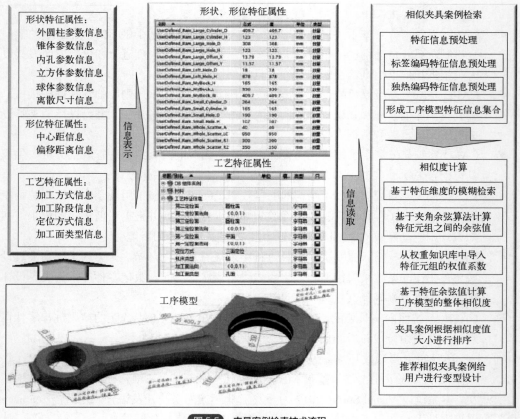

图 5.5　夹具案例检索技术流程

　　b. 夹具结构可配置技术：研究中结合了夹具结构可配置思想和树形 BOM 的优点，形成了夹具可配置 BOM 结构。夹具可配置 BOM 结构可以全面地描述夹具零部件之间的层次结构信息，具有可配置、可扩展、可重用等特点。在通用的 CAD 设计软件中，原装夹具 BOM 结构不具备约束继承和扩展同类零件的功能，难以实现夹具设计过程中的专用功能。但是在可配置 BOM 结构中，每个骨架节点都是一个零件族，具有继承原装配约束和扩展可配置零件的接口，这种方式既增加了夹具智能设计系统的鲁棒性，又增加了夹具设计过程的灵活性。夹具结构可配置原理，如图 5.6 所示。夹具可配置 BOM 结构的配置结果，如图 5.7 所示。

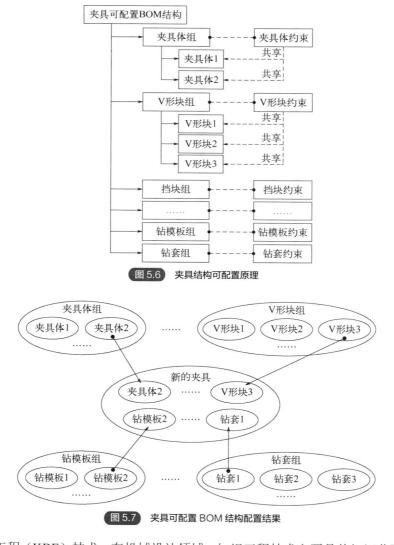

图 5.6　夹具结构可配置原理

图 5.7　夹具可配置 BOM 结构配置结果

　　c. 知识工程（KBE）技术：在机械设计领域，知识工程技术主要是从知识获取与创建、知识决策、知识应用等方面来实现。知识工程技术在设计领域的应用流程如图 5.8 所示。

　　⑤ 夹具智能 CAD 系统。该系统分为两个子模块：相似夹具案例检索模块和相似夹具案例重用模块。相似夹具案例检索模块是以预定义工序模型的 MBD 特征信息为数据源，利用两种

信息预处理方式（标签编码和独热编码）对 MBD 特征信息的文本值进行预处理，从而以预处理信息为输入，利用向量夹角余弦算法从夹具案例库中检索具有相似结构的夹具案例。相似夹具案例重用模块是以具有相似结构的夹具案例为输入，构建该相似夹具的可配置 BOM（GBOM）结构，利用 GBOM 结构的可扩展特性，将参数化零件或者非标准自制件扩展到 GBOM 的骨架组节点下，再通过知识工程技术利用知识规则驱动配置 GBOM 结构，从而对配置后的结果进行零件自动装配，形成满足当前设计需求的新夹具。基于知识工程的夹具智能 CAD 系统详细运行流程如图 5.9 所示。

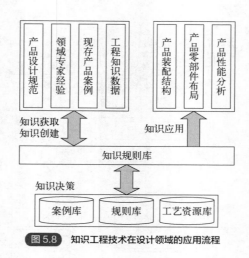

图 5.8　知识工程技术在设计领域的应用流程

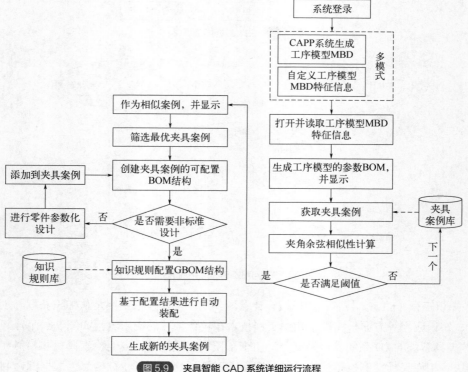

图 5.9　夹具智能 CAD 系统详细运行流程

5.3 智能 CAPP 技术

5.3.1 概述

计算机辅助工艺规划（computer aided process planning，CAPP）是指借助于计算机软硬件技术和支撑环境，利用计算机进行数值计算、逻辑判断和推理等来制定零件机械加工工艺过程。

由于计算机集成制造系统（CIMS）的出现，计算机辅助工艺规划上与计算机辅助设计相接，下与计算机辅助制造相连，是连接设计与制造之间的桥梁，设计信息只能通过工艺设计才能生成制造信息，设计只能通过工艺设计才能与制造实现功能和信息的集成。图 5.10 表示了 CAPP 与 CIMS 中其他系统间的信息流向。

① CAPP 系统接收来自 CAD 系统的产品几何、结构、材料、精度、粗糙度等设计信息作为 CAPP 系统的原始输入，向 CAD 系统反馈产品的工艺性评价信息。

② CAPP 系统向 CAM 系统提供 NC 编程所需的设备信息，工装信息和切削参数、加工起始点与终止点坐标、刀具补偿量等工艺信息，接收 CAM 反馈的工艺修改意见。

③ CAPP 系统向计算机辅助夹具设计（computer aided fixture design，CAFD）系统提供工艺规程文件和夹具设计任务书。

④ CAPP 系统接收来自企业资源计划（ERP）系统的生产计划和技术准备等信息，向 ERP 系统提供工艺路线、设备需求、工装需求、工时定额、材料定额等信息。

⑤ CAPP 系统向制造执行系统（MES）提供各种工艺规程文件、设备汇总和工装汇总信息，接收 MES 系统的设备变更信息、工装状况信息和工艺修改意见。

⑥ CAPP 系统向计算机辅助质量（computer aided quality，CAQ）系统提供加工质量要求信息，接收 CAQ 系统反馈的质量控制数据。

由此可见，CAPP 系统对于保证 CIMS 中信息的畅通，实现真正意义上的集成是至关重要的。

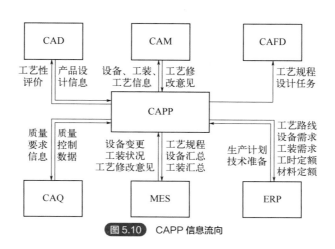

图 5.10 CAPP 信息流向

5.3.2 智能 CAPP 的发展

（1）传统的 CAPP 技术

CAPP 技术根据工艺规程的生成原理，大致有三种基本类型：检索式 CAPP、派生式 CAPP 和创成式 CAPP。

① 检索式 CAPP 系统。检索式 CAPP 系统事先把设计好的零件标准工艺规程存储在计算机中并进行编码，当制订新零件的工艺规程时，根据编码检索出计算机中存有的零件工艺规程，可直接使用，也可稍加修改后使用。检索式 CAPP 系统的工作原理如图 5.11 所示。

这类 CAPP 系统最容易建立，但功能最少，生成工艺规程的自动化程度也最差，但计算机检索方便，打印输出清晰美观，是一种很实用的 CAPP 系统。

② 派生式 CAPP 系统。派生式 CAPP 系统又可称为修订式、样件式、变异式 CAPP 系统，是一种建立在成组技术基础上的 CAPP 系统，它的基本原理是利用零件在结构和工艺方面所表现出来的相似性来设计新零件的工艺规程。派生式 CAPP 系统的工作原理如图 5.12 所示。

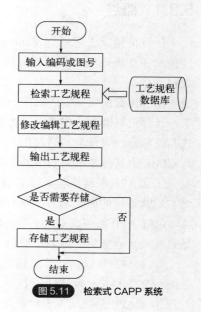

图 5.11 检索式 CAPP 系统

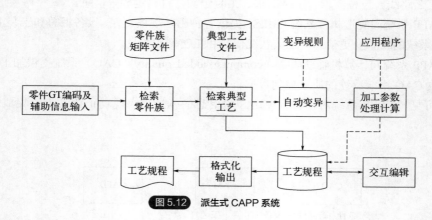

图 5.12 派生式 CAPP 系统

1976 年，美国计算机辅助制造公司研究开发的 CAM-I's Automated Processing Planning 系统、德国 WZL 研究所开发的 DISAP 系统、我国同济大学开发的 TOJICAPP 系统等都属于派生式 CAPP 系统。

派生式 CAPP 系统原理比较简单，起步较早，研究开发相对容易，往往只需很小的投资即可获得较大的经济效益，因此我国许多中小企业使用派生式 CAPP 系统。但是该系统由于柔性和移植性差，因此只针对特定的企业与工厂。

③ 创成式 CAPP 系统。创成式 CAPP 系统综合工艺专家的经验和知识，利用"逻辑算法+决策表"进行推理和决策。创成式 CAPP 系统的工作原理如图 5.13 所示。

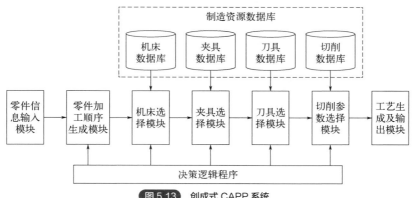

图 5.13　创成式 CAPP 系统

国内外也研究开发了一些创成式 CAPP 系统。1977 年，美国普渡大学开发的 APPAS 系统、1980 年德国阿亨大学开发的 AYTAP 系统、1988 年我国南京航空航天大学开发的 NHCAPP 系统等都属于创成式 CAPP 系统。

创成式 CAPP 系统生成工艺规程的效率高；便于实现工艺规程的一致性；具有较高的柔性，适用范围广；便于和 CAD/CAM 集成，理论上 CAPP 是 CAD/CAPP/CAM 一体化的重要途径。但从目前的研究现状来看，想要实现真正意义上的创成式 CAPP 系统仍存在一定的难度，这是因为：目前尚难以实现对一些复杂零件信息的完整描述；工艺知识有很多是经验型知识，知识的获取和表达还有待进一步处理解决；工艺决策逻辑还不完善。所以，现在还没有功能齐全、完全自动化的创成式 CAPP。

（2）智能 CAPP 技术原理

智能 CAPP 技术是人工智能结合计算机在机械加工工艺领域中应用产生的，当前有各种类型的智能 CAPP 系统被开发出来。例如：基于专家系统（ES）的 CAPP 系统、基于人工神经网络（ANN）的 CAPP 系统、基于范例推理（CRB）的 CAPP 系统、基于分布式人工智能（DAI）的 CAPP 系统、基于模糊推理技术的 CAPP 系统等。

智能 CAPP 系统与创成式 CAPP 系统有一定的相同之处，二者理论上都可自动为零件制定工艺规程，但在决策方式上有着本质的区别。创成式 CAPP 是通过"逻辑算法+决策表"进行决策，来为零件制定工艺规程，而智能 CAPP 系统是以"推理+知识"为特征来进行决策。智能 CAPP 系统的工作原理如图 5.14 所示。

在实际研究中发现，智能 CAPP 系统难以系统、全面地表达工艺专家的经

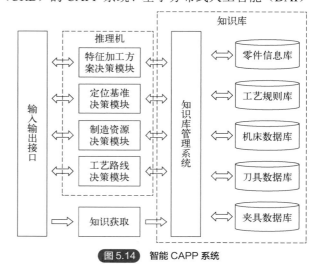

图 5.14　智能 CAPP 系统

验和知识，从而不能形成对应的推理规则，导致系统的推理还存在缺陷。同派生式 CAPP 系统一样，智能 CAPP 在面对新的零件特征时，无法进行相应的逻辑推理。因此，目前大多数的智

能 CAPP 系统还处于研究阶段。

（3）混合型 CAPP 系统

混合型 CAPP 系统实际上是综合以上提到的两种或者多种系统的优点和缺点，在其中找到一个折中，使系统的性能以及实用性达到最大化。常见的有将派生式和创成式的特点相结合，针对不同实际应用场景选择不同的策略。比如，当处理的零件结构简单，相对稳定时，就采用派生式的策略进行处理；当处理的零件结构相对复杂，知识性比较强的时候，就采用创成式的策略进行处理。除了将派生式和创成式结合的 CAPP 系统外，有的 CAPP 系统在采用这些处理策略的同时，也会引入智能式 CAPP 系统的一些思路，使系统的柔性和灵活性增强。

混合型 CAPP 系统结合实际情况有选择性地综合了多个类型系统的优缺点，而不单单是使用某一种设计思路。它从某种程度上来说，起到了扬长避短的作用，使系统现阶段的实用性和灵活性得到了大大增强。

目前我国企业应用最为普遍的是派生式 CAPP 系统，对于 CAPP 系统的发展和应用，我国在中低端市场已经拥有了相当大的占有率，但关于高端功能的研究开发和应用还比较少，与国外仍存在一定差距。现在产品多为多品种、中小批量生产，我国大多数企业也正在进行改革升级，很多已基本完成，所以 CAPP 的智能化、集成化、网络化发展是必然趋势。

5.3.3　智能 CAPP 系统

（1）CAPP 系统构成

CAPP 系统从被提出至今的几十年时间里，已经从最初的非常简单的原型发展出了各式各样的变体。各式各样的系统在组成结构上也是不尽相同。但是抛开各种高级特性，究其基本组成结构，其实并未发生本质性变化。大部分 CAPP 系统主要由几个模块构成：工艺信息输入模块、工艺路径决策模块、工序控制生成模块、基础知识数据维护模块、工艺信息输出模块、工艺信息维护模块。

① 工艺信息输入模块。通过此模块，CAPP 系统获取要加工的零件信息作为工艺人员进行工艺设计的依据。不同的系统，工艺信息进行录入的方式可能不同。比如参数化的 CAPP 系统，可以通过人机交互的方式人为手动地将工艺参数信息录入。还有一些系统可能会通过读取解析文件，如 CAD 文件，进行工艺信息的录入。由于此模块录入的信息关系到整个工艺设计的后续过程，因此工艺信息录入的准确性至关重要。此模块都会加入一些逻辑校验规则，以确保输入信息的正确性，不满足约束规则的信息在最开始的阶段就不会被接收，从而尽最大可能降低由于输入信息有误而导致后续工作被浪费的风险。

② 工艺路径决策模块。在实际生产中，工艺人员通常需要根据具体的生产状态来动态决策工艺路径。在决策工艺路径时主要考虑加工设备、零件性质、工艺要求等指标。即使是完全相同的零件，也可能存在多种工艺路径可供选择。在进行工艺路径决策时，我们通常使用如下两种策略。一种是基于推理的工艺路径判断。这种方法类似于我们在智能绘图中使用的策略，决策依赖于各种约束条件，采用逆向推理的方式动态确定零件的工艺路径。另一种策略则是从动态知识库的角度来实现工艺路径的智能决策。系统通过构建、更新、维护知识库

来支持工艺路径的决策。该策略的智能化程度不如前面提到的推理策略，但由于知识库的维护和更新相对于对推理逻辑的维护要容易很多，因此此策略相较于推理策略更加灵活和易于实施。

③ 工序控制生成模块。工艺规程的设计最终都要落实到一张张具体的工序卡片上。工序控制生成模块主要负责综合从工艺信息输入模块获取到的工艺信息以及从工艺路径决策模块得到决策结果为每道工序生成工序图、工装等信息，构成一张张完整的工序卡片。

④ 基础知识数据维护模块。基础知识数据维护模块主要是对工艺设计中需要用到的一些约束性规则、抽象出来的工艺决策经验以及零件加工时需要用到的一些工装信息等为上层功能提供基础服务的底层知识进行维护。基础知识库如果设计得巧妙，可以给上层模块提供更加灵活的服务。例如，如果能够清晰地划分模块边界，为基础知识库提供良好的封装性和灵活的接口，在对基础知识进行更新修改时，上层模块基本无须改动。在基于知识库的 CAPP 系统中，对基础知识数据维护模块的设计非常重要。

⑤ 工艺信息输出模块。在经过一系列的工艺设计之后，工艺规程需要以合适的方式输出。最常见的有文件保存和打印两种方式。在实际生产中，工艺人员经常需要将设计完的工艺规程打印出来供机械工人参考。

⑥ 工艺信息维护模块。CAPP 系统通常是作为集成加工制造系统的一部分，需要与其他系统协同合作。这就涉及与其他系统之间的交互。如何存储自己的工艺信息，如何将自己的工艺信息适配为其他系统兼容的格式，如何给其他系统提供 CAPP 系统的访问接口，都是工艺信息维护模块需要考虑的事情。

（2）智能 CAPP 系统原理

智能 CAPP 系统又可以称为 CAPP 专家系统，通过推理和知识对零件的特征进行决策、分析和推理，得到零件的工艺规程。

智能 CAPP 系统主要由知识库和推理机两部分构成，如图 5.14 所示。知识库基于工艺工程师的经验和工艺知识构建，其核心为知识的表达方法，是推理机进行工艺规划的基础。推理机是系统的执行单元，依据知识库对零件特征的加工工艺进行推理和组合，生成零件的工艺规程。智能 CAPP 系统汇聚专家的经验知识，通过推理机的逻辑推理，能够自动生成零件的工艺规程。

① 系统运行时，通过推理机中的控制策略，从知识库中搜索能够处理零件当前状态的规则，然后执行这条规则，并把每一次执行规则得到的结论部分按照先后次序记录下来，直到零件加工到终结状态，这个记录就是零件加工所要求的工艺规程。

② 系统可以在一定程度上模拟人脑进行工艺设计，使工艺设计中的许多模糊问题得以解决，特别是对箱体、壳体类零件，由于它们结构形状复杂，加工工序多，工艺流程长，而且可能存在多种加工方案，工艺设计的优劣取决于人的经验和智慧，因此，一般 CAPP 系统很难满足这些复杂零件的工艺设计要求，而智能 CAPP 系统能汇集众多工艺专家的经验和智慧，并充分利用这些知识，进行逻辑推理，探索解决问题的途径与方法，因而能给出合理的甚至是最佳的工艺决策。

智能 CAPP 系统按数据、知识、控制三级结构来组织系统。其知识库和推理机相互分离，增加了系统的灵活性，当生产环境变化时，可修改知识库，使之适应新的要求。

5.3.4 智能 CAPP 关键技术

当前智能 CAPP 的关键技术主要包括以下几种。

（1）零件信息的获取、描述、输入与 CAD/CAPP 集成

零件信息是智能 CAPP 系统进行工艺决策的依据，所以获取零件信息的完整描述是 CAPP 系统进行决策的前提和基础。零件信息的描述与输入主要包括零件分类编码描述法、形面要素描述法、图论描述法、直接与 CAD 系统相连等方法。目前，普遍认为特征建模技术能有效实现 CAD/CAPP 集成。

（2）零件各特征加工方案的产生

零件各特征加工方案的决策是 CAPP 系统进行工序排序的基础。目前，得到零件各特征加工方案的决策方法主要有：产生式规则、基于决策树或决策表、模糊数学理论、神经网络等。

（3）计算机辅助刀具、机床的选择

机床和刀具都属于制造资源，刀具和机床的选择在工艺设计中占据十分重要的地位，因为机床和刀具的选择是否合理有效不仅对加工效率与加工成本有很大影响，还影响零件的加工质量。在制造业中，单凭工艺人员积累的经验和知识难以保证所选择的机床和刀具是最优的。

（4）工序排序优化

零件的全部加工面应安排在一个合理的加工顺序中加工，这对保证零件质量、提高生产率、降低加工成本都至关重要。工序排序是体现 CAPP 系统实用化与智能化的重要标准之一，目前，工序排序的方法主要有基于图处理的方法、基于遗传算法的方法、基于神经网络的方法、基于模糊逻辑推理的方法、基于 Petri 网的方法等。

5.3.5 智能 CAPP 的开发案例

江苏大学的侍磊在其导师的指导下，针对企业叶片加工工艺设计与 NC 指令生成过程中存在工作重复性大、效率低及工艺文件准备周期长等问题，将基于实例推理技术引入叶片工艺设计中，在 UG 软件的基础上开发了一套基于实例推理的叶片智能化 CAPP-NC 系统。

（1）叶片智能化 CAPP–NC 系统总体方案

目前，企业主要通过数控切削的加工手段对叶片进行机械加工，叶片数控加工的工艺流程如图 5.15 所示。

① 叶片智能化 CAPP-NC 系统的需求。

a. 基础数据库：对叶片工艺设计进行统一性描述，并完整地存储到数据库中，保证系统对叶片工艺设计过程有统一的表达标准，为叶片智能化 CAPP-NC 系统解决叶片工艺问题提供全部数据支撑。

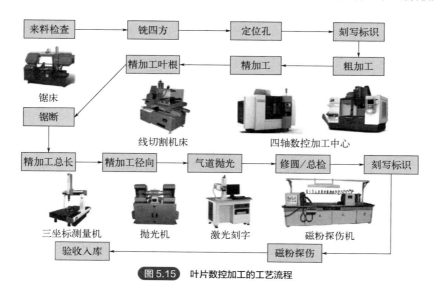

图 5.15　叶片数控加工的工艺流程

　　b. 获取相似性高的叶片案例：系统进行叶片工艺设计是以获取相似叶片作为参考案例为基础的，并根据新叶片的设计要求进行适应性修改。获取相似度高的叶片案例对系统解决新叶片工艺设计问题，进行新叶片工艺文件编制，缩短工艺文件准备周期具有重要意义。

　　c. 工艺文件标准化：系统需要确定标准化的工艺文件，避免因不同工艺员进行叶片工艺设计的习惯不同，导致车间生产人员执行不便。

　　d. 工艺文件自动生成：叶片工艺文件中部分工艺参数是按照一定规则由产品图上原始尺寸计算得到，将这些规则编写成算法程序，从而实现系统对历史工艺的自动修改、工艺文件的自动生成，进一步减少工艺员的工作量，提高工作效率。

　　e. 用户界面友好：为了满足工艺员的使用需要，叶片智能化 CAPP-NC 系统设计应符合工艺员进行叶片工艺设计的思维习惯，系统界面应做到简明大方，并且易于操作。

　　f. 系统功能扩展：为了便于系统维护和管理，能够根据用户需求对系统进行改进升级或增加功能，本系统采用模块化的思想进行设计和开发。

　　② 叶片智能化 CAPP-NC 系统运行模式。基于实例推理技术适用领域广，知识获取较为容易，具有很强的增量学习的能力，特别适用于设计知识难以规则化的复杂产品智能化设计，能够避免在程序设计时进行大量叶片工艺设计规则的程序编写。研究中采用基于实例推理技术作为叶片智能化 CAPP-NC 系统的运行模式。

　　基于实例推理技术（case based reasoning，简称 CBR）是根据历史经验知识进行推理的人工智能技术，其核心思想是将以往工作积累下来的经验知识存储到实例库中，在人们解决新问题时利用类比的方法，从实例库中获取相似问题的求解过程及解决方案，通过对相似问题的解决方案进行一定的修改和调整，重新应用到新问题的求解过程中。

　　基于实例推理的基本模型如图 5.16 所示，包括以下四个过程：实例检索（retrieve）、实例重用（reuse）、实例修改（revise）和实例保存（retain）。

　　③ 叶片智能化 CAPP-NC 系统总体方案。研究所建立的叶片智能化 CAPP-NC 系统框架结构，包括四个功能层：用户层、功能层、应用层和数据层，如图 5.17 所示。

　　根据系统框架结构，叶片智能化 CAPP-NC 系统主要分为五大功能模块：信息描述模块、实例检索与匹配模块、实例修正模块、工艺文件输出模块和实例库管理模块。

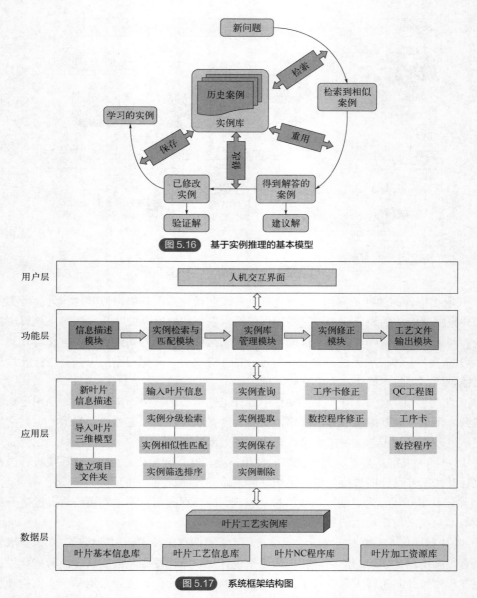

图 5.16 　基于实例推理的基本模型

图 5.17 　系统框架结构图

　　a. 信息描述模块：本模块中用户按照系统要求进行新叶片的信息描述，在系统中建立新叶片的项目文件夹。在 UG 三维建模界面中绘制新叶片模型，若有叶片 STP 文件，也可通过此模块导入到建模空间。

　　b. 实例检索与匹配模块：本模块主要进行叶片实例检索、相似度匹配及实例筛选排序等操作，即在交互界面中输入系统描述的叶片关键属性，通过分级检索的方法从系统实例库中获取相似叶片工艺实例集，评估所有叶片的相似性，按照一定规则筛选并排序，选择与新叶片工艺设计最相似的工艺实例作为参考实例。

　　c. 实例修正模块：本模块可分析新叶片与参考实例之间的差别，将参考叶片中符合新叶片工艺要求的知识经验继承重用，对不符合工艺要求的部分进行适应性调整修正。叶片工艺实例的修正包括叶片工艺工序卡的修正与叶片数控编程的修正。

　　d. 工艺文件输出模块：本模块既可以输出实例修正后的工艺文件，也可以导出系统内完成的任意叶片加工项目的工艺文件。输出的工艺文件包括：叶片工艺工序卡、数控程序（NC）指令及项目管理（QC）工程图。

e. 实例库管理模块：本模块围绕叶片智能化 CAPP-NC 系统的工作流程，通过对叶片工艺实例库中实例的查询、提取、保存、删除等操作，实现对实例库的管理和维护功能，为系统其他模块进行叶片工艺设计提供数据支撑。

④ 叶片智能化 CAPP-NC 系统工作流程。该系统设计的核心思想是为了提高叶片工艺设计人员的工作效率，减少工艺设计过程中的重复劳动，缩短整个叶片工艺文件的准备周期。系统根据输入的叶片信息，从叶片工艺实例库中检索到相似度较高的多个实例，从中选择与新叶片最相似的工艺实例作为参考解决方案，对参考解决方案进行分析，将其中可重用的知识信息继承使用，不符合新叶片工艺设计的部分进行调整修正，使其满足新叶片的工艺要求，并输出工艺文件，从而完成新叶片的工艺设计工作。之后，系统会分析新叶片工艺设计所包含的知识经验，判断是否将其作为新实例存储到叶片工艺实例库中。叶片智能化 CAPP-NC 系统工作流程如图 5.18 所示。

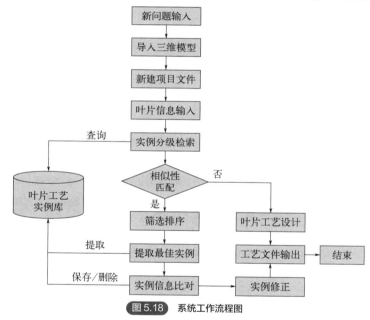

图 5.18　系统工作流程图

（2）基于实例推理的叶片智能化 CAPP-NC 系统开发

① 系统开发环境。系统开发环境如表 5.1 所示。

表 5.1　系统开发环境

选项	工具
操作系统	Windows10.0
开发平台	Microsoft Visual Studio 2015
开发语言	C/C++
三维软件平台	UG10.0
二次开发工具	UG/Open
数据库	Access
界面开发	Visual C++ MFC

② 系统开发基本流程。通过 UG 二次开发进行基于实例推理的叶片智能化 CAPP-NC 系统开发需要完成很多工作，主要内容有建立系统开发文件夹、设置系统环境变量、系统菜单工具条制作、新建 Visual C++ MFC 工程项目、MFC 工程环境配置、MFC 对话框界面设计、添加 UG 可调用的程序接口、系统模块的算法程序编写等。系统开发基本流程如图 5.19 所示。

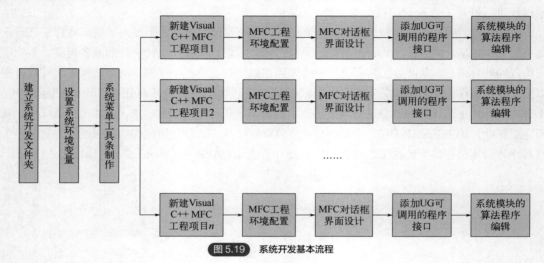

图 5.19　系统开发基本流程

③ 系统工艺实例库开发。为了配合系统部分模块功能的算法程序编写，需提前完成系统工艺实例库的开发。系统采用 Access 数据库作为存储叶片工艺实例信息的系统数据库。

a. 建立数据库表：根据实例库构建与组织管理，建立关系型数据库，主要包括四个数据库：叶片基本信息资料库、叶片工艺信息库、叶片 NC 程序库、叶片加工资源库，如图 5.20 所示。

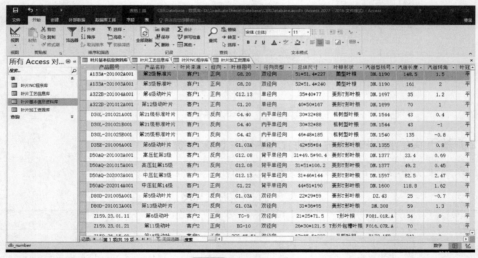

图 5.20　建立数据库

b. 建立数据库查询表：根据叶片工艺实例关键属性提取及实例检索策略，为了便于实例检索功能算法程序的编写，依次选择【创建】、【查询设计】，建立数据库查询表：实例推理查询表和信息汇总查询表，如图 5.21 所示。实例推理查询表只包含叶片工艺实例的关键属性及图号名称，用于第一级筛选检索和第二级推理检索。信息汇总查询表包含叶片工艺实例的全部参数信息，用于显示系统推理的结果，进行叶片工艺实例相似度排序。

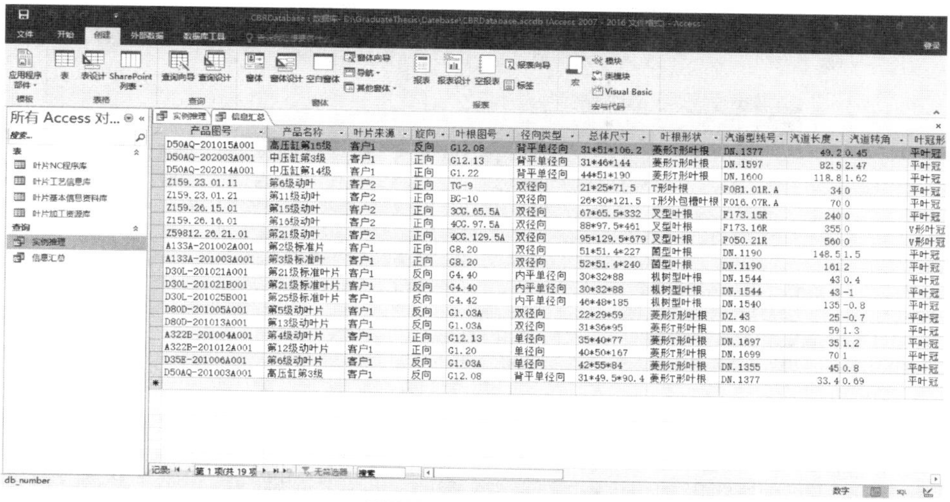

图 5.21　数据库查询表

c. 基于 ADO 的数据库访问技术：ADO 是一种基于 COM 的自动化接口技术，并以对象连接和嵌入的数据库为基础，经过 OLE DB 处理后进行数据库访问。通过 ADO 可以快速地创建数据库开发应用程序，同时可以应用于 Excel 电子表格的数据访问。

在 MFC 工程项目的 Stdafx.h 文件中加入下面语句：

```
#import "c:\program files\common files\system\ado\msado15.dll" \
no_namespace \
rename ("EOF", "adoEOF")
```

ADO 数据库访问技术通过三个智能指针实现对数据库的访问。智能指针分别是：_ConnectionPtr、_RecordsetPtr 和_CommandPtr，如表 5.2 所示。

表 5.2　ADO 访问数据库的智能指针

智能指针	对象	主要功能
_ConnectionPtr	Connection	负责打开或连接数据库文件
_RecordsetPtr	Recordset	操作数据库的内容
_CommandPtr	Command	对数据库下达行动查询指令，以及执行 SQL Server 的存储过程

④ 系统交互界面设计及关键模块实现。

a. 系统交互界面设计：依据各功能模块的具体工作流程对交互界面进行设计，保证系统界面操作的简洁性与完整性。系统通过 MFC 对话框来实现交互界面的所有操作。

b. 系统实例检索与匹配模块实现：实例检索与匹配模块是基于实例推理的叶片智能化 CAPP-NC 系统的关键模块之一，其运行结果直接影响系统的工作性能和新叶片工艺的最终解决方案。将叶片工艺实例分级检索策略及相似度匹配算法应用到系统实例检索与匹配模块的开发实现中，需要以下几个部分的程序开发：获取初次检索后的实例检索集、遍历实例检索集中记录来计算局部相似度及组合权重、计算全局相似度并设置阈值筛选和相似度冒泡排序等。实例检索与匹配模块程序开发技术路线如图 5.22 所示。

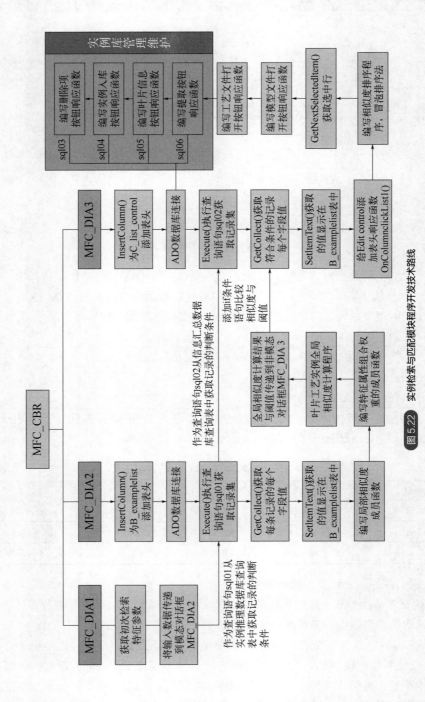

图 5.22 实例检索与匹配模块程序开发技术路线

c. 系统实例修正模块：运用 UG 二次开发对二维工程图制图元素的操作进行实例修正模块程序开发，达到工序卡修正的目的。系统实例修正模块程序的开发，包括工艺信息标注程序开发、多行文本标注程序开发、工程图导出 PDF 程序开发等。

d. 系统工艺文件输出模块：系统工艺文件输出模块的程序开发过程，包括 2D 工程图导出程序开发、QC 工程图输出程序开发。

5.4　CAM 技术

5.4.1　概述

计算机辅助制造（CAM，computer aided manufacturing）有狭义和广义的两个概念。CAM 的狭义概念指的是从产品设计到加工制造之间的一切生产准备活动，它包括 CAPP、NC 编程、工时定额的计算、生产计划的制订、物料需求计划的制订等。CAM 的广义概念包括的内容则多得多，除了上述 CAM 狭义概念所包含的所有内容外，它还包括制造活动中与物流有关的所有过程（加工、装配、检验、存储、输送）的监视、控制和管理。

CAM 技术指利用计算机操作从生产准备到产品制造出来的过程，如计算机辅助数控加工编程、制造过程控制、质量检测与分析等。

5.4.2　CAM 软件的发展

20 世纪 50 年代，CAM 技术诞生之初，仅在汽车、飞机制造等大型企业中得到应用，其后随着微电子技术的快速发展，计算机越来越多地参与到生产制造过程，CAM 系统的应用范围也得到很大扩展。CAM 自动化技术有两个重大历程。首先是早期在特定高科技的系统上进行编程和一定数量软件的研发，APT 以发那科编程机为代表，基本处理方式是人工或辅助式直接计算数控刀路，编程目标与对象也都是数控刀路。其次是曲面 CAM 系统阶段，其系统结构一般是 CAD/CAM 混合系统，较好地利用了 CAD 模型，以几何信息作为最终的结果，自动生成加工刀路。

20 世纪 60 年代初，美国 MIT 的 Sutherland 发表了一篇题为《SKETCH-PAD——人机对话系统》的论文，被世界公认为计算机图形设计系统论文的处女作，从而在理论上为 CAD/CAM 技术的发展奠定了基础。

20 世纪 70 年代初期，CAD/CAM 技术进入了早期实用阶段。当时世界范围内许多著名的航空、汽车制造公司纷纷投资开发自己的 CAD/CAM 系统，用来解决原先很难解决的几何造型问题。从几何形体的表示方法看，这个阶段的 CAD/CAM 系统均以线框模型和表面模型为主。

CAD/CAM 技术的发展是与其他技术的发展相辅相成的，其中最关键的两大基础技术是计算机技术和自动化技术，主要有以下的事件：

a. 20 世纪 40 年代中期，美国发明了第一台计算机；

b. 1951 年，美国 MIT 发明了第一台数控三坐标铣床；

c. 1956 年，美国 IBM 开发出了 APT（automatic programming tools）系统；

d. 20 世纪 50 年代末，美国 CALCOMP 发明了滚筒式绘图机，GERBER 发明了平台式绘图仪，提供了一种结果显示与验证的方法。

（1）国外 CAM 软件

美国在 20 世纪 50 年代初期开始了数控自动编程技术 APT 语言的研究,产生了早期的 CAM 系统,如 20 世纪 60 年代以发那科编程机为代表的数控系统。CAM 技术后来随着计算机技术的发展而逐渐成熟起来,目前已经逐渐与 CAD、CAE 结合形成一体化的 CAX 体系,可帮助人们方便地完成从模型设计到生产过程的全部工作。目前国外成熟的 CAM 产品很多,其中使用比较广泛的有 UG、MasterCam、PowerMill 和 ArtCAM 等。

① UG 是源于美国麦道公司的一款 CAM 产品,适用于航空航天、汽车、模具等的设计分析及制造工程,是集 CAD/CAM/CAE 于一体的计算机机械工程制造辅助软件。UG 很好地结合了先进的参数化、变量化技术与传统的实体线框表面功能,还为用户提供了非常强大的二次开发工具,使得用户可以非常方便自由地扩展 UG 的功能。其界面如图 5.23 所示。

图 5.23　UG 界面

② MasterCAM 软件是由美国 CNC Software 公司开发的 PC 级 CAD/CAM 软件系统,它集二维绘图、三维建模、曲面设计、体素拼合、刀具路径模拟、数控编程及真实感模拟等功能于一身。目前,该系统由于具有良好的性价比,在国际 CAD/CAM 领域中装机量处于世界领先水平,包括美国在内的许多西方工业大国都采用该系统作为设计、加工制造的行业标准,其界面如图 5.24 所示。

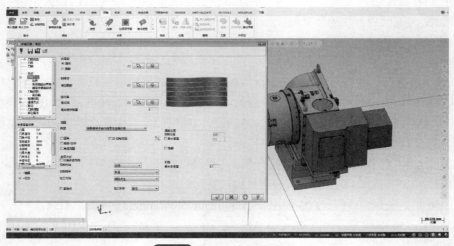

图 5.24　MasterCAM 软件界面

③ PowerMill 软件是由英国 Delcam Plc 公司出品的一款独立的 CAM 软件，具有多轴加工刀具路径计算速度快、碰撞和过切检查完善、五轴加工刀具路径计算策略丰富、操作过程简单等诸多优点，可以使用户在加工之前就能了解整个加工过程及加工结果，节省加工时间。其界面如图 5.25 所示。

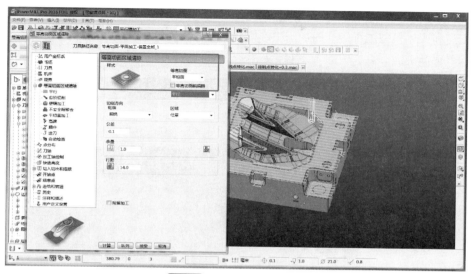

图 5.25 PowerMill 软件界面

④ ArtCAM 浮雕设计软件是英国 Delcam 公司的 CAD/CAM 系列产品之一。1968 年，Delcam公司诞生于世界著名学府剑桥大学，曾经一度发展成为全球最大的专业 CAM 软件公司。ArtCAM 能够将位图、矢量、灰度图、CAD 文件等二维数据转化为丰富细腻的三维浮雕模型，并生成大多数主流数控雕铣机床认可的数控加工代码。其界面如图 5.26 所示。

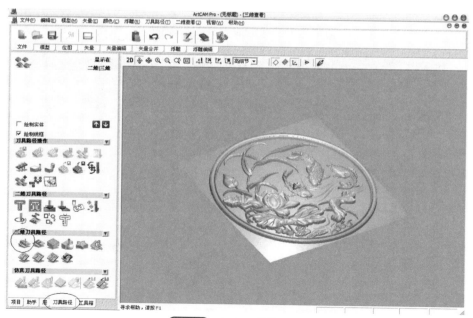

图 5.26 ArtCAM 软件界面

（2）国内 CAM 软件

自改革开放以来，我国 CAM 技术有了很大发展，在航天、电子、机械、化工及建筑等行业当中得到了较为广泛的应用，形成了一些具有自主知识产权的 CAM 软件产品。国内自主研发的 CAM 软件主要包括 CAXA 和 JDPaint。

① CAXA 把 CAD 建模技术和 CAM 加工生产制造技术完美地结合于一身，并且可以直接对曲面造型和实体模型进行统一的加工生产操作，同时也支持工件加工轨迹的参数化和大批量处理，显著提高了加工过程中的工作效率。其界面如图 5.27 所示。

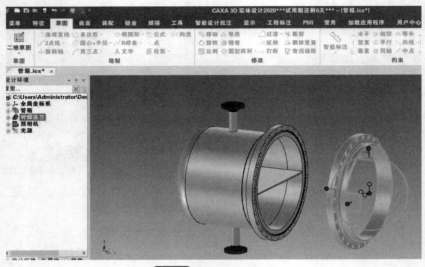

图 5.27　CAXA 软件界面

② JDPaint 是北京精雕多年自主研制开发的、功能非常强大的 CAD/CAM 软件，具有独立自主知识产权，拥有曲面浮雕、等量切削等多项关键雕刻设计及加工技术，极大地增强了精雕数控系统的加工能力和在雕刻领域强大的适应能力。其界面如图 5.28 所示。

图 5.28　JDPaint 软件界面

相比国外发达国家的 CAM 软件，国内的 CAM 软件在商业化、市场化程度上还有很大差距。国内 CAM 软件仍处于初期发展阶段，主要有以下几个特点：

a. 市场份额小，发展缓慢；

b. 应用范围窄、层次浅；

c. 柔性差、效益低。

5.4.3　CAM 软件的应用

（1）在生产优化设计中的应用

CAM 软件的运用可使工程设计师打破固有的画板设计方法，利用计算机软件设计设备结构元件。这种设计方法可保证结构所有元件之间精准相连，同时促使结构设计变得更加精准，对于生产设计质量的提升有着重要作用。在机械生产中，操控者可利用数控技术对仪器进行远程调控。操控者通过提前设置参数值可以使仪器实现自动化运行，有效提升仪器的工作效率和工作质量。在实际的生产设计中，编程设计由手工转为自动。CAM 软件通常应用于图形绘制和设计流程方面，将数据技术与 CAM 软件结合可进一步实现软件的优化设计，不但不会改变原有的优势，反而在实际生产中发挥更大作用，应用范围也会得到拓展。在机床运行过程中，夹板装卡次数明显减少，机床位置安排也会变得更加科学合理化，大幅缩减生产占用面积和生产周期，有效提升企业生产效益。

（2）在生产操作流程中的应用

数控技术在生产中的具体操作流程如下。首先，应在数控系统中预先设置合理的零件类型和具体的设计参数，它们的预先设置对于生产设备运行起着重要的指挥导向作用。其次，通过 CAM 软件可设计出准备生产成形产品的对应零件、工作平面图、实体模型图等。然后，在制造软件中输入加工产品类型的工艺参数，通过制造软件和制作流程的输入，生产设备可有效实现自动化运行，促使生产设备在生产操作流程所有设定环节中顺利运行。最后，必须对轨迹文件的真实可靠性进行核对，确保其可行性，并经过刀具轨迹的仿真流程。以上工序确保了后期的工艺操作可以顺利完成，生产的零件才可真正达到标准要求。此外，针对后置处理文件，可由工作者对代码进行修改完善，从而形成新的处理文件。生产后置处理文件可进一步产生新的代码文件，而代码文件的产生可以进行备份留底，对于机床生产起着极大的促进作用，使其在规范流程下顺利展开。除了对生成的代码文件进行处理以外，还需对其他相关文件进行加工执行处理，在文件核对工序和有关代码文件内容更新完成之后，就可以将其直接投入机床加工零件，进行加工工艺的优化创新。

（3）在生产质量检验方面的应用

质量检验是生产过程中的关键环节，数控与 CAM 软件技术在生产质量检验方面的应用也是产品质量把控的关键环节。在原有设备的基础上，利用该技术进行工艺设置和生产操作代码，不仅可以实现机器运行的自动化，同时还可以实现对生产的产品进行标准化的质检工序，对产品质量进行严格把控。这些对机械操作行业的发展来说意义重大。另外，该技术在生产质检方面的应用，也可以提前设置工艺参数、标准品数值、标准品模型等，利用模板合成和再次核对，从而为由自动化工艺设备生产加工的各项元件达到标准要求提供保障。质量检查还有产品性能的检查。性能检查可采取随机抽检的方式，并进一步检验抽检产品的各项操作性能。通过这道检查工序可确保生产产品的整体质量。在实际操作中，可以充分发挥数控与 CAM 软件技术高效的优势，一旦发现质量问题，便可及时通过已备份的代码文件迅速展开调查，找到质量问题产生的原因，尽快解决，避免因工艺参数、产品数值等输入错误造成不必要的经济损失和资源浪费。

5.4.4　CAD/CAPP/CAM 系统集成

（1）概述

CAD、CAPP 和 CAM 技术各自发展至今，已经在产品设计自动化、工艺规划自动化和辅助制造自动化等方面取得了重大的发展，同时也发挥了重要的作用，但是由于 CAD、CAPP 和 CAM 各系统中数据调用方式、数据接口和语言等不相同，系统之间缺少统一的数据接口，因此它们往往是作为相对独立的单元系统达到局部的最优化，各系统间尚不能实现完全的信息共享，从而使得它们成了一个个独立环境下的"自动化孤岛"，离真正意义上的集成还相差甚远。在此条件下，如果采用人工参与的方式来实现各个系统间的信息交换，不但会增加产生人为错误的概率，使系统产生大量冗余的信息，从而影响生产效率的提高，给企业造成不必要的损失，而且还会阻碍企业应用 CAD、CAPP 和 CAM 系统，从而减缓企业信息化建设的步伐。因此，将三者进行集成，研究和开发 CAD/CAPP/CAM 集成系统，寻求 CAD 子系统、CAPP 子系统和 CAM 子系统之间数据信息交换和共享的方案，将对生产和社会产生重要的实际意义。

CAD/CAPP/CAM 集成，简称 3C，即实现从产品设计、工艺设计到加工制造全过程自动化，其关键在于三个子系统之间有机结合，达到信息数据传递与转换的自动化，使 CAD/CAPP/CAM 集成系统成为一个真正相对独立的系统，以减少人为错误，避免重复性的工作，从而提高生产效率，降低生产成本。集成不是各个子系统之间简单的组合，要正确处理分散与集中的关系。所谓集成就是将信息技术的资源和应用（机器，数据接口和计算机软硬件）聚集成一个相互协同工作的整体，包含三个方面的控制和管理，即信息通信、数据共享和功能转换，也就是说要获得整个产品全生命周期内各个环节的描述信息。

CAPP 是沟通 CAD 和 CAM 的纽带，CAD 系统的设计信息（包括几何/拓扑信息、公差信息、材料信息和其他技术要求信息等）要被 CAPP 系统调用，经其处理后，将生成的制造信息供 CAM 系统和后续系统使用。因此，要实现更大范围的信息传递和集成，必须要有有效的数据接口或统一的产品信息模型，以此来实现所需信息的自动生成、传递、转换、分析与反馈。

在 CAD/CAPP/CAM 集成系统中，应包括产品的几何/拓扑信息、工艺信息、制造信息、测量信息、结构特征信息等。目前，商品化的 CAD 系统多采用基于几何学理论的线框模型、曲面模型及实体模型等几何/拓扑形式来定义与存储产品的数据信息，只产生如点、线、面和基本体素等较低层次的几何信息，但是对于 CAPP 系统来说，这些低层次的信息显然不能被其自动理解，因此在 CAM 系统对信息进行提取时需要二次输入及人工干预，这样就降低了生产效率和集成系统的可靠性。如何使数据交换和共享通畅地进行及完备地表达产品信息等问题是 CAD/CAPP/CAM 集成技术要解决的主要问题。CAD/CAPP/CAM 集成原理如图 5.29 所示。

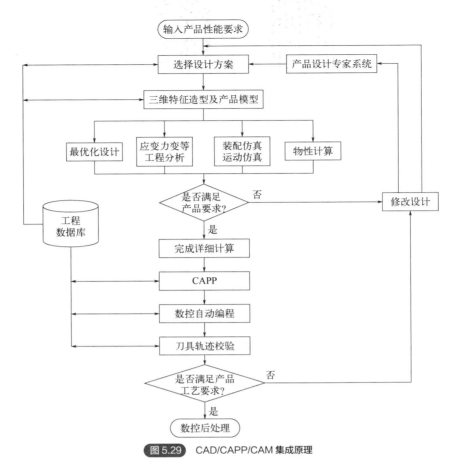

图 5.29 CAD/CAPP/CAM 集成原理

由图中可以看出，CAD、CAPP、CAM 都与专门的工程数据库交换信息，实现共享。

目前，CAD、CAPP、CAM 之间进行信息集成方面的研究主要表现为两个方面：基于标准中间文件进行 CAD/CAPP/CAM 信息集成；以 PDM 为平台进行 CAD/CAPP/CAM 信息集成。由于各个企业使用着不同的 CAD、CAPP、CAM 软件，第一种集成方案具有很高的复杂性，通用性也不强。目前已开发的这类 CAD/CAPP/CAM 集成系统，主要通过标准中间文件来实现各子系统之间的数据交换，需要通过数据接口来实现不同子系统的文件之间的转换。这类系统虽然较灵活，能用性好，但中间文件的数据共享标准非常复杂，交换效率不高，使得开发系统的工作量大，开发周期长。而第二种集成方案由于所有数据都由 PDM 统一进行管理，可操作性强。

（2）基于 PDM 的 CAD/CAPP/CAM 集成技术

产品数据管理（product data management，简称 PDM）是一门以软件为基础，以产品数据的管理为核心，管理产品全生命周期中的各种相关信息（包括电子文档、数据库记录和数字化文件等）和所有相关过程（包括审批和发放过程、一般工作流程等）的技术，可实现对从概念设计到产品报废全过程中的有关数据进行定义、组织以及管理，以此来保证数据的一致性、安全性、最新性和有效共享。PDM 可以作为 CAD/CAPP/CAM 系统集成及与 MRP Ⅱ /ERP 系统集成的平台，并且是目前最好的 CAD/CAPP/CAM 系统集成平台。它可将与产品相关的所有信息按照不同的用途分门别类有条不紊地进行统一管理，各个子系统都可以从 PDM 系统中提取各自所需的信息和数据，然后把结果放回 PDM 系统中，从而真正实现 CAD/CAPP/CAM 的集成。

① CAD 与 PDM 的集成分析。CAD 系统的信息量大且类型多，是产品信息的源头，其与 PDM 的集成是难度最大、要求最高的环节，其关键在于 CAD 和 PDM 两者的数据变化要保证一致性。CAD 与 PDM 的集成同样也有三种模式，即封装、接口集成和紧密集成。

封装模式适用于二维 CAD 软件与 PDM 系统的集成，但是这种集成只解决了 CAD 系统产生文档的管理问题，自动化程度较低。接口集成模式适用于三维 CAD 软件与 PDM 系统的集成，在此模式下，CAD 系统产生的产品明细表和零部件描述属性等导入 PDM 系统以及两系统之间数据的双向转换都需要通过接口来实现，但接口数据在两系统中的一致性不能得到完全保证。因此，紧密集成模式对二者来说是最好的模式，它们之间的产品数据模型得到共享，实现相互操作，保证其数据修改的双向同步一致性。

② CAPP 与 PDM 的集成分析。从 CAPP 系统和 PDM 系统之间的信息源来看，二者之间既要进行文档信息的交流，也要从 PDM 系统中获取原材料、设备资源等方面的信息，而为了支持信息系统与 PDM 系统的集成，CAPP 系统产生的工艺信息需要分解成基本信息单元存放于工艺信息库内。因此，要实现二者之间的集成需要在应用封装的实现基础上进一步研究开发信息交换接口，原材料、设备资源等方面信息的支持要通过交换接口来实现从 CAPP 系统到 PDM 系统的直接获取，并通过交换接口将其产生的工艺信息直接存放于 PDM 系统的工艺信息库内。

③ CAM 与 PDM 的集成分析。CAM 系统和 PDM 系统间的文档交流只有产品模型、NC 代码和刀位文件等，所以要满足其集成的要求只要采用应用封装就可以了。

④ CAD/CAPP/CAM 与 PDM 的集成分析。作为数据管理的电子资料室，PDM 系统中建立了产品基本信息库和企业基本信息库，存储了大量的产品全生命周期内包括文档对象库、产品对象库、零部件资源库、工艺规则库、典型工艺库等全部信息。CAD/CAPP/CAM 与 PDM 之间的信息流如图 5.30 所示。

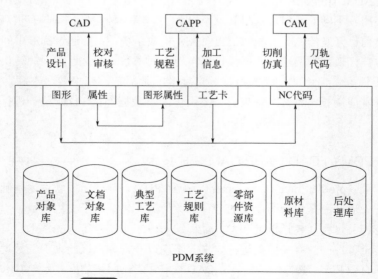

图 5.30 CAD/CAPP/CAM 与 PDM 之间的信息流

在集成过程中，交由 PDM 系统管理的信息有：CAD 系统产生的产品的二维图纸、三维造型、产品明细表、产品数据版本及其状态、零部件的基本属性及其之间的装配关系等信息；CAPP 系统产生的工装夹具要求、工艺路线、工序、工步及对设计的修改意见等工艺信息；CAM 系统产生的 NC 代码和刀位文件等信息。而同时，CAD 系统需要从 PDM 系统的有关数据库中获取技术参数、设计任务书、原有零部件的更改要求及其他资料等方面的信息；CAPP 系统从 PDM 系统中获取原材料、产品模型和设备资源等方面的信息；CAM 系统从 PDM 系统中获取工艺信息和产品模型信息等。集成化的 PDM 系统如图 5.31 所示。

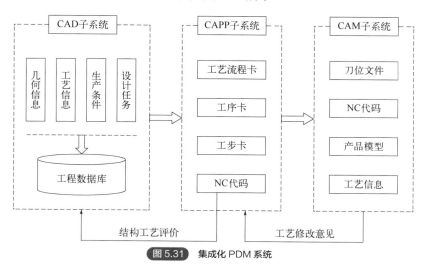

图 5.31　集成化 PDM 系统

（3）CAD/CAPP/CAM 集成的发展趋势

目前，CAD/CAPP/CAM 集成技术已成为提高产品质量、加速产品更新和增强企业竞争力的强大工具，并且还在不断发展之中。总的看来，CAD/CAPP/CAM 集成系统正逐步朝着集成化、智能化、网络化、并行化和可视化方向发展。

① 集成化。CAD/CAPP/CAM 集成系统是将三个子系统有机地结合在一起，在集成系统中，人参与的工作会更少，其核心是实现生产资源和信息的共享，使产品生产实现总体最优化，达到产品生产成本低、更新速度快、质量高和售后服务好的目标，从而提高企业的核心竞争力。

② 智能化。由于传统的 CAD/CAPP/CAM 集成系统缺乏综合选择能力，因此人们提出了将人工智能技术运用到集成系统中，通过模拟人脑进行分析和推理，提出和选择设计、工艺及制造方案，尽量减少人工干预，使计算机能全程支持设计过程，包括概念设计和初步设计，从而实现整个过程自动运行。

③ 网络化。网络技术就是利用通信设备和通信线路将处于不同地点的独立计算机及网络协议，及一定的网络拓扑结构进行链接，实现资源和信息的协同工作与共享，来弥补单个系统处理能力的不足，减少对中间数据进行重复性的处理工作。故而计算机网络系统非常适用于 CAD/CAPP/CAM 集成系统的作业方式。

④ 并行化。并行工程（concurrent engineering）是一门随着 CAD、CIMS 技术的发展而提出的对产品及其相关过程进行并行和集成处理的综合技术。其核心是利用并行的设计方法来代替传统的串行的设计方法。特征建模技术、制造仿真技术、虚拟制造技术和统一数据库管理技

术等与 CAD/CAPP/CAM 相关的几个方面都促进着 CAD/CAPP/CAM 集成系统向并行化的方向发展，并行工程也必将受到更多的重视。

⑤ 可视化。可视化是一种将数据等符号信息转换成图形或图像等视觉信息的计算方法。从数据准备、计算实施到结果表达都用图像来表达，便于研究者模拟和计算，给人以意想不到的效果。

5.5 柔性制造系统（FMS）

随着柔性制造系统技术的发展，CIMS 也越来越重要。在 CIMS 的支持下，FMS 已经超越了传统的 FMS 的限制。在 CMIS 的发展中，FMS 被称为可编程的控制系统，伴随着计算机辅助设计的发展，FMS 具有快速处理数据的能力，并拥有自动运送物流系统。运用 CMIS 的概念，车间按照集成化的发展趋势，实现了多品种、多批量的生产，从而适应产品生命周期不断变化。由此可知，集成化、柔性化是现代制造业的发展趋势，FMS 将大有可为。

5.5.1 FMS 的发展历程

（1）国外 FMS 的发展

20 世纪 60 年代前，大规模生产模式普及，流水线及自动化生产方式已有了长足发展。制造企业早期最为关心的是成本，之后质量逐渐成为它们关注的重点，因而生产效率高、成本低、质量稳定的自动化生产线无疑是它们的首选。与此同时，用户需求在个性化、定制化、时效性上提出了更高的要求，原有的大规模生产方式则显得过于"刚性"，出现了产品转产、换型后不易调整，调整时间长，甚至无法调整的现象。当时新一代可编程数字化加工设备已经出现并用于生产加工。在市场和技术两方面的影响下，20 世纪 60 年代中期满足"多样化、小规模、周期可控"的柔性制造系统（flexible manufacturing system，简称 FMS）应运而生。

1967 年，英国莫林斯公司首次根据威廉森提出的 FMS 基本概念，研制了"系统 24"。其主要设备是六台模块化结构的多工序数控机床，目标是在无人看管条件下，实现昼夜 24 小时连续加工，但最终由于经济和技术上的困难而未全部建成。

同年，美国的怀特·森斯特兰公司建成 Omniline I 系统，它由八台加工中心和两台多轴钻床组成，工件被装在托盘上的夹具中，按固定顺序以一定节拍在各机床间传送和进行加工。这种柔性自动化设备适合在少品种、大批量生产中使用，在形式上与传统的自动生产线相似，所以也叫柔性自动线。日本、苏联、德国等也都在 20 世纪 60 年代末至 70 年代初，先后开展了 FMS 的研制工作。

1976 年，日本发那科公司展出了由加工中心和工业机器人组成的柔性制造单元（简称 FMC），为发展 FMS 提供了重要的设备形式。柔性制造单元（FMC）一般由 1～2 台数控机床与物料传送装置组成，有独立的工件储存站和单元控制系统，能在机床上自动装卸工件，甚至自动检测工件，可实现有限工序的连续生产，适用于多品种、小批量生产。

20 世纪 70 年代末期，柔性制造系统在技术上和数量上都有较大发展，80 年代初期已进入实用阶段，其中以由 3～5 台设备组成的柔性制造系统为最多，但也有规模更庞大的系统投入使用。

1982 年，日本发那科公司建成自动化电机加工车间，由 60 个柔性制造单元（包括 50 个工业机器人）和一个立体仓库组成，另有两台自动导引车传送毛坯和工件，此外还有一个无人化电机装配车间。它们都能 24 小时连续运转。这种自动化和无人化车间，是向实现计算机集成的自动化工厂迈出的重要一步。与此同时，还出现了若干仅具有柔性制造系统的基本特征，但自动化程度不是很完善的经济型柔性制造系统，使柔性制造系统的设计思想和技术成果得到普及应用。

FMS 集高效率、高质量于一体，因此发展迅速，终结了上百年的中小批量、大批量、多品种以及生产线自动化的融合发展，它给机械加工业带来了一次技术上的革命。FMS 发展过程中，美国、日本、德国以及俄罗斯一直是技术发展中的佼佼者。美国是最早开发 FMS 的国家之一，已将 FMS 技术发展成熟。日本起步很晚，但是发展迅速。德国虽然现今运行的 FMS 数量少，但是在欧洲数量最多。一些老牌工业国家，比如英国、法国、意大利以及俄罗斯都在集中研究FMS，并都在一定时期内做出了成绩。

（2）国内 FMS 的发展

1984 年，我国开始研制 FMS 系统，我国第一套 FMS 系统是 1985 年 10 月研发完成的，用于加工法兰盘、壳体等工件。从我国开始研制柔性制造系统到自主成功研发一套柔性制造系统，主要经历了两个重要阶段。第一阶段就是 1985 年以后，有了"七五"国家科技攻关计划的支持，同时也有了国家"863"高技术发展计划自动化领域的工作的带动，我国的柔性制造系统得到了极大的重视和快速的发展，这个时期我国对柔性制造系统的研发进入了自行开发和部分进口的交叉阶段。第二个阶段就是北京机床研究所在 1988 年成功研发了加工减速机机座的 JCS.FMS.Ⅱ系统，这个系统全部是我国自行开发和配套的，它的研制成功标志着我国已经具有自主开发柔性制造系统的实力了。

近些年，随着计算机技术、精密机械技术和控制技术等技术的快速发展，我国的柔性制造技术也得到了快速发展，柔性制造系统的使用率也提高了不少。我国的柔性制造系统的发展虽然取得了一些成绩，但同时也出现了一些问题，比如我们的柔性制造系统存在安装时间比较长、调试时间比较长、性能不太稳定等不足之处。

5.5.2　FMS 的基本概念

柔性制造系统最明显的特征就是应用了计算机技术，使得机电一体化。柔性制造系统中可以集成机床数字控制（NC）、计算机数字控制（CNC）、计算机辅助设计（CAD）、计算机辅助制造（CAM）、计算机辅助工艺规划（CAPP）、成组技术（GT）、工业机器人等技术。

不同组织协会对柔性制造系统的定义也有所不同。

美国国家标准学会对其的定义是：由一个传输系统联系起来的一些设备，传输装置把工件放在其他连接装置上送到各加工设备，使工件加工准确、迅速和自动化。中央计算机控制机床和传输系统。柔性制造系统有时可同时加工几种不同的零件。

美国制造工程师协会的计算机辅助系统和应用协会把柔性制造系统定义为：使用计算机、柔性加工单元和集成物料储运装置，完成零件族某一工序或一系列工序的一种集成制造系统。

国际生产工程研究协会将其定义为：一个自动化的生产制造系统，在最少人的干预下，能够生产任何范围的产品族，系统的柔性通常受到系统设计时所考虑的产品族的限制。

我国军方的定义：柔性制造系统是由数控加工设备、物料运储装置和计算机控制系统组成的自动化制造系统，它包括多个柔性制造单元，能根据制造任务或生产环境的变化迅速进行调整，适用于多品种、中小批量生产。

柔性制造技术也称柔性集成制造技术，是现代先进制造技术的统称。柔性制造技术集自动化技术、信息技术和制作加工技术于一体，把以往工厂、企业中相互孤立的工程设计、制造、经营管理等过程，在计算机及其软件和数据库的支持下，构成一个覆盖整个企业的有机系统。

5.5.3 FMS 的组成

FMS 是通过吸取生产线的高效率和任务车间的柔性来满足高效率、低成本的要求。一个 FMS 包括一组灵活的机器、一个自动化的传送系统、一个复杂的决策系统，以确定在每一个时刻每一台机器必须做什么。柔性的机器有执行多种操作的能力，它们有自动工具存取系统和加载制造程序的能力。自动传送系统要求能够将部件传送到下一个操作执行的机器位置，而不管机器的物理位置在哪里。决策系统能根据新的订单优化调度加工顺序，并在机器发生故障的时候调整工序，以提高机器的利用率。FMS 的局部的制造单元里包括一些灵活的机器、一些局部的工具、部件的存储设备及一些传输设备，可在单元和全局传送系统之间传递部件和工具。

因此，根据 FMS 的功能特征，可将其看作由以下三部分组成：加工系统、物流系统和计算机控制信息系统（控制系统）。每个子系统的组成部分和功能作用如图 5.32 所示。

（1）加工系统

如果把整个 FMS 比喻为一个人，加工系统就好比人的双手，是产品外形或性能改变的实际执行者。加工系统通常含有数控机床、加工中心或是柔性制造单元（FMC，flexible manufacturing cell）等加工设备，也可配合一些工件清洗机、工件检测设备和各种特种加工设备等。

FMS 中产品加工的柔性是其柔性中最为重要的方面，因此加工系统的功能对于 FMS 性能也有着直接影响，且由于数控机床、加工中心等设备价格和维护成本都较高，选择合适的加工系统是 FMS 构建过程的关键。具体的配置需要考虑机床本身的功能，也需要考虑工艺流程、FMS 所需的产能、物流、信息及数据处理要求等，不能机械地进行配置和布局。比如，小型 FMS 的加工系统常常由 4～6 台机床构成，这些加工设备在 FMS 中的配置可以有并联形式（互替）、串联形式（顺序互补）和混合形式（同时具有串、并联）。

FMS 的加工系统应该是自动化、高效、高可靠性、易控制的，工艺性和加工灵活性良好，能根据工件加工的尺寸、精度、材质等方面的变化进行调整。具体而言，加工系统的选择可考虑以下因素：

① 工序集中。尽量减少工位数量，减少工件的运输和存储。

② 加工要求。对加工工件的尺寸、精度、材质等要求具有一定弹性和范围，加工性能强。

③ 加工效率高，且加工要求变化时能保持质量稳定。

④ 可操作性及自动化。设备操作流程简洁清晰，易于进行，易于培训；系统设定之后可安全稳定地长期运行，不需配置太多人力。

⑤ 设备可靠性及维护性。设备具有较好的可靠性，故障率低，对设备故障有预警和一定的诊断功能；便于维护。

⑥ 经济可行性。包括系统运行费用、维护费用等综合考虑。

⑦ 其他方面。

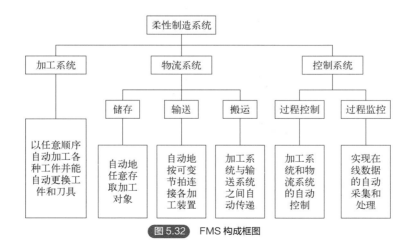

图 5.32 FMS 构成框图

（2）物流系统

柔性制造系统的物流主要包括：①原材料和成品所构成的工件流；②夹具、托盘及刀具所构成的工具流。

按物料输送的路线，工件的输送系统分为直线型输送和环型输送两种类型。近年来，环型输送被广泛应用。工件的搬运系统包含带式传送系统、运输小车和多功能机器人等，多种类型的搬运设备大大减少了物料的运输时间。工件的储存系统设置有各种形式的缓冲储区，以保证系统的柔性加工，即便生产线出现刀具故障或机床故障，储存系统也会快速做出反应，暂时存放故障工位上的工件，安全高效地保证生产线的正常运行。

物流系统通常由储存系统、输送系统和搬运系统三部分组成。它可以根据产品需要和任务需求来进行产品的生产调度，因此物流系统保证了柔性制造系统的稳定运行，也保证了产品的加工质量和生产效率。它既是柔性制造系统的重要组成部分，又是柔性制造系统柔性的重要体现。

（3）控制系统

控制系统包括过程控制和过程监视两个子系统。它对柔性制造系统来说非常重要，能够使各个子系统进行有效合作，是一种控制、管理、监测综合起来的信息流控制系统。其主要功能是：控制和协调加工系统和物流系统的运作，进行在线状态数据的自动采集和处理，并对加工和运输过程进行监视，实时反馈系统的状态信息，以便修正控制信息，从而保证整个柔性制造系统的稳定运行。

根据 FMS 的生产需要，柔性制造系统还配置有辅助装置，如排屑装置、冷却润滑装置、清洗装置、测量装置和去毛刺装置等。

5.5.4　FMS 的控制系统

控制系统作为 FMS 的核心部分，具有数据传输、调度优化、实时监控和故障诊断等多种重要功能，它对系统的整体性能起着关键性作用。为了减少整个系统控制的难度和提高控制系统的柔性，FMS 控制系统的结构分为四种形式：集中式、递阶式、分布式和递阶分布式，如图 5.33 所示。这四种形式的特征都是不一样的，但采用这些控制方式后，系统的层次结构更加分明，使整个系统更易控制和管理，进一步保证了柔性制造系统安全、稳定、高效运行。

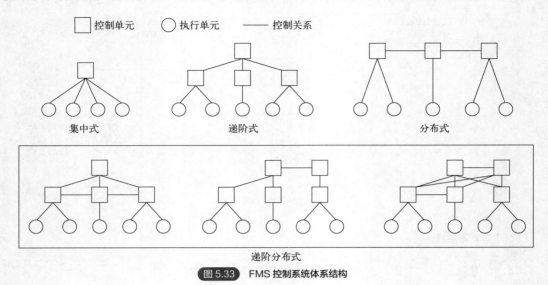

图 5.33 FMS 控制系统体系结构

（1）集中式控制体系结构

集中式控制体系结构采用一台计算机控制和处理系统内所有的活动和信息，用一个全局数据库记录系统的全部数据，每一个控制实体都和这台计算机相连。例如，德国某机车公司的 FMC 就采用了集中式控制体系结构，其单元控制器完成刀具流和工件流调度控制和机床加工控制等全部功能。它的优点是：各个控制实体都可访问全局数据库，可以实现系统的全局优化。其缺点是：系统响应速度比较慢；控制任务的完成完全依赖于集中控制单元，系统容错性差；控制软件难以更改，可扩展性差。

（2）递阶式控制体系结构

由于集中式控制体系结构存在上述缺点，所以递阶式控制体系结构在 FMS 中得到高度重视。它采用从上到下逐步细化的思想，将控制功能实体安排成金字塔型结构。递阶式控制体系结构虽然增加了信息传递的环节，但系统的控制难度有所降低，成为 CIMS 广泛采用的控制体系结构。它采用主从分层控制策略，将大型复杂任务分解为一系列简单的子任务，最后由子控制层控制特定的实体。上、下层次的控制功能实体之间存在着一种"主仆"关系，上层负责对下层单元活动进行监督与传输指令，下层执行上层的指令并向上层反馈状态信息。同层次的功能实体之间相互独立，没有信息传输。它的优点是：系统的容错能力强；各控制模块的规模和复杂性小；可逐步实现，开发难度较小。其缺点是：上层故障会造成下层控制瘫痪；设备布置会影响到整个系统，难以进行进一步修改；消息滞后，难以满足系统对动态实时性的要求。

（3）分布式控制体系结构

随着分布式计算机和人工智能的发展，出现了一种全新的分布式控制体系结构，与前面两者相比，分布式控制体系结构具有无可比拟的优点。它的优点是：各模块可以独立设计，系统扩展性能好；容错性好，局部故障不会影响到其他模块；各模块拥有充分的自治权，易于维护和修改。其缺点是：容易实现局部优化，很难实现系统整体优化；目前缺乏相应的商品化支撑软件；存在锁死的可能性；对网络通信能力的要求比较高。

（4）递阶分布式控制体系结构

对于现阶段敏捷式客户化生产模式而言，上述控制体系是不适合的。递阶分布式控制体系结构将递阶式结构与分布式结构的优点集成在一起。一方面各系统控制子单元受上层单元的控制，它们之间通过通信网络相互协作以寻求达到全局优化目标；另一方面，各系统控制子单元具有相对独立性，遇到突发事件时可以自行处理。

5.5.5　FMS 的分类

柔性制造系统是指在计算机支持下，能适应加工对象变化的制造系统。柔性制造系统根据其规模大小可以分为以下几种。

（1）柔性制造单元（FMC）

FMC 可以看成是小规模的 FMS，是 FMS 向小型及廉价化发展的一个产物。柔性制造单元是由一台或数台数控机床或加工中心构成的加工单元。该单元根据需要可以自动更换刀具和夹具，加工不同的工件。柔性制造单元适合加工形状复杂、加工工序简单、加工工时较长、批量小的零件。它有较大的设备柔性，但人员和加工柔性低。

（2）柔性制造系统（FMS）

柔性制造系统是以数控机床或加工中心为基础，配以物料传送装置组成的生产系统。该系统由电子计算机实现自动控制，能在不停机的情况下，满足多品种工件的加工。柔性制造系统适合加工形状复杂、加工工序多、批量大的零件。其加工和物料传送柔性大，但人员柔性仍然较低。

（3）柔性制造线（FML）

柔性制造线是处于单一或少品种、大批量非柔性自动线与中小批量、多品种 FMS 之间的生产线。其加工设备可以是通用的加工中心、CNC 机床，亦可采用专用机床或 NC 专用机床，对物料搬运系统柔性的要求低于 FMS，但生产率更高。它是以离散型生产中的柔性制造系统和连续生产过程中的分散型控制系统（DCS）为代表，其特点是实现生产线柔性化及自动化，其技术已日臻成熟，迄今已进入实用化阶段。

（4）柔性制造工厂（FMF）

FMF 是将多条 FMS 连接起来，配以自动化立体仓库，用计算机系统进行联系，采用从订货、设计、加工、装配、检验、运送至发货的完整 FMS。它包括了 CAD/CAM，并使计算机集成制造系统（CIMS）投入实际应用，实现生产系统柔性化及自动化，进而实现全厂范围的生产管理、产品加工及物料储运进程的全盘化。FMF 是自动化生产的最高水平，反映出世界上最先进的自动化应用技术。它是将产品开发、制造及经营管理的自动化连成一个整体，以信息流控制物质流的智能制造系统（IMS）为代表，其特点是实现工厂柔性化及自动化。

5.5.6　FMS 的发展趋势

① 向小型化、单元化方向发展。对于一些财力有限的中小型企业而言，FMS 在硬件设施上需要大量投入，但其对柔性的要求却不一定需要覆盖到所有环节，因此投资更少而更为模块化的柔性制造单元（flexible manufacturing cell，简称 FMC）可能更适合。或者是某些企业生产品种多但批量仍然较大，也可以使用价格更低的专用数控机床代替价格更高的通用加工中心，以柔性制造线（flexible manufacturing line，简称 FML）进行生产。

② 向模块化、集成化方向发展。FMS 的主要组成部分实现标准化和模块化，如专用加工设备、工位之间的物料输送模块、刀具输送模块、刀具替换机器人等。企业可以根据自己的需求选择不同的模块进行组合，结合其原有设备，构成适合自身特点的柔性制造系统。

③ 单项技术性能与系统性能不断提高。从物料运输及存储系统角度考虑，物料输送设备亦在不断更新，其技术可运用于 FMS 中，比如使用自动分拣系统、RFID 技术等。从计算机控制系统角度而言，FMS 性能也在计算机技术发展背景下不断增强，比如可以实时采集加工数据，对制造过程数据进行工业大数据分析，并应用数据分析结果辅助决策。当然，从整个系统角度而言 FMS 也有提升可能，比如通过更好的通信网络和设备能更及时地对订单、需求的变化做出反馈，可以根据最新状态进行系统仿真并提供可行的决策方案等。总而言之，通过技术手段或管理水平的提升可改善各部分及整个 FMS 的性能，这也是 FMS 发展的一个方向。

④ 应用范围逐步扩大。由单纯加工型 FMS 进一步开发兼具焊接、装配、检验及板材加工乃至铸、锻等制造工序的多种功能 FMS。另外，FMS 与计算机辅助设计和辅助制造技术（CAD/CAM）相结合，向全盘自动化工厂方向发展。

⑤ 重视人的作用。加强人的主观能动性，从人因工程的角度考虑人、机功能的分配，发挥人的柔性和设备柔性的协调配合，提高整体系统的柔性。

5.5.7　FMS 的生产运作与管理

（1）FMS 生产运作与管理的任务

随着市场更多地向个性化、定制化方向发展，计算机技术越来越广泛地应用于企业的生产运作与管理，FMS 也越来越多地应用于制造型企业。FMS 生产运作与管理的任务重点是利用生产调度的柔性协调生产计划模块和执行控制模块，尤其是做到相关生产数据（包括生产状态、加工进度、加工质量等）在上层管理系统和生产现场之间实时传递，才能达到自动排产、自动调整调度计划的目标。

FMS 生产运作与管理的主要任务即生产作业与调度，其中的关键则是如何将有限的人员、设备等生产资源组织在一起完成生产任务，并能够达到既定的目标。在这个过程中，工件在不同设备上的投产顺序就是生产作业与调度需要确定的问题。由于 FMS 面对的通常是多品种、小批量的生产，其调度问题属于车间调度类型。由于产品类型多样化，每一种产品在设备上的加工顺序不尽相同，投产顺序略有变化则会产生不同的结果，其排列组合的可能性极多，这也一直是学术界的一个难点。几十年间，很多学者应用了不同的算法想得到更优化的投产方案，不同算法的应用也会对生产效率产生很大影响，也会影响到企业的反应速度。

此外，仅有生产作业计划是不够的，FMS 中还必须有与之相配的生产监控系统。通过生产监控才能将生产实时数据传递到管理系统中，一方面是与作业计划对照以保证生产任务是按照计划进行，另一方面是在系统出现意外情况时可以及时反馈并由作业计划系统进行调整，保证生产任务按要求顺利完成。如何准确有效地对生产信息进行监控是实施柔性制造系统的又一难点问题。目前生产实时数据的采集方式较多，如检测机床运行状态参数、磁卡磁条技术、手持终端采集等。在智能制造发展的趋势下，通信网络技术、计算机技术及设备自动化技术相结合的远程监控方式，是 FMS 的研究热点和发展趋势，可以实现系统的整体化监控和管理，也便于将企业各个部分有机地联系起来，做到快速响应。在这个过程中，生产数据的实时采集是关键，而在此基础上的工业大数据分析也是随之而来的重点。有了大数据分析结果为基础，企业资源可以得到更合理和有效的利用，作业计划和调度方案也能更好地符合生产目标，对生产系统的管理和控制能力能得到更有效的提升。

生产作业计划和生产监控两个部分相辅相成，前者通过科学、有效的方式为后者提供了生产决策方案，而后者的应用为前者的实施提供了必不可少的基础数据。

（2）FMS 的生产计划

生产计划是企业对于自己未来一段时间内生产目标和任务的安排，通常解决的是生产什么、什么时候生产、生产多少、需要多少资源（人、机、料、法、环）这几个问题。制造企业最关注的是"产、供、销"问题。生产作为企业的核心，生产计划的制定和实施对企业销售、采购、人力资源、财务等部门都会产生影响，甚至会影响到其供应链上的合作伙伴。生产计划分为长期、中期和短期，一般长期计划称为生产规划或生产战略规划，中期计划称为生产计划，短期计划称为作业计划。

生产计划的制定是一个系统化、层次递进的过程，从需求预测开始，逐步由综合生产计划推进至主生产计划和物料需求计划，再确定更底层的作业调度等，如图 5.34 所示。

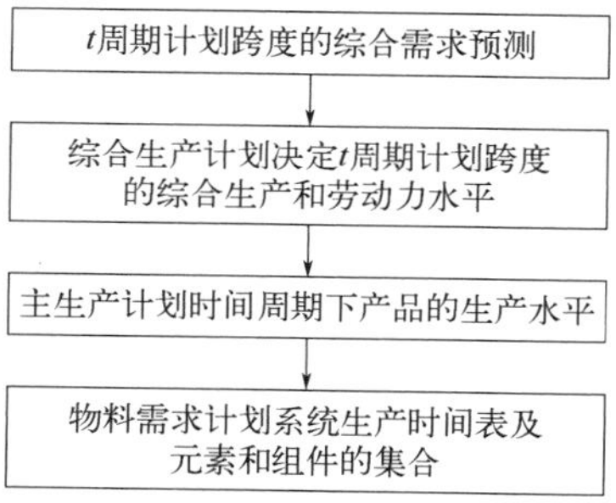

① 综合生产计划。综合生产计划也称为生产大纲或宏观生产计划，通常属于中期生产计划，时间跨度以半年到一年最为常见，部分企业也会根据需要适当延长至一年半。在综合生产计划中，企业最为关心的是两个方面——员工数量和库存水平，当然也可能因产能不足或其他因素而采用外包、加班等方式，那么这些数据也需要在综合生产计划中确定。

```
t 周期计划跨度的综合需求预测
        ↓
综合生产计划决定 t 周期计划跨度
的综合生产和劳动力水平
        ↓
主生产计划时间周期下产品的生产水平
        ↓
物料需求计划系统生产时间表及
元素和组件的集合
```

图 5.34 生产计划决策层次图

综合生产计划的起点是需求的预测（也可以包含已确定交付时间和数量的未来订单），将需求预测转换为一张员工数量和生产量预决策的蓝图。其目标之一是对预测的需求变化及时反应，可通过员工数量的变化来实现，称为追击战略（也称零库存计划）；另一个目标则是尽可能保持企业的稳定性，其中包括保持员工数量的稳定性，可通过库存水平的变化来实现，称为恒定劳动力计划。当然，对企业而言，最终的目标还是在有限资源条件下成本最小化，因此可能采取混合性策略，在员工数量和库存水平之间进行适当平衡。

综合生产计划的常用方法有两种。

a．图解法：图解法本质上是一种计算方法，通过图形的方式直观展现。其通常而言，其需要在预测需求确定的前提下，先计算追击战略和恒定劳动力计划两种方案下员工数量、库存数量及成本数据，再通过限制条件设置不同时间点进行策略转换，以计算出不同方案下的总成本。图解法有助于更快地找到最优时间点。这种方法在操作上比较容易，但当问题规模较大时计算量偏大。

b．线性规划法：线性规划法是比较严谨和科学的求解方法。它是通过企业生产中的约束条件和目标建立线性规划模型，再通过专业求解工具求出最优方案。但线性规划方法本身对问题情况和条件进行了简化，它假设目标函数和约束条件都满足线性关系，这与真实的生产是有差距的。另一方面，当问题规模较大时其求解仍然需要花费较多时间。因此，生产组成较为简单的问题比较适合使用线性规划法。

当然，在这两种常规方法以外，近年来也可通过系统仿真技术来求解。它是将企业生产情况建立为仿真模型，并通过参数的调整观察结果，找到优化方案。

② 主生产计划、物料需求计划及作业调度。主生产计划属于短期生产计划，时间一般控制在半年以内，以月、周为时间单位进行是比较常见的。在主生产计划（master production schedule，MPS）中需要确定每一种产品具体的生产时间及数量，而向下展开分解到物料需求计划（MRP）可以确定物料采购数量及时间、生产开始时间等，再通过作业调度则能确定生产顺序、什么时间使用哪台设备。

主生产计划是对企业生产计划大纲的细化，是详细陈述在可用资源的条件下何时要生产出多少物品的计划，用以协调生产需求与可用资源之间的差距，使之成为展开 MRP 与 CRP（能力需求计划）运算的主要依据。它起着承上启下、从宏观计划向微观计划过渡的作用。

主生产计划是计划系统中的关键环节。一个有效的主生产计划是生产对客户需求的一种承诺，它充分利用企业资源，协调生产与市场，实现综合生产计划中所表达的企业经营计划目标。主生产计划决定了后续所有计划、调度及制造行为的目标，在短期内作为 MRP、零件生产计划、订货优先级和短期能力需求计划的依据，在长期内作为估计企业生产能力、仓储能力、技术人员、资金等资源需求的依据。

主生产计划应是一个不断更新的计划，与更新的频率、需求预测的周期、客户订单的修改等因素有关。通常而言，主生产计划使用滚动计划的方式，在运作过程中不断修改。当有新订单加入、一个计划周期结束、生产现场发生变化、原材料短缺时，主生产计划都可能随之改变。总之，主生产计划是不断改进的切合实际的计划，如果能及时维护，将会减少库存、准时交货、提高生产率。主生产计划变化的时间越早，越不影响 MRP 的制定；若 MRP 已经确定并进入实施阶段再修改主生产计划，对生产稳定性的影响则比较大，生产费用也将会受到影响。

主生产计划是根据综合生产计划分解得到的。综合生产计划通常是按产品大类来编制，更多是从整体上考虑资源的配置，若直接用于生产安排则过于粗糙，难以实施。因此综合生产计划通常需要将大类产品的生产总量按照最终产品分为具体数量，并且从时间上对生产任务进行细分。所以以年为单位的综合生产计划分解到主生产计划后，常常变为以月或周为单位。

综合生产计划分解至主生产计划的过程中，重要的是各种资源如何从大类产品分配到具体的最终产品上。比较常见的两大类模式是轮流生产和均匀生产。前者是指一段时间内集中生产某种产品，下一段时间集中生产另一种产品；后者则是指各种产品按比例享有对应的生产资源，保证每种产品的生产都是持续的。当然对于 FMS 而言，其生产有典型的多品种、小批量特点，物料采购、加工提前期可能会比大批量生产更长，其主生产计划的制定需要考虑的约束条件更为复杂，需要注意与其他产品的生产协调。

物料需求计划（MRP）则是主生产计划结合物料清单（BOM）得到的，如果在其中加入能力需求计划（CRP），确定了物料采购和生产加工的具体时间及数量，即可在车间进行作业调度，确定加工任务的顺序。有关 MRP 的描述在第 5 章中有过详细阐述，此处不再展开。

（3）FMS 的生产控制

生产控制的目的是根据现场的实时信息对生产计划和调度进行修正，使实际产出量、质量、时间满足预定的标准。生产控制有广义和狭义之分。广义的生产控制涵盖产品的整个生产周期，从投产到入库，包括生产安排、进度管理及调整、物料供应、库存管理、质量控制、成本控制等内容；狭义的生产控制就是控制产品的生产进度，也称生产作业控制。

生产控制可以分为事后控制、事中控制和事前控制三种方式。事后控制指的是每一期结束后将实际产出与计划产出进行比较，然后据此对下一期生产做出调整；事中控制是指实时地按照现场信息与计划情况进行比较，随时调整本期生产状态，要求信息及时准确、决策迅速、修正快捷，使生产按照理想计划执行；事前控制主要是根据历史作业情况，预测本期可能出现的状况，在活动开始前进行提前修正，改变输入，以期获得理想输出，主要依靠预测的准确性与调整的及时性。

采用哪种控制方式与企业生产特点和管理水平有关。无论采用哪一种控制方式，都需要经过以下几个步骤：

① 制定控制标准。包括生产节点以及节点的人、机、料等情况，可以参考各项生产计划指标，如消耗定额、产品质量指标、库存指标等。

② 检测比较。统计生产节点信息，与控制标准进行比较，找到差距。

③ 控制决策。分析差距原因，改正决策方案。

④ 实施控制措施。根据控制决策采取控制行动，查看控制效果。

实施生产控制时，可以进行跟踪式控制，即随时检查、分析生产进度和生产条件的变化并进行修正；也可以进行逆向式控制，即像看板管理一样，以企业最终产品的产出作为控制起点，对于市场经常需要的产品，则以库存量为起点进行控制，如果是不定期小批量或者临时需要订货的产品，则以满足交货期作为控制的起点；也可以按照精益思想或者约束理论，不断发现生产过程中的浪费或者瓶颈环节，然后以现场控制和关键点控制实施持续改善，提高生产水平。

本章小结

CIMS 在智能制造中占据比较重要的地位，是自动化程度不同的多个子系统的集成，让各种自动化系统通过计算机实现信息集成和功能集成。本章首先介绍了 CIMS 的定义、发展、系统构成等内容，然后从定义、发展、体系及功能等方面分别介绍了 CIMS 中比较有代表性的 CAD、CAPP、CAM、FMS。

思考题

5-1　如何理解计算机集成制造系统（CIMS）的定义与系统构成？

5-2　如何理解智能 CAD 系统在智能制造中的作用？

5-3　如何理解智能 CAPP 系统？

5-4　进一步查找文献和资料，举例说明 CAD/CAPP/CAM 系统集成方法。

5-5　如何理解柔性制造系统（FMS）的定义与系统构成？

第6章

新一代智能制造信息支撑技术

 学习目标

① 掌握智能传感技术、物联网与工业物联网、工业互联网、人工智能、大数据与工业大数据、云计算与边缘计算、虚拟现实/增强现实/混合现实、数字孪生与工业数字孪生技术的基本定义、体系架构及核心技术。

② 熟悉智能传感技术、物联网与工业物联网、工业互联网等新一代智能制造信息支撑技术的基本应用。

③ 了解智能传感技术、物联网与工业物联网、工业互联网等新一代智能制造信息支撑技术的基本发展及其在智能制造中的应用。

扫码获取本章课件

思维导图

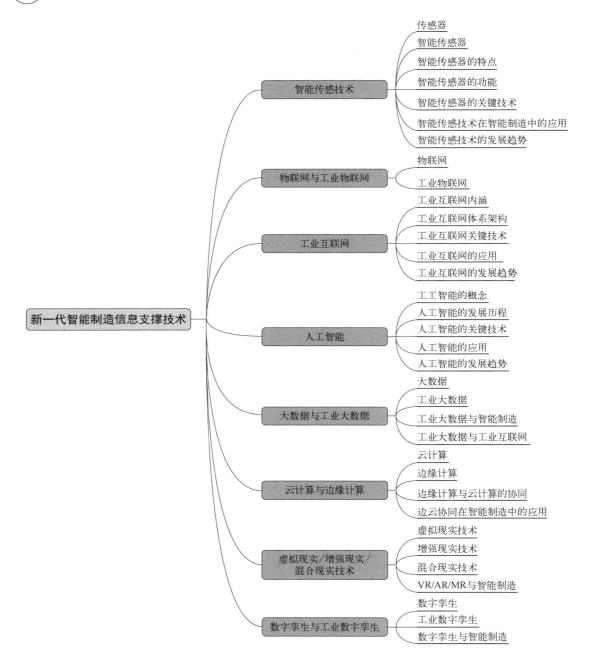

《中国制造 2025》明确提出，未来 10 年我国将把智能制造作为"两化"深度融合的主攻方向，加快推动新一代信息技术与制造技术融合发展，着力发展智能装备和智能产品，推进生产过程智能化，培育新型生产方式，全面提升企业研发、生产、管理和服务的智能化水平。其中，信息技术已成为推动新一轮工业革命先导性的核心要素，是实现制造业数字化、网络化、智能化的关键基础。因此，在制造业融合发展的过程中，积极发挥信息技术的基础性和先导性作用，对于落实国家重大战略发展要求，紧抓新工业革命历史机遇，推动制造业向智能制造转型升级具有重要意义。

6.1　智能传感技术

传感技术是信息技术的三大基础之一，自 20 世纪 80 年代起就得到了世界各国的重视，在今后的发展中，新材料的开发，集成化，多功能化，智能化，加工技术微精细化，指标高精度化，性能高稳定、高可靠及网络化将成为传感技术的研究重点。其中智能化和网络化体现了多种技术的结合，是当今国际研究热点之一。

现代信息技术发展到今天，传感器的重要性越来越高，物联网、人工智能、数字孪生、智能制造以及元宇宙等，都离不开传感器。人们在研究自然现象和规律以及生产活动中凭借自身的感觉器官从外界获取信息是远远不够的，为适应瞬息万变的环境需求，就必须借助外部设备——传感器。从智能手机到智能语音设备，从能源平台到工业设备，传感器自然而然地"化身"为人类连接机器、人类自身，以及自然环境的外延"器官"，它帮助人类将曾经不可知、难判断的信息变成易获取、更精准的数据。传感器已经成为数字化社会最为重要的基础设施。

6.1.1　传感器

（1）传感器的定义

传感器是一种检测设备，是人们认知世界的一种工具，或者一种手段，是在我们人类的眼、耳、鼻、舌、身的基础上建立的一种对宇宙认知的延伸扩展，能将检测到的信息，按一定规律转换为电信号或其他所需形式的信息输出，以满足信息的传输、处理、存储、显示、记录和控制等要求。它可以检测到温度、声音、压力、位移、亮度等信息，然后将它们转换为电流或电压等电信号。有了传感器，制造出来的设备才能实现智能化、网络化、数字化。

国家标准 GB/T 7665—2005 对传感器的定义是：能感受被测量并按照一定的规律转换成可用输出信号的器件或装置，通常由敏感元件和转换元件组成。

中国物联网校企联盟认为，传感器的存在和发展，让物体有了触觉、味觉和嗅觉等感官，让物体慢慢变得"活"了起来。

"传感器"在新韦式大词典中定义为：从一个系统接收功率，通常以另一种形式将功率送到第二个系统中的器件。

（2）传感器组成

传感器一般由敏感元件、转换元件、变换电路和辅助电源四部分组成，如图 6.1 所示。

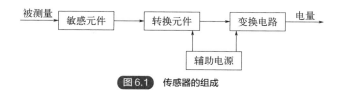

图 6.1　传感器的组成

敏感元件直接感受被测量，并输出与被测量有确定关系的物理量信号。转换元件将敏感元件输出的物理量信号转换为电信号。变换电路负责对转换元件输出的电信号进行放大调制。转换元件和变换电路一般还需要辅助电源供电。

（3）传感器的作用

人通过五官（即眼、耳、鼻、舌、身，对应视、听、嗅、味、触五觉）接收外界的信息，经过大脑处理（信息处理），做出相应的动作。用计算机控制的自动化装置来代替人的劳动，则可以说计算机相当于人的大脑，而传感器则相当于人的五官部分（"电五官"），如图 6.2 所示。

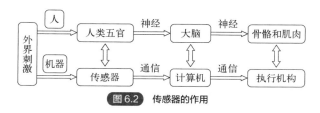

图 6.2　传感器的作用

6.1.2　智能传感器

智能传感器的概念最初是美国宇航局（NASA）在开发宇宙飞船的过程中形成的。为保证整个太空飞行过程的安全，要求传感器精度高、响应快、稳定性好，同时具有一定的数据存储和处理能力，能够实现自诊断、自校准、自补偿及远程通信等功能，而传统传感器在功能、性能和工作容量方面显然不能满足这样的要求，于是智能传感器便应运而生。

（1）智能传感器的定义

智能传感器是集成传感器、执行器和电子电路的智能设备；或集成传感元件和微处理器，并具有监控和处理功能的设备。

关于智能传感器的中、英文称谓，尚未有统一的说法。John Brignell 和 Nell White 认为"intelligent sensor"是英国人对智能传感器的称谓，而"smart sensor"是美国人对智能传感器的俗称。而 Johan H.Huijsing 在 *Integrated Smart Sensor* 一书中按集成化程度的不同，分别称为"smart sensor""integrated smart sensor"。对于"smart sensor"的中文译名，有译为"灵巧传感器"的，也有译为"智能传感器"的。

刘君华在《智能传感器系统》中对智能传感器的定义为：传感器与微处理器赋予智能的结合，兼有信息检测与信息处理功能的传感器就是智能传感器（系统）。模糊传感器也是一种智能传感器（系统），将传感器与微处理器集成在一块芯片上是构成智能传感器（系统）的一种方式。

刘迎春在《现代新型传感器原理与应用》中对智能传感器的定义为：智能式传感器就是一种带微处理机的，兼有信息检测、信息记忆以及逻辑思维与判断功能的传感器。

（2）智能传感器的组成

智能传感器指具有数据信息采集、数据信息处理等功能的多元件集成电路，是集传感器、微处理器（或微计算机）及相关电路于一体的设备。智能传感器基本结构如图6.3所示。

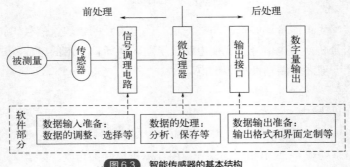

图6.3 智能传感器的基本结构

传感器负责设备信息检测和采集，计算机根据设定对输入信号进行处理，通过计算机接口与其他装置进行通信。智能传感器的实现可以采用模块式、集成式或混合式等结构。没有智能传感器，就不会有所谓的第四次工业革命，也就不会有智能城市应用，不会有智能交通，不会有智能制造。智能传感器在智能制造、智慧农业、智慧交通、人工智能等领域发挥重要作用。

6.1.3　智能传感器的特点

智能传感器是一个以微处理器为内核，扩展了外围部件的计算机检测系统。相比一般传感器，智能传感器有如下显著特点。

（1）提高了传感器的精度

智能传感器具有信息处理功能，通过软件不仅可修正各种确定性系统误差（如传感器输入输出的非线性误差、幅度误差、零点误差、正反行程误差等），而且还可适当地补偿随机误差、降低噪声，大大提高了传感器精度。

（2）提高了传感器的可靠性

集成传感器系统小型化，消除了传统结构的某些不可靠因素，改善了整个系统的抗干扰性能。同时，它还有诊断、校准和数据存储功能（对于智能结构系统还有自适应功能），具有良好的稳定性。

（3）提高了传感器的性能价格比

在相同精度的需求下，多功能智能传感器与单一功能的普通传感器相比，性能价格比明显提高，尤其是在采用较便宜的单片机后更为明显。

（4）促成了传感器多功能化

智能传感器可以实现多传感器、多参数综合测量，通过编程扩大测量与使用范围；有一定的自适应能力，可根据检测对象或条件的改变，相应地改变输出数据的范围形式；具有数字通信接口功能，直接送入远地计算机进行处理；具有多种数据输出形式（如 RS232 串行输出、PIO 并行输出、IEEE-488 总线输出以及经 D/A 转换后的模拟量输出等），适配各种应用系统。

6.1.4　智能传感器的功能

总体来说，智能传感器的主要功能是：具有自校零、自标定、自校正功能；具有自动补偿功能；能够自动采集数据，并对数据进行预处理；能够自动进行检验、自选量程、自寻故障；具有数据存储、记忆与信息处理功能；具有双向通信、标准化数字输出或者符号输出功能；具有判断、决策处理功能。

智能传感器的功能是通过模拟人的感官和大脑的协调动作，结合长期以来测试技术的研究和实际经验提出来的。智能传感器是一个相对独立的智能单元，它的出现使对原来硬件性能的苛刻要求有所减轻，而靠软件帮助可以使传感器的性能大幅度提高。

（1）信息存储和传输

随着全智能集散控制系统的飞速发展，智能单元要求具备通信功能，用通信网络以数字形式进行双向通信，这也是智能传感器关键标志之一。智能传感器通过测试数据传输或接收指令来实现各项功能，如增益的设置、补偿参数的设置、内检参数设置、测试数据输出等。

（2）自补偿和计算功能

多年来从事传感器研制的工程技术人员一直为传感器的温度漂移和输出非线性做大量的补偿工作，但都没有从根本上解决问题。而智能传感器的自补偿和计算功能为传感器的温度漂移和非线性补偿开辟了新的道路。这样，放宽传感器加工精密度要求，只要能保证传感器的重复性好，利用微处理器对测试的信号通过软件进行计算，采用多次拟合和差值计算方法对漂移和非线性进行补偿，就能获得较精确的测量结果。

（3）自检、自校、自诊断功能

普通传感器需要定期检验和标定，以保证它在正常使用时足够准确，这些工作一般要求将传感器从使用现场拆卸后送到实验室或检验部门进行，对于在线测量传感器出现异常则不能及时诊断。采用智能传感器情况则大有改观，首先自诊断功能在电源接通时进行自检、诊断测试以确定组件有无故障；其次根据使用时间可以在线进行校正，微处理器利用存储在 EPROM 内的计量特性数据进行对比校对。

（4）复合敏感功能

我们观察周围的自然现象，常见的信号有声、光、电、热、力、化学等。敏感元件测量一般通过两种方式：直接测量和间接测量。而智能传感器具有复合功能，能够同时测量多种物理量和化学量，给出能够较全面反映物质运动规律的信息。

（5）智能传感器的集成化

大规模集成电路的发展使得传感器与相应的电路都集成到同一芯片上，而这种具有某些智能功能的传感器叫作集成智能传感器。集成智能传感器的功能有三个方面的优点：

① 较高信噪比。传感器的弱信号先经集成电路放大后再远距离传送，就可大大改进信噪比；

② 改善性能。由于传感器与电路集成于同一芯片上，对于传感器的零漂、温漂和零位可以通过自校单元定期自动校准，还可以采用适当的反馈方式改善传感器的频响；

③ 信号归一化。传感器的模拟信号通过程控放大器进行归一化，又通过模数转换器转换成数字信号，微处理器按数字传输的几种形式进行数字归一化，如串行、并行、频率、相位和脉冲等。

6.1.5　智能传感器的关键技术

不论智能传感器是分离式的结构还是集成式的结构，其智能化核心为微处理器，许多特有功能都是在最少硬件基础上依靠强大的软件优势来实现的，而各种软件则与其实现原理及算法直接相关。其关键技术主要有间接传感、非线性的线性化校正、自诊断、动态特性校正、自校准与自适应量程、电磁兼容性。

（1）间接传感

间接传感是指利用一些容易测得的过程参数或物理参数，通过寻找这些过程参数或物理参数与难以直接检测的目标被测变量的关系，建立测量模型，采用各种计算方法，用软件实现待测变量的测量。

智能传感器间接传感核心在于建立传感模型。目前建立模型的方法有：基于工艺机理的建模方法、基于数据驱动的建模方法和混合建模方法。

（2）非线性的线性化校正

智能传感器具有通过软件对前端传感器进行非线性的自动校正功能，即能够实现传感器输入-输出的线性化。

智能传感器线性化校正原理框图及输入-输出特性线性化原理分别如图 6.4、图 6.5 所示。

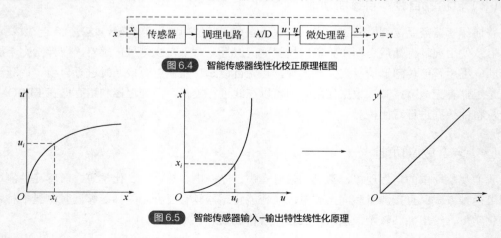

图 6.4　智能传感器线性化校正原理框图

图 6.5　智能传感器输入-输出特性线性化原理

（3）自诊断

智能传感器自诊断技术俗称"自检"，要求对智能传感器自身各部件，包括软件和硬件进行检测，如 ROM、RAM、寄存器、插件、A/D 及 D/A 转换电路及其他硬件资源等的自检验，以及验证传感器能否正常工作，并显示相关信息。

对传感器进行故障诊断主要以传感器的输出值为基础。其主要有：硬件冗余诊断法、基于数学模型的诊断法、基于信号处理的诊断法及基于人工智能的故障诊断法等。

（4）动态特性校正

在智能传感器中，对传感器进行动态校正的方法多是用一个附加的校正环节与传感器相连，如图 6.6 所示，使合成的总传递函数达到理想或近乎理想（满足准确度要求）状态。

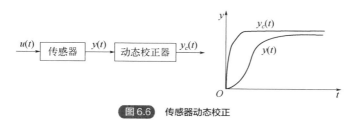

图6.6 传感器动态校正

目前对传感器的特性进行提高的软件方法主要有：将传感器的动态特性用低阶微分方程来表示；按传感器的实际特性建立补偿环节。

（5）自校准与自适应量程

① 自校准。传感器的自校准采用各种技术手段来消除传感器的各种漂移，以保证测量的准确。自校准在一定程度上相当于每次测量前的重新定标，它可以消除传感器系统的温度漂移和时间漂移。

② 自适应量程。传感器的自适应量程，要综合考虑被测量的数值范围，以及对测量准确度、分辨率的要求等因素来确定增益（含衰减）挡位的设定和确定切换挡的准则，这些都依具体问题而定。

（6）电磁兼容性

随着现代电子科学技术向高频、高速、高灵敏度、高安装密度、高集成度、高可靠性方面发展，电磁兼容性作为智能传感器的性能指标，受到越来越多的重视。要求传感器与同一时空环境的其他电子设备相互兼容，既不受电磁干扰的影响，也不会对其他电子设备产生影响。

一般来说，抑制传感器电磁干扰可以从以下几个方面考虑：

① 削弱和减少噪声信号的能量；

② 破坏干扰的路径；

③ 提高线路本身的抗干扰能力。

6.1.6 智能传感技术在智能制造中的应用

智能制造是先进传感、仪器、监测、控制和过程优化的技术和实践的组合，它们将信息和通信技术与制造环境融合在一起，实现了工厂和企业中产量、生产率、成本的实时管理，体现了制造业的智能化、数字化和网络化。智能制造是中国制造业产业升级的必经之路。

智能制造实施的关键步骤：状态感知（通过智能传感器准确感知设备或系统的实时运行状态）→实时分析（对获取的设备或系统的实时运行状态数据进行快速准确地加工和处理）→自动决策（根据数据处理结果，按照设定的规则自动做出判断和决策）→精准执行（执行机构实现自动决策的执行）。

智能制造系统主要包括：设备层、控制层、运营层和企业层。智能制造与智能传感技术紧密联系，各式各样嵌入的、绝对的、相对的、静止的和运动的传感器应用于企业生产中，它们是帮助人们采集、获取信息的重要手段。智能制造中传感器属于基础零部件，它是工业的基石、性能的关键和发展的瓶颈。传感器的智能化、无线化、微型化和集成化是未来智能制造技术发展的关键。智能制造中应用的常见的智能传感技术主要有机器视觉技术、RFID 技术、工业机器人技术等应用。

（1）机器视觉技术

机器视觉的发展主要经历了从黑白到彩色、从低分辨率到高分辨率、从静态到动态、从 2D 走向 3D 的演变过程。其技术的迭代也遵循相应的发展规律。

随着行业发展，机器视觉技术在各大领域都得到了各行各业的认可，在工业上应用非常广泛，进入了高速发展的阶段。

根据制造工程师协会的定义：机器视觉就是使用光学非接触式感应设备自动接收并解释真实场景的图像以获得信息控制机器或流程。

机器视觉系统主要由照明电源、镜头、相机、图像采集/处理卡、图像处理系统、其他外部设备等组成，如图 6.7 所示。

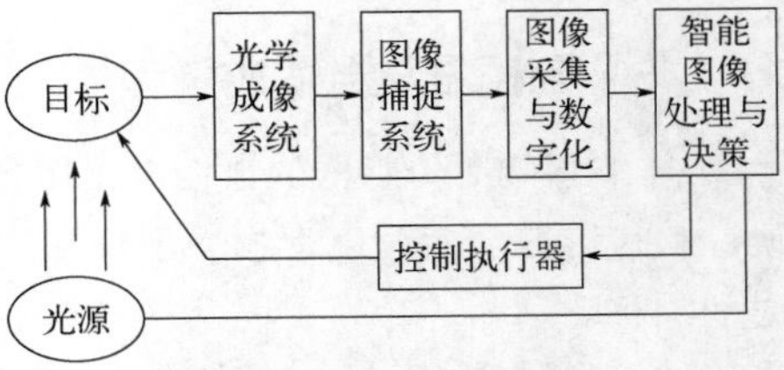

机器视觉可分为"视"和"觉"两部分。"视"是将外界信息通过成像来显示成数字信号反馈给计算机，需要依靠一整套的硬件解决方案，包括光源、相机、图像采集卡、视觉传感器等。"觉"则是计算机对数字信号进行处理和分析，主要是软件算法。

图 6.7 机器视觉系统基本构成

机器视觉技术在工业中的应用包括检验、计量、测量、定位、瑕疵检测和分拣，比如：汽车焊装生产线，检查四个车门和前后盖的内板边框所涂的折边胶是否连续，是否有满足技术要求的高度；啤酒灌装生产线，检查啤酒瓶盖是否正确密封、装灌啤酒的液位是否正确等。机器视觉参与的质量检验比人工检验要快、准。

如果能让机器像人一样具有自我意识，就可以根据产品的位置、亮度、颜色、表面特征等信息进行对应的操作，进一步解放生产力，完成柔性化的制造，而实现这一切的前提就是为机器人装上"眼睛"，也就是机器视觉。机器视觉应用赋予工业机器人智慧化，并成为助力整个工业从 3.0 时代步入 4.0 时代的关键一环，为智能制造的落地打开了"新窗口"，为智能制造实现提供了坚实的基础。

（2）RFID 技术

RFID（radio frequency identification，射频识别）是一种非接触、实时快速、高效准确地采集和处理对象信息的自动识别技术。RFID 是传统条码技术的继承者，又称为"电子标签"。RFID 主要由标签、天线、读写器和控制软件组成，简单理解为读写器通过无线电波技术，无接触式快速批量读写标签内的信息。RFID 技术原理及组成如图 6.8 所示。

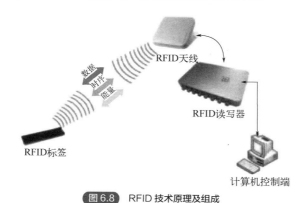

图6.8　RFID 技术原理及组成

在工业生产过程中使用 RFID 技术，将产品放置于托盘/工装，安装于生产线的 RFID 阅读器自动识别托盘/工装的 RFID 标签，并与 MES 实时对接，完成信息绑定跟踪管理、零配件识别、加工工序自动识别、检测设备自动对接等功能。

RFID 作为一种自动化的数据采集技术，必须要与相关的软件系统，如 WMS、LES、MES 等结合应用，满足数据自动批量采集上传、自动校验、自动反馈等业务需求。智能制造缺少了 RFID 技术，就无法获取产品数据，也就无法实现自动化控制。RFID 技术是智能制造实现的必备技术。

（3）工业机器人中的传感技术

智能制造生产线上，工业机器人起着非常关键的作用。工业机器人是一种自动执行工作的机器，它可以接收人类命令运行预先编程的程序或根据基于人工智能技术的原则行事，其使命是协助或替代人类的工作，例如生产、建筑或危险工作。

工业机器人主要由驱动系统、感知系统、交互系统、机械系统及控制系统五个子系统组成，其中感知系统主要是使工业机器人感知内部和外部环境状态的信息，如图 6.9 所示。

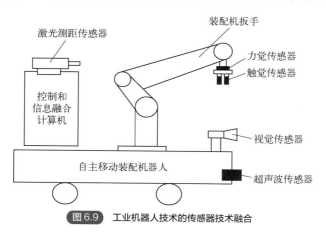

图6.9　工业机器人技术的传感器技术融合

6.1.7　智能传感技术的发展趋势

如今，智能传感技术朝着以下几个方向发展。

（1）向高精度发展

随着自动化生产程度的提高，对传感器的要求也在不断提高。因此，为了确保生产自动化的可靠性，必须开发出灵敏度高、精确度高、响应速度快、具有良好互换性的新型传感器。

（2）向高可靠性、宽温范围发展

传感器的可靠性直接影响电子设备的抗干扰性能，开发高可靠、宽温度范围的传感器将是永久性的方向。开发新材料（如陶瓷）传感器将有很大的发展前景。

（3）向微型化发展

各种控制仪器、智能工业设备的功能越来越强，要求各部件体积越小越好，所以传感器本身体积越小越好，需要开发新的材料和加工技术。目前，硅材料制成的传感器体积很小。例如，传统的加速度传感器是由重力块和弹簧制成的，体积较大、稳定性差、寿命短，而激光等微加工技术制成的硅加速度传感器体积很小、可靠性更好。

（4）向微功耗和无源化发展

传感器一般从非电量转换为电量，工作时离不开电源，在野外或远离电网的地方，经常用电池或太阳能供电。开发微功耗传感器和无源传感器是必然的发展方向，既能节约能源，又能提高系统寿命。

（5）向智能数字化发展

随着现代化的发展，传感器的功能已经突破了传统的功能，其输出不再是单一的模拟信号（如$0 \sim 10\text{mV}$），而是经过微机处理的数字信号，有的甚至有控制功能，这就是所谓的数字传感器。

（6）向网络化发展

网络化是传感器发展的重要方向。网络的作用和优势逐渐显现，网络传感器必将促进电子技术的发展。

智能传感器是物联网发展中最重要的技术之一。它不仅为传统产业注入了新鲜血液，也引领了传感器产业的发展趋势。随着智能传感器技术的发展，新一代智能传感器将与人工神经网络相结合，通过人工智能等技术不断完善其功能，具有可观的发展前景。

6.2　物联网与工业物联网

物联网技术（internet of things，IoT）起源于传媒领域，是信息科技产业的第三次革命。智

能制造的核心是借助物联网系统将相关物理设备与信息网络连接起来，综合运用云计算、大数据和远程控制技术，构建起一个人、机、物之间数据信息实时交互，可自主运行、维护和优化的工业物联网（industrial internet of things，简称 IIoT）环境。

6.2.1　物联网

（1）物联网的定义与发展

① 物联网的定义。物联网即"万物相连的互联网"，是在互联网基础上延伸和扩展的网络，是将各种信息传感设备与网络结合起来而形成的一个巨大网络，可实现任何时间、任何地点的人、机、物的互联互通。其主要内涵是利用互联网将多种物体连接起来，能够实现智能化的数据融合管理，通过网络对物体进行实时监控，有效实现人与物、物与物的信息沟通和共享。

物联网是新一代信息技术的重要组成部分，IT 行业内又叫"泛互联"，意指物物相连，万物万联。由此得出，"物联网就是物物相连的互联网"。这有两层意思：

第一，物联网的核心和基础仍然是互联网，是在互联网基础上延伸和扩展的网络；

第二，其用户端延伸和扩展到了任何物品与物品之间，进行信息交换和通信。

因此，物联网的定义是通过射频识别、红外感应器、全球定位系统、激光扫描器等信息传感设备，按约定的协议，把任何物品与互联网相连接，进行信息交换和通信，以实现对物品的智能化识别、定位、跟踪、监控和管理的一种网络。

② 物联网的发展。物联网概念最早出现于比尔·盖茨 1995 年出版的《未来之路》一书。在《未来之路》中，比尔·盖茨已经提及物联网概念，只是当时受限于无线网络、硬件及传感设备的发展，并未引起世人的重视。

1998 年，美国麻省理工学院创造性地提出了当时被称作 EPC 系统的物联网的构想。

1999 年，美国 Auto-ID 提出物联网的概念，主要是建立在物品编码、RFID 技术和互联网的基础上。过去在中国，物联网被称为传感网。中国科学院早在 1999 年就启动了传感网的研究，并已取得了一些科研成果，建立了一些适用的传感网。同年，在美国召开的移动计算和网络国际会议提出了"传感网是下一个世纪人类面临的又一个发展机遇"。

2003 年，美国《技术评论》提出传感网络技术将是未来改变人们生活的十大技术之首。

2005 年 11 月 17 日，在突尼斯举行的信息社会世界峰会（WSIS）上，国际电信联盟（ITU）发布了《ITU 互联网报告 2005：物联网》，正式提出了物联网的概念。报告指出，无所不在的物联网通信时代即将来临，世界上所有的物体从轮胎到牙刷、从房屋到纸巾都可以通过物联网主动进行交换。射频识别技术（RFID）、传感技术、纳米技术、智能嵌入技术将得到更加广泛的应用和关注。

2021 年 7 月 13 日，中国互联网协会发布了《中国互联网发展报告（2021）》，物联网市场规模达 1.7 万亿元，人工智能市场规模达 3031 亿元。

2021 年 9 月，工信部等八部门印发《物联网新型基础设施建设三年行动计划（2021—2023 年）》，明确到 2023 年底，在国内主要城市初步建成物联网新型基础设施，社会现代化治理、产业数字化转型和民生消费升级的基础更加稳固。

随着我国经济的快速发展，社会对物联网概念的应用需求也在日益增长，而 5G、云计算、大数据和人工智能的发展，也在推动着物联网时代的到来。2022 年 11 月，工信部印发了

《"十四五"信息通信行业发展规划》，明确提出推动移动物联网概念发展相关工程，使得物联网概念在新一轮技术革命中的意义进一步凸显。

物联网技术的发展历程可以分为以下几个阶段。

- 第一阶段：单一设备互联。物联网技术最早的应用是单一设备互联，这个阶段主要是通过有线连接、局域网等技术实现设备之间的互联。这个阶段的应用主要集中在工业自动化、智能家居等领域。
- 第二阶段：无线传感器网络。随着无线通信技术的发展，物联网技术进入了第二个阶段，即无线传感器网络。这个阶段的应用主要是通过低功耗无线传输技术实现设备之间的互联，包括蓝牙、ZigBee 等技术。这个阶段的应用主要集中在智能家居、智能运输等领域。
- 第三阶段：云计算与大数据。随着云计算和大数据技术的发展，物联网技术进入了第三个阶段，即云计算与大数据。这个阶段的应用主要是通过云计算和大数据技术实现设备之间的数据交互和分析，提供更加智能化的解决方案。这个阶段的应用主要集中在智能城市、智能医疗等领域。
- 第四阶段：人工智能。随着人工智能技术的发展，物联网技术进入了第四个阶段，即人工智能。这个阶段的应用主要是通过人工智能技术实现设备之间的智能化交互和管理，提供更加智能化的解决方案。这个阶段的应用主要集中在智能制造、智能交通等领域。

（2）物联网的体系结构

根据物联网的本质属性和应用特征，其体系结构可分为三层：感知层（底层）、网络层（中间）和应用层（顶层），如图 6.10 所示。

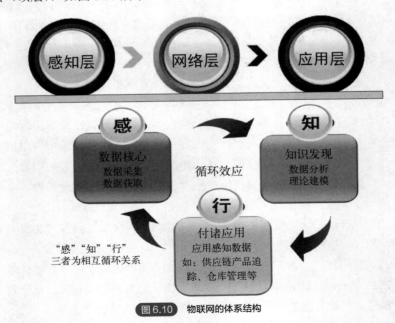

图 6.10　物联网的体系结构

"感"——感知层，即全面的信息感知，是物联网的皮肤和五官，通过传感器、RFID、智能卡、条形码、人机接口等多种信息感知设备，解决数据获取和入网问题。

"知"——网络层，是物联网的神经中枢和大脑，解决信息的可靠传输和智能处理。

"行"——应用层，即各行各业的应用平台，相当于物联网的社会分工，主要解决信息智能处理和人机界面的问题。

（3）物联网的特征

从通信对象和过程来看，物与物、人与物之间的信息交互是物联网的核心。物联网的基本特征可概括为整体感知、可靠传输和智能处理。其中，整体感知是利用射频识别、二维码、智能传感器等感知设备感知获取物体的各类信息；可靠传输是通过对互联网、无线网络的融合，将物体的信息实时、准确地传送，以便信息交流、分享；智能处理是使用各种智能技术，对感知和传送到的数据、信息进行分析处理，实现监测与控制的智能化。

根据物联网的以上特征，结合信息科学的观点，围绕信息的流动过程，可以归纳出物联网的功能有以下几点。

① 获取信息的功能。主要是信息的感知、识别。信息的感知是指对事物属性状态及其变化方式的知觉；信息的识别指能把所感受到的事物状态用一定方式表示出来。

② 传送信息的功能。主要是信息发送、传输、接收等环节，最后把获取的事物状态信息及其变化的方式从时间（或空间）上的一点传送到另一点的任务，也就是常说的通信过程。

③ 处理信息的功能。主要是指信息的加工过程，利用已有的信息或感知的信息产生新的信息，实际上是制定决策的过程。

④ 施效信息的功能。主要指信息最终发挥效用的过程，有很多的表现形式，比较重要的是通过调节对象事物的状态及其变换方式，始终使对象处于预先设计的状态。

（4）物联网的关键技术

① 射频识别技术。谈到物联网，就不得不提到物联网发展中备受关注的射频识别技术（radio frequency identification，简称 RFID）。RFID 是一种简单的无线系统，由一个询问器（或阅读器）和很多应答器（或标签）组成。标签由耦合元件及芯片组成，每个标签具有扩展词条唯一的电子编码，附着在物体上标识目标对象。它通过天线将射频信息传递给阅读器，阅读器就是读取信息的设备。RFID 技术让物品能够"开口说话"。这就赋予了物联网一个特性即可跟踪性，就是说人们可以随时掌握物品的准确位置及其周边环境。据 Sanford C. Bernstein 公司的零售业分析师估计，RFID 带来的这一特性，可使沃尔玛每年节省 83.5 亿美元，其中大部分是因为不需要人工查看进货的条码而节省的劳动力成本。RFID 帮助零售业解决了商品断货和损耗（因盗窃和供应链被搅乱而损失的产品）两大难题（仅盗窃一项，沃尔玛一年的损失就接近 20 亿美元）。

② 微机电系统。MEMS 是微机电系统（micro - electro - mechanical systems）的英文缩写。它是由微传感器、微执行器、信号处理和控制电路、通信接口和电源等部件组成的一体化的微型器件系统。其目标是把信息的获取、处理和执行集成在一起，组成多功能的微型系统，集成于大尺寸系统中，从而大幅度地提高系统的自动化、智能化和可靠性水平。它是比较通用的传感器。因为 MEMS，赋予了普通物体新的生命，它们有了属于自己的数据传输通路，有了存储功能、操作系统和专门的应用程序，从而形成一个庞大的传感网。这让物联网能够通过物品来

实现对人的监控与保护。遇到酒后驾车的情况，如果在汽车和汽车点火钥匙上都植入微型传感器，那么当喝了酒的司机掏出汽车钥匙时，钥匙能透过气味感应器察觉到一股酒气，就通过无线信号立即通知汽车 "暂停发动"，汽车便会处于休息状态。同时"命令"司机的手机给他的亲朋好友发短信，告知司机所在位置，提醒亲友尽快来处理。不仅如此，未来衣服可以"告诉"洗衣机放多少水和洗衣粉最经济；文件夹会"检查"我们忘带了什么重要文件；食品蔬菜的标签会向顾客的手机介绍"自己"是否真正"绿色安全"。这就是物联网世界中被"物"化的结果。

③ M2M 系统框架。M2M 是 machine-to-machine/man 的简称，是一种以机器终端智能交互为核心的、网络化的应用与服务。它将使对象实现智能化的控制。M2M 技术涉及 5 个重要的技术部分：机器、M2M 硬件、通信网络、中间件、应用。基于云计算平台和智能网络，M2M 可以依据传感器网络获取的数据进行决策，通过改变对象的行为进行控制和反馈。拿智能停车场来说，当车辆驶入或离开天线通信区时，天线以微波通信的方式与电子识别卡进行双向数据交换，从电子车卡上读取车辆的相关信息，在司机卡上读取司机的相关信息，自动识别电子车卡和司机卡，并判断车卡是否有效和司机卡的合法性，核对车道控制电脑显示与该电子车卡和司机卡一一对应的车牌号码及驾驶员等资料信息；车道控制电脑自动将通过时间、车辆和驾驶员的有关信息存入数据库中，车道控制电脑根据读到的数据判断是正常卡、未授权卡、无卡还是非法卡，据此做出相应的回应和提示。另外，家中老人戴上嵌入智能传感器的手表，在外地的子女可以随时通过手机查询父母的血压、心跳是否稳定；智能化的住宅在主人上班时，传感器自动关闭水、电、气和门窗，定时向主人的手机发送消息，汇报安全情况。

④ 云计算。云计算旨在通过网络把多个成本相对较低的计算实体整合成一个具有强大计算能力的完美系统，并借助先进的商业模式让终端用户可以得到这些强大计算能力的服务。如果将 计算能力比作发电能力，那么大家习惯的单机计算模式转向云计算模式，就好比从古老的单机发电模式转向现代电厂集中供电的模式，而"云"就好比发电厂，具有单机所不能比拟的强大计算能力。这意味着计算能力也可以作为一种商品进行流通，就像煤气、水、电一样，取用方便、费用低廉，以至于用户无须自己配备。与电力是通过电网传输不同，计算能力是通过各种有线、无线网络传输的。因此，云计算的一个核心理念就是通过不断提高"云"的处理能力，不断减少用户终端的处理负担，最终使其简化成一个单纯的输入输出设备，并能按需享受"云"强大的计算处理能力。物联网感知层获取大量数据信息，在经过网络层传输以后，放到一个标准平台上，再利用高性能的云计算对其进行处理，赋予这些数据智能，才能最终转换成对终端用户有用的信息。

（5）物联网的应用

随着时代和科技的快速发展，物联网技术被应用在我们生活的方方面面。下面列举了物联网技术在我们生活中的 9 大领域，相信在不久的未来，我们的生活方式和习惯都会得到极大的改变。

① 智慧城市。智慧城市管理就是要利用物联网、移动网络等技术感知和使用各种信息，整合各种专业数据，建设一个包含行政管理、城市规划、应急指挥、决策支持、社交等综合信息的城市服务、运营管理系统。

智慧城市管理运营体系涉及公安、娱乐、餐饮、土地、环保、城建、交通、环卫、规划、城管、林业和园林绿化、质监、食药、安监、水电、电信等领域，还包含消防、天气等相关业务。它以城市管理要素和事项为核心，以事项为相关行动主体，加强资源整合、信息共享和业务协同，实现政府组织架构和工作流程优化重组，推动管理体制转变，发挥服务优势。

② 智慧医疗。智慧医疗利用物联网和传感技术，将患者与医务人员、医疗机构、医疗设备有效地连接起来，使整个医疗过程信息化、智能化。

智慧医疗使从业者能够搜索、分析和引用大量科学证据来支持自己的诊断，并通过网络技术实现远程诊断、远程会诊、临床智能决策、智能处方等功能。同时，它还可以惠及医生和整个医疗生态系统的每个群体（如医学研究人员、药品供应商和保险公司）。通过智慧医疗，可以建立不同医疗机构之间的医疗信息集成平台，进而整合医院之间的业务流程，共享和交换医疗信息和资源，还可以实现跨医疗机构的网上预约和双向转诊，极大地提高了医疗资源的合理配置，真正做到了以患者为中心。

③ 智能交通。智能交通系统是先进的信息技术、数据通信传输技术、电子传感技术、控制技术和计算机技术在整个地面交通管理系统中的综合有效应用。

智能交通可以有效利用现有交通设施，减轻交通负荷和环境污染，保障交通安全，提高运输效率。智能交通的发展有赖于物联网技术的发展。随着物联网技术的不断发展，智能交通系统可以越来越完善。

21 世纪是道路交通信息化的时代。人们将采用的智能交通系统是先进的交通综合管理系统。在这个系统中，车辆依靠自己的智能在道路上自由行驶，而高速公路则依靠自己的智能将车流调节到最佳状态。在智能交通管理系统的帮助下，管理者可以对道路、车辆和人更科学、更严谨地进行智能管理和智能决策。

④ 智能物流。2009 年，IBM 提出建立面向未来的供应链，具有先进、互联和智能的特征，可以通过传感器、RFID 标签、执行器、GPS 等设备和系统生成实时信息，然后扩展了"智能物流"的概念。与智能物流强调构建基于虚拟物流动态信息的互联网管理系统不同，智能物流更注重物联网、传感器网络和互联网的融合。这个一体化环境以各种应用服务系统为载体。

⑤ 智慧校园。智慧校园是将教学、科研、管理与校园生活充分融合，将学校教学、科研、管理与校园资源、应用系统融为一体，提高应用交互的清晰度、灵活性和响应性，以实施智能服务和管理的园区模式。智慧校园的三大核心特征：一是为师生提供全面的智能感知环境和综合信息服务平台，按角色提供个性化的服务；二是将基于计算机网络的信息服务整合到各学校的应用和服务领域，实现互联协作；三是通过智能感知环境和综合信息服务平台，为学校与外界提供相互沟通、相互感知的接口。

⑥ 智能家居。智能家居以家居为基础，运用物联网技术、网络通信技术、安防监控、自动控制技术、语音视频技术，高度集成了与家庭生活相关的设施，建成了高效的居住设施。

智能家居包括家庭自动化、家庭网络、网络家电和信息家电，在功能方面，包括智能灯光控制、智能家电控制、安防监控系统、智能语音系统、智能视频技术、视觉通信系统、家庭影院等。智能家居可以大大提高家庭日常生活的便利性，让家庭环境更加舒适宜人。

⑦ 智能电网。智能电网是以实体电网为基础的。它结合了现代先进的传感器测量技术、通信技术、信息技术、计算机技术和控制技术，与物理电网高度融合，形成新的电网，在融合物联网技术、高速双向通信网络的基础上，通过应用先进的传感测量技术、先进的设备技术、先进的控制方法和先进的决策支持系统技术，实现可靠性和安全性。

⑧ 智慧工业。在供应链管理、自动化生产、产品和设备监控与管理、环境监测和能源管理、

安全生产管理等诸多方面，物联网都起到了至关重要的作用。近几年，工业生产的信息化和自动化取得巨大的进步，但是各个系统间的协同工作并没有得到很大的提升，它们还是相对独立地工作。但是现在，利用先进的物联网技术，与其他先进技术相结合，各个子系统之间可以有效地连接起来，使工业生产更加快捷高效，实现真正的智能化生产和智慧工业。

⑨ 智慧农业。智慧农业就是将物联网技术应用于传统农业，改造传统农业运维，通过移动平台或计算机平台，用传感器和软件控制农业生产，让传统农业有智能决策、智能处理、智能控制。

智慧农业是建立在农业生产现场的各种传感器上的，通过各种物联网设备和无线通信网络实现了农业生产环境的智能感知、智能预警、智能决策、智能分析和专家在线指导，提供了精准种植和精准养殖相结合的可视化管理和智能决策系统。

（6）物联网的发展趋势

① 多种物联网场景得以实现。物联网通常会连接各种复杂多样的场景，其终端景象存在功能复杂、大小不一、分布广以及数量多等特点。按照不同的传输速率，物联网可以分为智能停车、智能路灯以及智能抄表等低速业务的应用场景，还有包括视频监控、远程医疗以及自动驾驶等高速业务的应用场景。基于如此繁杂的物联网应用场景，当前使用的通信类型也同样复杂。按照不同的传输距离，无线物联网传输场景可以分为广域网、局域网以及近场通信等。其中，5G 是广域网中最具代表性的技术标准之一。物联网能够实现远距离、低功耗的无线传输，多在低速和超低速场景中进行应用。而 4G 与 5G 从本质上讲属于远距离高速传输，通常被广泛应用于自动驾驶、远程医疗以及视频监控等高速实时性场景。

② 上下游物联网产业相互推动。物联网从本质上讲属于互联网的进一步延伸技术，其基于社会通信的需求，更注重物与物、人与物之间的实时交互。其中，由物联网所衍生出来的产业链通常可以概括为应用层、平台层、传输层以及感知层四个方面。而感知层作为物联网的基础数据，主要是利用传感器来对模拟信号进行获取，然后将其进行数字信号的转换，最终通过传输层向应用层传输。这里的传输层是基于责任处理机制过渡到感知层来进行信号的获取，其主要分为无线传输与有线传输两种方式，以无线传输为主。平台层在物联网中起着承上启下的作用，除了具备管理底层的终端功能以外，还进一步为上层应用提供了孵化土壤。同时，存储器、芯片等元器件共同组成了无线模组，利用标准接口来对终端实现定位或者通信功能，属于网络层和感知层之间连接的关键所在。成熟的物联网产业链和价格低廉的上游材料，共同促进了通信模组的完善和应用。随着物联网技术与 5G 的不断发展，其产业链在应用场景中将会日益丰富，形式多样的物联网应用将会逐渐成为现实，比如当前随处可见的共享单车、智慧能源、无线支付以及机器人、无人机等工业应用；农田灌溉、食品溯源等农业应用；智能驾驶、车辆跟踪定位等车联网技术。不断更新的下游应用正在深入推进物联网技术的繁荣发展。

③ 人工智能与物联网深度融合。人工智能与物联网技术是两个相辅相成的技术领域。人工智能可以直接对空白数据进行分析、收集与填补，同时还能够对视频分析、图像处理进行升级读取，更好地创造出具有应用市场的商机和前景。其中，5G 技术的发展已经逐渐演变为物联网的助推剂，其具备超高传输率，可以在很大程度上提高其相关使用价值。特别是现阶段人机交互的设备和数据在不断增强，各种领域的设备都与物联网进行连接，以便于后续工作的开展，而随着 5G 技术的广泛推行与应用，将会为越来越多的行业打开流量的大门。除此之外，人工

智能与物联网融合的过程中，还要特别注重网络安全，伴随着各项重要数据以及网络连接点数量的不断增加，需要投入大量精力和资源对其安全问题进行深入研究，促使物联网技术的发展应用朝着网络加密方向延伸，全方位保障数据的安全性。

6.2.2 工业物联网

（1）工业物联网的定义

工业物联网是物联网系统和数据与制造和其他工业过程相结合，即物联网技术与工业自动化系统的融合，旨在提高自动化、效率和生产率，具有全面感知、可靠传输、智能处理以及自组织与自维护等特点。其应用遍及智能交通、智慧电网、智能工厂、智能环境检测等众多领域。

（2）工业物联网的架构

工业物联网可以视作物联网的子集，在结构上可以分为四层，如图 6.11 所示。

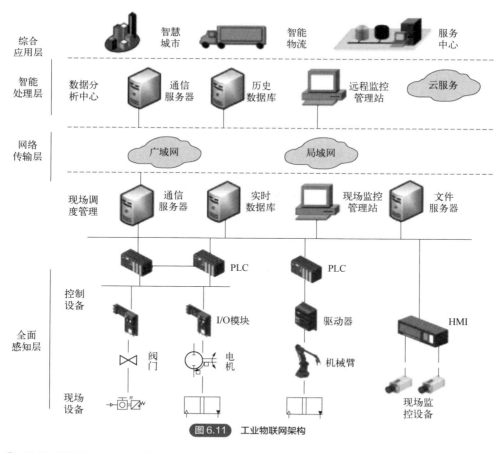

图 6.11 工业物联网架构

① 数据采集层。在工业物联网中，工业控制系统为感知层提供信息来源，采集的信息包括设备的运行参数、监控数据等，采集的生产数据可以为现场调度管理提供信息反馈。现场监控管理站能够根据数据处理层反馈回来的信息进行控制反馈，及时对生产设备的状态进行调整。

② 数据传输层。工业物联网的网络传输层称为数据传输层，是一个融合了传感网络、移动网络和互联网的开放性网络，一般按国际标准或行业标准搭建其通信网络，如 Wi-Fi、蓝牙、ZigBee 等短距离的无线通信技术，并且一些专门针对物联网行业的低功耗广域网也逐步得到应用，为工业现场和远端的数据处理中心搭建起了数据传输通道。

③ 数据处理层。在工业物联网系统中，经过处理后的感知数据不直接提供给终端用户使用，通常是反馈回工业控制系统中。系统对数据的处理占据了主要过程，数据的应用过程相对单一，因此工业物联网中的应用层被称为数据处理层。工业物联网的数据处理层主要包括通信服务器、历史数据服务器、远程监控端，都采用了云计算平台作为大量感知信息的存储和分析平台。

④ 综合应用层。工业物联网的应用层主要针对实际应用服务，具有信息管理、智能终端、认证授权等特点，主要面向用户提供个性化服务，应用对象有智能物流、智能交通、制造业等，需要保证用户访问安全、密钥隐私等。

（3）工业物联网主要特点

工业物联网是工业自动化与工业信息化的融合，充分地发挥了机器和人在企业中的内在潜能，从而提高了生产效率。它的特点主要包括以下几个方面。

① 全面感知。工业物联网利用射频识别技术、传感器、二维码技术等，随时获取产品从生产过程直到销售到终端用户使用的各个阶段信息数据。传统的工业自动化系统信息采集，只存在于生产质检阶段，企业信息化并不太关注具体生产过程。

② 互联传输。工业物联网是用将专用网络和互联网相连的方式，实时将设备信息准确无误地传递出去。它对网络有极强的依赖性，且要比传统工业自动化、信息化系统都更注重数据交互。

③ 智能处理。工业物联网是利用云计算、云存储、模糊识别及神经网络等智能技术，对数据和信息进行分析并处理，结合大数据，深挖数据的价值。

④ 自组织与自维护。一个功能完善的工业物联网系统应具有自组织与自维护的功能。工业物联网的每个节点都要为整个系统提供自身处理获得的信息及决策数据，当某个节点失效或数据发生变化时，整个系统会自动根据逻辑关系做出相应调整。

（4）工业物联网的关键技术

从整体上来看，物联网还处于起步阶段，而工业物联网若要真正达到实用化、大规模应用，必须解决如下关键技术问题。

① 工业用传感器。工业用传感器是一种检测装置，能够测量或感知特定物体的状态和变化，并转化为可传输、可处理、可存储的电子信号或其他形式信息。工业用传感器是实现工业自动检测和自动控制的首要环节。在现代工业生产尤其是自动化生产过程中，要用各种传感器来监视和控制生产过程中的各个参数，使设备工作在正常状态或最佳状态，并使产品达到最好的质量。可以说，没有众多质优价廉的工业传感器，就没有现代化工业生产体系，更谈不上工业物联网。

② 工业无线网络技术。工业无线网络是一种由大量随机分布的、具有实时感知和自组织能力的传感器节点组成的网状（Mesh）网络，综合了传感器技术、嵌入式计算技术、现代网络及无线通信技术、分布式信息处理技术等，具有低耗自组、泛在协同、异构互联的特点。工业无

线网络技术是继现场总线之后工业控制系统领域的又一热点技术，是降低工业测控系统成本、提高工业测控系统应用范围的革命性技术，也是未来几年工业自动化产品新的增长点，已经引起许多国家学术界和工业界的高度重视。

③ 工业过程建模。没有模型就不可能实施先进有效的控制，传统的集中式、封闭式的仿真系统结构已不能满足现代工业发展的需要。工业过程建模是系统设计、分析、仿真和先进控制必不可少的基础。

此外，工业物联网在工业领域的大规模应用还面临工业集成服务代理总线技术、工业语义中间件平台等关键技术问题。

（5）物联网与工业物联网的区别与联系

总体上，IIoT 可看作是 IoT 的一个子集。

① 服务类型不同。通常的物联网仍然以人为中心，是智能电子设备之间的互动、相互联系，以增加人类对周围环境的感知和响应。一般来说，物联网通信可以分为机器对用户通信和客户机-服务器交互两类。

IIoT 中的通信是面向机器的，可横跨各种不同的市场和应用。IIoT 场景包括：监视类应用，例如工厂生产过程的监视；对于自组织系统的创造应用，例如自动化的工业工厂。

② 连接设备不同。物联网更注重设计新的标准，以一个灵活的、对用户友好的方式将新的设备连接到互联网生态系统。相比之下，目前的 IIoT 设计强调的是集成和连接工厂、机器，从而提供更高效的生产和新服务。基于这个原因，与物联网相比，IIoT 与其说是一场革命，不如说是一场进化。

③ 网络要求不同。物联网更加灵活，允许临时移动网络结构，具有较低的时序和可靠性要求（除医疗应用程序）。IIoT 通常使用固定的网络结构，节点固定，采用中心化网络管理。IIoT 的通信是机器与机器的互联，必须满足严格的实时性和可靠性要求。

④ 数据量不同。物联网生成的数据来自于应用，因此，其传输的数据量为中等或者大量。而 IIoT 目前更多的是用于大数据分析，例如预测工业维护，因此，在 IIoT 中，传输的数据量非常大。

（6）工业物联网的主要应用领域

① 制造业供应链管理。企业利用物联网技术，能及时掌握原材料采购、库存、销售等信息，通过大数据分析还能预测原材料的价格趋向、供求关系等，有助于完善和优化供应链管理体系，提高供应链效率，降低成本。空中客车公司通过在供应链体系中应用物联网技术，构建了全球制造业中规模最大、效率最高的供应链体系。

② 生产过程工艺优化。工业物联网的泛在感知特性提高了生产线过程检测、实时参数采集、材料消耗监测的能力和水平，通过对数据的分析处理可以实现智能监控、智能控制、智能诊断、智能决策、智能维护，提高生产力，降低能源消耗。钢铁企业应用各种传感器和通信网络，在生产过程中实现了对加工产品的宽度、厚度、温度实时监控，提高了产品质量，优化了生产流程。

③ 生产设备监控管理。利用传感技术对生产设备进行健康监控，可以及时跟踪生产过程中各个工业机器设备的使用情况，通过网络把数据汇聚到设备生产商的数据分析中心进

行处理，能有效地进行机器故障诊断、预测，快速、精确地定位故障原因，提高维护效率，降低维护成本。GEOil&Gas 集团在全球建立了 13 个面向不同产品的 i-Center（综合服务中心），通过传感器和网络对设备进行在线监测和实时监控，并提供设备维护和故障诊断的解决方案。

④ 环保监测及能源管理。工业物联网与环保设备的融合可以实现对工业生产过程中产生的各种污染源及污染治理环节关键指标的实时监控。在化工、轻工、火电厂等企业部署传感器网络，不仅可以实时监测企业排污数据，而且可以通过智能化的数据报警及时发现排污异常并停止相应的生产过程，防止突发性环境污染事故发生。电信运营商已开始推广基于物联网的污染治理实时监测解决方案。

⑤ 工业安全生产管理。安全生产是现代化工业中的重中之重。工业物联网技术通过把传感器安装到矿山设备、油气管道、矿工设备等危险作业环境中，可以实时监测作业人员、设备机器以及周边环境等方面的安全状态信息，全方位获取生产环境中的安全要素，将现有的网络监管平台提升为系统、开放、多元的综合网络监管平台，有效保障了工业生产安全。

（7）工业物联网的主要技术领域

工业物联网的主要技术领域涵盖传感器技术、网络互联技术、信息处理技术、安全技术、边缘计算和云计算等多个方向。以下是发展最为迅速的几大技术领域。

① 边缘计算＋人工智能。工业物联网的成功关键在于为机械设备赋予物联网连接能力。在生产环境中采用联网设备，企业便能将这些数字化智能设备纳入企业生产，并在设备的整个生命周期里保障系统正常运作。万物互联意味着海量数据需要实时分析和处理，所以边缘计算结合人工智能就是一个重要发展趋势。

② 网络安全。在万物互联环境下，难以想象如果边缘端智能设备被黑客控制，将会带来什么样的灾难。实际上，网络安全威胁的确阻碍了制造商对数字技术的投资，在接下来很长一段时间内，制造商不得不拨出更多预算，以确保任何数字创新都通过安全认证。目前赛灵思提供的工业物联网系统解决堆栈全部满足 IEC 62443-4-2 安全认证标准要求，免除了企业对网络安全的后顾之忧。

③ 人机协作。随着设备更加智能化、更安全和更可靠，基于工业物联网的协作机器人将更为普及。当前汽车制造商是工业机器人的消费大户，但随着工业互联、机器视觉以及控制技术的迭代，协作机器人将在制造业、物流领域乃至服务业取得突破性进展，"机器人即服务"的理念将逐步深入人心。

6.3　工业互联网

智能制造可实现整个制造业价值链的智能化，而工业互联网是实现智能制造的关键基础设施。工业互联网是新一代信息通信技术与工业经济深度融合的新型基础设施、应用模式和工业生态，通过对人、机、物、系统等的全面连接，构建起覆盖全产业链、全价值链的全新制造和服务体系，为工业乃至产业数字化、网络化、智能化发展提供了实现途径，是第四次工业革命的重要基石。

6.3.1　工业互联网内涵

2012 年末，GE 公司发布了《工业互联网白皮书》，这标志着工业互联网概念的产生。2017 年，我国明确提出，支持并鼓励企业发展工业互联网技术。目前，工业互联网已被纳入"新基建"的范畴。

工业互联网是指将传统工业生产环节中的各种设备、仪器、传感器等物理设备通过无线网络连接起来，实现数据的采集、共享和分析，进而实现提高生产效率、降低成本、改进产品质量和开发新产品等目的的技术体系。它是现代工业发展的重要趋势之一，可以帮助企业进行自动化、智能化管理，提高生产效率和品质，同时也可为企业提供更加个性化和定制化的服务。

工业互联网不是互联网在工业的简单应用，而是具有更为丰富的内涵和外延。它以网络为基础、平台为中枢、数据为要素、安全为保障，既是工业数字化、网络化、智能化转型的基础设施，也是互联网、大数据、人工智能与实体经济深度融合的应用模式，同时也是一种新业态、新产业，将重塑企业形态、供应链和产业链。

通用的定义为：工业互联网是连接工业全系统、全产业链、全价值链，支撑工业智能化发展的关键基础设施，是新一代信息技术与制造业深度融合所形成的新兴业态和应用模式，是互联网从消费领域向生产领域、从虚拟经济向实体经济拓展的核心载体。

6.3.2　工业互联网体系架构

（1）工业互联网体系架构 1.0

我国工业互联网体系架构 1.0 是新一代产业革命中的主流参考架构之一，凝聚"政、产、学、研、用"各界共识，指导我国工业互联网技术创新、标准研制、试验验证、应用实践、生态打造、国际合作等多层面工作。

工业互联网体系架构 1.0 定义了网络、数据和安全三大功能体系，如图 6.12 所示。网络是工业数据传输交换和工业互联网发展的支撑基础，数据是工业智能化的核心驱动，安全是网络与数据在工业中应用的重要保障。工业互联网体系架构 1.0 还给出了工业互联网三大优化闭环，即面向机器设备运行优化的闭环，面向生产运营优化的闭环，以及面向企业协同、用户交互与产品服务优化的闭环，从而明晰了网络联通的节点、数据流动的方向和安全保障的要害。

相比国际主流的数字化转型架构，面向新技术发展与新阶段需求，工业互联网体系架构 1.0 仍存在以下几方面问题。

① 制造业特点不够突出。工业互联网体系架构 1.0 面向功能模式，具有较强的技术通用性，但没有结合制造业需求、流程、生产工艺等特点。

② 新技术发展需进一步结合。5G、人工智能、边缘计算、区块链等技术发展将改变传统架构范式，需在工业互联网发展过程中进一步融合。

③ 应用实践指导仍待落地。工业互联网体系架构 1.0 难以为企业的工业互联网实施提供关键软硬件、技术要素等详细参考。

（2）工业互联网体系架构 2.0

根据上述对工业互联网体系架构需求的分析，综合考虑体系的系统性、全面性、合理性、可实施性，设计了如图 6.13 所示的工业互联网体系架构 2.0，以业务视图、功能架构、实施框架三大板块为核心，自上向下形成逐层的映射。

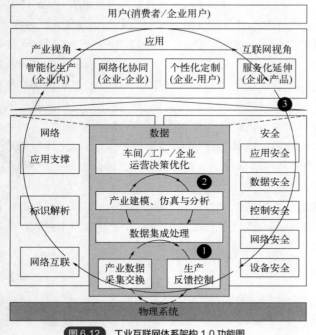

图 6.12　工业互联网体系架构 1.0 功能图

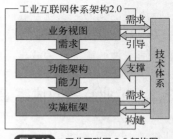

图 6.13　工业互联网 2.0 架构图

① 业务视图。主要是定义工业互联网产业目标、商业价值、应用场景和数字化能力，体现工业互联网关键能力与功能，并导向功能架构，包括产业层、商业层、应用层和能力层四个方面，如图 6.14 所示。

② 功能架构。主要是明确支撑业务实现的功能，包括基本要素、功能模块、交互关系和作用范围，体现网络、平台、安全三大功能体系在设备、系统、企业、产业中的作用与关系，并导出实施框架，如图 6.15 所示。

a. 功能原理：工业互联网的核心功能原理是基于数据驱动的物理系统与数字空间融合交互，以及在此过程中的智能分析与决策优化。通过网络、平台、安全三大体系的构建，工业互联网基于数据驱动实现了物理与数字一体化、IT 与 OT 融合化，并贯通三大体系形成整体。数字孪生已经成为工业互联网数据功能的关键支撑，以物理资产为对象，以业务应用为目的，通过资产的数据采集、集成、分析和优化来满足业务需求，形成资产与业务的虚实映射。工业互联网的数据功能体系主要包含感知控制、数字模型、决策优化三个基本层次，以及一个由自下而上的信息流和自上而下的决策流构成的工业数字化应用优化闭环，如图 6.16 所示。

自下而上的信息流和自上而下的决策流形成了工业数字化应用的优化闭环。其中，信息流是从数据感知出发，通过数据的集成和建模分析，将物理空间中的资产信息和状态向上传递到虚拟空间，为决策优化提供依据；决策流则是将虚拟空间中决策优化后所形成的指令信息向下反馈到控制与执行环节，用于改进和提升物理空间中资产的功能和性能。在信息流与决策流的双向作用下，底层资产与上层业务实现连接，以数据分析决策为核心，形成面向不同工业场景的智能化生产、网络化协同、规模化定制和服务化延伸等智能应用解决方案。

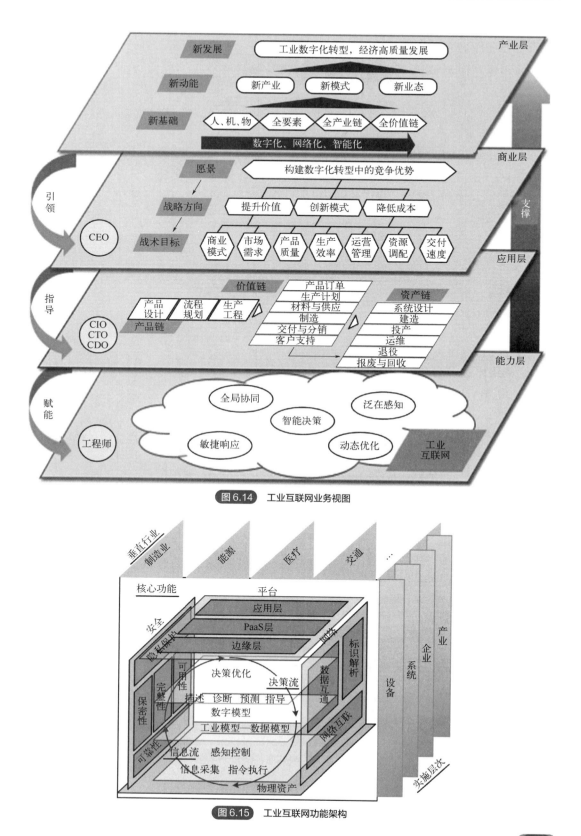

图 6.14 工业互联网业务视图

图 6.15 工业互联网功能架构

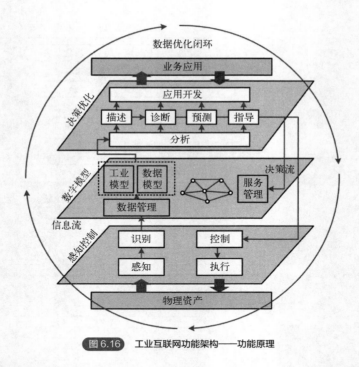

图 6.16 工业互联网功能架构——功能原理

b. 网络体系：网络是工业互联网发挥作用的基础，由网络互联、数据互通和标识解析三部分组成，如图 6.17 所示。

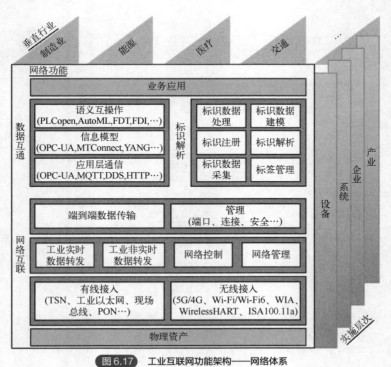

图 6.17 工业互联网功能架构——网络体系

c. 平台体系：平台是制造业数字化、网络化、智能化的中枢与载体，主要包含边缘层、PaaS 层和应用层三个核心层级，如图 6.18 所示。

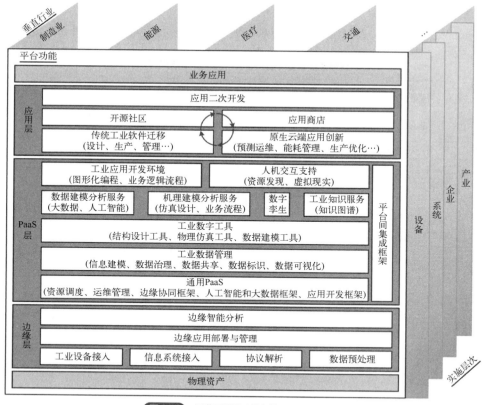

图 6.18 工业互联网功能架构——平台体系

d. 安全体系：安全是保障，需要统筹考虑信息安全、功能安全与物理安全，保障工业互联网生产管理等各个环节的可靠性、保密性、完整性、可用性，以及隐私和数据保护，如图 6.19 所示。

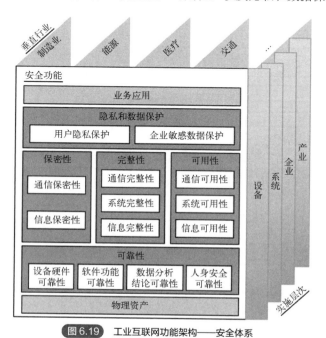

图 6.19 工业互联网功能架构——安全体系

③ 实施框架。主要是描述实现功能的软硬件部署，明确系统实施的层级结构、承载实体、关键软硬件和作用关系，以网络、标识、平台与安全为核心实施要素，体现设备、边缘、企业、产业各层级中工业互联网软硬件和应用，如图 6.20 所示。

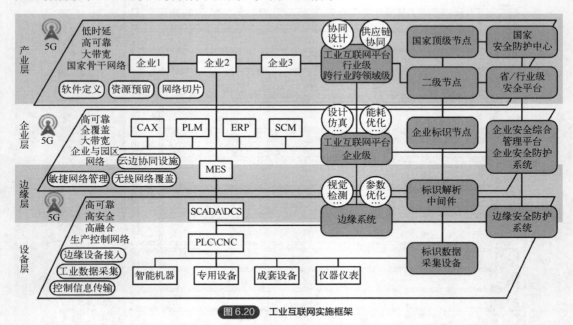

图 6.20 工业互联网实施框架

a. 网络实施：工业互联网网络建设目标是构建全要素、全系统、全产业链互联互通的新型基础设施。其实施架构阐述了网络建设不同层级采用的不同方式，主要包括生产控制网络、企业与园区网络和国家骨干网络三方面，如图 6.21 所示。

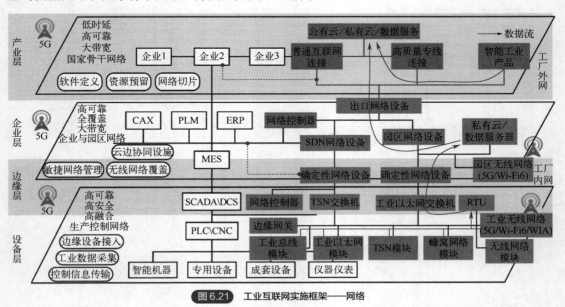

图 6.21 工业互联网实施框架——网络

b. 标识实施：工业互联网标识实施包括设备层、边缘层、企业层和产业层四个层面的部署，如图 6.22 所示。

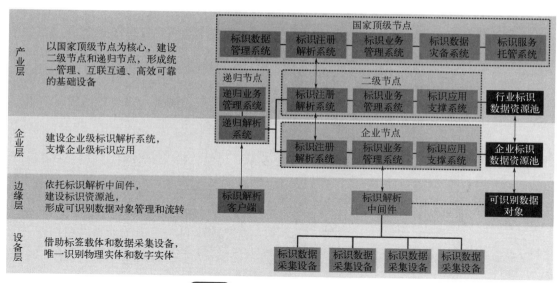

图6.22 工业互联网实施框架——标识

c. 平台实施：平台部署实施形成以边缘系统为基础、企业平台和产业平台交互协同的多层次体系化建设方案，如图6.23所示。

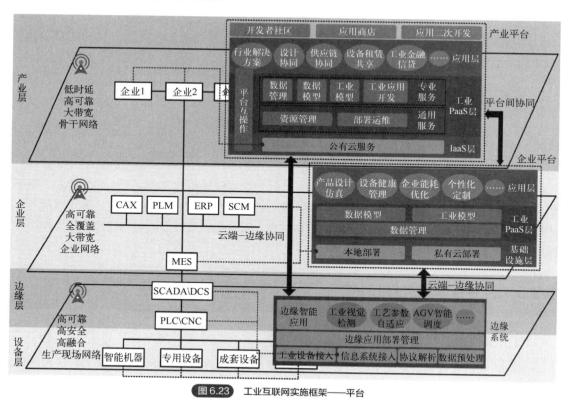

图6.23 工业互联网实施框架——平台

d. 安全实施：安全实施框架解决工业互联网面临的网络攻击等新型安全风险，包括边缘安全防护系统、企业安全防护系统和企业安全综合管理平台，以及省/行业级安全平台和国家级安全平台，如图6.24所示。

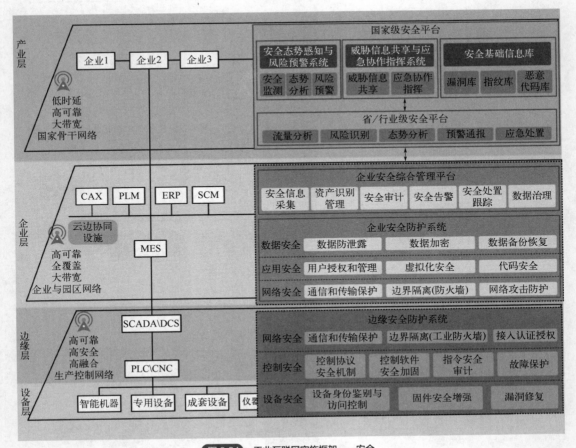

图 6.24　工业互联网实施框架——安全

（3）工业互联网体系架构 2.0 支撑技术

工业互联网技术体系以新一代信息技术、各行业领域知识机理及数字孪生等功能型、融合型技术为主，以 5G、AI、区块链等新技术引领，融合软件、控制、装备、安全等领域及各行业知识机理，围绕数据分析、知识沉淀、价值挖掘、安全保护等核心能力构建形成相互作用、深度融合的支撑体系，如图 6.25 所示。

6.3.3　工业互联网关键技术

（1）5G 技术

工业领域中业务场景复杂多样，需要具有海量连接、低时延的网络连接技术来实现人、机、物之间的互联互通。5G 作为最新一代蜂窝移动技术，具有海量连接、高可靠、低时延等特点，是工业互联网实现全面连接的基础，能够应用于增强型移动宽带、大连接物联网、超可靠低时延通信三大场景。利用 5G 无线技术、网络切片技术，以及其他与网络技术融合的 5G+时间敏感网络、5G+云等技术，可有效解决不同工业场景的多样性需求。

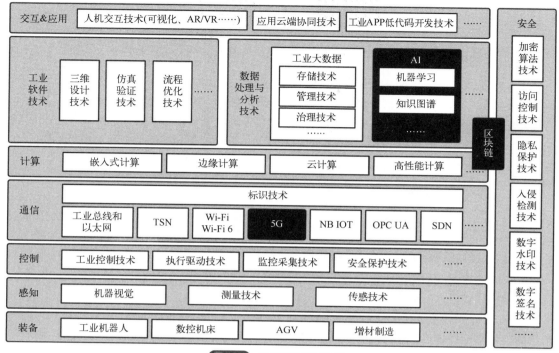

图6.25 工业互联网技术体系

（2）边缘计算技术

工业领域的部分控制场景对计算能力的高效性有严格要求，将数据传输到云端进行计算可能会造成巨大的损失，并且，在工业现场中存在大量异构的总线连接，设备之间的通信标准不统一，因此需要将计算资源部署在工业现场附近以满足业务高效、实时的需求。边缘计算作为靠近数据源头或者物的网络边缘侧，融合网络、应用核心能力、计算存储的开放平台，有低时延、高效、近端服务、低负载等优点，能够就近提供边缘智能服务，是工业互联网不可或缺的关键性环节。

（3）工业智能技术

工业互联网的核心功能是数据驱动的智能分析与决策优化。工业智能技术具备自感知、自学习、自执行、自决策、自适应等特点，利用知识图谱、机器学习、深度学习、自然语言处理等技术，可以解决工业互联网数据量巨大、数据维度多、实时分析难、难以定量等问题，为更好地实现精准决策和动态优化提供帮助，是工业互联网形成数据优化闭环的关键。同时，工业智能技术可以在全面感知、泛在连接、深度集成和高效处理的基础上，更好地适应复杂多变的工业环境，帮助工业企业提高设备管理与维护效率。

（4）数字孪生技术

工业互联网中，通过生产设备之间的广泛连接获取生产数据，并对其进行整合、分析和决策，以达到生产过程的全流程优化。在此过程中，需要实现物理实体和虚拟模型间的虚实交互以及保证工业生产安全。数字孪生技术通过算法模型对数据进行分析、认知，以达到对生产过程的优化，具有数据驱动、模型支撑、软件定义、精准映射及智能决策等优点。

（5）区块链技术

工业互联网平台在部署过程中工业数据需要上传云端，企业对自身隐私数据泄漏存在担忧而不愿参与其中，阻碍了工业互联网平台的推广。因此需要一项技术解决工业互联网中博弈多方的互信协作问题，以及各企业对自身数据的控制权问题。区块链是由多种技术集成创新形成的分布式网络数据管理技术，通过区块链的加密算法、访问控制、隐私保护、入侵检测等技术，可以实现工业企业内部各个环节的数据共享、网络加密及访问权限控制等功能，并且可以利用区块链分布式的特点促进产业链的协同和产融协同。

6.3.4　工业互联网的应用

工业互联网的融合应用推动了一批新模式、新业态孕育兴起，提质、增效、降本、绿色、安全发展成效显著，初步形成了平台化设计、智能化制造、网络化协同、个性化定制、服务化延伸、数字化管理六大类典型应用模式。

① 平台化设计是依托工业互联网平台，汇聚人员、算法、模型、任务等设计资源，实现高水平高、效率的轻量化设计、并行设计、敏捷设计、交互设计和基于模型的设计，变革传统设计方式，提升研发质量和效率。

② 智能化制造是互联网、大数据、人工智能等新一代信息技术在制造业领域的加速创新应用，实现材料、设备、产品等生产要素与用户之间的在线连接和实时交互，逐步实现机器代替人生产。智能化代表制造业未来发展。

③ 网络化协同是通过跨部门、跨层级、跨企业的数据互通和业务互联，推动供应链上的企业和合作伙伴共享客户、订单、设计、生产、经营等各类信息资源，实现网络化的协同设计、协同生产、协同服务，进而促进资源共享、能力交易以及业务优化配置。

④ 个性化定制是面向消费者的个性化需求，通过客户需求准确获取和分析、敏捷产品开发设计、柔性智能生产、精准交付服务等，实现用户在产品全生命周期中的深度参与，是以低成本、高质量和高效率的大批量生产实现产品个性化设计、生产、销售及服务的一种制造服务模式。

⑤ 服务化延伸是制造与服务融合发展的新型产业形态,指的是企业从原有制造业务向价值链两端高附加值环节延伸，从以加工组装为主向"制造＋服务"转型，从单纯出售产品向出售"产品＋服务"转型，具体包括设备健康管理、产品远程运维、设备融资租赁、分享制造、互联网金融等。

⑥ 数字化管理是企业通过打通核心数据链,贯通生产制造全场景、全过程，基于数据的广泛汇聚、集成优化和价值挖掘，优化、创新乃至重塑企业战略决策、产品研发、生产制造、经营管理、市场服务等业务活动，构建数据驱动的高效运营管理新模式。

6.3.5　工业互联网的发展趋势

随着信息技术和互联网技术的发展，工业互联网逐渐成为工业领域中的重要技术应用，它不仅提高了生产效率和质量，还能够帮助企业实现智能化生产和管理，提高企业竞争力。工业互联网未来的发展趋势有以下几点。

（1）智能制造的普及化

智能制造是工业互联网的核心，通过物联网、云计算、大数据等技术的应用，实现设备、工厂、企业之间的信息共享和智能化决策。未来，智能制造将会更加普及化，智能制造将成为工业生产的基础，实现智能制造将成为企业的重要目标。

（2）工业云平台的发展

工业云平台是工业互联网的核心基础设施，未来工业云平台将会越来越重要。随着云计算技术的发展和成熟，工业云平台将会变得更加灵活、安全、可靠，企业将能够更加便捷地使用工业云平台来管理设备、数据、生产过程等方面的信息。

（3）边缘计算的应用

边缘计算是指将数据处理和分析能力移到数据源附近的计算模式。它可以提高数据处理的效率和实时性。随着物联网设备的数量不断增加，对数据的处理和分析要求也越来越高，边缘计算将会成为未来工业互联网的重要应用。

（4）人工智能的应用

人工智能是工业互联网的重要应用，未来人工智能将会更加广泛地应用于工业领域。通过机器学习、深度学习等技术，人工智能可以更好地分析和处理数据，实现设备和工厂的智能化决策，提高生产效率和质量。

（5）安全保障的加强

工业互联网的发展需要一个安全可靠的基础设施和环境，因此，安全保障将成为未来工业互联网发展的重要方向。未来工业互联网的安全保障将会从网络安全、数据安全、设备安全等多个方面加强。

（6）产业链的整合

未来，工业互联网将会更加注重产业链的整合，实现产业链各环节之间的协同和共享，从而实现更加高效、灵活和可持续的生产模式。同时，产业链整合也可以促进企业间的合作与共赢，提升整个产业的竞争力和发展水平。

（7）数字孪生的应用

数字孪生是指通过数字化技术和虚拟化技术，创建真实设备或系统的数字化副本，用于模拟和预测实际系统的行为和性能。未来，数字孪生将会成为工业互联网的重要应用，通过数字孪生技术可以对设备和系统进行虚拟仿真和优化，从而提高生产效率和质量。

（8）生态系统的构建

未来，工业互联网将会形成一个完整的生态系统，包括硬件设备、软件系统、云平台、数据中心等各个环节。企业将能够更加便捷地获取和使用各种资源，从而实现智能化生产和管理。

6.4 人工智能

人工智能作为一项先进的技术，经历波动发展，已经取得了长足的发展。一般而言，人工智能是计算机科学的一个分支，并已经在人机对弈、模式识别、自动工程、知识工程等方面取得良好的应用效果。

智能制造的核心追求是针对制造过程中诸如分析、推理、判断、构思和决策等活动的智能性提升需求，发展能够扩大、延伸、部分乃至完全取代人类专家在制造过程中脑力劳动的智能技术。智能制造的本质是提升制造活动中的智能决策水平，其与人工智能的融合具有天然的必然性。

6.4.1 人工智能的概念

人工智能（artificial intelligence），英文缩写为 AI。它是研究、开发用于模拟、延伸和扩展人的智能的理论、方法、技术及应用系统的一门新的技术科学。它企图了解智能的实质，并生产出一种新的能以人类智能相似的方式做出反应的智能机器。该领域的研究包括机器人、语言识别、图像识别、自然语言处理和专家系统等。

尼尔逊教授对人工智能提出这样一个定义："人工智能是关于知识的学科——怎样表示知识以及怎样获得知识并使用知识的科学。"而美国麻省理工学院的温斯顿教授认为："人工智能就是研究如何使计算机去做过去只有人才能做的智能工作。"这些说法反映了人工智能学科的基本思想和基本内容，即人工智能是研究人类智能活动的规律，构造具有一定智能的人工系统，研究如何让计算机去完成以往需要人的智力才能胜任的工作，也就是研究如何应用计算机的软硬件来模拟人类某些智能行为的基本理论、方法和技术。

人工智能是研究使用计算机来模拟人的某些思维过程和智能行为（如学习、推理、思考、规划等）的学科。人工智能将涉及计算机科学、心理学、哲学和语言学等学科，可以说几乎是自然科学和社会科学的所有学科，其范围已远远超出了计算机科学的范畴。人工智能与思维科学的关系是实践和理论的关系，人工智能处于思维科学的技术应用层次，是它的一个应用分支。从思维观点看，人工智能不仅限于逻辑思维，要考虑形象思维、灵感思维才能促进人工智能的突破性发展。数学常被认为是多种学科的基础科学，数学也进入语言、思维领域，人工智能学科也必须借用数学工具。数学不仅在标准逻辑、模糊数学等范围发挥作用，数学进入人工智能学科，它们将互相促进而更快地发展。

6.4.2 人工智能的发展历程

人工智能发展历程如图 6.26 所示。

（1）起步发展期：20 世纪 40 年代至 60 年代初

1943 年，美国神经科学家麦卡洛克（Warren McCulloch）和逻辑学家皮茨（Water Pitts）提出神经元的数学模型，这是现代人工智能学科的奠基石之一。

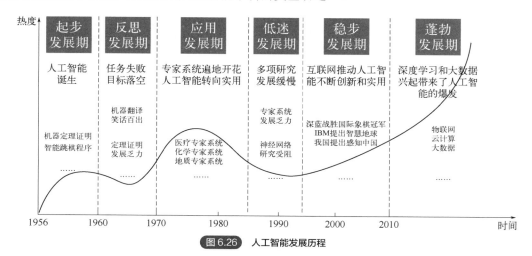

图 6.26　人工智能发展历程

1950 年，英国数学家、逻辑学家艾伦·麦席森·图灵（Alan Mathison Turing）提出"图灵测试"（测试机器是否能表现出与人无法区分的智能），让机器产生智能这一想法开始进入人们的视野，图灵也被称为"人工智能之父"。

1956 年夏天，美国达特茅斯学院举行了历史上第一次人工智能研讨会——达特茅斯会议，会上麦卡锡首次提出了"人工智能"这个概念，标志着人工智能的诞生，人们也把 1956 年称为"人工智能元年"。

人工智能概念提出后，相继取得了一批令人瞩目的研究成果，如机器定理证明、智能跳棋程序等，掀起人工智能发展的第一个高潮。

（2）反思发展期：20 世纪 60 年代至 70 年代初

1966~1972 年间，美国斯坦福国际研究所研制出机器人 Shakey，这是首台采用人工智能的移动机器人。

1966 年，美国麻省理工学院（MIT）的魏泽鲍姆发布了世界上第一个聊天机器人 ELIZA。ELIZA 的智能之处在于她能通过脚本理解简单的自然语言，并能产生类似人类的互动。

1968 年，美国加州斯坦福研究所的道格·恩格勒巴特发明计算机鼠标，构想出了超文本链接概念，它在几十年后成了现代互联网的根基。

这个时期内，人工智能发展初期的突破性进展大大提升了人们对人工智能的期望，人们开始尝试更具挑战性的任务，并提出了一些不切实际的研发目标。然而，接二连三的失败和预期目标的落空（例如，无法用机器证明两个连续函数之和还是连续函数、机器翻译闹出笑话等），使人工智能的发展走入低谷。

（3）应用发展期：20 世纪 70 年代初至 80 年代中

20 世纪 70 年代出现的专家系统，模拟人类专家的知识和经验解决特定领域的问题，实现了人工智能从理论研究走向实际应用、从一般推理策略探讨转向运用专门知识的重大突破。专家系统在医疗、化学、地质等领域取得成功，推动人工智能走入应用发展的新高潮。

（4）低迷发展期：20世纪80年代中至90年代中

随着人工智能的应用规模不断扩大，专家系统存在的应用领域狭窄、缺乏常识性知识、知识获取困难、推理方法单一、缺乏分布式功能、难以与现有数据库兼容等问题逐渐暴露出来。

（5）稳步发展期：20世纪90年代中至2010年

由于网络技术特别是互联网技术的发展，加速了人工智能的创新研究，促使人工智能技术进一步走向实用化。1997年，国际商业机器公司（简称IBM）研发的深蓝超级计算机战胜了国际象棋世界冠军卡斯帕罗夫。2008年，IBM提出"智慧地球"的概念。以上都是这一时期的标志性事件。

（6）蓬勃发展期：2011年至今

随着大数据、云计算、互联网、物联网等信息技术的发展，泛在感知数据和图形处理器等计算平台推动以深度神经网络为代表的人工智能技术飞速发展，大幅跨越了科学与应用之间的"技术鸿沟"，诸如图像分类、语音识别、知识问答、人机对弈、无人驾驶等人工智能技术实现了从"不能用、不好用"到"可以用"的技术突破，迎来爆发式增长的新高潮。

6.4.3 人工智能的关键技术

（1）机器学习

机器学习（machine learning）是一门涉及统计学、系统辨识、逼近理论、神经网络、优化理论、计算机科学、脑科学等诸多领域的交叉学科。研究计算机怎样模拟或实现人类的学习行为，以获取新的知识或技能，重新组织已有的知识结构使之不断改善自身的性能，是人工智能技术的核心。基于数据的机器学习是现代智能技术中的重要方法之一，从观测数据（样本）出发寻找规律，利用这些规律对未来数据或无法观测的数据进行预测。根据学习模式、学习方法以及算法的不同，机器学习存在不同的分类方法。

① 根据学习模式，机器学习分为监督学习、无监督学习和强化学习等。
② 根据学习方法，机器学习分为传统机器学习和深度学习。

（2）知识图谱

知识图谱本质上是结构化的语义知识库，是一种由节点和边组成的图数据结构，以符号形式描述物理世界中的概念及其相互关系，其基本组成单位是"实体-关系-实体"三元组，以及实体及其相关"属性-值"对。不同实体之间通过"关系"相互联结，构成网状的知识结构。在知识图谱中，每个节点表示现实世界的"实体"，每条边为实体与实体之间的"关系"。通俗地讲，知识图谱就是把所有不同种类的信息连接在一起而得到的一个关系网络，提供了从"关系"的角度去分析问题的能力。

知识图谱可用于反欺诈、不一致性验证、组团欺诈等公共安全保障领域，需要用到异常分析、静态分析、动态分析等数据挖掘方法。特别地，知识图谱在搜索引擎、可视化展示和精准营销方面有很大的优势，已成为业界的热门工具。但是，知识图谱的发展还有很大的挑战，如数据的噪声问题，即数据本身有错误或者数据存在冗余。随着知识图谱应用的不断深入，还有一系列关键技术需要突破。

（3）自然语言处理

自然语言处理是计算机科学领域与人工智能领域中的一个重要方向，研究能实现人与计算机之间用自然语言进行有效通信的各种理论和方法，涉及的领域较多，主要包括机器翻译、语义理解和问答系统等。

① 机器翻译。机器翻译技术是指利用计算机技术实现从一种自然语言到另外一种自然语言的翻译过程。基于统计的机器翻译方法突破了之前基于规则和实例翻译方法的局限性，翻译性能取得巨大提升。基于深度神经网络的机器翻译在日常口语等一些场景的成功应用已经显现出了巨大的潜力。随着上下文的语境表征和知识逻辑推理能力的发展，自然语言知识图谱不断扩充，机器翻译将会在多轮对话翻译及篇章翻译等领域取得更大进展。

② 语义理解。语义理解技术是指利用计算机技术实现对文本篇章的理解，并且回答与篇章相关的问题的过程。语义理解更注重于对上下文的理解以及对答案精准程度的把控。随着MCTest数据集的发布，语义理解受到更多关注，取得了快速发展，相关数据集和对应的神经网络模型层出不穷。语义理解技术将在智能客服、产品自动问答等相关领域发挥重要作用，进一步提高问答与对话系统的精度。

③ 问答系统。问答系统分为开放领域的对话系统和特定领域的问答系统。问答系统技术是指让计算机像人类一样用自然语言与人交流的技术。人们可以向问答系统提交用自然语言表达的问题，系统会返回关联性较高的答案。尽管问答系统目前已经有了不少应用产品出现，但大多是在实际信息服务系统和智能手机助手等领域中应用，在问答系统鲁棒性方面依旧存在着问题和挑战。

自然语言处理面临四大挑战：

a. 在词法、句法、语义、语用和语音等不同层面存在不确定性；

b. 新的词汇、术语、语义和语法导致未知语言现象的不可预测性；

c. 数据资源的不充分使其难以覆盖复杂的语言现象；

d. 语义知识的模糊性和错综复杂的关联性难以用简单的数学模型描述，语义计算需要参数庞大的非线性计算。

（4）人机交互

人机交互主要研究人和计算机之间的信息交换，主要包括人到计算机和计算机到人的两部分信息交换，是人工智能领域重要的外围技术。人机交互是与认知心理学、人机工程学、多媒体技术、虚拟现实技术等密切相关的综合学科。传统的人与计算机之间的信息交换主要依靠交互设备进行，主要包括键盘、鼠标、操纵杆、数据服装、眼动跟踪器、位置跟踪器、数据手套、压力笔等输入设备，以及打印机、绘图仪、显示器、头盔式显示器、音箱等输出设备。人机交互技术除了传统的基本交互和图形交互外，还包括语音交互、情感交互、体感交互及脑机交互等技术。

（5）计算机视觉

计算机视觉是使用计算机模仿人类视觉系统的科学，让计算机拥有类似人类提取、处理、理解和分析图像以及图像序列的能力。自动驾驶、机器人、智能医疗等领域均需要通过计算机视觉技术从视觉信号中提取并处理信息。近来随着深度学习的发展，预处理、特征提取与算法处理渐渐融合，形成端到端的人工智能算法技术。根据解决的问题，计算机视觉可分为计算成像学、图像理解、三维视觉、动态视觉和视频编/解码五大类。

目前，计算机视觉技术发展迅速，已具备初步的产业规模。未来计算机视觉技术的发展主要面临以下挑战。

① 如何在不同的应用领域和其他技术更好地结合。计算机视觉在解决某些问题时可以广泛利用大数据，已经逐渐成熟并且可以超过人类，而在某些问题上却无法达到很高的精度。

② 如何降低计算机视觉算法的开发时间和人力成本。目前计算机视觉算法需要大量的数据与人工标注，需要较长的研发周期以达到应用领域所要求的精度与耗时。

③ 如何加快新型算法的设计开发。随着新的成像硬件与人工智能芯片的出现，针对不同芯片与数据采集设备的计算机视觉算法的设计与开发也是挑战之一。

（6）生物特征识别

生物特征识别技术是指通过个体生理特征或行为特征对个体身份进行识别认证的技术。从应用流程看，生物特征识别通常分为注册和识别两个阶段。注册阶段通过传感器对人体的生物表征信息进行采集，如利用图像传感器对指纹和人脸等光学信息，利用麦克风对说话声等声学信息进行采集，利用数据预处理以及特征提取技术对采集的数据进行处理，得到相应的特征进行存储。

识别过程采用与注册过程一致的信息采集方式对待识别人进行信息采集、数据预处理和特征提取，然后将提取的特征与存储的特征进行比对分析，完成识别。从应用任务看，生物特征识别一般分为辨认与确认两种任务。辨认是指从存储库中确定待识别人身份的过程，是一对多的问题；确认是指将待识别人信息与存储库中特定单人信息进行比对，确定身份的过程，是一对一的问题。

生物特征识别技术涉及的内容十分广泛，包括指纹、掌纹、人脸、虹膜、指静脉、声纹、步态等多种生物特征，其识别过程涉及图像处理、计算机视觉、语音识别、机器学习等多项技术。目前生物特征识别作为重要的智能化身份认证技术，在金融、公共安全、教育、交通等领域得到广泛的应用。

（7）VR/AR

虚拟现实（VR）/增强现实（AR）是以计算机为核心的新型视听技术，结合相关科学技术，在一定范围内生成与真实环境在视觉、听觉、触感等方面高度近似的数字化环境。用户借助必要的装备（显示设备、跟踪定位设备、力触觉交互设备、数据获取设备、专用芯片等）与数字化环境中的对象进行交互，相互影响，获得近似真实环境的感受和体验。

虚拟现实/增强现实从技术特征角度，按照不同处理阶段，可以分为获取与建模技术、分析与利用技术、交换与分发技术、展示与交互技术以及技术标准与评价体系五个方面。获取与建模技术研究如何把物理世界或者人类的创意进行数字化和模型化，难点是三维物理世界的数字化和模型化技术；分析与利用技术重点研究对数字内容进行分析、理解、搜索和知识化的方法，其难点在于内容的语义表示和分析；交换与分发技术主要强调各种网络环境下大规模的数字化内容流通、转换、集成和面向不同终端用户的个性化服务等，其核心是开放的内容交换和版权管理技术；展示与交换技术重点研究符合人类习惯的数字内容的各种显示技术及交互方法，以提高人对复杂信息的认知能力，其难点在于建立自然和谐的人机交互环境；标准与评价体系重点研究虚拟现实/增强现实的基础资源、内容编目、信源编码等规范标准以及相应的评估技术。

6.4.4　人工智能的应用

列举人工智能在智能制造、生物识别、自动驾驶、自然语言处理、智能家居、智能医疗等领域的应用。

（1）在智能制造领域的应用

随着工业 4.0 时代的推进，传统的制造业在人工智能的推动下迅速爆发。人工智能在智能制造领域的应用主要分为三个方面：

① 智能装备：主要包括自动识别设备、人机交互系统、工业机器人和数控机床等。
② 智能工厂：包括智能设计、智能生产、智能管理及集成优化等。
③ 智能服务：包括个性化定制、远程运维及预测性维护等。

（2）在生物识别领域的应用

将人工智能技术应用在生物识别领域，能够高效地对各种生物特征进行准确识别，从而在最短的时间内对生物的身份进行确定。如今较为常见的生物识别系统分别是人脸识别、指纹识别以及虹膜识别。这些系统的应用原理都是通过对比的方式来对生物特征进行高效识别。生物识别系统主要以人工智能技术为基础，通过获取大量的样本数据来进行数据特征的提取，然后通过训练识别模型来对生物特征进行有效识别。将人工智能技术应用在生物识别领域，还需要运用学习模型对生物的相关信息进行对比分析，通过这样的方式能够大大提高识别的准确性。

（3）在自动驾驶领域的应用

自动驾驶如今已备受人们关注。自动驾驶简而言之就是利用传感系统和计算机系统来实现无人驾驶的目的。如今我国的自动驾驶研究也已经取得初步成果。

自动驾驶系统是一个非常复杂的系统，其中包含大量的软件设备和硬件设备。自动驾驶系统除应用传感技术和自动控制技术外，也融入了人工智能技术。人工智能技术能够更好地对环境进行感知，同时也能更高效地对车辆进行控制。自动驾驶系统在运行过程中会以人工智能技术的机器学习理论为基础来对环境进行有效识别，通过这种方式可以保证车辆在无人驾驶的情况下顺利完成行驶任务。

（4）在自然语言处理领域的应用

人类在发展过程中形成了自然语言，自然语言能够在一定程度上体现人类文明发展的智慧结晶。自然语言的处理实际上就是利用相应技术使计算机理解人类的语言。该项技术虽然听上去较为简单，但是想要真正实现则是一项难度巨大的工程。人工智能技术的出现使得自然语言的处理速度不断加快，其能够利用机器学习理论，从大量的自然语言数据中找寻出自然语言的相关规律，在此基础之上构建相应的语言知识框架，进而帮助计算机更加高效地对自然语言进行理解和识别。如今自然语言处理在发展过程中已经取得了十分显著的成就，但是由于该领域的研究外延较广，所以在实际研究过程中仍然有许多问题需要攻克和解决。例如，在未来发展过程中需要对单词边界的界定以及不规范输入问题进行有效解决。此外，相关研究人员还需将人工智能技术的应用优势充分发挥出来，对现有技术进行优化和完善，以借助人工智能来提高难题的攻坚效率。

（5）在智能家居领域的应用

智能家居主要是引用物联网技术，通过智能硬件、软件、云计算平台等构成一套完整的家居生态系统。这些家居产品都有一个 AI，人们可以设置口令指挥产品自主运行，同时 AI 还可以搜索用户的使用数据，最后达到不需要指挥的效果。

（6）在智能医疗领域的应用

智能医疗主要是通过大数据、5G、云计算、AR/VR 和人工智能等技术与医疗行业进行深度融合。智能医疗主要起到辅助诊断、医疗影像及疾病检测、药物开发等作用。

（7）在智能机器人领域的应用

目前，智能机器人行业可谓百花齐放，各式各样的机器人层出不穷。随着智能交互技术的显著进步，智能陪伴与情感交互类机器人正在逐步获得市场认可。

以语音辨识、自然语义理解、视觉识别、情绪识别、场景认知、生理信号检测等功能为基础，机器人可以充分分析人类的面部表情和语调方式，并通过手势、表情、触摸等多种交互方式做出反馈，极大地提升用户体验效果，满足用户的陪伴与交流诉求。

随着深度学习技术的进步和认知推理能力的提升，智能陪伴与情感交互机器人系统内嵌的算法模块将会根据不同用户的性格、习惯及表达情绪，形成独立而有差异化的反馈效果，即所谓"千人千面"的高级智能体验。

6.4.5　人工智能的发展趋势

（1）从专用智能向通用智能发展

实现从专用人工智能向通用人工智能的跨越式发展，既是下一代人工智能发展的必然趋势，也是研究与应用领域的重大挑战。2016 年 10 月，美国国家科学技术委员会发布《国家人工智能研究与发展战略计划》，提出在美国的人工智能中长期发展策略中要着重研究通用人工智能。阿尔法狗系统开发团队创始人戴密斯·哈萨比斯提出朝着"创造解决世界上一切问题的通用人工智能"这一目标前进。微软在 2017 年成立了通用人工智能实验室，众多感知、学习、推理、自然语言理解等方面的科学家参与其中。

（2）从人工智能向人机混合智能发展

借鉴脑科学和认知科学的研究成果是人工智能的一个重要研究方向。人机混合智能旨在将人的作用或认知模型引入到人工智能系统中，提升人工智能系统的性能，使人工智能成为人类智能的自然延伸和拓展，通过人机协同更加高效地解决复杂问题。在我国新一代人工智能规划和美国脑计划中，人机混合智能都是重要的研发方向。

（3）从"人工+智能"向自主智能系统发展

当前人工智能领域的大量研究集中在深度学习，但是深度学习的局限是需要大量人工干预，比如人工设计深度神经网络模型、人工设定应用场景、人工采集和标注大量训练数据、用户需要人工适配智能系统等，非常费时费力。因此，科研人员开始关注减少人工干预的自主智能方法，提高机器智能对环境的自主学习能力。例如，阿尔法狗系统的后续版本阿尔法元从零开始通过自我对弈强化学习，实现围棋、国际象棋、日本将棋的"通用棋类人工智能"。在人工智能系统的自动化设计方面，2017年谷歌提出的自动化学习系统（AutoML）试图通过自动创建机器学习系统降低人员成本。

（4）人工智能将加速与其他学科领域交叉渗透

人工智能本身是一门综合性的前沿学科和高度交叉的复合型学科，研究范畴广泛而又异常复杂，其发展需要与计算机科学、数学、认知科学、神经科学和社会科学等学科深度融合。随着超分辨率光学成像、光遗传学调控、透明脑、体细胞克隆等技术的突破，脑与认知科学的发展开启了新时代，能够大规模、更精细地解析智力的神经环路基础和机制，人工智能将进入生物启发的智能阶段，依赖于生物学、脑科学、生命科学和心理学等学科的发现，将机理变为可计算的模型。同时，人工智能也会促进脑科学、认知科学、生命科学甚至化学、物理、天文学等传统科学的发展。

（5）人工智能产业将蓬勃发展

随着人工智能技术的进一步成熟以及政府和产业界投入的日益增长，人工智能应用的云端化将不断加速，全球人工智能产业规模在未来10年将进入高速增长期。例如，2016年9月，咨询公司埃森哲发布报告指出，人工智能技术的应用将为经济发展注入新动力，可在现有基础上将劳动生产率提高40%；2018年麦肯锡公司的研究报告预测，到2030年，约70%的公司将采用至少一种形式的人工智能，人工智能新增经济规模将达到13万亿美元。

（6）人工智能将推动人类进入普惠型智能社会

"人工智能+X"的创新模式将随着技术和产业的发展日趋成熟，对生产力和产业结构产生革命性影响，并推动人类进入普惠型智能社会。2017年国际数据公司IDC在《信息流引领人工智能新时代》白皮书中指出，人工智能将提升各行业运转效率。我国经济社会转型升级对人工智能有重大需求，在消费场景和行业应用的需求牵引下，需要打破人工智能的感知瓶颈、交互瓶颈和决策瓶颈，促进人工智能技术与社会各行各业的融合提升，建设若干标杆性的创新应用场景，实现低成本、高效益、广范围的普惠型智能社会。

（7）人工智能领域的国际竞争将日趋激烈

当前，人工智能领域的国际竞赛已经拉开帷幕，并且将日趋白热化。2018年4月，欧盟委员会计划 2018～2020 年在人工智能领域投资 240 亿美元；法国总统在 2018 年 5 月宣布《法国人工智能战略》，目的是迎接人工智能发展的新时代，使法国成为人工智能强国；2018 年 6 月，日本《未来投资战略 2018》重点推动物联网建设和人工智能的应用。世界军事强国也已逐步形成以加速发展智能化武器装备为核心的竞争态势，例如美国政府发布的《国防战略》报告中谋求通过人工智能等技术创新保持军事优势，确保美国打赢未来战争；俄罗斯 2017 年提出军工拥抱"智能化"，让导弹和无人机这样的"传统"兵器威力倍增。

（8）人工智能的社会学将提上议程

为了确保人工智能的健康可持续发展，使其发展成果造福于民，需要从社会学的角度系统全面地研究人工智能对人类社会的影响，制定完善的人工智能法律法规，规避可能的风险。2017 年 9 月，联合国犯罪和司法研究所（UNICRI）决定在海牙成立第一个联合国人工智能和机器人中心，规范人工智能的发展。美国白宫多次组织人工智能领域法律法规问题的研讨会、咨询会。特斯拉等产业巨头牵头成立 OpenAI 等机构，旨在"以有利于整个人类的方式促进和发展友好的人工智能"。

6.5 大数据与工业大数据

当前，大数据已成为业界公认的工业升级的关键技术要素。在《中国制造 2025》的技术路线图中，工业大数据是作为重要突破点来规划的，而在未来的十年，以数据为核心构建的智能化体系会成为支撑智能制造和工业互联网的核心动力。

6.5.1 大数据

（1）大数据的概念

大数据本身是一个比较抽象的概念，单从字面来看，它表示数据规模的庞大。但是仅仅数量上的庞大显然无法看出大数据这一概念和以往的"海量数据"（massive data）、"超大规模数据"（very large data）等概念之间有何区别。针对大数据，目前存在多种不同的理解和定义。

麦肯锡在其报告 *Big data：The next frontier for innovation，competition and productivity* 中给出的大数据定义是：一种规模大到在获取、存储、管理、分析方面大大超出了传统数据库软件工具能力范围的数据集合。

维基百科对大数据的解读是：大数据（big data），或称巨量数据、海量数据、大资料，指的是所涉及的数据量规模巨大到无法通过人工，在合理时间内截取、管理、处理，并整理成为人类所能解读的信息。

研究机构 Gartner 认为，大数据是需要新处理模式才能具有更强的决策力、洞察发现力和流程优化能力的海量、高增长率和多样化的信息资产。从数据的类别上看，大数据指的是无法使用传统流程或工具处理或分析的信息。它定义了那些超出正常处理范围和大小，迫使用户采用非传统处理方法的数据集。

按照美国国家标准与技术研究院（National Institute of Standards and Technology，NIST）发布的研究报告的定义，大数据是用来描述在网络的、数字的、遍布传感器的、信息驱动的世界中呈现出的数据泛滥的常用词语。大量数据资源为解决以前不可能解决的问题带来了可能性。

大数据代表着数据从量到质的变化过程，代表着数据作为一种资源在经济与社会实践中扮演越来越重要的角色，相关的技术、产业、应用、政策等环境会与之互相影响、互为促进。从技术角度来看，这种数据规模质变后带来新的问题，即数据从静态变为动态，从简单的多维度变成巨量维度，而且其种类日益丰富，超出当前分析方法与技术能够处理的范畴。这些数据的采集、分析、处理、存储和展现都涉及复杂的多模态高维计算过程，涉及异构媒体的统一语义描述、数据模型、大容量存储的建设，涉及多维度数据的特征关联与模拟展现。然而，大数据发展的最终目标还是挖掘其应用价值，没有价值或者没有发现其价值的大数据从某种意义上讲是一种冗余和负担。

（2）大数据的特点

IBM 提出了大数据的"5V"特点：volume（大量）、velocity（高速）、variety（多样）、value（低价值密度）、veracity（真实性），如图6.27所示。

① 数据量大。大数据显而易见的特征就是其庞大的数据规模。随着信息技术的发展，互联网规模的不断扩大，每个人的生活都被记录在了大数据之中，由此数据本身也呈爆发性增长。大数据中的数据不再以 GB 或 TB 为单位来衡量，而是以 PB、EB 或 ZB 为计量单位。

② 高速。大数据的高速特征主要体现在数据数量的迅速增长和处理上。与传统媒体相比，在如今的大数据时代，信息的生产和传播方式都发

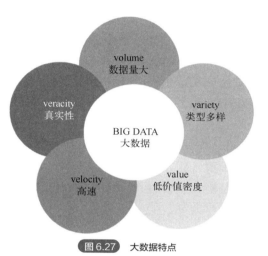

图6.27　大数据特点

生了巨大改变，在互联网和云计算等方式的作用下，大数据得以迅速生产和传播。此外，由于信息的时效性，还要求在处理大数据的过程中要快速响应，无延迟输入、提取数据。

③ 类型多样。在数量庞大的互联网用户等因素的影响下，大数据的来源十分广泛，因此大数据的类型也具有多样性。大数据由因果关系的强弱可以分为三种，即结构化数据、非结构化数据、半结构化数据，它们统称为大数据。

a. 结构化数据：结构化的数据是指可以使用关系型数据库（例如：MySQL，Oracle，DB2）表示和存储，表现为二维形式的数据。其一般特点是：数据以行为单位，一行数据表示一个实体的信息，每一行数据的属性是相同的。所以，结构化数据的存储和排列是很有规律的，这对查询和修改等操作很有帮助。

但是，它的扩展性不好，比如，如果字段不固定，利用关系型数据库也是比较困难的。有人会说，需要的时候加个字段就可以了，这样的方法也不是不可以，但在实际运用中每次都进行反复的表结构变更是非常痛苦的，这也容易导致后台接口从数据库提取数据出错。也可以预先设定大量的预备字段，但这样的话，时间一长很容易弄不清除字段和数据的对应状态，即哪个字段保存有哪些数据。

b. 半结构化数据：半结构化数据是结构化数据的一种形式，它并不符合关系型数据库或其他数据表的形式关联起来的数据模型结构，但包含相关标记，用来分隔语义元素以及对记录和字段进行分层。因此，它也被称为自描述的结构。半结构化数据中，属于同一类的实体可以有

不同的属性，当它们被组合在一起时，这些属性的顺序并不重要。常见的半结构数据有 XML 和 JSON。

c.非结构化数据：非结构化数据是数据结构不规则或不完整，没有预定义的数据模型，不方便用数据库二维逻辑表来表现的数据，包括所有格式的办公文档、文本、图片、各类报表、图像和音频/视频信息等。非结构化数据的格式非常多样，标准也是多样性的，而且在技术上非结构化信息比结构化信息更难标准化和理解，所以其存储、检索、发布以及利用需要更加智能化的 IT 技术，比如海量存储、智能检索、知识挖掘、内容保护、信息的增值开发利用等。

④ 低价值密度。大数据所有的价值在大数据的特征中占核心地位，大数据的数据总量与其价值密度的高低关系是成反比的。同时对于任何有价值的信息，都是在处理海量的基础数据后提取的。在大数据蓬勃发展的今天，人们一直探索着如何提高计算机算法处理海量大数据，提取有价值信息的速度这一难题。

⑤ 真实性。尽管借助现代数据库技术，企业能够采集和理解大量不同类型的数据，但只有准确、相关和及时的数据才具有价值。对于仅存储结构化数据的传统数据库，语法错误和拼写错误屡见不鲜。而在非结构化数据方面，我们面临一系列全新的数据准确性挑战。人类偏见、社交干扰信息和数据来源问题都会影响数据质量。

（3）大数据的发展

大数据是信息技术发展的必然产物，更是信息化进程的新阶段，其发展推动了数字经济的形成与繁荣。信息化已经历了两次高速发展的浪潮，第一次始于 1980 年左右，是以个人计算机普及和应用为主要特征的数字化时代，第二次始于 20 世纪 90 年代中期，是以互联网大规模商业应用为主要特征的网络化时代。当前，我们正在进入以数据的深度挖掘和融合应用为主要特征的大数据时代。大数据时代的到来标志着一场深刻的革命，数据正以生产资料要素的形式参与到生产之中，它取之不尽，用之不竭，并在不断循环中交互作用，创造出难以估量的价值，这就是信息化发展的"第三次浪潮"。三次信息化浪潮发生时间、标志、解决问题以及代表企业如图 6.28 所示。

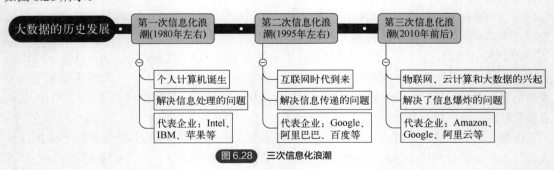

图 6.28　三次信息化浪潮

回顾大数据的发展历程，大数据总体上可以划分为以下四个阶段：萌芽期、成长期、爆发期和大规模应用期。

a.萌芽期（1980～2008 年）：大数据术语被提出，相关技术概念得到一定程度的传播，但没有得到实质性发展。同一时期，随着数据挖掘理论和数据库技术的逐步成熟，一批商业智能工具和知识管理技术开始被应用，如数据仓库、专家系统、知识管理系统等。1980 年，未来学家托夫勒在其所著的《第三次浪潮》一书中，首次提出"大数据"一词，将大数据称赞为"第三次浪潮的华彩乐章"。大多数学者认为，"大数据"这一概念最早公开出现于1998年，美国高性能计算公司SGI的首席科学家约翰·马西（John Mashey）在一个国际会议报告中指出，随着数据量的快速增长，必将出现数据难理解、难获取、难处理和难组织等四个难题，并用"Big Data"（大数据）来描述这一挑战，在计算领域引发思考。2008年9月，《自然》杂志推出了大数据封面专栏。

b．成长期（2009～2012年）：大数据市场迅速成长，互联网数据呈爆发式增长，大数据技术逐渐被大众熟悉和使用。2010年2月，肯尼斯·库克尔在《经济学人》上发表了长达14页的大数据专题报告《数据，无所不在的数据》。2012年，牛津大学教授维克托·迈尔·舍恩伯格的著作《大数据时代》开始在国内风靡，推动了大数据在国内的发展。

c．爆发期（2013～2015年）：大数据迎来了发展的高潮，包括我国在内的世界各个国家纷纷布局大数据战略。2013年，以百度、阿里、腾讯为代表的国内互联网公司各显身手，纷纷推出创新性的大数据应用。2015年9月，国务院发布《促进大数据发展行动纲要》，全面推进我国大数据发展和应用，进一步提升创业创新活力和社会治理水平。

d．大规模应用期（2016年以后）：大数据应用渗透到各行各业，大数据价值不断凸显，数据驱动决策和社会智能化程度大幅提高，大数据产业迎来快速发展和大规模应用实施。2019年5月，《2018年全球大数据发展分析报告》显示，中国大数据产业发展和技术创新能力有了显著提升。这一时期学术界在大数据技术与应用方面的研究创新也不断取得突破。

（4）大数据的处理流程

大数据来源于互联网、企业系统和物联网等信息系统，经过大数据处理系统的分析挖掘，产生新的知识用以支撑决策或业务的自动智能化运转。从数据在信息系统中的生命周期看，大数据从数据源经过分析挖掘到最终获得价值一般需要经过5个主要环节，包括数据准备、存储管理、计算处理、数据分析和知识展现，如图6.29所示。

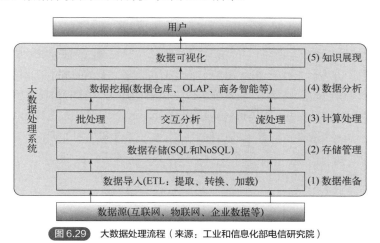

图6.29 大数据处理流程（来源：工业和信息化部电信研究院）

① 数据准备环节。在进行存储和处理之前，需要对数据进行清洗、整理，传统数据处理体系中称为ETL（extracting，transforming，loading）过程。与以往数据分析相比，大数据的来源多种多样，包括企业内部数据库、互联网数据和物联网数据，不仅数量庞大、格式不一，质量也良莠不齐。这就要求数据准备环节一方面要规范格式，便于后续存储管理，另一方面要在尽可能保留原有语义的情况下去粗取精、消除噪声。

② 存储管理环节。当前全球数据量正以每年超过 50%的速度增长，存储技术的成本和性能面临非常大的压力。大数据存储系统不仅需要以极低的成本存储海量数据，还要适应多样化的非结构化数据管理需求，具备数据格式上的可扩展性。

③ 计算处理环节。需要根据处理的数据类型和分析目标，采用适当的算法模型，快速处理数据。海量数据处理要消耗大量的计算资源，对于传统单机或并行计算技术来说，速度、可扩展性和成本上都难以适应大数据计算分析的新需求。分而治之的分布式计算成为大数据的主流计算架构，但在一些特定场景下的实时性还需要大幅提升。

④ 数据分析环节。数据分析环节需要从纷繁复杂的数据中发现规律，提取新的知识，是大数据价值挖掘的关键。传统数据挖掘对象多是结构化、单一对象的小数据集，挖掘更侧重根据先验知识预先人工建立模型，然后依据既定模型进行分析。对于非结构化、多源异构的大数据集的分析，往往缺乏先验知识，很难建立显式的数学模型，这就需要发展更加智能的数据挖掘技术。

⑤ 知识展现环节。在大数据服务于决策支撑场景下，以直观的方式将分析结果呈现给用户，是大数据分析的重要环节。如何让复杂的分析结果易于理解是主要挑战。在嵌入多业务中的闭环大数据应用中，一般是由机器根据算法直接应用分析结果而无须人工干预，这种场景下知识展现环节则不是必需的。

（5）大数据技术

在大数据时代，为了更好地利用各类信息与数据，需要选择相应的大数据技术，获取具有价值的信息。目前，对应大数据的处理流程需要，大数据主要包括数据采集、数据存储、基础架构、数据处理、数据挖掘以及结果呈现几项技术，如图 6.30 所示。

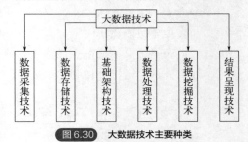

图 6.30　大数据技术主要种类

① 数据采集技术。在数据采集过程中，通常会运用到多个数据库，接收来自客户端或者传感器途径的信息。但是这样的大数据采集工作具有一定的难度，主要是受到了并发性高的影响。在某个特定时间段，一个网站的并发访问量很可能是其他时间段的几倍或者几十倍。这对网站系统造成了沉重的压力，甚至会导致网站运行系统的崩溃。为了促进大数据的有效分析，应当将各项数据上传至一个大型分布式数据库当中，或者导入到分布式存储集群内。在数据传输导入的过程中应当进行筛选和甄别处理，除去杂乱、无价值的信息数据，实现预处理的作用。互联网企业为了提升数据采集工作质量，都具有自己的系统日志数据采集工具，例如 Hadoop 的 Chukwa，以及 Facebook 的 scribe 等。这些数据采集工具为分布式架构，能够满足数百兆比特率的日志数据采集和传输需求，保证运行过程的通畅。在对网页数据进行采集的时候，经常会选择网络爬虫或者网站公开 API，能够将网页中的音频、视频、图片、文字等非结构化数据抽取出来，并且将其转化为结构化的形式，对其进行统一存储。在对网络流量进行采集的时候，可以运用 DPI、DFI 等带宽管理技术，具有一定的精准度和高效性。

② 数据存储技术。在完成了数据收集之后，需要将繁多的数据进行合理存储。互联网企业在存取数据的过程中，经常会采用 PostgreSQL。PostgreSQL 在设计的时候主要是为了满足 OLTP 交互型的相关要求，使其能够实现人机会话功能。除了 PostgreSQL 之外，一些互联网企业也会应用传统的关系型数据库，常见的形式为 Oracle。这项技术在数据多次修改、增减操作中具有

明显的优势，具有较高的效率，但是也具有一定的缺陷，那就是在数据统计、分析过程中效率比较低，不能够带来理想的工作效果。针对这种情况，一些企业开始尝试 Teradata，选择 MPP 架构，以软硬件一体机的形式呈交给客户。

③ 基础架构技术。大数据会在网络系统中添加多个节点服务器来达到均衡计算的目的，属于一种横向扩展结构，不属于服务器硬件的纵向扩展结构。在运用大数据技术的过程中，一些企业在数据归档和备份过程中，数据冗余已经达到了 90% 以上，这样会严重影响到数据系统的运行效率。因此，应当采取有效的措施，将数据系统中的各类重复数据进行删除。在这个过程中，分布式重复数据删除系统拥有较强的作用，它是由元数据服务器、客户端以及数据服务器组建而成。元数据服务器承担着元数据的维护和存储任务。客户端则是为文件的操作提供操作接口，并且对各项数据进行简单的预处理。数据服务器负责存放文件数据，将繁多的数据进行梳理、分类、汇总，将其进行有效的存储和管理。

④ 数据处理技术。为了让各类数据信息释放出自身的价值，需要将收集到的数据进行归纳，展开深入的分析与处理，释放数据信息的运用价值。在处理数据的过程中，需要结合应用需求来选择处理方式，将数据导入到相应的数据模型当中，使其能够实现预测功能。大数据处理技术最初是源于 Google 的 Hadoop 数据处理架构。这个数据处理架构具有较高的效率，能够实现千兆字节数据的处理。而在这个数据处理架构当中，MapRe-suce 算法以及分布式文件系统 HDFS 都是它的关键部分，具有难以替代的作用。当数据处理任务出现差错导致任务失败时，可以自动重新布置计算任务，但是在这个处理架构当中，容易因任务内串行、链式浪费情况多、中间结果不支持分享等情况导致整体效率低下，并且编程较为复杂。skytree 结合机器学习算法，能够对海量数据进行快速分析，满足企业大数据高级分析的需求，目前，已经被运用于异常识别、预测分析、市场细分、相似性搜索等领域当中。Spark 通用并行计算框架是将 MapReduxe 算法实现的分布式计算作为基础，它会将中间数据放在内存当中，能够带来良好的迭代运算效果，准确度也较为可靠，非常适合用于迭代计算需求较多的数据处理架构当中。

⑤ 数据挖掘技术。为了让海量数据的应有价值得以充分释放，需要在现有数据的基础上，选择合适的算法进行计算，了解数据信息潜在价值，实现数据分析和预测的效果，更好地满足高级别数据分析的需求。目前，数据挖掘算法在大数据技术中具有重要的作用，是整个大数据分析理论的核心部分。随着大数据技术的快速发展，数据挖掘算法也衍生出了不同的种类。在当前阶段，应用较为广泛的算法有 Kmeans 算法、SVM 算法、NaciveBayes 算法。数据挖掘技术在发展的过程中也面临严峻的挑战，因为数据分析挖掘过程中会涉及不同的算法，算法具有一定的复杂性，使算法的应用与选择具有较高难度。数据挖掘计算过程中需要面对较大的数据规模，计算量也大，为数据挖掘处理工作增加了难度。不同类型的数据挖掘算法需要根据数据类型和数据格式，对各项数据进行深入分析研究，发现数据深层的价值，全面表达数据本身的特性与价值。

⑥ 结果呈现技术。对各项数据进行统计与分析，得到相应的数据处理结果，应当选择适合的方式将其直观、可视化地呈现出来，发挥出大数据技术的价值。在对数据处理结果进行呈现的过程中，应当应用适合的数据统计分析系统，制定和设计算法，将各项数据的指标和维度进行梳理，根据主题以及体系将各类数据隐藏的关系进行连接。完成数据处理之后，可以将结果以柱形图、饼状图、地理信息图等数据形式展现出来，或者通过图像的大小、形状、颜色、亮度等方式借助大屏展示功能，实现数据结果的超清输出，并且支持触控交互，能够对各项数据展开多维定性分析研究。将数据分析结果通过不同的角度展现出来，使用者能够更加全面地掌

握数据变化趋势，了解数据之间的比例关系，分析各项数据之间的关联性，正确掌握数据深层次隐藏的规律，使数据内部的价值得以科学有效地应用。

（6）大数据的参考架构

中国电子技术标准化研究院的《大数据标准化白皮书（2018 版）》中给出的大数据参考架构如图 6.31 所示。

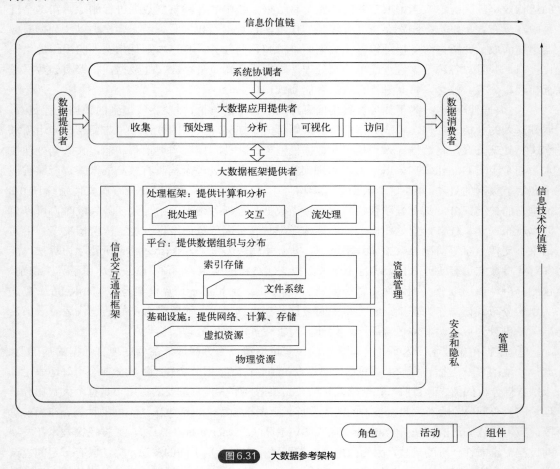

图 6.31 大数据参考架构

大数据参考架构总体上可以概括为"一个概念体系，二个价值链维度"。"一个概念体系"是指它为大数据参考架构中使用的概念提供了一个构件层级分类体系，即"角色-活动-功能组件"，用于描述参考架构中的逻辑构件及其关系。"二个价值链维度"分别为"IT 价值链"和"信息价值链"。其中"IT 价值链"反映的是大数据作为一种新兴的数据应用范式对 IT 技术产生的新需求所带来的价值。"信息价值链"反映的是大数据作为一种数据科学方法论对数据到知识的处理过程所实现的信息流价值。

大数据参考架构是一个通用的大数据系统概念模型。它表示了通用的、技术无关的大数据系统的逻辑功能构件及构件之间的互操作接口，可以作为开发各种具体类型大数据应用系统架构的通用技术参考框架。其目标是建立一个开放的大数据技术参考架构，使系统工程师、数据科学家、软件开发人员、数据架构师和高级决策者，能够在可以互操作的大数据生态系统中制定一个解决方案，解决由各种大数据特征融合而带来的需要使用多种方法解决的问题。它提供了一个通用的大数据应用系统框架，支持各种商业环境，包括紧密集成的企业系统和松散耦合的垂直行业，有助于理解大数据系统如何补充并有别于已有的分析、商业智能、数据库等传统的数据应用系统。

大数据参考架构采用构件层级结构来表达大数据系统的高层概念和通用的构件分类法。从构成上看，大数据参考架构是由一系列在不同概念层级上的逻辑构件组成的。这些逻辑构件被划分为三个层级，从高到低依次为角色、活动和功能组件。最顶层级的逻辑构件是角色，包括系统协调者、数据提供者、大数据应用提供者、大数据框架提供者、数据消费者、安全和隐私、管理。第二层级的逻辑构件是每个角色执行的活动。第三层级的逻辑构件是执行每个活动需要的功能组件。

大数据参考架构图的整体布局按照代表大数据价值链的两个维度来组织，即信息价值链（水平轴）和IT价值链（垂直轴）。在信息价值链维度上，大数据的价值通过数据的收集、预处理、分析、可视化和访问等活动来实现。在IT价值链维度上，大数据价值通过为大数据应用提供存放和运行大数据的网络、基础设施、平台、应用工具以及其他IT服务来实现。大数据应用提供者处在两个维度的交叉点上，表明大数据分析及其实施为两个价值链上的大数据利益相关者提供了价值。

五个主要的模型构件代表在每个大数据系统中存在的不同技术角色：系统协调者、数据提供者、大数据应用提供者、大数据框架提供者和数据消费者。另外两个非常重要的模型构件是安全隐私与管理，代表能为大数据系统其他五个主要模型构件提供服务和功能的构件。这两个关键模型构件的功能极其重要，因此也被集成在任何大数据解决方案中。

参考架构可以用于多个大数据系统组成的复杂系统（如堆叠式或链式系统），这样其中一个系统的大数据使用者可以作为另外一个系统的大数据提供者。

6.5.2　工业大数据

（1）工业大数据的概念

工信部《关于工业大数据发展的指导意见》中定义：工业大数据是工业领域产品和服务全生命周期数据的总称，包括工业企业在研发设计、生产制造、经营管理、运维服务等环节中生成和使用的数据，以及工业互联网平台中的数据等。

中国电子技术标准化研究院《工业大数据白皮书（2019）》中定义：工业大数据是指在工业领域中，围绕典型智能制造模式，从客户需求到销售、订单、计划、研发、设计、工艺、制造、采购、供应、库存、发货和交付、售后服务、运维、报废或回收再制造等整个产品全生命周期各个环节所产生的各类数据及相关技术和应用的总称。工业大数据以产品数据为核心，极大延展了传统工业数据范围，同时还包括工业大数据相关技术和应用。

CSDN《工业大数据漫谈》中定义：工业大数据是指在工业领域，主要通过传感器等物联网技术进行数据采集、传输得来的数据，由于数据量巨大，传统的信息技术已无法对相应的数据进行处理、分析、展示，而在传统工业信息化技术的基础上借鉴了互联网大数据的技术，提出的新型的基于数据驱动的工业信息化技术及其应用。

从以上这些定义不难看出，工业大数据内涵丰富，很难用一两句话概括清楚。从狭义角度来讲，工业大数据是指在工业领域生产与服务全环节产生、处理、传递、使用的各类海量数据的集合；从广义角度来讲，工业大数据是包括以上数据及与之相关的全部技术和应用的总称，除了"数据"内涵外还有"技术与应用"内涵。

同时，从专业机构和专家的视角来看，工业大数据概念又有其共通之处，一是覆盖工业生产与服务全生命周期过程，二是强调对数据和信息进行处理的重要性，这是工业大数据的两个关键核心。因此，工业大数据也要分成"工业"和"大数据"两个维度来看，"工业"是需求与实践，"大数据"是技术与手段，通俗来解释，工业大数据就是运用大数据、智能化等新技术、新手段解决工业发展面临的新需求、新问题，并创造新应用、新价值的过程。

（2）工业大数据的来源

① 生产经营相关业务数据。生产经营相关业务数据主要来自于传统企业信息化范围，存储在企业信息系统内部，包括传统工业设计和制造类软件、企业资源计划、产品生命周期管理、供应链管理、客户关系管理和环境管理系统等。这些企业信息系统已累积了大量的产品研发数据、生产性数据、经营性数据、客户信息数据、物流供应数据及环境数据。此类数据是工业领域传统的数据资产，在移动互联网等新技术应用环境下正在逐步扩大范围。

② 设备物联数据。设备物联数据主要指工业生产设备和目标产品在物联网运行模式下，实时产生收集的涵盖操作和运行情况、工况状态、环境参数等体现设备和产品运行状态的数据。此类数据是工业大数据新的、增长最快的来源。狭义的工业大数据即指该类数据，即工业设备和产品快速产生且存在时间序列差异的大量数据。

③ 外部数据。外部数据指与工业企业生产活动和产品相关的企业外部互联网的数据，例如，评价企业环境绩效的环境法规、预测产品市场的宏观社会经济数据等。

（3）工业大数据的特点

工业大数据不仅具有广义大数据"5V"的特点，还表现出"多模态""强关联"和"高通量"这3个特点。

① 多模态。多模态指工业大数据必须反映工业系统的系统化特征及其各方面要素，包括工业领域中"光、机、电、液、气"等多学科、多专业信息化软件产生的不同种类的非结构化数据。比如，三维产品模型文件不仅包含几何造型信息，还包含尺寸、工差、定位、物性等其他信息；同时，飞机、风机、机车等复杂产品的数据又涉及机械、电磁、流体、声学、热学等多学科、多专业。

② 强关联。强关联反映的是工业的系统性及其复杂的动态关系，不是数据字段的关联，本质是指物理对象之间和过程的语义关联，包括产品部件之间的关联，生产过程的数据关联，产品生命周期设计、制造、服务等不同环节数据之间的关联，以及在产品生命周期的统一阶段涉及的不同学科、不同专业的数据关联。

③ 高通量。高通量是指工业传感器在达到一定规模时瞬时写入或者读出的数据规模是巨大的。如今，嵌入式传感器已经达到了一定程度的智能化，其中一个重要特性就是智能互联，未来这点也将是工业互联网时代的重要标志，也是未来工业发展的方向，机器数据已成为工业大数据的主体。

（4）工业大数据架构

结合《大数据标准化白皮书（2018版）》中提出的大数据参考架构，针对工业领域的应用，《工业大数据白皮书（2019版）》给出了工业大数据应用参考架构，如图6.32所示。

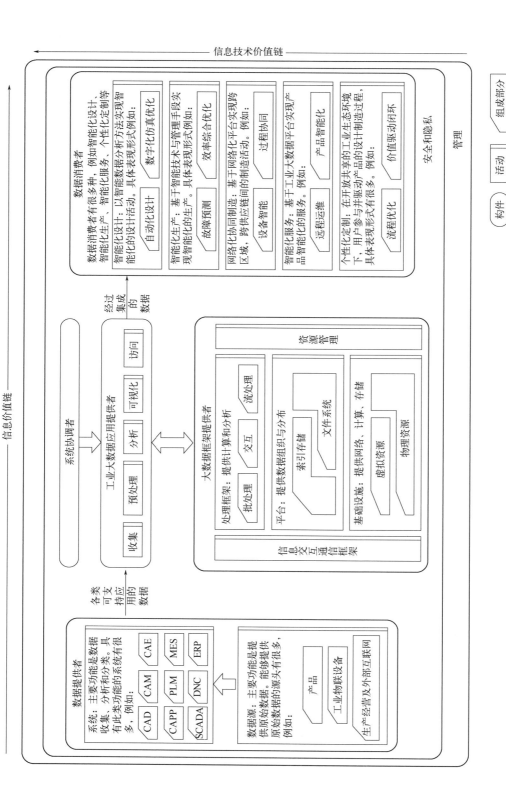

图 6.32　工业大数据应用参考架构

工业大数据应用参考架构将大数据参考架构的构件落实到了工业领域内的具体活动。工业大数据应用参考架构构件包括系统协调者、数据提供者、大数据应用提供者、大数据框架提供者、数据消费者、安全和隐私、管理。

① 系统协调者。系统协调者的职责在于规范和集成各类所需的数据应用活动。系统协调者的职能包括配置和管理工业大数据应用参考架构中其他构件执行一个或多个工作负载，以确保各项工作能正常运行；为其他组件分配对应的物理或虚拟节点；对各组件的运行情况进行监控；通过动态调配资源等方式来确保各组件的服务质量水平达到所需要求。系统协调者的功能可由管理员、软件或二者的组合以集中式或分布式的形式实现。

② 数据提供者。数据提供者的基本功能是将原始数据收集起来经过预处理提供给工业大数据应用提供者。数据提供者主要包括数据源和系统两部分：数据源是数据的产生处；系统主要对数据源产生的数据进行收集、分析与分类，然后提供给工业大数据应用提供者。

③ 工业大数据应用提供者。工业大数据应用提供者的基本职能主要是围绕数据消费者需求，将来自数据提供者的数据进行处理和提取，提供给数据消费者，主要包括收集、预处理、分析、可视化和访问五个活动。"收集"负责处理与数据提供者的接口和数据引入，根据工业大数据数据格式、类型的不同，通过引用对应的工业应用或构件，完成数据的识别和导入。"预处理"包括数据清洗、数据归约、标准化、格式化和存储。"分析"是指基于数据科学家的需求或垂直应用的需求，利用数据建模、处理数据的算法，以及工业领域专用算法，实现从数据中提取知识的技术。"可视化"是指对经处理、"分析"运算后的数据，通过合适的显示技术，如大数据可视化技术、工业 2D 或 3D 场景可视化技术等，呈现给最终的数据消费者。"访问"与"可视化"和"分析"功能交互，响应数据消费者和应用程序的请求。

④ 大数据框架提供者。大数据框架提供者主要是为工业大数据应用提供者在创建具体应用时提供使用的资源和服务。大数据框架提供者包括基础设施、平台、处理框架、信息交互/通信和资源管理 5 个活动。

"基础设施"为大数据系统中的所有其他要素提供必要的资源，这些资源由一些物理资源的组合构成，这些物理资源可控制/支持相似的虚拟资源，包括网络、计算、存储、环境等。

"平台"包含逻辑数据的组织和分布，支持文件系统方式存储和索引存储方法。

"处理框架"通过提供必要的基础设施软件以支持实现应用程序能够满足数据数量、速度和多样性的处理，包括批处理、流处理，以及两者的数据交换与数据操作。

"信息交互/通信"包含点对点传输和存储转发两种通信模型。在点对点传输模型中，发送者通过信道直接将所传输的信息发送给接收者；而在后者中，发送者会将信息先发送给中间实体，然后中间实体再逐条转发给接收者。点对点传输模型还包括多播这种特殊的通信模式，在多播中，一个发送者可将信息发送给多个而不是一个接收者。

"资源管理"主要指计算、存储及实现两者互联互通的网络连接管理。其主要目标是实现分布式的、弹性的资源调配，具体包括对存储资源的管理和对计算资源的管理。

⑤ 数据消费者。数据消费者是通过调用工业大数据应用提供者提供的接口按需访问信息，并进行加工处理，以达到特定的目标。数据消费者有很多种，典型的有智能化设计、智能化生产、网络化协同制造、智能化服务和个性化定制等五种应用场景。

⑥ 安全和隐私。安全和隐私构件，是指通过不同的技术手段和安全措施，构建大数据平台安全防护体系，实现覆盖硬件、软件和上层应用的安全保护，从网络安全、主机安全、应用安

全、数据安全四个方面来保证大数据平台的安全性。

⑦ 管理。管理构件主要包括三方面功能：

a．提供大规模集群统一的运维管理系统，能够对包括数据中心、基础硬件、平台软件和应用软件进行集中运维、统一管理，实现安装部署、参数配置、监控、告警、用户管理、权限管理、审计、服务管理、健康检查、问题定位、升级和补丁等功能；

b．具有自动化运维的能力，通过对多个数据中心的资源进行统一管理，合理地分配和调度业务所需要的资源，做到自动化按需分配；

c．对主管理系统节点及所有业务组件中心管理节点实现高可靠性的双机机制，采用主备或负荷分担配置，避免单点故障场景对系统可靠性的影响。

6.5.3　工业大数据与智能制造

智能制造是工业大数据的载体和产生来源，其各环节信息化、自动化系统所产生的数据构成了工业大数据的主题。另一方面，智能制造又是工业大数据形成的数据产品最终的应用场景和目标。工业大数据描述了智能制造各生产阶段的真实情况，为人类读懂、分析和优化制造提供了宝贵的数据资源，是实现智能制造的智能来源。工业大数据、人工智能模型和机理模型的结合，可有效提升数据的利用价值，是实现更高阶的智能制造的关键技术之一。

工业大数据在智能制造中的应用如下。

① 智能化描述了自动化与信息化之上的智能制造的愿景，通过对工业大数据的展现、分析和利用，可以更好地优化现有的生产体系；通过对产品生产过程工艺数据和质量数据的关联分析，实现控制与工艺调整优化建议，从而提升产品良品率；通过零配件仓储库存、订单计划与生产过程数据分析，实现更优的生产计划排程；通过对生产设备运行及使用数据的采集、分析和优化，实现设备远程点检及智能化告警、智能健康检测；通过对耗能数据的监测、比对与分析，找到管理节能漏洞、优化生产计划，实现能源的高效使用等。

② 更为广义的智能制造本质是数据驱动的创新生产模式，在产品市场需求获取、产品研发、生产制造、设备运行、市场服务直至报废回收的产品全生命周期过程中，甚至在产品本身的智能化方面，工业大数据都将发挥巨大的作用。例如，在产品的研发过程中，将产品的设计数据、仿真数据、实验数据进行整理，通过与产品使用过程中的各种实际工况数据的对比分析，可以有效提升仿真过程的准确性，减少产品的实验数量，缩短产品的研发周期。再如，在产品销售过程中，从源头的供应商服务、原材料供给，到排产协同制造，再到销售渠道和客户管理，工业大数据在供应链优化、渠道跟踪和规划、客户智能管理等各方面，均可以发挥全局优化的作用。在产品本身的智能化方面，通过对产品本身传感数据、环境数据的采集、分析，可以更好地感知产品所处的复杂环境与工况，以提升产品效能、节省能耗、延长部件寿命等优化目标为导向，在保障安全性的前提下，实现在边缘侧对既定的控制策略提出优化建议或者直接进行一定范围内的调整。

6.5.4　工业大数据与工业互联网

与智能制造的场景有所区别，工业互联网更为关注制造业企业如何以工业为本，通过"智能+"打通、整合、协同产业链，催生个性化定制、网络化协同、服务化延伸等新模式，从而提升企业、整体行业价值链或是区域产业集群的效率。与智能制造相似的是，工业互联网既是工业大数据的重要来源，也是工业大数据重要的应用场景。尤其在工业互联网平台的建设中，工业大数据扮演着重要的角色。

在工业互联网平台功能架构中，工业大数据技术、工业大数据系统是工业互联网平台层的重要核心。一方面，借助工业大数据处理、预处理、分析等技术，基于工业大数据系统，平台层得以实现对边缘层、IaaS 层产生的海量数据进行高质量存储与管理；另一方面通过工业大数据建模、分析、可视化等技术，将数据与工业生产实践经验相结合，构建机理模型，支撑应用层各种分析应用的实现。

工业大数据在工业互联网中的应用如下

① 工业大数据在工业互联网中的应用首先体现在对于工业互联网个性化定制、网络化协同、服务化延伸等工业互联网新模式场景的支持。在大规模个性化定制场景下，企业通过外部平台采集客户个性化需求数据，与工业企业生产数据、外部环境数据相融合，建立个性化产品模型，将产品方案、物料清单、工艺方案通过制造执行系统快速传递给生产现场，进行生产线调整和物料准备，快速生产出符合个性化需求的定制化产品。在网络化协同场景下，企业基于工业大数据，驱动制造全生命周期从设计、制造到交付、服务、回收各个环节的智能化升级，最终推动制造全产业链智能协同，优化生产要素配置和资源利用，消除低效中间环节，整体提升制造业发展水平和世界竞争力。在服务化延伸场景中，企业通过传感器和工业大数据分析技术，对产品使用过程中的自身工作状况、周边环境、用户操作行为等数据进行实时采集、建模、分析，从而实现在线健康检测、故障诊断预警等服务，催生支持在线租用、按使用付费等新的服务模型，创造产品新的价值，实现制造企业的服务化转型。

② 除了在工业互联网新模式场景中的应用，从集中化平台的角度来看，工业互联网平台还承载了通过工业大数据的分析利用从而实现知识积累的重任。工业领域经历了数百年的发展，在不同的行业、领域和场景下积累了大量的工业机理和工业知识，体现了对工业过程的深刻理解，能够持续地指导工业过程的优化和改进。在工业大数据时代，通过对这些工业机理、知识的提炼和封装，实现工业机理、知识模型上传云端、共享和复用，将使工业机理更好地融入工业大数据算法，实现模型的调优和迭代，缩短数据模型的收敛时间；同时，通过对海量工业大数据的深入挖掘、提炼、建模和封装，进一步形成面向各个细分工业领域的各类知识库、工具库、模型库和工业软件，将有助于加速旧知识的复用和新知识的不断产生，进一步服务于工业过程的改进和提升，为用户提供基于工业互联网的持续价值创造良性闭环。

6.6 云计算与边缘计算

6.6.1 云计算

（1）云计算的概念

云计算（cloud computing）是基于网络和计算机技术快速发展起来的，最早是 2006 年由谷歌在搜索引擎大会上提出，目前为止尚无公认的定义。

云计算的广义定义是：以互联网为基础的相关服务的增加，以及基于互联网服务的交付和使用模式，主要涉及通过互联网络来提供动态的、易扩展的、虚拟化的资源，包括软件和硬件资源。

目前，比较权威和被广泛认可的定义是美国国家标准与技术研究院（NIST）对云计算的定义：云计算是一种模型，它可以实现随时随地、便捷地、随机应变地从可配置计算资源共享池中获取所需的资源（例如，网络、服务器、存储、应用及服务），资源能够快速供应并释放，使管理资源的工作量和与服务提供商的交互减小到最低限度。

NIST 的定义不仅提出了云计算的客观概念，同时也描述了云计算的一系列本质特征。第一，云计算支持按需自助服务。用户可以自由地请求不同类型的云资源，例如存储、带宽和 CPU。第二，在云数据中心内部使用资源池，以多租户架构为多个用户提供服务。从用户的角度来看，他们不知道所提供资源的位置，这被称为资源位置透明性。第三，在云端启用快速弹性服务。因此，分配资源的容量可以动态调整以满足不同的用户需求。第四，云服务可衡量。由于云采用按需付费的模式，云计算资源供应商和用户都需要对其进行监控、控制和衡量。第五，云计算需要广泛的网络来实现用户从异构客户端设备的访问。

（2）云计算的分类

① 根据服务提供方式，云计算可分为三种模式，即基础设施即服务 IaaS（infrastructure as a service）、平台即服务 PaaS（platform as a service）和软件即服务 SaaS（platform as a service），如图 6.33 所示。

② 从不同的部署模式来看，云计算资源池主要有公有云、混合云、私有云三种。

a. 公有云：云计算服务商部署资源池使虚拟机等基础设施直接向客户提供业务服务。客户通过互联网访问云计算服务提供商的基础设施，采用租用的方式享有资源。租用方式使资源可以弹性伸缩，资源成本相对低廉，部分服务甚至免费使用。目前业界主要的公有云有亚马逊的 AWS、阿里云、微软的 Azrue。

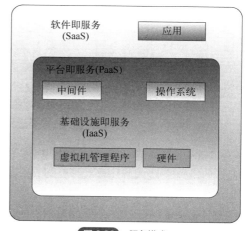

图 6.33　服务模式

公有云被认为是云计算的主要形态，公有云具有标准化、资产保护、灵活性和部署时间短等特点。

b. 私有云：私有云是为一个客户单独使用而构建资源池，该客户可以单独控制、维护此的资源池的资源以及部署在资源池内的应用程序。私有云可以充分利用现有客户的 IT 设施中的软硬件资源，保持现有 IT 的维护管理规则，主要特征是专用性、高安全性、高可靠性，一般可以部署在客户环境、托管数据中心也可以是公有环境单独防火墙内。

c. 混合云：由两个或多个云计算资源系统协作提供资源服务，这些资源系统可以是公有云之间、私有云之间或者公有云与私有云之间等，以满足应用突发、弹性扩容、低成本可靠性保障等各种综合需求，如某系统平时需要的处理能力为一个固定值，但在春运或者高考查分时系统会有突发流量，可以将固定资源部分私有云部署，突发需求采用公有云弹性租用解决。其各种性能介于公有云和私有云之间，但是复杂程度最高。其利用快速弹性地使用公有云的能力，可以同时满足私密性和低成本弹性扩展，且无须为短期的爆发预留大量资源。

（3）云计算的体系结构

云计算体系结构主要有五个部分，分别是应用层、平台层、资源层、用户访问层、管理层。云计算其实是机器物理资源虚拟化通过网络给用户提供服务，构建以服务为核心的云计算体系结构，IaaS、PaaS、SaaS 分别对应资源层、平台层和应用层，如图 6.34 所示。

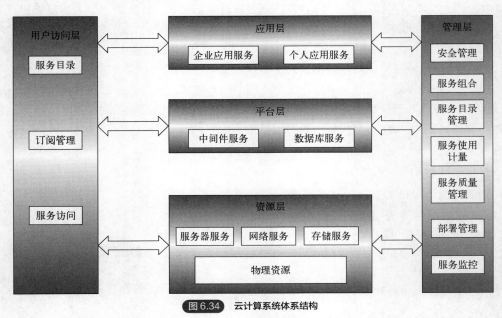

图 6.34　云计算系统体系结构

IaaS 提供计算资源，例如虚拟机、存储、连接和带宽给用户。通过租用资源，用户可以设置任何操作系统或应用环境。IaaS 为用户提供了高度的灵活性，但用户必须从头构建所需的环境。其提供的基础设施是虚拟化的、灵活的和可扩展的，以满足不同的用户需求。经典的 IaaS 实例包括 Amazon EC2、GoGrid 等。

PaaS 向用户提供高水平的集成开发环境。用户可以利用所提供的应用程序编程接口（API）和开发环境来构建、测试或托管定制的应用程序。与 IaaS 相比，PaaS 用户无须对网络、存储和操作系统进行设置和维护。主要的 PaaS 实例包括 Google App Engine 和 Engine Yard。

SaaS 以服务的形式，提供软件应用。在 SaaS 中，使用者能够像网页浏览器那样，使用客户端接口浏览由其公司提供的应用软件，而这种软件可以在云服务器上运行。对用户的主要好处是 SaaS 消除了对昂贵的本地计算机的投资和客户端软件安装的负担。作为消费者，用户不关心硬件和应用环境。它们可以向提供者发送请求，并在本地机器上执行时享受感兴趣的服务。经典 SaaS 应用包括社交媒体服务，如 Facebook；在线办公软件服务，如 GMail 和 Google 文档；云游戏服务，如 OnLive 和 CiiNow。

用户访问层是为了维护用户云计算服务，它为用户提供了服务目录、订阅管理、服务访问，便于用户管理当前云计算服务。

管理层提供各种服务管理功能。详细服务如图 6.34 所示，这些服务的主要工作是确保云计算各种服务正常运行。不过服务使用计量是对使用资源进行统计产生收费。

（4）云计算的关键技术

云计算系统运用了许多技术，其中以编程模型、虚拟化技术、数据存储技术、数据管理技术、云计算平台管理技术最为关键。

① 编程模型。云计算采用 MapReduce 编程模式，将任务自动分成多个子任务，通过 Map 和 Reduce 实现任务在大规模计算节点中的调度与分配。

MapReduce 是 Google 开发的 java、Python、C++编程模型，它是一种简化的分布式编程模型和高效的任务调度模型，用于大规模数据集（大于 1TB）的并行运算。严格的编程模型使云计算环境下的编程十分简单。MapReduce 模式的思想是将要执行的问题分解成 Map（映射）和 Reduce（简化）的方式，先通过 Map 程序将数据切割成不相关的区块，分配（调度）给大量计算机处理，达到分布式运算的效果，再通过 Reduce 程序将结果汇整输出。

② 虚拟化技术。虚拟化技术是云计算中最重要的核心技术之一，它支持用户随时随地通过多种终端设备来获取来自"云"的资源。云计算服务的基础架构是依靠虚拟化技术作为有力支撑的。

从技术层面上讲，虚拟化技术是将在基础设施层上的软件资源、计算资源、系统资源、存储资源进行实体抽象的一种方法。虚拟化技术以软件方式模拟硬件资源，并把虚拟的应用程序、各种数据等以不同层级、不同方式呈现给用户使用，合理调配资源，凸显虚拟化的优越性。

云计算下的虚拟化技术是包括应用、网络、资源以及桌面，涵盖整个信息化架构在内的全系统的虚拟化。它的优势在于已经破除软件部署、硬件资源配置及数据分布的最大边界，可以虚拟地扩大硬件的容量，也可以简化软件的重新配置过程，实现动态伸缩、扩展，使资源集中管理、按需分配，实现资源的有效、最大化利用，节约不必要的开支。

从表现层面上讲，虚拟化可以将一台性能强大的服务器虚拟成多个相对独立的小型服务器，分别服务于不同的用户；也可以将多个独立的服务器虚拟整合成一个强大的服务器，从而完成一定的功能需求。这两种表现形式均可以实现统一管理，动态分配资源，提高资源利用率。

云计算的虚拟化技术不单是将多个资源整合成一个虚拟的资源的集中过程，还包括将一个资源虚拟成多个资源的分解过程。虚拟化最大的成功之处在于通过创新性的软件技术解决硬件资源的利用问题，同时实现了资源的分享与统一调度使用，用户不需要知道底层的物理结构细节即可轻松使用，在传输、计算、存储等多个计算方面达到高效率的应用。

a. 存储虚拟化技术：存储虚拟化主要是对存储硬件资源通过各种技术方法实现资源抽象，解决底层存储不同厂家异构性导致的无法管理和调度问题。其主要的技术指导思想是将存储资源能力进行抽象，实现存储管理与存储物理设备形态分开，便于为上层应用或者资源管理人员提供统一的、简化的、标准可视的视图。

存储虚拟化典型功能包括：屏蔽底层不同厂家异构，统一增加或整合新功能，仿真、整合或分解现有功能等。虚拟化工作在多个存储设备之上，这些设备就是底层的介质包括硬盘、阵列、NAS、对象存储等。

存储虚拟化使得应用只需要关注分配给它们的逻辑卷，管理人员只需要关心 LUN，而不必关心数据的存储实体，因此存储虚拟化最大的意义是节约了管理成本。针对传统的集中存储特别是 SAN 存储，存储虚拟化解决方案主要是三种技术方案：基于主机的存储虚拟化、基于网络的存储虚拟化、基于控制器的存储虚拟化，如图 6.35 所示。

基于主机的存储虚拟化是将虚拟化软件部署在 X86 通用服务器上，屏蔽底层存储阵列的异构特性，实现存储设备的统一管理。目前 DataCore 公司 Symphony-V、NSS 的存储虚拟化产品都是基于主机来做的。基于主机层面的解决方案采用存储微码实现，稳定性高，同时可以支持异构整合，但是需要在每台主机上安装软件进行配合管理，因此管理成本高，配置复杂，一般仅用于关键的高吞吐、高性能业务。

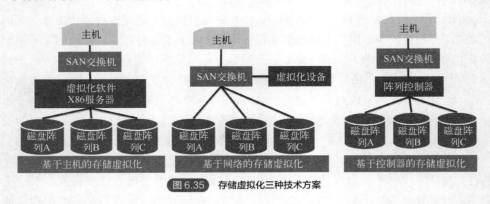

图 6.35　存储虚拟化三种技术方案

以 IBM 的 SVC、惠普 VPLEX 为代表的基于网络的存储虚拟化，一般是在阵列前面部署硬件设备，可以理解为统一的磁盘阵列机头。应用访问存储的时候首先访问该网元，由此网元决定后续资源的分配、数据存放位置。基于网络的虚拟化，其性能主要取决于虚拟化硬件设备的性能，因此性能和扩展性会是个新的瓶颈。

目前此技术大部分应用于银行等高可靠性需求的双活存储部署，主要是指两个数据中心可以同时对外提供服务，整个系统具有业务负载均衡和自动故障切换功能，具有更高的可靠性。

基于控制器的虚拟化是将虚拟化软件部署在专有硬件设备上，需要特定的操作系统支持，屏蔽底层存储设备异构特性，实现存储设备的统一管理。比如日立、惠普都采用高端磁阵带小磁阵的方式实现统一管理。因此大部分产品解决方案需要同构产品，对其他厂家的异构阵列支持能力有限。

近年来，软件定义存储（SDS）是一个较大的行业发展趋势。SDS 是一种数据存储方式，所有存储相关的控制工作都仅在相对于物理存储硬件的外部软件中。这个软件不是作为存储设备中的固件，而是在一个服务器上或者作为操作系统（OS）或 hypervisor 的一部分。软件定义存储可以保证系统的存储访问能在一个精准的水平上更灵活地管理。软件定义存储是从硬件存储中抽象出来的，这也意味着它可以变成一个不受物理系统限制的共享池，以便于最有效地利用资源。它还可以通过软件和管理进行部署和供应，也可以通过基于策略的自动化管理来进一步简化。SDS 技术的参考架构如图 6.36 所示。

b．网络虚拟化技术：网络虚拟化包括网络多虚一和网络一虚多两种场景。

● 　网络多虚一。网络多虚一最早表现为交换机的集群技术，但是近几年主要指的是控制平面和数据平面的虚拟化，从管理角度来看是指管理维护一台交换机。网络多虚一包括纵向虚拟化和横向虚拟化两种。

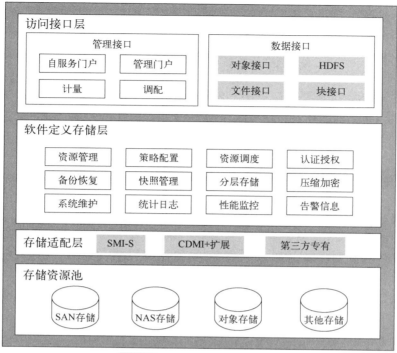

图 6.36　SDS 技术参考架构示意图

　　交换机纵向虚拟化的典型代表是思科的 Fabric Extender。交换机虚拟化后下层接入层交换机设备只需要简单地透传，其控制和转发平面统一到上层和新设备部署，可以理解为核心交换机板卡远程化，只是中间通过网络而不是总线架构交互。因此，纵向虚拟化带来的是管理简单化，网络不再区分核心层和接入层，整个平面就只有一个层，整个交换机系统就只有一台交换机。网络呈现一层的扁平架构。

　　横向虚拟化多是将同一级别上的交换机设备虚拟化，实现多台物理交换机的裸机一台管理，目前交换机厂家思科、华三、华为、juniper 都有自己成熟的技术，这些技术一般没有标准协议，都是各自的私有协议，控制平面的工作方式与纵向虚拟化雷同，都逻辑化成一台交换机。在数据吞吐量上，同一平面的所有交换机都可以对 IP 包进行处理和转发，是典型分布式转发结构的虚拟交换机。

- 网络一虚多。网络设备一虚多技术是把整台物理设备虚拟成多台逻辑设备，即将一台物理设备 PS（physical system）虚拟成多个相互隔离的逻辑系统。每个逻辑设备独立工作，在业务功能上等同于一台独立的传统物理设备。网络设备一虚多技术可以让多个逻辑设备之间共享一台物理设备，最大限度地利用现有资源，同时保持逻辑设备之间的运营独立性。设备级的一虚多，当前主流 IT 厂商大部分都有提供，比如 Cisco 的 VDC 技术、H3C 的 MDC 技术，华为的设备级一虚多技术是 VS（virtual system）。目前，也有很多研究者提出软件定义网络（soft defined networking，SDN），基于控制平面实现了网络一虚多，如 VXLAN 协议的引入等。

　　SDN 核心思想就是将控制平面与转发平面分离，破除原有交换机路由器设备打包架构。目前主流 SDN 有三个技术流派：基于专用接口 SDN、基于开放协议 SDN、基于叠加网络 SDN。

　　基于专用接口 SDN，主要核心思想是不改变设备原有系统结构，通过设备的开放专用 API，将控制平面通过网管系统或者其他管理系统进行统一集中整合，以实现控制平台的分离统一。这类技术要实现管理的统一，需要所有网元均为同一个厂家，若涉及多个厂家，一方面未必所有网元都支持开放接口，另一方面网管平台对接多个厂家系统开发成本较高，因此技术体系封闭，比较适合用单一厂家网元进行部署。

基于开放协议 SDN，主要核心思想是交换机硬件只负责转发，可以支持第三方等的控制面系统通过标准协议 Open Flow 与硬件转发层互通，重要的特征是支持软件编程方式满足客户各种定制需求。网络设备，包括交换机、路由器、防火墙等，其核心信息如路径、流表等保存在 Flow Table 里面，进而实现包转发、Qos 控制、统计分析等各种功能。传统交换机软硬件合一，因此对于其内部的格式，不同厂家各不相同。OpenFlow 主要就是指定了对不同交换机、路由器设备里的 Flow Table 通信的一套标准。这样通过标准协议，外部公共控制器就可以对交换机、路由器内部 Flow Table 进行配置、管理。同时 Flow Table 还支持远程访问控制，从而实现了将网络设备的配置与管理从设备本身中剥离出来，用多个控制器通过编程等手段来修改 Flow Table，从而定义各种规则，有效地形成各种独立裸机网络，从而实现网络的虚拟化。控制平面掌控全局网络资源，控制着流表等关键内容。

基于叠加网络 SDN，主要核心思想是在原有物理网络基础上再叠加一张网络 Overlay，以达到屏蔽底层网络的目的，实现网络资源的虚拟化。在技术上，如 VXLAN、NVGRE 等采用隧道技术，在原有报文上增加包头，实现二层报文的三层传输，其中二层网络是虚拟机网络，三层网络是物理转发网络，从网络上理解只要 IP 可达，网络虚拟化组件就可以部署，而无须对原有物理网络架构做出任何改变，突破了二层网络的物理位置限制、VLAN 数量限制等，从而实现屏蔽底层网络的差异。

③ 分布式存储技术。分布式存储简单说，就是将数据分散存储到多个数据存储服务器上。云计算领域的分布式架构与传统意义上的分布式架构有很大的差别，它是在传统架构基础上进行了创新改进。云模式下的分布式存储的直接目的是用云平台中多台服务器的存储资源来满足单台服务器所不能满足的存储需求，其主要特征是被存储起来的资源能够被弹性动态地扩展、伸缩且能够被抽象表示和统一管理，能够保证数据的可靠性和安全性。

云计算中主要是利用分布式存储手段实现大量数据的存储的，并且在冗余存储的支持下，满足广大用户的需求，提高数据保存的可用性、可靠性。这样可以让数据保存成多个副本，保证数据安全性。

现在云计算中的数据存储主要通过两种技术来实现：一种是开源的 Hadoop 分布式文件系统即 HDFS（hadoop distributed file system）技术，它有高度的容错性，非常适合部署在低廉的机器设备上，同时 HDFS 技术特别适合在大规模数据集上应用，因为它能够提供非常高数据访问吞吐量；另一种是非开源的 GFS（google file system）。例如，Yahoo、Intel 都是通过 HDFS 的存储技术来实现的"云"。

④ 分布式数据管理技术。云平台中承载了海量的用户数据信息，所以对云平台的数据管理能力提出了很高的要求。分布式数据管理技术可以高效处理大量数据，是云计算的核心技术之一。在云计算技术支持下，"云"中的大量数据在存储过程中还要进行处理、分解、整合，分布式处理技术根据资源池数据负载不同，动态地进行伸缩、扩展，即在信息资源高负载时可以动态扩展，在低负载时可以动态地伸缩，以获得对海量数据的处理能力。

云计算系统中的数据管理技术主要是 Google 的 BT（BigTable）数据管理技术和 Hadoop 团

队开发的开源数据管理模块 HBase（Hadoop Database）。

a. BT 是建立在 GFS、Scheduler、Lock Service 和 MapReduce 之上的一个大型的分布式数据库。与传统的关系数据库不同，它把所有数据都作为对象来处理，形成一个巨大的表格，用来分布存储大规模结构化数据。

Google 的很多项目使用 BT 来存储数据，包括网页查询、Google earth 和 Google 金融。这些应用程序对 BT 的要求各不相同：数据大小（从 URL 到网页再到卫星图像）不同、反应速度不同（从后端的大批处理到实时数据服务）。对于不同的要求，BT 都成功地提供了灵活高效的服务。

b. HBase 是一个基于 Hadoop 面向列的非关系型分布式数据库（NoSQL），其设计思想来源于 Google 的 BigTable 论文。其本质实际上是有一张稀疏的大表，用来存储粗粒度的结构化数据，并且 HDFS 能够通过简单地增加节点来实现系统的线性扩展。

HBase 是一个数据模型，是谷歌的 BigTable 设计的开源实现，可以对 HDFS 中存储的数据进行随机、实时读取访问。它利用 Hadoop HDFS 作为其文件存储系统，利用 Hadoop MapReduce 来处理 HBase 中的海量数据，利用 Zookeeper 作为其分布式协同服务，主要用来存储非结构化和半结构化的松散数据。

HBase 的特点：

- 大：一个表可以有上十亿行、上百万列；
- 面向列：面向列（族）的存储和权限控制，列（簇）独立检索；
- 稀疏：对于为空（null）的列，并不占用存储空间，因此，表可以设计得非常稀疏；
- 无模式：每行都有一个可排序的主键和任意多的列，列可以根据需要动态地增加，同一张表中不同的行可以有截然不同的列。

⑤ 云计算平台管理技术。云计算资源规模庞大，服务器数量众多并分布在不同的地点，同时运行着数百种应用，有效地管理这些服务器，保证整个系统提供不间断的服务是巨大的挑战。

云计算系统的平台管理技术能够使大量的服务器协同工作，方便进行业务部署和开通，快速发现和恢复系统故障，通过自动化、智能化的手段实现大规模系统的可靠运营。

云管理通常涉及四个层面：一是租户端管理，让用户能有效管理使用基本的云服务；二是运营管理，涉及云服务运营策略，如资源管理、计量计费、消息通知等；三是运维管理，涉及云平台的可用性与可靠性保障，如自动化运维、监控告警、运维排障等；四是多云纳管，当前对于很多企业，私有云+公有云，或者引入和均衡多个云厂商的混合云是一个趋势，所以需要提供能够统一纳管多种云，以及传统 IT 环境的管理平台。

（5）云计算在智能制造中的应用

随着智能制造的发展，云计算已经成为其中不可或缺的一部分。云计算技术可以为智能制造提供高效、灵活、可扩展的计算资源，从而实现生产数据的集中管理和分析，以及自动化的生产调度和控制。云计算在智能制造中的应用主要包括以下几个方面。

① 数据集成和分析。云计算可以将生产环节中产生的海量数据进行集中管理和分析，从而提高生产效率和质量。

② 智能制造平台建设。云计算可以为智能制造提供一个灵活的、可扩展的平台，支持多种生产执行系统和设备之间的数据交换和协作。

③ 生产调度和控制。云计算可以为智能制造提供自动化的生产调度和控制功能，根据生产需求和实际情况进行智能决策和优化。

④ 服务创新和升级。云计算可以为智能制造提供服务创新和升级的支持，帮助企业实现产品和服务的差异化和升级。

⑤ 安全和可靠性保证。云计算可以为智能制造提供安全和可靠性保证，通过多层次的安全措施和技术手段保障生产数据的安全和隐私。

6.6.2　边缘计算

（1）边缘计算的概念

边缘计算（edge computing，EC）源自 20 世纪 90 年代，Akamai 提出的内容分发网络（content delivery network，CDN）这一概念，通过将物理位置上更靠近用户的实体设置为网络节点，提高网络性能。CDN 能够使节点预取和缓存应用内容，例如图像或视频等，以便及时分发给用户。边缘计算在 CDN 概念的基础上将计算、网络、存储整合为一体。

边缘计算的核心就是一种在网络边缘区域执行计算的一种特殊计算模型，此处的边缘可以具体到从数据源到计算中心之间的任何资源，包含上行和下行数据。

边缘计算当前没有准确定义，从 IT 云计算领域视角来看，边缘计算被看作中心云计算的拓展。边缘计算产业联盟对边缘计算的定义为"在靠近物或数据源头的网络边缘侧，融合网络、计算、存储、应用核心能力的开放平台，就近提供边缘智能服务，满足行业数字化在敏捷连接、实时业务、数据优化、应用智能、安全与隐私保护等方面的关键需求"。从 CT 电信领域视角来看，边缘计算最初也被称为移动边缘计算（MEC）。欧洲电信标准协会（ETSI）对 MEC 的定义为"移动边缘计算在移动网络的边缘、无线接入网（RAN）的内部以及移动用户的近处提供了一个 IT 服务环境以及云计算能力"。

边缘计算的定义各有侧重，但核心思想基本一致：边缘计算是基于云计算核心技术，构建在边缘基础设施之上的新型分布式计算形式，在边缘端靠近最终用户提供计算能力，是一种靠近数据源的现场云计算。

（2）边缘计算的体系架构

在边缘计算的定义中，"边缘"实际上仅仅是个具有相对性的技术概念，指的是存在于云计算中心和移动终端之间的计算和存储资源。边缘计算允许将存储和计算任务从终端设备转移至边缘服务器等网络边缘节点中进行，既满足了终端设备的计算能力扩展需求，还能有效节省计算任务在云端服务器与终端设备之间传输所带来的各类成本。可以看出边缘计算往往与云计算相结合来满足多数需求，边缘计算与云计算协同（简称"边云协同"）的核心体系架构如图 6.37 所示，主要包括 3 个功能层次。

① 云计算层。云计算层也可以称为数据中心层，在云计算与边缘计算协作的框架中，云服务中心仍是数据处理能力最强的一环，边缘节点的上报数据将在云中心永久存储，而边缘层无法完成的大规模持续性数据处理任务也会转交给云服务中心完成。除此之外，云中心还会根据网络资源分布动态地调整边缘层的策略和算法。

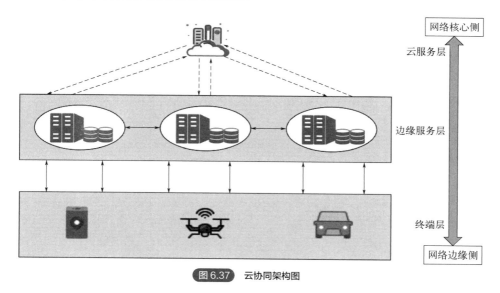

② 边缘计算层。边缘计算层由分布在网络边缘的节点构成。这些节点可以是性能较强的服务器、基站，也可以是网关、路由器等。边缘计算层通过合理部署和调配网络边缘侧的计算和存储能力，实现基础服务响应。

③ 终端层。终端层由各类物联网终端设备（智能手机、智能汽车、传感器等）组成，这些设备负责完成数据的原始收集并上报至边缘侧。

图6.37 云协同架构图

（3）边缘计算的优点

边缘计算作为一种分布式计算模式，很大程度上弥补了云计算的缺点，借助边缘节点处理简单、重复的任务，云端只需处理少量核心任务，降低了云服务器的计算负荷。具体地说，边缘计算的优势有以下几点。

① 低时延。将原有的集中式云计算迁移至网络边缘，依靠边缘设备处理任务，不需要上传至外部数据中心或云端，降低了服务响应时延，有利于对时延要求较高的应用的发展。例如，车联网场景下，大多数应用程序均对计算时延有一定的要求，边缘计算可以将计算任务时延控制在极小范围内，确保时延的精确性，提高驾驶安全性。同时，终端车辆还可以根据自己的实时位置把相关信息和数据共享给边缘节点，以便获得更加精准的行车路线。

② 安全性。由于边缘节点距离终端设备较近，避免了一部分终端与服务器间的数据传输，能够减少数据传输过程中的安全攻击，即使设备受到攻击，受损的也只是本地数据，不会导致服务器数据丢失。同时，边缘节点的分布较为分散且数量众多，给蓄意攻击本网络的群体增加了难度，此外，由于其分布式结构，当某一节点发生故障时，不会影响其他节点的正常工作，提供了较为稳定的网络服务，保证了数据安全性。

③ 可扩展性。边缘计算分布式的计算模式，提供了可扩展路径的选择空间，具体而言，任何具有计算和存储能力的设备均可以扩展边缘网络，这种方式大大降低了扩展成本，同时，因为没有新设备接入网络减少了对带宽的需求，增加了网络弹性。

④ 可靠性。所有的边缘数据中心和物联网设备都位于终端用户附近，能有效减少网络中断现象。不同于远程计算模式，边缘设备的数据处理能力可有效应对网络异常状况，确保计算任

务的正常运行，并且其本地存储机制保证了数据的完整性。

（4）边缘计算的特点

① 连接性。边缘计算的基础，边缘计算下游场景丰富，需要具备丰富的连接功能，如各种网络接口、网络协议等。

② 数据第一入口。边缘计算平台部署于网络边缘靠近终端设备的位置，面临大量实时、完整的第一手数据。

③ 分布性。边缘计算天然具备分布式特征，包括分布式计算与存储、分布式资源动态调度与统一管理、分布式智能、分布式安全等。

④ 约束性。行业数字化多样性场景要求通过软件和硬件集成与优化，以支撑各种恶劣的工作条件和运行环境。

⑤ 融合性。边缘计算是 OT 技术与 ICT 技术融合的基础，需要支持连接、数据、管理、控制、应用和安全等方面的协同。

⑥ 去中心化。边缘计算从行业的本质和定义上来看，就是让网络、计算、存储、应用从"中心"向边缘分发，以就近提供智能边缘服务。

⑦ 万物边缘化。边缘计算和早年的 IT、互联网，如今的云计算、移动互联网，以及未来的人工智能一样，具备普遍性和普适性。在万物互联的未来，有万物互联就有应用场景，有应用场景就要边缘计算。

⑧ 实时化。随着工业互联网、自动驾驶、智能家居、智能交通、智慧城市等各种场景的日益普及，这些场景下的应用对计算、网络传输、用户交互等的速度和效率要求也越来越高，以自动驾驶为例，在这些方面，几乎是要求秒级甚至是毫秒级的速度。而面对自动驾驶方面由摄像头、雷达等众多传感器创造的大量数据，传统数据中心模式的响应、计算和传输速度，显然是不够的，这时候"近端处理"的边缘计算，自然就成为了"实时化"要求的最好选择。

6.6.3　边缘计算与云计算的协同

边缘计算和云计算各有优势，云计算计算能力强，能够进行大量的数据分析、周期性维护和业务决策；边缘计算距离终端设备近，能够对本地业务实时处理响应。边缘计算与云计算存在着协同关系，边缘计算靠近终端设备，为云计算提供数据采集和预处理服务，支持云计算应用的大数据分析；云计算通过大数据和人工智能分析的决策下发到边缘节点，边缘节点根据实时的场景进行调整和优化，发送到终端设备执行。边缘计算和云计算在网络、存储、业务、应用等方面的紧密协同，有助于支撑行业数字化转型，创造更广泛的应用场景和更大的价值。

在工业互联网中，边缘计算与云计算协同是关键的技术之一，能够促进工业互联网的发展。云计算由于其地理位置远离终端设备，对一些时延敏感型应用无法实时处理和响应。边缘计算在靠近终端设备的位置建立节点，能够实时处理应用，降低任务时延。但是，由于其边缘节点的计算能力有限，对于一些数据量小、计算量大的任务需要上传到云计算中心计算。云计算和边缘计算各有优势，将它们的优势发挥出来，可以更好地服务工厂中的终端设备。

边缘计算不是单一的部件，也不是单一的层次，而是涉及 EC-IaaS、EC-PaaS、EC-SaaS 的端到端开放平台。因此边云协同的能力与内涵涉及 IaaS、PaaS、SaaS 各层面的全面协同，主要包括六种协同：资源协同、数据协同、智能协同、应用管理协同、业务管理协同、服务协同，如图 6.38 所示。

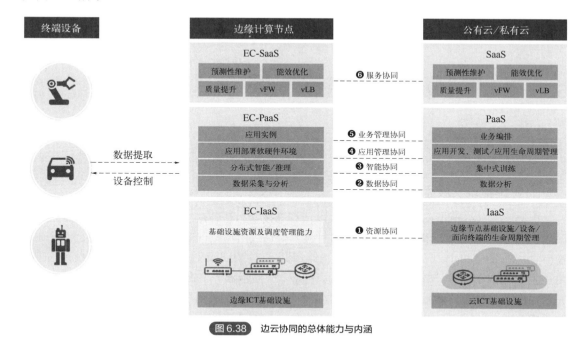

图 6.38　边云协同的总体能力与内涵

6.6.4　边云协同在智能制造中的应用

边云协同在工业互联网、智能制造、农业生产、医疗、智慧城市、智慧家庭等越来越多的场景中正在得到长足的应用和发展。

在智能制造领域，越来越多的设备将被接入互联网，产品生命周期的各个阶段的大量数据都能被获得。而基于云计算和边缘计算的智能制造范式，通过对大量数据进行分析来实现大规模协同制造，能够促进各种新的应用和服务发展。边云协同技术和智能制造产业的结合研究经过一定的发展，催生了另一种制造模式，即对所有制造资源和能力虚拟化封装并提供专门服务，通过云端和边缘侧进行统一管理、分配和按需使用，将 IoT、CPS、大数据分析（big data analysis，BDA）和云计算技术结合在一起，实现智能制造。

智能制造系统的关键来自生产车间所有制造设备的控制和监测数据。该系统正常运行首先需要保证制造设备之间的通信，进而提高适应性、可扩展性、弹性和安全性。智能边缘将制造作业数据与深度学习和强化学习相结合，提供基于学习的监测和控制反馈回路，为智能云提供潜在支持。此时智能云将利用企业资源规划、供应链管理和客户关系管理等成熟的制造资源，基于深度学习来提供决策建议。供应链管理制造业务模型能够和边云协同架构有效集成。客户向制造商付款并按规格订货，制造商向供应商付款。企业资源规划的客户关系管理、供应链管理、电子数据交换和财务现金流管理将在云计算模块上完成，核心制造活动、关键资源分配和运营决策将在边缘计算模块上完成。边缘计算模块和云计算模块之间的协作是通过 CPS 完成的。

个性化和定制化高质量生产的需求不断增加，制造业对业务延迟和安全指标的要求进一步升级，整体操作呈现出精细化、灵活化和智能化的趋势，传统的集中式云计算模式已不能满足需求。这不仅需要云计算的全局调控能力，还需要边缘计算的本地实时决策能力。

随着各类新兴技术的快速发展，制造系统结构日趋复杂，实时性、灵活性也越来越强，对计算能力和安全性等各个方面的性能都提出了更高的要求。边缘计算和云计算的融合协同极大地推动了制造模式的深刻变革，为制造领域的各类新应用提供了很有潜力的方案支持。

6.7 虚拟现实/增强现实/混合现实技术

6.7.1 虚拟现实技术

（1）虚拟现实技术的概念

虚拟现实（virtual reality，VR）技术以计算机技术为基础，综合了计算机、传感器、图形图像、通信、测控多媒体、人工智能等多种技术，通过给用户同时提供视觉、触觉、听觉等感官信息，使用户如同亲历其境一般。借助于计算机系统，用户可以生成一个自定义的三维空间。用户置身于该环境中，借助轻便的跟踪器、传感器、显示器等多维输入/输出设备，去感知和研究客观世界。在虚拟环境中，用户可以自由运动，随意观察周围事物并随时添加所需信息。借助于虚拟现实，用户可以突破时空的限制，优化自身的感官感受，极大地提高对客观世界的认识水平。

（2）虚拟现实技术的发展历程

虚拟现实技术在漫长的技术成长曲线中，历经概念萌芽、技术萌芽期、技术积累期、产品迭代期和技术爆发期五个阶段后有所发展。

1935 年，一本美国科幻小说首次描述了一款特殊的"眼镜"。这副眼镜的功能，囊括了视觉、嗅觉、触觉等全方位的虚拟现实概念，被认为是虚拟现实技术的概念萌芽。

到了 1962 年，电影行业为一项仿真模拟器技术申请了专利，这就是虚拟现实原型机，它标志着虚拟现实技术萌芽期的到来。

再到 1973 年，首款商业化的虚拟现实硬件产品 Eyephone 启动研发，并于 1984 年在美国发布，虽然和理想状态相去甚远，但是它开启了关键的虚拟现实技术积累期。

1990~2015 年间，虚拟现实技术逐渐在游戏领域中找到落地场景，标志着 VR 技术实现产品化落地。飞利浦、任天堂都是这个领域的先驱，直到 Oculus 的出现，才真正将 VR 带入大众视野。

从 2016 年开始，随着更好更轻的硬件设备出现，更多内容、更强带宽等各种基础条件的完善，虚拟现实迎来了技术的爆发期。

（3）虚拟现实的特征

虚拟现实有交互性（interaction）、沉浸性（immersion）和想象性（imagination）三大特点，也被称为 3I 特点，如图 6.39 所示。借助 3I 特点，通常可以将虚拟现实技术和可视化技术、仿真技术、多媒体技术和计算机图形图像等技术相区别。

交互性是指用户与模拟仿真出来的虚拟现实系统之间可以进行沟通和交流。由于虚拟场景是对真实场景的完整模拟，因此可以得到与真实场景相同的响应。用户在真实世界中的任何操作，均可以在虚拟环境中完整体现。例如，用户可以抓取场景中的虚拟物体，这时不仅手有触摸感，同时还能感觉到物体的重量、温度等信息。

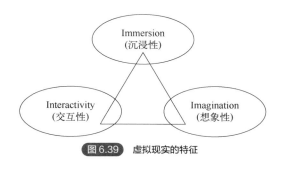

图6.39 虚拟现实的特征

沉浸性是指用户在虚拟环境与真实环境中感受的相似程度。从用户角度讲，虚拟现实技术的发展过程就是提高沉浸性的过程。理想的虚拟现实技术，应该使用户真假难辨，甚至超越真实，获得比真实环境中更逼真的视觉、嗅觉、听觉等感官体验。

想象性则是身处虚拟场景中的用户，利用场景提供的多维信息，发挥主观能动性，依靠自己的学习能力在更大范围内获取知识。

（4）虚拟现实技术的构成及其关键技术

虚拟现实技术包含硬件和软件两方面内容，其系统通常由输入设备、输出设备、虚拟世界数据库、专业图形处理计算机以及软件系统等软硬件构成，如图6.40所示。

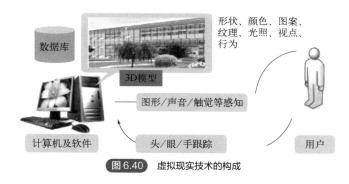

图6.40 虚拟现实技术的构成

虚拟现实关键技术主要包括：人机交互技术、传感器技术、动态环境建模技术、系统集成技术和三维图像的实时刷新技术。

① 人机交互技术方面，VR产品多以含有陀螺仪传感器的眼镜（或头盔）和控制手柄为主，此外有些产品还加入了语音识别和三维定位技术用来辅助交互。

② 传感器技术方面，目前VR设备传感器性能主要分为3dof（自由度）和6dof（自由度）。3dof即只使用一个陀螺仪，仅可实现上下、左右、前后的回转动作。6dof在3odf的基础上增加了上下、左右、前后的移动动作，其依靠电磁传感器、超声波传感器或者是红外传感器配合基站由外向内定位或由内向外定位来判断位移改变。

③ 动态环境建模技术即利用三维数据建立虚拟环境模型。其重点是进行真实感绘制。其主要任务是模拟真实物体的物理属性，即物体的形状、光学性质，表面纹理的粗糙程度，以及物体间的相对位置、遮挡关系等。

④ 系统集成技术用来对传感器设备、模型、信息等资源进行统一调度，解决系统与系统之间的互联和可操作性问题。

⑤ 三维图像实时刷新技术即对显示的图像实时刷新,让体验者获取类似于真实世界的视觉体验,为了保证沉浸感,刷新频率至少要达到 15 帧每秒。

(5) 虚拟现实系统的分类

近些年虚拟现实技术高速发展,虚拟现实系统已经呈现出多元化的趋势,不仅局限于高端的可视化工作站、昂贵的人机交互传感设备,而且包括一切能够自然地交互并进行虚拟体验的技术和方法。广义上的虚拟现实系统包括一切可以创建虚拟环境并进行交互体验的系统。

虚拟现实系统根据使用者参与和沉浸的效果,可分为桌面式虚拟现实系统、沉浸式虚拟现实系统、增强现实性的虚拟现实系统和分布式虚拟现实系统。

① 桌面式虚拟现实系统。桌面式虚拟现实系统也叫窗口式虚拟现实系统,是利用个人计算机或初级工作站等基础设备,以计算机屏幕为窗口观察虚拟世界。它采用三维图形显示、自然交互控制等技术,生成三维立体空间的虚拟交互场景,用户可通过鼠标、键盘、立体眼镜、特殊头盔、数据手套等输入设备进行各种操作,实现与虚拟世界的交互。桌面式虚拟现实系统的体系结构如图 6.41 所示。

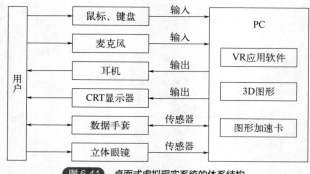

图 6.41 桌面式虚拟现实系统的体系结构

桌面式虚拟现实系统虽然缺乏高端沉浸式设备的投入效果,但是已经具备了虚拟现实的技术要求,并且其成本相对低很多,所以拥有最广泛的应用。

② 沉浸式虚拟现实系统。沉浸式虚拟现实系统是一种高级的、较复杂的、较理想的虚拟现实系统。它主要依赖于各种高端的虚拟现实硬件设备,如投影现实系统、头盔显示器等,可以使用户完全置身于计算机生成的环境中,即让用户完全沉浸到虚拟世界中。

③ 增强现实性的虚拟现实系统。增强现实性的虚拟现实系统不仅是利用虚拟现实技术来模拟现实世界、仿真现实世界,而且要利用它来增强参与者对真实环境的感受,也就是增强现实中无法感知或不方便感知的感受。典型的实例是战机飞行员的平视显示器,它可以将仪表读数和武器瞄准数据投射到安装在飞行员面前的穿透式屏幕上,使飞行员不必低头读座舱中仪表的数据,从而可集中精力盯着敌人的飞机或导航偏差。

④ 分布式虚拟现实系统。分布式虚拟现实系统是一个基于网络的可供异地多用户同时参与的分布式虚拟环境。它使得不同地点的人员和不同的虚拟环境可以同时共享,参与到统一的一个虚拟环境中进行交互,属于虚拟现实系统最高阶段,目前主要应用于大型的军事演练模拟、远程虚拟教育等方面。

6.7.2　增强现实技术

（1）增强现实技术的概念

增强现实（augmented reality，AR）技术是在虚拟现实技术的基础上，于 20 世纪 90 年代初兴起的。它也是一种以计算机技术为基础的人机交互技术，但与虚拟现实技术不同，增强现实技术是要在真实场景中添加计算机虚拟产生的物体信息，达到"虚实融合"的效果，提高用户对真实世界的感知能力。

增强现实是一种在真实世界视图上叠加实时信息的方法，叠加的信息可以通过本地处理器和数据源生成，也可以通过远程调用方式生成，并通过声音、视频、位置和方向等信息对现实世界进行增强。

增强现实技术借助于多种设备，如光学透视式头盔显示器（SHMD）或不同成像原理的立体眼镜等，使虚拟得到的物体叠加到真实场景中，同时出现在用户的视场中。用户在不丢失真实场景信息的前提下，可以获得虚拟物体的信息并与之交互。相比于虚拟现实技术，增强现实技术的实现要更复杂，因此对相关技术要求更高，除了计算机技术、通信技术、人机界面、传感器、移动计算、分布式计算、计算机网络、信息可视化等技术之外，还对心理学、人机工程学等有比较高的要求。增强现实技术通过分析大量数据获取场景中各种位置信息，以便将计算机生成的虚拟物体以合适的姿态精确地定位到真实场景中特定位置。

（2）增强现实系统工作流程及关键技术

① 增强现实系统工作流程。增强现实系统的工作流程主要分为以下四个基本的步骤，如图 6.42 所示。

a. 在真实场景中通过设备的摄像头对信息进行采集。

b. 对获取到的场景信息进行跟踪识别。

c. 通过分析三维跟踪注册的结果生成虚拟的场景。

d. 将虚拟的场景和真实场景在显示终端进行融合显示。

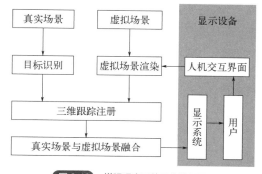

图 6.42　增强现实系统工作流程图

② 增强现实系统关键技术。增强现实技术主要涉及三维跟踪注册、虚实融合及人机交互技术。

a. 三维跟踪注册技术：在增强现实系统中，跟踪是系统基于观察者的视角，通过在真实的场景中进行实时监测重新建立的空间坐系系，从而达到虚拟场景和真实场景中的坐标系的完美融合。在增强现实技术的研究中跟踪注册技术是一个核心的问题。

三维跟踪注册技术的主要工作是对摄像机相对于实景的三维坐标及朝向状态进行实时监测，确保虚拟物体与真实物体的重叠无误，并且必须实时估计虚拟物体的正确位置和方向，完成三维跟踪注册。

基于增强现实技术的三维跟踪注册技术研究主要包括基于计算机视觉、基于硬件传感器以及基于混合注册三种方式，具体内容如图 6.43 所示。

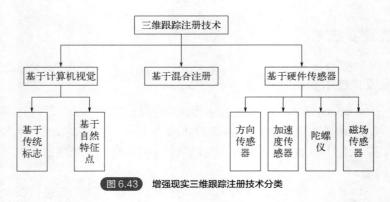

图 6.43 增强现实三维跟踪注册技术分类

基于计算机视觉的三维跟踪注册技术分为基于传统标志物与基于自然特征点两种方法。前者是使用摄像机对事先置于实景中的标志物进行识别，获得其相关信息，然后重新建立实景中标识物所处位置的三维坐标及朝向状态变化矩阵，实现虚拟物体的三维跟踪注册。该三维跟踪注册技术典型代表有 ARToolKit，它使用跟踪功能实时计算摄像机相对于物理标记的位置和方向。一旦知道真实的摄像机位置，就可以将虚拟对象放置在相同的精确位置，并绘制 3D 计算机图形模型以覆盖标记。后者使用同步定位和映射技术映射基准标记或虚拟模型的相对位置，无须预先在实景中放置标志物，而是依赖实景中的自然特征或虚拟模型完成。

基于硬件传感器的三维跟踪注册技术可以分为基于全球定位系统、基于惯性跟踪器、基于电磁式传感器、基于机械式传感器四种。它是通过高精度的硬件传感器计算摄像机相较于实景的位姿实现的，主要应用于导航领域。

混合注册算法是将上述两种注册算法相结合，其目的是获得更为精准的注册结果。

b. 虚实融合技术：虚实融合是增强现实系统的一大亮点，主要是将虚拟的内容，例如，图像、文字、模型及视频等内容，利用设备显示到真实场景中。用户可看到虚拟物体与真实场景的融合，给用户带来一定的虚实融合的体验。在虚实融合的过程中要注意遮挡、阴影及光照等因素的影响。

虚实融合显示技术根据显示虚拟物体的设备进行分类，可以将其分为三大类。

第一类是使用头戴式显示器（HMD）、可穿戴硬件，如护目镜或头盔。这些设备分为两种形式：光学透视和视频透视。在光学透视系统中，半透明镜负责让用户看到真实世界，并将信息反射到用户的眼睛中，将真实和虚拟对象结合起来；在视频透视系统中，需要使用两个摄像头处理增强场景和虚拟对象，增强场景由计算机生成，通过在显示虚拟对象之前将虚拟对象与场景同步实现对真实场景的实时控制。

第二类是使用移动屏幕（如智能手机和平板电脑）或固定屏幕（如显示器）显示虚拟对象。它们是由耦合相机负责捕捉真实世界，设备或连接的计算机渲染虚拟图像并将其投影到设备屏幕上。

第三类是使用空间增强现实（SAR），利用投影仪将虚拟信息直接投射到真实对象上，允许用户与虚拟对象进行交互。它能够在不使用特殊显示器（例如监视器或头戴式显示器）的情况下增强现实世界的对象和场景。SAR 系统往往固定在自然中，任何物理表面，如墙、桌、泡沫、木块甚至是人体都可以成为可交互的显示屏。

c. 人机交互技术：增强现实系统中使用的交互手段一直是人们关注的重点。人机交互，顾名思义就是人与信息进行交互，主要是人与计算机之间通过图像、声音和其他符号信息进行交互。增强现实技术常见的交互方式有手势交互、语音识别交互、自然交互等。

- 基于手势的人机交互方式。手势交互是用户通过自己双手的手势与系统进行交互，计算机获取并识别用户手势图像并响应手势指代的命令。手势检测的常规方法有两种，分别是基于数据手套和基于视觉的手势检测。使用数据手套进行手势检测需要购置外部硬件设备，数据采集精度虽然普遍较高，但价格昂贵，只能在特定场合使用，且需要一定的使用经验，因此其目前不如基于计算机视觉的手势检测应用范围广。基于计算机视觉的手势检测流程如图 6.44 所示。

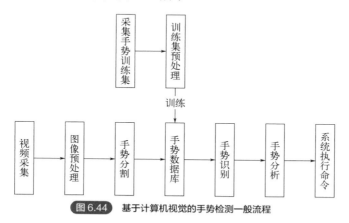

图 6.44 基于计算机视觉的手势检测一般流程

在此过程中，计算机可以识别的手势类型完全依靠前期模型的学习及对模型的训练，识别结果的个性化、定制性太强，普适效果较差。若想使用手势交互，用户需要先学习规定的手势及手势所代表的意义，从某种角度来说不具备普适性。

- 基于语音的人机交互方式。语音交互包含三个关键模块，分别是语音识别模块、自然语言处理模块和语音合成模块。以上三个模块组成了完整的语音交互过程，当用户的语音被采集后，系统会将接收到的语音信息转化成文字，与预先设定的模板进行匹配，理解用户所要表达的意思，并做出相应的任务反馈，若需要以语音的形式向用户传输信息，则还需要进行语音合成，即基于对语音的识别理解用户想要表达的意思，并给出合理的文字反馈，再通过语音合成模块将反馈的文字转化为语音。识别流程如图 6.45 所示。

图 6.45 语音交互一般流程

跟手势交互一样，用户若想让机器理解语音内容，需要预先对声学模型和语言模型进行个性化的训练，机器所能理解的也只是预先学习过的内容，但因为语音的音素是有限的，因此可以比较全面地囊括大多数语音指令，适用范围相对较广。

- 基于自然的人机交互方式。上述两种交互方式都需要预先规定交互指令及其所指代的任务命令，用户若想使用该交互方式需要提前学习交互指令，这会增加用户的学习负担，而且并不流畅。

基于自然的人机交互中，操作者可以用徒手的方式，通过点击视线中观测到的虚拟键盘、按钮、对话框等要素将任务命令传达给系统，或者直接以拖动、抓取等直观且自然的方式实现与虚拟物体的交互，控制虚拟物体的移动和缩放。这种交互方式完全符合用户平时使用智能手机时的习惯，不需要额外学习。该交互方式沉浸感强，但算法比较复杂，需要使用人手识别算法，将人手从复杂的背景中提取出来，对人手的运动轨迹进行跟踪，并定位指尖位置，最后根据人手当前的位置、人手的运动状态和虚拟物体在真实空间的注册位置等信息确定用户此时的意图及系统应该执行的任务命令。

6.7.3　混合现实技术

（1）混合现实技术的概念

混合现实 MR（mixed reality）的概念是由 Milgram P 等人于 1994 年首次提出的。他们认为混合现实是在增强现实（AR）和虚拟现实（VR）的基础上发展而来的，且是增强现实和虚拟现实的合集。

与混合现实一起被提出的还有"现实-虚拟连续体"（reality-virtuality continuum）的概念。在现实-虚拟连续体中，最左边是真实环境，最右边是虚拟环境，在真实环境中添加虚拟信息就变成增强现实（AR），在虚拟环境中添加真实信息就变成了增强虚拟（AV），如图 6.46 所示。

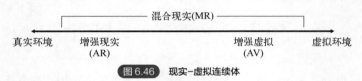

图 6.46　现实-虚拟连续体

混合现实融合了真实环境和虚拟环境，通过创建一个很大的空间来合并真实和虚拟环境，其中真实和虚拟的对象共存并且都可以与用户进行实时交互。混合现实技术的代表设备为微软的 HoloLens。微软于 2015 年发布第一代 HoloLens，并于 2019 年发布第二代 HoloLens，在此期间其他的厂商例如 Magic Leap、影创等也发布了类似的混合现实产品，但当前最受欢迎的混合现实设备仍然是微软的 HoloLens 系列。

（2）混合现实技术的特点

混合现实（MR）指的是合并现实和虚拟世界而产生的新的可视化环境。在新的可视化环境里物理和数字对象共存，并实时互动。该系统通常有三个主要特点。

① 虚实融合，虚拟物体和现实世界可以显示在同一视线之中。

② 三维跟踪注册，虚拟物体可与现实世界精确对准。通过 MR 显示设备，用户可以同时看到真实环境和虚拟全息影像，加之手势、语音、视觉等方式的加持实现两者互动，真正搭建起虚拟世界和现实世界沟通的桥梁。

③ 实时交互，即用户可与现实世界和虚拟物体进行实时的自然交互。

（3）MR 与 AR、VR 的区别

VR 是利用 VR 设备模拟产生一个三维的虚拟空间，提供视觉、听觉、触觉等感官的模拟，让使用者如同身临其境一般。简而言之，就是"无中生有"。在 VR 中，用户只能体验到虚拟世界，无法看到真实环境。

AR 是 VR 技术的延伸，能够把计算机生成的虚拟信息（物体、图片、视频、声音、系统

提示信息等）叠加到真实场景中并与人实现互动。简而言之，就是"锦上添花"。在 AR 中，用户既能看到真实世界，又能看到虚拟事物。

MR 是 AR 技术的升级，将虚拟世界和真实世界合成一个无缝衔接的虚实融合世界，其中的物理实体和数字对象满足真实的三维投影关系。简而言之，就是"实幻交织"。在 MR 中，用户难以分辨真实世界与虚拟世界的边界。

6.7.4　VR/AR/MR 与智能制造

VR/AR/MR 技术赋能产品研发、装配、维修等环节，显著提升仿真设计、制造测试、运营维护的可视化程度，实现工业制造全流程智能化和一体化。

在研发环节，VR/AR/MR 技术能展现产品的立体面貌，使研发人员全方位构思产品的外形、结构、模具及零部件配置使用方案，特别是在飞机、汽车等大型装备产品的研制过程中，帮助客户进行工业自动化过程模拟的仿真研究。运用虚拟现实技术能大幅提升产品性能的精准性。

在装配环节，VR/AR/MR 技术目前主要应用于精密加工和大型装备产品制造领域，运用三维模型注册跟踪等技术和场景虚实融合显示工具，通过高精度设备、精密测量设备、精密伺服系统与虚拟现实技术的协同，在实际装配前对零部件进行作业流程提示和装配正确性的核验。

设备维护检修方面，在系统检修工作中，VR/AR/MR 技术能通过数据传输与实时分析，实现从出厂前到销售后的全流程检测，突破时间、空间的限制，实现虚拟指导和现实操作相结合，实现预判性监测维修服务。

工厂规划方面，由于工厂规划是一个庞大的项目，涉及多个设计团队，包括工厂建设、控制系统和子系统，任何关键因素上犯错都会导致生产效率低下，这是事后难以补救的。使用 VR/AR/MR 技术可以帮助避免许多这样的问题，通过对整个工厂进行建模，不仅可以模拟布局，还可以模拟在其内部进行的生产过程。

国内外虚拟现实技术应用案例如表 6.1 所示。

表 6.1　VR/AR/MR 技术的应用案例

应用环节	应用企业	国别	应用内容
研发环节	空客	美国	将微软 MR 设备导入飞行员程序后，在虚拟空间中进行试验等设计工程的作业时间减少了80%
	艾默生	美国	打造设计方案虚拟评审，让几千位设计人员得以进入到同一虚拟场景中，对一个大型项目的设计方案进行实时评估和交流
	中国商飞	中国	在 C919 试飞中心使用机载测试系统地面验证平台，对飞行的参数进行监控分析，确保飞机在预飞和实际飞行中相关参数的准确和正常
	中国铁路	中国	引入 VR/AR 技术研发智能车站信息管理平台，大幅提升繁忙轨道交通运输能力，减少安全隐患、列车延误率，提高运营维护管理水平
	日产	日本	汽车设计师不需要等待汽车制造出来就能够在虚拟环境中验证汽车的设计逻辑，让开发程序变得更简单
	波音	美国	运用三维模型仿真技术进行波音 777 外形和结构设计
	卡特彼勒	美国	通过头盔对新型车辆在运行、操作、挖掘时的情况进行观察
	福特	美国	将虚拟现实技术连接至设计系统，查看整体外观和内饰的设计

应用环节	应用企业	国别	应用内容
装配环节	东软	中国	虚拟制造模式下，不建厂房不进设备，只负责整机组装调试
	日产	日本	用虚拟现实软件进行调试，从仪表板上拆除气囊组件
	奥迪	德国	在三维虚拟空间内完成对实际产品装配工作的预估和校准
	克莱斯勒	美国	以虚拟现实技术展示元件在工厂中精确位置并提示优化安装的方法
	福特	美国	建立各部件的虚拟模型，从整个产品的装配性角度完成部件组装
检修环节	江联重工	中国	基于 AR 头盔与后台支持，建立生产实时监控与指挥系统、特殊工种体验式培训系统，工人戴上头盔就能看到锅炉零部件的故障和维修步骤，确保操作规范，降低维保成本
	宝马	德国	使用 VR/AR 技术，检查生产工具，检查构建理念是否合理，部件安装位置是否正确
	国家仪器	美国	在交互式开发环境下完成虚拟仪器的测试过程
	雷诺	法国	在虚拟环境中进行动态虚拟碰撞，测试汽车的安全性能
工厂规划	中国一拖	中国	利用虚拟现实技术实现多角度观察装配工位和工艺生产线
	宝马	美国	与英伟达共建虚拟工厂，将产线规划等方案在其中进行模拟与优化后，再下发至实际工厂，提高了规划的灵活性和精确度。虚拟工厂已将宝马的生产效率提升了 30%

6.8 数字孪生与工业数字孪生

数字孪生技术是智能制造深入发展的必然阶段，是智能制造的推进抓手和运行体现。数字孪生的核心是分析、推理、决策，与当前制造业智能化提升的本质内涵是直接呼应的。智能制造是感知、分析、推理、决策和控制的闭环过程，与数字孪生所强调的充分利用物理模型、传感器更新、运行历史等数据，集成多学科、多物理量、多尺度、多概率的仿真过程，在虚拟空间中完成映射，从而反映相对应的实体装备的全生命周期过程的理念一脉相承。数字孪生是当前智能制造理念物化落实的具体体现。

6.8.1 数字孪生

（1）数字孪生的概念

数字孪生（digital twin），也被称为数字映射、数字镜像。国内外对数字孪生的定义很多，主要有以下几种。

德勤：数字孪生是以数字化的形式对某一物理实体过去和目前的行为或流程进行动态呈现。

埃森哲：数字孪生是指物理产品在虚拟空间中的数字模型，包含了从产品构思到产品退市全生命周期的产品信息。

美国国防军需大学：数字孪生是充分利用物理模型、传感器更新、运行历史等数据，集成多学科、多物理量、多尺度、多概率的仿真过程，在虚拟空间中完成映射，从而反映相对应的实体装备的全生命周期过程。

密歇根大学：数字孪生是基于传感器所建立的某一物理实体的数字化模型，可模拟显示世界中的具体事物。

宁振波：数字孪生是将物理对象以数字化方式在虚拟空间呈现，模拟其在现实环境中的行为特征。

赵敏：数字孪生是指在数字虚体空间中所构建的虚拟事物，与物理实体空间中的实体事物所对应的、在形态和举止上都相像的虚实精确映射关系。

林诗万：数字孪生是实体或逻辑对象在数字空间的全生命周期的动态复制体，可基于丰富的历史和实时数据、先进的算法模型实现对对象状态和行为高保真度的数字化表征、模拟试验和预测。

陶飞：数字孪生以数字化的方式建立物理实体的多维、多时空尺度、多学科、多物理量的动态虚拟模型来仿真和刻画物理实体在真实环境中的属性、行为、规则等。

（2）数字孪生的发展

"孪生"的概念起源于美国国家航空航天局的"阿波罗计划"，即构建两个相同的航天飞行器，其中一个发射到太空执行任务，另一个留在地球上用于反映太空中航天器在任务期间的工作状态，从而辅助工程师分析处理太空中出现的紧急事件。当然，这里的两个航天器都是真实存在的物理实体。

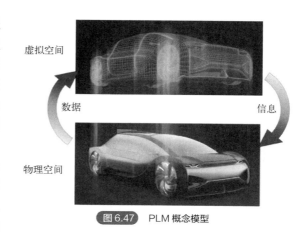

图 6.47　PLM 概念模型

2003 年，Grieves 教授首次在 PLM 课上提出 PLM 概念模型，如图 6.47 所示。该模型由物理空间、虚拟空间和两空间的连接组成。在之后的课程中，他将该模型称为"镜像空间模型"（mirrored spaced model）。

2006 年，Grieves 教授在 *Product Lifecycle Management：Driving the Next Generation of lean Thinking* 一书中将其定义为"信息镜像模型"（information mirroring model），该模型也被认为是数字孪生最初的模型。

2009 年，美国国防部提出"机身数字孪生"的概念，将数字孪生用于航空航天飞行器的维护。另外，通过飞行器身上的传感器，相关实验室还能收集到飞行器的飞行数据，用于后续研究。

2012 年，美国空军研究实验室（Air Force Research Laboratory，AFRL）推出了 ADT 计划，首次提出了"机体数字孪生体"概念，该数字孪生体是集成了结构、材料、动力仿真等多物理量的产品虚拟仿真模型。"机体数字孪生体"突出了数字孪生模型的层次化、集成化、超写实化及其在整个生命周期中的一致性，推动其从理论阶段逐步进入具体实践阶段。

2015 年以来，西门子、GE 等公司将数字孪生应用到工业界，开发了工业系统、医疗系统的数字孪生。

2017～2019 年，Gartner 连续三年将数字孪生列入十大战略性技术。数字孪生引起广泛关注和高度重视，开始在各行各业获得应用。

数字孪生发展过程如图6.48所示。

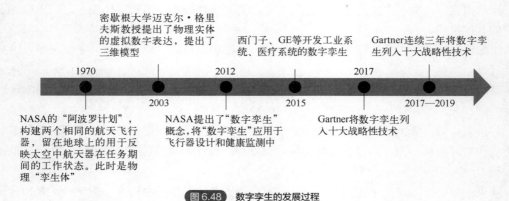

图 6.48　数字孪生的发展过程

国内，2017 年，北京航空航天大学陶飞教授研究团队结合多年在智能制造、工业物联网、工业大数据等方面的知识基础和经验积累，将原来的三维模型扩展为五维模型。同时其团队也发表了首篇数字孪生车间的文章，从此数字孪生进入高速发展阶段。

2021 年，"十四五"规划开展数字孪生城市应用试点，多所高校提出了数字孪生模型构建理论体系。

随着新一代信息技术的快速发展，"工业 4.0""中国制造 2025"等先进制造战略的相继提出，数字孪生不仅在理论层面不断发展和完善，在应用层面的研究也日益广泛。数字孪生的应用已经涵盖了许多领域，如城市规划、生态保护、智能交通等。

（3）数字孪生的内涵与特征

① 数字孪生的内涵。中国电子信息产业发展研究院发布的《数字孪生白皮书（2019）》中指出数字孪生主要涵盖"一两三四五"五大内容，如图6.49所示。

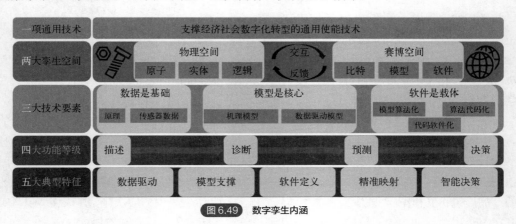

图 6.49　数字孪生内涵

- 一项通用技术：支撑经济社会数字化转型的通用使能技术。
- 两大孪生空间：物理空间与赛博空间交互反馈。
- 三大技术要素：数据是基础、模型是核心、软件是载体。
- 四大功能等级：描述、诊断、预测、决策。

- 五大典型特征：数据驱动、模型支撑、软件定义、精准映射、智能决策。
② 数字孪生的特征。

a. 数据驱动：数字孪生的本质是在比特的汪洋中重构原子的运行轨道，以数据的流动实现物理世界的资源优化。

b. 模型支撑：数字孪生的核心是面向物理实体和逻辑对象建立机理模型或数据驱动模型，形成物理空间在赛博空间的虚实交互。

c. 软件定义：数字孪生的关键是将模型代码化、标准化，以软件的形式动态模拟或监测物理空间的真实状态、行为和规则。

d. 精准映射：通过感知、建模、软件等技术，实现物理空间在赛博空间的全面呈现、精准表达和动态监测。

e. 智能决策：未来数字孪生将融合人工智能等技术，实现物理空间和赛博空间的虚实互动、辅助决策和持续优化。

（4）数字孪生的体系架构

一个完整的数字孪生包括物理层、数据层、模型层、功能层和应用层，分别对应着数字孪生的5个要素——物理对象、对象数据、动态模型、功能模块和应用能力。其中的重点是对象数据、动态模型及功能模块这三部分。

中国电子信息产业发展研究院发布的《数字孪生白皮书（2019）》中指出数字孪生技术架构分为物理层、数据层、模型层和功能层，如图6.50所示。

图6.50　数字孪生技术架构

① 物理层。物理层所涉及的物理对象既包括了物理实体，也包括了实体内部及互相之间存在的各类运行逻辑、生产流程等已存在的逻辑规则。

② 数据层。数据层的数据来源于物理空间中的固有数据，以及由各类传感器实时采集到的多模式、多类型的运行数据。

③ 模型层。数字孪生中的模型既包含了对应已知物理对象的机理模型，也包含了大量的数据驱动模型。其中，"动态"是模型的关键，"动态"意味着这些模型需要具备自我学习、自主调整的能力。

④ 功能层。功能层的核心要素"功能模块"则是指由各类模型通过或独立或相互联系的方式形成的半自主性的子系统，或者说是一个数字孪生的小型实例。半自主性是指这些功能模块可以独立设计、创新，但在设计时需要遵守共同的设计规则，使其互相之间保持一定的统一性。这种特征使得数字孪生的模块可以灵活地扩展、排除、替换或修改，又可以通过再次组合的方

式，实现复杂应用，构成成熟完整的数字孪生体系。

（5）数字孪生的关键技术

一个数字孪生系统，按照其实现的功能大致可分为四个发展阶段，如图 6.51 所示。

图 6.51　数字孪生功能实现阶段（来源：中国电信研究院）

① 数化仿真阶段。在这个阶段，数字孪生要对物理空间进行精准的数字化复现，并通过物联网实现物理空间与数字空间之间的虚实互动。这一阶段，数据的传递并不一定需要完全实时，数据可在较短的周期内进行局部汇集和周期性传递，物理世界对数字世界的数据输入以及数字世界对物理世界的能动改造基本依赖于物联网硬件设备。

这一阶段主要涉及数字孪生的物理层、数据层和模型层（尤其是机理模型的构建），最核心的技术是建模技术及物联网感知技术，通过 3D 测绘、几何建模、流程建模等建模技术，完成物理对象的数字化，构建出相应的机理模型，并通过物联网感知接入技术使物理对象可被计算机感知、识别。

② 分析诊断阶段。在这个阶段，数据的传递需要达到实时同步的程度。将数据驱动模型融入物理世界的精准仿真数字模型中，对物理空间进行全周期的动态监控，根据实际业务需求，逐步建立业务知识图谱，构建各类可复用的功能模块，对所涉及的数据进行分析、理解，并对已发生或即将发生的问题做出诊断、预警及调整，实现对物理世界的状态跟踪、分析和问题诊断等功能。

这一阶段的重点在于结合使用机理模型及数据分析型的数据驱动模型。核心技术除了物联网相关技术外，主要会运用到统计计算、大数据分析、知识图谱、计算机视觉等相关技术。

③ 学习预测阶段。实现了学习预测功能的数字孪生能通过将感知数据的分析结果与动态行业词典相结合进行自我学习更新，并根据已知的物理对象运行模式，在数字空间中预测、模拟并调试潜在未发觉的及未来可能出现的物理对象的新运行模式。在建立对未来发展的预测之后，数字孪生将预测内容以人类可以理解、感知的方式呈现于数字空间中。

这一阶段的核心是由多个复杂的数据驱动模型构成的，具有主动学习功能的半自主型功能模块，这需要数字孪生做到类人一般灵活地感知并理解物理世界，而后根据理解学习到的已知知识，推理获取未知知识。所涉及的核心技术集中于机器学习、自然语言处理、计算机视觉、人机交互等领域。

④ 决策自治阶段。到达这一阶段的数字孪生基本可以称为是一个成熟的数字孪生体系。拥有不同功能及发展方向但遵循共同设计规则的功能模块构成了一个个面向不同层级的业务应用

能力，这些能力与一些相对复杂、独立的功能模块在数字空间中实现了交互沟通并共享智能结果。而其中，具有"中枢神经"处理功能的模块则通过对各类智能推理结果的进一步归集、梳理与分析，实现对物理世界复杂状态的预判，自发地提出决策性建议和预见性改造，并根据实际情况不断调整和完善自身体系。

在这一过程中，数据类型愈发复杂多样且逐渐接近物理世界的核心，同时必然会产生大量跨系统的异地数据交换甚至涉及数字交易。因此，这一阶段的核心技术除了大数据、机器学习等人工智能技术外，必然还包括云计算、区块链及高级别隐私保护等技术领域。

6.8.2 工业数字孪生

近些年，随着我国工业互联网创新发展战略深入实施，部分企业已基于工业互联网完成了数字化、网络化改造，少数企业渴望通过工业互联网开展智能化升级。作为工业互联网数据闭环优化的核心使能技术，数字孪生具备打通数字空间与物理世界，将物理数据与孪生模型集成融合，形成综合决策后再反馈给物理世界的功能，为企业开展智能化升级提供了新型应用模式。

（1）工业数字孪生的定义

工业数字孪生是指通过虚拟化技术，将物理世界中的工业领域实体对象数字化，建立起与其相对应的数字模型，并在这个数字模型上进行仿真、优化和预测等操作。而智能制造则是通过工业自动化、智能化和网络化技术，实现制造过程的自动化、智能化和集成化。

工业互联网产业联盟在《工业数字孪生白皮书（2021）》中定义：工业数字孪生是多类数字化技术集成融合和创新应用，基于建模工具在数字空间构建起精准物理对象模型，再利用实时IoT数据驱动模型运转，进而通过数据与模型集成融合构建起综合决策能力，推动工业全业务流程闭环优化。

（2）工业数字孪生的功能架构

工业数字孪生的功能架构可以从连接层、映射层和决策层三个方面进行描述，如图6.52所示。

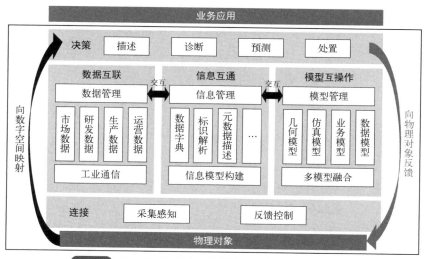

图6.52 工业数字孪生功能架构（来源：工业互联网产业联盟）

第一层，连接层。具备采集感知和反馈控制两类功能，是数字孪生闭环优化的起始和终止环节，通过深层次的采集感知获取物理对象全方位数据，利用高质量反馈控制完成物理对象最终执行。

第二层，映射层。具备数据互联、信息互通、模型互操作三类功能，同时数据、信息、模型三者间能够实时融合。其中，数据互联指通过工业通信实现物理对象市场数据、研发数据、生产数据、运营数据等全生命周期数据集成；信息互通指利用数据字典、元数据描述等功能，构建统一信息模型，实现物理对象信息的统一描述；模型互操作指通过多模型融合技术将几何模型、仿真模型、业务模型、数据模型等多类模型进行关联和集成融合。

第三层，决策层。在连接层和映射层的基础上，通过综合决策实现描述、诊断、预测、处置等不同深度应用，并将最终决策指令反馈给物理对象，支撑实现闭环控制。

全生命周期实时映射、综合决策、闭环优化是数字孪生发展三大典型特征。全生命周期实时映射，指孪生对象与物理对象能够在全生命周期实时映射，并持续通过实时数据修正完善孪生模型；综合决策，指通过数据、信息、模型的综合集成，构建起智能分析的决策能力；闭环优化，指数字孪生能够实现对物理对象从采集感知、决策分析到反馈控制的全流程闭环应用，本质是设备可识别指令、工程师知识经验与管理者决策信息在操作流程中的闭环传递，最终实现智慧的累加和传承。

（3）工业数字孪生的技术体系

工业数字孪生技术不是近期诞生的一项新技术，它是一系列数字化技术的集成融合和创新应用，涵盖了数字支撑技术、数字线程技术、数字孪生体技术、人机交互技术四大类型。其中，数字线程技术和数字孪生体技术是核心技术，数字支撑技术和人机交互技术是基础技术，如图6.53所示。

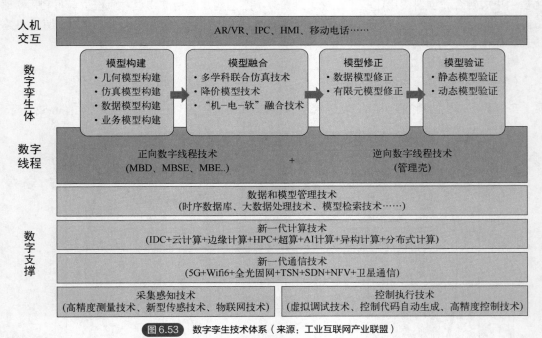

图6.53 数字孪生技术体系（来源：工业互联网产业联盟）

① 数字支撑技术。数字支撑技术具备数据获取、传输、计算、管理一体化能力，支撑数字孪生高质量开发利用全量数据，涵盖了采集感知、控制执行、新一代通信、新一代计算、数据

和模型管理五大类型技术。未来，集五类技术于一身的通用技术平台有望为数字孪生提供"基础底座"服务。

其中，采集感知技术的不断创新是数字孪生蓬勃发展的原动力，支撑数字孪生更深入获取物理对象数据。一方面，传感器向微型化发展，能够被集成到智能产品之中，实现更深层次的数据感知。另一方面，多传感融合技术不断发展，将多类传感能力集成至单个传感模块，支撑实现更丰富的数据获取。

② 数字线程技术。数字线程技术是数字孪生技术体系中最为关键的核心技术，能够屏蔽不同类型数据、模型格式，支持全量数据和模型快速流转和无缝集成，主要包括正向数字线程技术和逆向数字线程技术两大类型。

其中，正向数字线程技术以基于模型的系统工程（MBSE）为代表，在用户需求阶段就基于统一建模语言（UML）定义好各类数据和模型规范，为后期全量数据和模型在全生命周期集成融合提供基础支撑。当前，基于模型的系统工程技术正加快与工业互联网平台集成融合，未来有望构建"工业互联网平台 +MBSE"的技术体系。

逆向数字线程技术以管理壳技术为代表，依托多类工程集成标准，对已经构建完成的数据或模型，基于统一的语义规范进行识别、定义、验证，并开发统一的接口支撑进行数据和信息交互，从而促进多源异构模型之间的互操作。管理壳技术通过高度标准化、模块化方式定义了全量数据和模型集成融合的理论方法论，未来有望实现全域信息的互通和互操作。

③ 数字孪生体技术。数字孪生体是数字孪生物理对象在虚拟空间的映射表现，重点围绕模型构建、模型融合、模型修正、模型验证开展一系列创新应用。

a. 模型构建技术：模型构建技术是数字孪生体技术体系的基础。各类建模技术的不断创新，提升了对孪生对象外观、行为、机理规律等的刻画效率。

在几何建模方面，基于 AI 的创成式设计技术提升了产品几何设计效率。

在仿真建模方面，仿真工具通过融入无网格划分技术降低仿真建模时间。如 Altair 基于无网格计算优化求解速度，消除了传统仿真中几何结构简化和网格划分耗时长的问题，能够在几分钟内分析全功能 CAD 程序集而无须网格划分。

在数据建模方面，传统统计分析叠加人工智能技术，可强化数字孪生预测建模能力。如 GE 通过迁移学习提升新资产设计效率，有效提升航空发动机模型开发速度，实现更精确的模型再开发，以保证虚实精准映射。

在业务建模方面，业务流程管理（BPM）、流程自动化（RPA）等技术加快推动业务模型敏捷创新。

b. 模型融合技术：在模型构建完成后，需要通过多类模型"拼接"打造更加完整的数字孪生体，而模型融合技术在这一过程中发挥了重要作用。其重点涵盖了跨学科模型融合技术、跨领域模型融合技术、跨尺度模型融合技术。

在跨学科模型融合技术方面，多物理场、多学科联合仿真加快构建更完整的数字孪生体。如苏州同元软控通过多学科联合仿真技术为嫦娥五号能源供配电系统量身定制了"数字伴飞"模型，精确度高达 90%～95%，为嫦娥五号飞行程序优化、能量平衡分析、在轨状态预示与故障分析提供了坚实的技术支撑。

在跨领域模型融合技术方面，实时仿真技术加快仿真模型与数据科学集成融合，推动数字孪生由"静态分析"向"动态分析"演进。如 ANSYS 与 PTC 合作构建实时仿真分析的泵孪生体,利用深度学习算法进行流体动力学（CFD）仿真,获得整个工作范围内的流场分布降阶模型,在大幅缩短仿真模拟时间的基础上,能够实时模拟分析泵内流体力学运行情况,进一步提升了泵安全稳定运行水平。

在跨尺度模型融合技术方面,融合微观和宏观的多方面机理模型,打造更复杂的系统级数字孪生体。如西门子持续优化汽车行业 Pave360 解决方案,构建系统级汽车数字孪生体,整合从传感器电子、车辆动力学和交通流量管理不同尺度模型,构建汽车生产、自动驾驶到交通管控的综合解决方案。

c. 模型修正技术：模型修正技术基于实际运行数据持续修正模型参数,是保证数字孪生精度不断迭代的重要技术,涵盖了数据模型实时修正、机理模型实时修正技术。从 IT 视角看,在线机器学习基于实时数据持续完善数据模型精度。如流行的 Tensorflow、Skit-learn 等 AI 工具中都嵌入了在线机器学习模块,基于实时数据动态更新机器学习模型。从 OT 视角看,有限元仿真模型修正技术能够基于试验或者实测数据对原始有限元模型进行修正。

d. 模型验证技术：模型验证技术是数字孪生模型构建、融合、修正后的最终步骤,唯有通过验证的模型才能够下发到生产现场进行应用。当前模型验证技术主要包括静态模型验证技术和动态模型验证技术两大类,通过评估已有模型的准确性,提升数字孪生应用的可靠性。

④ 人机交互技术。虚拟现实技术（AR/VR）发展带来全新人机交互模式,提升了可视化效果。传统平面人机交互技术不断发展,但仅停留在平面可视化。新兴 AR/VR 技术具备三维可视化效果,正加快与几何设计、仿真模拟融合,有望持续提升数字孪生应用效果。如西门子推出的 Solid Edge 2020 产品新增增强现实功能,能够基于 OBJ 格式快速导入到 AR 系统,提升 3D 设计外观感受；将 COMOS Walkinside 3D 虚拟现实与 SIMIT 系统验证和培训的仿真软件紧密集成,可缩短工厂工程调试时间；PTC Vuforia Object Scanner 可扫描 3D 模型并转换为 AR 引擎兼容的格式,实现数字孪生沉浸式应用。

6.8.3 数字孪生与智能制造

从流程行业,多品种、小批量离散行业和少品种、大批量离散行业进行分析说明。

（1）流程行业分析

流程行业数字孪生重点应用如图 6.54 所示。

① 基于数字孪生的全工厂三维可视化监控。当前以石化、钢铁、核电为代表的流程行业企业已经具备较好的数字化基础,很多企业全面实现了对全厂设备和仪器仪表的数据采集。在此基础上,多数企业涌现出对现有工厂进行三维数字化改造的需求。通过构建工厂三维几何模型,为各个设备、零部件几何模型添加信息属性,并与对应位置 IoT 数据相结合,实现全工厂行为实时监控。

② 基于数字孪生的工艺仿真及参数调优。工艺优化是流程行业提升生产效率的最佳举措,但由于流程行业化学反应机理复杂,在生产现场进行工艺调参面临安全风险,所以工艺优化一直是流程行业的重点和难点。基于数字孪生的工艺仿真为处理上述问题提供了解决方案,通过在虚拟空间进行工艺调参验证工艺变更的合理性,以及产生的经济效益。

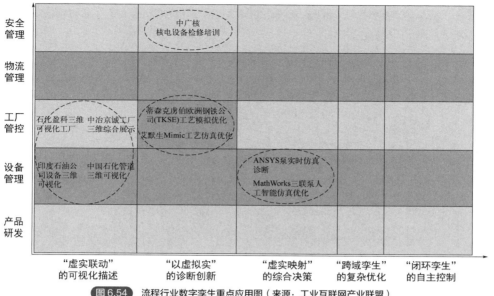

安全管理

物流管理

工厂管控

设备管理

产品研发

中广核核电设备检修培训

石化盈科三维可视化工厂　中冶京诚工厂三维综合展示

蒂森克虏伯欧洲钢铁公司(TKSE)工艺模拟优化　艾默生Mimic工艺仿真优化

印度石油公司设备三维可视化　中国石化管道三维可视化

ANSYS泵实时仿真诊断　MathWorks三联泵人工智能仿真优化

"虚实联动"的可视化描述　　"以虚拟实"的诊断创新　　"虚实映射"的综合决策　　"跨域孪生"的复杂优化　　"闭环孪生"的自主控制

图 6.54　流程行业数字孪生重点应用图（来源：工业互联网产业联盟）

③ 基于实时仿真的设备深度运维管理。传统设备预测性维护往往只能预测"设备什么时间坏"，不能预测"设备哪个关键部位出现了问题"。基于数字孪生实时仿真的设备监测将离线仿真与 IoT 实时数据结合，实现基于实时数据驱动的仿真分析，能够实时分析设备哪个位置出现了问题，并给出最佳响应决策。

④ 基于智能仿真的设备运行优化。基于数字孪生的智能仿真诊断分析，将传统仿真技术与人工智能技术结合，极大地提升了传统仿真模拟准确性。

⑤ 基于数字孪生虚拟仿真的安全操作培训。由于流程行业具有生产连续、设备不能停机、要求安全生产等特点，因此无法为新入职的设备管理、工厂检修等技术工程师提供实操训练环境。基于数字孪生的仿真培训为现场工程师提供了模拟操作环境，能够快速帮助工程师提升技术技能，为其真正开展实际运维工作提供基础训练。

（2）多品种、小批量离散行业分析

多品种小批量离散行业具备生产品种多、生产批量小，产品附加价值高、研制周期长，设计仿真工具应用普及率高等特点。当前，以飞机、船舶等为代表的行业数字孪生应用重点聚焦于产品设计研发、产品远程运维、产品自主控制等方面，如图 6.55 所示。可以说，在基于数字孪生的产品全生命周期管理方面，多品种、小批量离散行业应用成熟度高于其他行业。

① 基于数字孪生的产品多学科联合仿真研发。多品种、小批量离散行业产品研发涉及力学、电学、动力学、热学等多类交叉学科领域，产品研发技术含量高、研发周期长，单一领域的仿真工具已经不能满足复杂产品的研发要求。基于多学科联合仿真研发有效地将异构研发工具接口、研发模型标准打通，支撑构建多物理场、多学科耦合的复杂系统级数字孪生解决方案。

② 基于数字孪生的产品并行设计。为了更好地提升产品整机设计效率，需要通过组织多个零部件研发供应商协同开展设计。同时，为了保证设计与制造的一致性，需要在设计阶段就将制造阶段的参数设定考虑其中，进而为产品设计制造一体化提供良好支撑。总之，产品并行设

计的关键在于在研发初期就定义好每一个最细颗粒度零部件的几何、属性和组织关系标准，为全面构建复杂系统研发奠定基础。

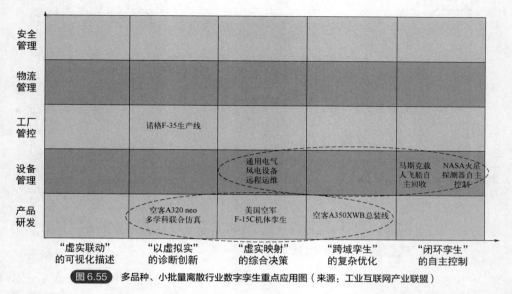

图6.55 多品种、小批量离散行业数字孪生重点应用图（来源：工业互联网产业联盟）

③ 基于数字样机的产品远程运维。对于飞机、船舶等高价值装备产品，基于数字孪生的产品远程运维是必要的安全保障。脱离了与产品研发阶段机理算法相结合的产品远程运维，很难有效保证高质量的运维效果。而基于数字样机的产品运维将产品研发阶段的各类机理模型与IoT实时数据结合，并与人工智能分析相结合，实现更加可靠的运维管理。

此外，以航天为代表的少数高科技领军行业，除了利用数字孪生开展综合决策之外，还希望基于数字孪生实现自主控制。特斯拉SpaceX飞船、我国嫦娥五号、NASA航天探测器等均基于数字孪生开展产品自主控制应用，实现"数据采集—分析决策—自主执行"的闭环优化。

（3）少品种、大批量离散行业分析

少品种、大批量离散行业以汽车、电子等行业为代表，产品种类少、规模大、生产标准化，对生产效率和质量要求高，多数企业基本实现自动化。当前，少品种、大批量离散行业数字孪生应用场景较多，涵盖了产品研发、设备管理、工厂管控、物流优化等诸多方面，如图6.56所示。

① 基于虚实联动的设备监控管理。传统的设备监控仅是显示设备某几个关键工况参数的数据变化，而基于数字孪生的设备监控需要建立与实际设备完全一致的三维几何模型，在此基础上通过数据采集或添加传感器全方位获取设备数据，并将各个位置数据与虚拟三维模型一一映射，实现物理对象与孪生设备完全一致的运动行为，更加直观地监控物流对象实时状态。

② 基于设备虚拟调试的控制优化。汽车、电子等多品种、小批量离散行业在修改工艺时均需要进行设备自动化调试。传统设备自动化调试多数为现场物理调试，这提升了设备停机时间，降低了生产效率。而基于数字孪生的设备控制调试能够在虚拟空间开展虚拟验证，有效降低了传统物理调试时间，减少了物理调试费用开销。

③ 基于CAE仿真诊断的产品研发。传统CAE仿真是数字孪生产品设计的最主要方式，通过仿真建模、仿真求解和仿真分析等步骤评估产品在力学、流体学、电磁学、热学等多个方面的性能，在不断的模拟迭代过程中设计更加高质量的新型产品。

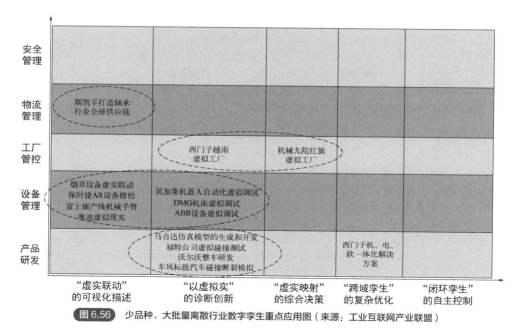

图 6.56 少品种、大批量离散行业数字孪生重点应用图（来源：工业互联网产业联盟）

④ 基于离散事件仿真的产线规划。在传统新建工厂或生产线过程中，各个设备摆放的位置、工艺流程的串接均凭借现场工程师的经验开展，给生产线规划准确性带来不小的隐患。而基于数字孪生的生产线虚拟规划大大提升了生产线规划准确率，通过在虚拟空间以"拖、拉、拽"的形式不断调配各个工作单元（如机器人、机床、AGV 等）之间摆放位置，实现生产线规划达到最佳合理性。此外，在基于数字化生产线进行虚拟规划后，部分领先企业还将数字化生产线与生产实时数据相结合，实现工厂规划、建设、运维一体化管理。

⑤ 基于数字孪生的供应链优化。少数少品种、大批量离散行业的企业构建了供应链数字孪生应用，通过打造物流地图、添加物流实时数据、嵌入物流优化算法等举措，打造供应链创新解决方案，持续降低库存量和产品运输成本。

⑥ 基于"机-电-软"一体化的综合产品设计。例如以汽车为代表的产品，正在由传统个人交通工具朝着智能网联汽车方向发展。在这一发展趋势下，新型整车制造除了需要应用软件工具和机械控制工具外，还需要融入电子电气的功能，进而支撑汽车发展朝着电动化、智能化方向演进。随着智能网联汽车发展愈发成熟，基于"机-电-软"一体化的产品综合设计解决方案需求有望不断加大。

本章小结

新一代信息技术已成为推动新一轮工业革命的先导性核心要素，是实现制造业数字化、网络化、智能化的关键基础。本章从基本概念、工作原理、发展历程、关键技术及智能制造中的应用等方面，重点介绍了智能传感技术、物联网与工业物联网、工业互联网、人工智能、大数据与工业大数据、云计算与边缘计算、虚拟现实/增强现实/混合现实、数字孪生与工业数字孪生技术等新一代智能制造信息支撑技术。

思考题

6-1　如何理解智能传感技术的内涵与特征?

6-2　如何理解物联网与工业物联网的内涵与特征?

6-3　如何理解工业互联网的内涵与特征?

6-4　如何理解人工智能的内涵与特征?

6-5　如何理解大数据与工业大数据的内涵与特征?

6-6　如何理解云计算与边缘计算的内涵与特征?

6-7　如何理解虚拟现实/增强现实/混合现实的内涵与特征?

6-8　如何理解数字孪生与工业数字孪生技术的内涵与特征?

6-9　进一步查找文献和资料,举例说明新一代智能制造信息支撑技术在智能制造中的应用。

第 7 章

智能制造中的智能装备

 学习目标

　　① 掌握数控机床与智能机床的基本概念，熟悉其基本组成及特点，了解其在智能制造中的应用。

　　② 掌握工业机器人的定义、分类及基本组成，熟悉其主要特点和技术参数，了解其发展历程、在智能制造中的应用及发展趋势。

　　③ 掌握智能物流设备的基本分类、AGV 系统和智能仓储系统的基本构成和原理，熟悉其关键技术，了解其发展历程及在智能制造中的应用。

思维导图

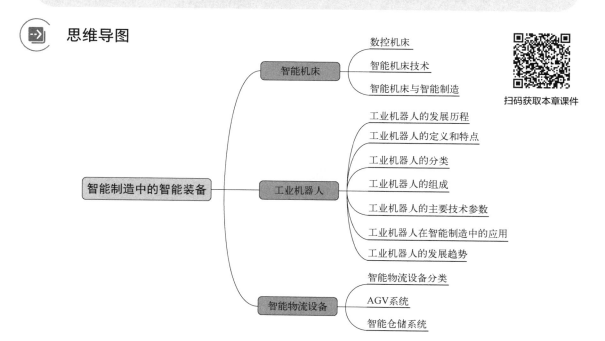

扫码获取本章课件

　　智能装备，指具有感知、分析、推理、决策、控制功能的制造装备，它是先进制造技术、信息技术和智能技术的集成和深度融合。智能制造装备门类复杂，涵盖了智能机床、工业机器人、智能物流装备以及其他自动化装备，是智能制造发展的基石。

7.1　智能机床

　　机床是制造业的"工业母机"，其智能化程度对智能制造的实施具有重要影响。加速机床向智能迈进，提高机床的智能化水平，不仅是机床行业面临的转型升级的紧迫需求，更是打造制造强国的关键和基础。

7.1.1　数控机床

　　数控机床是数字控制机床（computer numerical control machine tools）的简称，是一种装有程序控制系统的自动化机床。该控制系统能够逻辑地处理具有控制编码或其他符号指令规定的程序，并将其译码，用代码化的数字表示，通过信息载体输入数控装置，经运算处理由数控装置发出各种控制信号，控制机床的动作，按图纸要求的形状和尺寸，自动地将零件加工出来。

（1）数控机床的发展

　　① 工业化进程和机床进化史。18 世纪的工业革命后，机床随着不同的工业时代发展而进化并呈现出各个时代的技术特点。如图 7.1 所示，对应于工业 1.0～工业 4.0 时代，机床从机械驱动/手工操作（机床 1.0）、电力驱动/数字控制（机床 2.0）发展到计算机数字控制（机床 3.0），并正在向赛博物理机床/云解决方案（机床 4.0）演化发展。

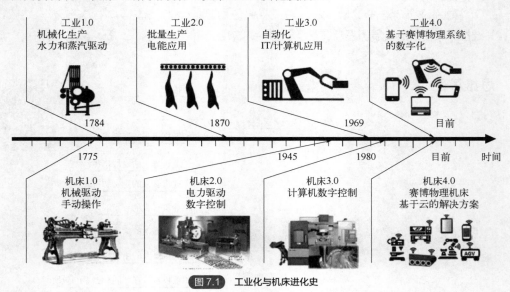

图 7.1　工业化与机床进化史

　　② 数控机床发展历程特点及几个重要拐点。1952 年，世界第 1 台数控机床在美国麻省理工学院研制成功，这是制造技术的一次革命性跨越。数控机床采用数字编程、程序执行、伺服

控制等技术，实现按照零件图样编制的数字化加工程序自动控制机床的运动轨迹和运行，从此 NC 技术就使得机床与电子、计算机、控制、信息等技术的发展密不可分。随后，为了解决 NC 程序编制的自动化问题，采用计算机代替手工的自动编程工具（APT）和方法成为关键技术，计算机辅助设计/制造（CAD/CAM）技术也随之得到快速发展和普及应用。可以说，制造数字化起始于数控机床及其核心数字控制技术的诞生。

正是由于数控机床和数控技术在诞生伊始就具有的几大特点——数字控制思想和方法、"软（件）、硬（件）"相结合、"机（械）、电（子）、控（制）、信（息）"多学科交叉，因而其后数控机床和数控技术的重大进步就一直与电子技术和信息技术的发展直接关联，如图 7.2 所示。

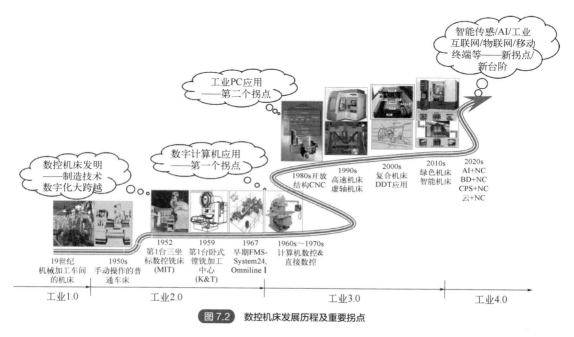

图 7.2　数控机床发展历程及重要拐点

最早的数控装置是采用电子真空管构成计算单元。20 世纪 40 年代末晶体管被发明，50 年代末推出集成电路，至 60 年代初期出现了采用集成电路和大规模集成电路的电子数字计算机，计算机在运算处理能力、小型化和可靠性方面的突破性进展，为数控机床技术发展带来第一个拐点——由基于分立元件的数字控制（NC）走向了计算机数字控制（CNC），数控机床也开始进入实际工业生产应用中。20 世纪 80 年代 IBM 公司推出了采用 16 位微处理器的个人微型计算机（PC），给数控机床技术带来了第二个拐点——由过去专用厂商开发数控装置（包括硬件和软件）走向采用通用的 PC 化计算机数控，同时开放式结构的 CNC 系统应运而生，推动数控技术向更高层次的数字化、网络化发展，高速机床、虚拟轴机床、复合加工机床等新技术快速迭代并应用。21 世纪以来，智能化数控技术也开始萌芽，当前随着新一代信息技术和新一代人工智能技术的发展，智能传感、物联网、大数据、数字孪生、信息物理系统、云计算和人工智能等新技术与数控技术深度结合，数控技术将迎来一个新的拐点，甚至可能是新跨越——走向赛博物理融合的新一代智能数控。

（2）数控机床的基本组成

数控机床的基本组成包括加工程序载体、数控装置、伺服驱动装置、机床主体和其他辅助装置。

① 加工程序载体。数控机床工作时，不需要工人直接去操作机床，若要对数控机床进行控制，必须编制加工程序。零件加工程序中，包括机床上刀具和工件的相对运动轨迹、工艺参数（进给量主轴转速等）和辅助运动等。零件加工程序用一定的格式和代码，存储在一种程序载体上，如穿孔纸带、盒式磁带、软磁盘等，通过数控机床的输入装置，将程序信息输入到 CNC 单元。

② 数控装置。数控装置是数控机床的核心。现代数控装置均采用 CNC（computer numerical control）形式，这种 CNC 装置一般使用多个微处理器，以程序化的软件形式实现数控功能，因此又称软件数控（software NC）。CNC 系统是一种位置控制系统，它是根据输入数据插补出理想的运动轨迹，然后输出到执行部件加工出所需要的零件。因此，数控装置主要由输入、处理和输出三个基本部分构成。而所有这些工作都由计算机的系统程序进行合理的组织，使整个系统协调地进行工作。

a．输入装置：将数控指令输入给数控装置，根据程序载体的不同，相应有不同的输入装置。其主要有键盘输入、磁盘输入、CAD/CAM 系统直接通信方式输入和连接上级计算机的 DNC（直接数控）输入，现仍有不少系统还保留有光电阅读机的纸带输入形式。

- 纸带输入方式。可用纸带光电阅读机读入零件程序，直接控制机床运动，也可以将纸带内容读入存储器，用存储器中储存的零件程序控制机床运动。
- MDI 手动数据输入方式。操作者可利用操作面板上的键盘输入加工程序的指令，它适用于比较短的程序。

在控制装置编辑状态下，用软件输入加工程序，并存入控制装置的存储器中，这种输入方法可重复使用程序。一般手工编程均采用这种方法。

在具有会话编程功能的数控装置上，可按照显示器上提示的问题，选择不同的菜单，用人机对话的方法，输入有关的尺寸数字，就可自动生成加工程序。

- DNC 直接数控输入方式。该方式是把零件程序保存在上级计算机中，CNC 系统一边加工一边接收来自计算机的后续程序段。DNC 方式多用于采用 CAD/CAM 软件设计复杂工件并直接生成零件程序的情况。

b．信息处理：输入装置将加工信息传给 CNC 单元，编译成计算机能识别的信息，由信息处理部分按照控制程序的规定，逐步存储并进行处理后，通过输出单元发出位置和速度指令给伺服系统和主运动控制部分。CNC 系统的输入数据包括：零件的轮廓信息（起点、终点、直线、圆弧等）、加工速度及其他辅助加工信息（如换刀、变速、冷却液开关等）。数据处理的目的是完成插补运算前的准备工作。数据处理程序还包括刀具半径补偿、速度计算及辅助功能的处理等。

c．输出装置：输出装置与伺服机构相连，根据控制器的命令接收运算器的输出脉冲，并发送到各伺服控制系统，经过功率放大，驱动伺服系统，从而控制机床按规定要求运动。

③ 伺服与测量反馈系统。伺服系统是数控机床的重要组成部分，用于实现数控机床的进给伺服控制和主轴伺服控制。伺服系统的作用是接收来自数控装置的指令信息，经功率放大、整形处理后，转换成机床执行部件的直线位移或角位移运动。由于伺服系统是数控机床的最后环节，其性能将直接影响数控机床的精度和速度等技术指标，因此，数控机床的伺服驱动装置要求具有良好的快速反应性能，能准确而灵敏地跟踪数控装置发出的数字指令信号，并能忠实地执行来自数控装置的指令，提高系统的动态跟随特性和静态跟踪精度。

伺服系统包括驱动装置和执行机构两大部分。驱动装置由主轴驱动单元、进给驱动单元和主轴伺服电动机、进给伺服电动机组成。步进电动机、直流伺服电动机和交流伺服电动机是常用的驱动装置。

测量元件将数控机床各坐标轴的实际位移值检测出来并经反馈系统输入机床的数控装置中。数控装置将反馈回来的实际位移值与指令值进行比较，并向伺服系统输出达到设定值所需的位移量指令。

④ 机床主机。机床主机是数控机床的主体，它包括床身、底座、立柱、横梁、滑座、工作台、主轴箱、进给机构、刀架及自动换刀装置等机械部件。它是在数控机床上自动地完成各种切削加工的机械部分。与传统的机床相比，数控机床主体具有如下结构特点：

a. 采用具有高刚度、高抗振性及较小热变形的机床新结构。通常用提高结构系统的静刚度、增加阻尼、调整结构件质量和固有频率等方法来提高机床主机的刚度和抗振性，使机床主机能适应数控机床连续自动地进行切削加工的需要。采取改善机床结构布局、减少发热、控制温升及热位移补偿等措施，可减少热变形对机床主机的影响。

b. 广泛采用高性能的主轴伺服驱动和进给伺服驱动装置，使数控机床的传动链缩短，简化了机床机械传动系统的结构。

c. 采用高传动效率、高精度、无间隙的传动装置和运动部件，如滚珠丝杠螺母副、塑料滑动导轨、直线滚动导轨、静压导轨等。

⑤ 数控机床辅助装置。辅助装置是保证充分发挥数控机床功能所必需的配套装置，常用的辅助装置包括：气动、液压装置，排屑装置，冷却、润滑装置，回转工作台和数控分度头，防护装置，照明装置等各种辅助装置。

（3）数控机床的分类

数控机床的种类很多，可以按不同的方法对数控机床进行分类，如按工艺用途分类、按运动控制方式分类和按伺服控制方式分类等。

① 按工艺用途分类。

a. 普通数控机床：一般指在加工工艺过程中的一个工序上实现数字控制的自动化机床，如数控铣床、数控车床、数控钻床、数控磨床与数控齿轮加工机床等。普通数控机床在自动化程度上还不够完善，刀具的更换与零件的装夹仍需人工来完成。

b. 加工中心：带有刀库和自动换刀装置的数控机床，它将数控铣床、数控镗床、数控钻床的功能组合在一起，零件在一次装夹后，可以将其大部分加工面进行铣削。

② 按运动控制方式分类。

a. 点位控制数控机床：数控系统只控制刀具从一点到另一点的准确位置，而不控制运动轨迹，各坐标轴之间的运动是不相关的，在移动过程中不对工件进行加工。这类数控机床主要有数控钻床、数控坐标镗床、数控冲床等。

b. 直线控制数控机床：数控系统除了控制点与点之间的准确位置外，还要保证两点间的移动轨迹为一直线，并且对移动速度也要进行控制，也称点位直线控制。这类数控机床主要有比较简单的数控车床、数控铣床、数控磨床等。单纯用于直线控制的数控机床已不多见。

c. 轮廓控制数控机床：轮廓控制的特点是能够对两个或两个以上的运动坐标的位移和速度同时进行连续相关的控制，它不仅要控制机床移动部件的起点与终点坐标，而且要控制整个加工过程的每一点的速度、方向和位移量，也称为连续控制数控机床。这类数控机床主要有数控车床、数控铣床、数控线切割机床、加工中心等。

③ 按伺服控制方式分类。

a. 开环控制数控机床：这类机床不带位置检测反馈装置，通常用步进电机作为执行机构。数控系统对输入数据进行运算，发出脉冲指令，使步进电机转过一个步距角，再通过机械传动机构转换为工作台的直线移动，移动部件的移动速度和位移量由输入脉冲的频率和脉冲个数决定。

b. 半闭环控制数控机床：在电机的端头或丝杠的端头安装检测元件（如感应同步器或光电编码器等），通过检测其转角来间接检测移动部件的位移，然后反馈到数控系统中。由于大部分机械传动环节未包括在系统闭环环路内，因此其可获得较稳定的控制特性。其控制精度虽不如闭环控制数控机床，但调试比较方便，因而被广泛采用。

c. 闭环控制数控机床：这类数控机床带有位置检测反馈装置，其位置检测反馈装置采用直线位移检测元件，直接安装在机床的移动部件上，将测量结果直接反馈到数控装置中。通过反馈可消除从电动机到机床移动部件整个机械传动链中的传动误差，最终实现精确定位。

④ 按联动轴数分类。数控系统控制几个坐标轴按需要的函数关系同时协调运动，称为坐标联动，按照联动轴数可以分为：

a. 两轴联动：数控机床能同时控制两个坐标轴联动，适用于数控车床加工旋转曲面或数控铣床铣削平面轮廓。

b. 两轴半联动：在两轴的基础上增加了 Z 轴的移动，当机床坐标系的 X、Y 轴固定时，Z 轴可以做周期性进给。两轴半联动加工可以实现分层加工。

c. 三轴联动：数控机床能同时控制三个坐标轴的联动，用于一般曲面的加工，一般的型腔模具均可以用三轴联动加工完成。

d. 多坐标联动：数控机床能同时控制四个以上坐标轴的联动。多坐标数控机床的结构复杂，精度要求高，程序编制复杂，适用于加工形状复杂的零件，如叶轮叶片类零件。

通常三轴机床可以实现二轴、二轴半、三轴联动加工。五轴机床也可以只用到三轴联动加工，而其他两轴不联动。

7.1.2 智能机床技术

（1）智能机床的基本概念

智能机床的概念最早出现在赖特（P.K.Wright）和伯恩（D.A.Bourne）1998 年出版的《制造智能》专著中。而在 2006 年美国芝加哥国际制造技术展览会上，日本 MAZAK 公司首次以"智能机床"（intelligent machine）的名字，展示了声称具有四大智能的数控机床；日本 OKUMA 公司则展示了名为"thinc"的智能数控系统（intelligent numerical control system）。可以认为，智能化是数控机床发展的高级阶段和新的里程碑，通过加工过程的全面和高度自动化，能够显著提高数控机床的设备利用率，实现高速、高精、高效加工的目标，进一步解放人类的脑力智能。

迄今为止，国际上还没有对智能机床形成统一的定义。例如，美国国家标准技术研究所（NIST）下属的制造工程实验室认为，智能机床应该是具有以下功能的数控机床和加工中心：

① 能感知其自身状态、加工能力并进行标定；

② 能监视、优化自身的加工行为；

③ 能对加工工件质量进行评估；

④ 具有自学习能力。

日本 MAZAK 公司对智能机床的定义则是：机床能对自己进行监控，并可自行分析各种与机床、加工状态和环境有关的信息或其他因素，自行采取应对措施来保证最优化的加工效果。其四大智能包括：

① 主动振动控制，可将振动减至最小程度，例如当进给量为 3000mm/min，加速度为 0.43g 时，最大振幅由 4μm 减少至 1μm；

② 智能热屏障，可自动补偿定位误差，实现热位移控制；

③ 智能安全屏障，能自行停止危险性动作，防止部件相互碰撞；

④ 语音提示系统，能减少由于工人操作失误而造成的故障。

从目前我国机床研究实际情况来看，智能机床主要有广义和狭义两种不同定义。从广义的角度上来讲，智能机床指的是以人为核心，充分发挥相关机器的辅助作用，在一定程度上科学合理地应用智能决策、智能执行以及自动感知等方式。

从狭义的角度上来讲，在相关机械的整个加工过程中，智能机床能对其自身的职能监测、调节、自主感知以及最终决策加以科学合理的辅助，确保整个加工制造过程趋向于高效运行，最终实现低耗以及优质等目标。相关智能机床在与各项软件系统进行科学合理的共处过程中，往往具有较强的独立性，其在一定程度上会充分发挥自身至关重要的作用，使得整个系统能长时间处于最佳效益。

智能机床是在新一代信息技术的基础上，应用新一代人工智能技术和先进制造技术深度融合的机床。它利用自主感知与连接获取机床、加工、工况、环境有关的信息，通过自主学习与建模生成知识，并能应用这些知识进行自主优化与决策，完成自主控制与执行，实现加工制造过程的优质、高效、安全、可靠和低耗的多目标优化运行，如图 7.3 所示。

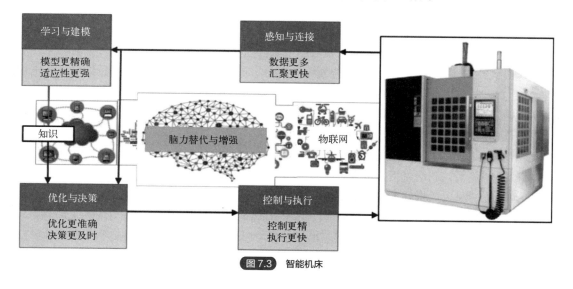

图 7.3　智能机床

（2）智能机床的控制原理

陈吉红等人在《走向智能机床》中从自主感知与连接、自主学习与建模、自主优化与决策和自主控制与执行四个方面对智能机床的控制原理进行了论述，如图 7.4 所示。

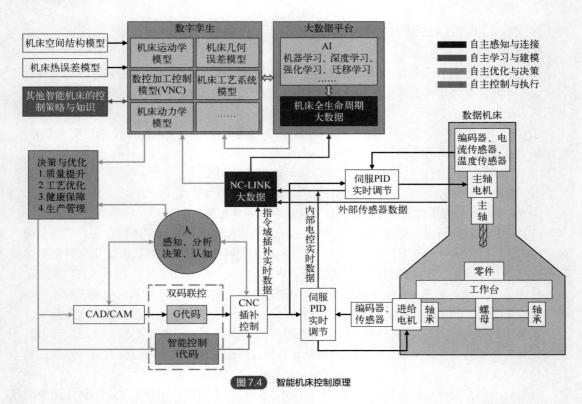

图7.4 智能机床控制原理

① 自主感知与连接。数控系统由数控装置、伺服电机等部件组成，是机床自动完成切削加工等工作任务的核心控制单元。在数控机床的运行过程中，数控系统内部会产生大量由指令控制信号和反馈信号构成的原始电控数据，这些内部电控数据是对机床的工作任务（或称为工况）和运行状态的实时、定量、精确的描述。因此，数控系统既是物理空间中的执行器，又是信息空间中的感知器。

数控系统内部电控数据是感知的主要数据来源，它包括机床内部电控实时数据，如零件加工 G 代码插补实时数据（插补位置、位置跟随误差、进给速度等）、伺服电机反馈的内部电控数据（主轴功率、主轴电流、进给轴电流等）。通过自动汇聚数控系统内部电控数控与外部传感器采集的数据（如温度、振动和视觉等），以及从 G 代码中提取的加工工艺数据（如切宽、切深、材料去除率等），实现数控机床的自主感知。

智能机床的自主感知可通过"指令域示波器"和"指令域分析方法"来建立工况与状态数据之间的关联关系。利用"指令域"大数据汇聚方法采集加工过程数据，通过 NC-LINK 实现机床的互联互通和大数据的汇聚，形成机床全生命周期大数据。

② 自主学习与建模。自主学习与建模主要目的在于通过学习生成知识。数控加工的知识就是机床在加工实践中输入与响应的规律。模型及模型内的参数是知识的载体，知识的生成就是建立模型并确定模型中参数的过程。其基于自主感知与连接得到的数据，运用集成于大数据平台中的新一代人工智能算法库，通过学习生成知识。

在自主学习和建模中，知识的生成方法有三种：基于物理模型的机床输入/响应因果关系的理论建模；面向机床工作任务和运行状态关联关系的大数据建模；基于机床大数据与理论建模相结合的混合建模。自主学习与建模可建立机床空间结构模型、机床运动学模型、机床几何误差模型、热误差模型、数控加工控制模型、机床工艺系统模型、机床动力学模型等，这些模型也可以与其他同型号机床共享。

③ 自主优化与决策。决策的前提是精准预测。机床接收到新的加工任务后，可利用上述机床模型，预测机床的响应，依据预测结果，进行质量提升、工艺优化、健康保障和生产管理等多目标迭代优化，形成最优加工决策，生成蕴含优化与决策信息的智能控制 i 代码，用于加工优化。自主优化与决策就是利用模型进行预测，然后优化决策，生成 i 代码的过程。i 代码是实现数控机床自主优化与决策的重要手段。

④ 自主控制与执行。利用双码联控技术，即基于传统数控加工几何轨迹控制的 G 代码（第一代码）和包含多目标加工优化决策信息的智能控制 i 代码（第二代码）的同步执行，实现 G 代码和 i 代码的双码联控，可使智能机床达到优质、高效、可靠、安全和低耗数控加工。

（3）智能机床的技术特征

智能机床技术特征如图 7.5 所示。

① 人、计、机（人、计算机、机械）的协同性。人在生产活动中是非常活跃的和具有巨大灵活性的因素，智能机床研究开发和应用中应以人为中心。人、计算机和机械以及各类软件系统共处在一个系统中，互相独立，发挥着各自特长，取长补短，协同工作从而使整个系统达到最佳效益。

② 整体与局部的协调性。一方面，智能机床的各智能功能部件、数控系统、各类执行机构以及各类控制软件从局部上相互配合，协调完成各类工作，实现智能机床上的局部协调；另一方面，在局部协调的基础上，人和机床装备（包括软件和硬件）

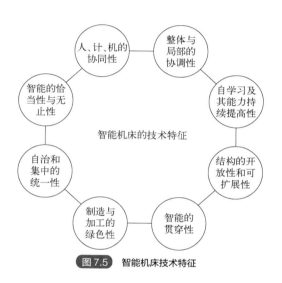

图 7.5 智能机床技术特征

在路甬祥等提出的包括人的头脑（智慧、经验和技能等）、智能计算机系统的知识库和一般数据库等构成信息库的支撑下，实现智能机床整体上的协调。

③ 智能的恰当性与无止性。一方面，由于技术的限制以及人们对机床智能化水平的要求和认识的不同，机床本身的智能化水平的高低不同，机床在特定时期以及特定应用领域其智能化水平是一定的，只要能恰当地满足用户的需要就认为是智能机床；另一方面，随着技术的发展和人们对机床智能化的要求和认识的不断提高，从智能机床的发展的角度来看，其智能化水平是无止境提高的。

④ 自学习及其能力持续提高性。现实的生产加工过程千差万别，智能机床的智能体现的重要方面之一是在不确定环境下，通过分析已有的案例和人脑的智慧的形式化表达，自学习相关控制和决策算法，并在实际工作中不断提升这种能力。

⑤ 自治与集中的统一性。一方面，根据加工任务以及自身具有的集自主检测、智能诊断、自我优化加工行为、智能监控于一体的执行能力，智能机床可独立完成加工任务，出现故障时可自我修复，同时不断总结和分析发生在自身的各种事件和经验教训，不断提高自身的智能化水平；另一方面，为满足服务性制造的需要和更好地提高机床的智能化水平，智能机床应具有能集中管控的能力，以使机床不仅能通过自学提高智能化水平，还能通过共享方式运用同类机

床所获取到的经过提炼的知识来提高自己。

⑥ 结构的开放性和可扩展性。技术是不断发展的，客户的要求是不断变化的，机床的智能也是无止境的。为满足客户的需要和适应技术的发展，设计开发的智能机床在结构上应该是开放的，其各类接口系统（包括软硬件）对各供应商应是开放的，同时，随时可根据新的需要，配置各种功能部件和软件。

⑦ 制造和加工的绿色性。为满足低碳制造和可持续发展的需要，对于制造厂家，要求设计制造智能机床时保证其绿色性，同时保证生产出的产品本身是绿色的；对于用户厂家，应保证其加工使用过程的绿色性。

⑧ 智能的贯穿性。智能机床在设计、制造、使用、再制造和报废的全生命周期过程中，应充分体现其智能性，实现其智能化的设计、智能化的制造、智能化的加工、智能化的再制造和智能化的报废。

（4）智能机床的趋势

① 高精度趋势。未来的制造业，对机床的精度要求越来越高。提高机床精度，除绝对提高机床零件精度及机床装配精度之外，通过控制技术的集成来提高机床精度的做法越来越受青睐。例如，热补偿技术、空间误差补偿技术、振颤自抑技术、参数（机床参数、切削参数）自适应调整技术等，均可有效地提高机床精度、提高工件加工精度。

② 高自动化趋势。未来的制造业，对机床的需求不仅仅要求其能加工出高精度的工件，还要求从毛坯到成品，整个过程无人干预，可见机床高度自动化、功能复合化是必然的趋势。

高度自动化就要求机床必须集成以下相关功能或装置：自动门、自动夹具、多工位交换台、自动装卸料装置、刀具破损检测、工件在线检测。同时还应具备多序复合加工能力。

③ 信息化趋势。物联网彻底实现了机-机交互，人-机交互将成为历史，数字化、信息化取代一切。

④ 标准化趋势。其泛指机床接口标准化，在互联互通的时代，大制造、大协同成为必然，标准化极为重要，包括通信协议、走线接口、追加附件接口等的标准化，否则将被排除在局外，乃至淘汰。

7.1.3 智能机床与智能制造

数控机床行业是装备制造业智能制造的工作母机，没有数控机床的智能化，就无法实现装备制造业的智能制造。

我国数控机床的智能化技术尚处于起步阶段，"数控机床→数控机床智能化→智能机床→智能制造车间→智能制造工厂→智能制造大系统"的技术发展进程，是机床行业的发展进程。智能机床将成为智能制造体系中的核心装备，加快发展智能机床，是实施《中国制造2025》打造制造强国的首要任务。机床智能化是一种大势所趋的发展方向，更是衡量机床行业进步与否的标准。

数控加工技术在智能制造中有着广泛应用。

（1）机械制造领域

随着时代发展和社会进步，人民的生活水平不断提高，新产品更新换代周期越来越短，需要加工各种不同需求的零件，对机械精密零件的需求越来越多样化、个性化，如光电通信精密零件、医疗设备机械零件、精密汽车零件、精密机床零件、精密模具零件、精密钟表零件等。应用数控加工技术在数控加工设备上可以实现这些零件的精密加工，适应产品更新快、精度高的需求。

（2）汽车工业领域

汽车产业作为国民经济的主要支柱产业，随着汽车工业的快速发展，汽车产业逐步迈向智能化、电动化、轻量化、网联化，汽车产业的全面升级与重塑即将到来，对汽车零部件及加工设备提出了更高的要求。高端数控机床制造企业紧跟汽车产业发展形式，在汽车零配件加工领域研发不同的数控机床，比如，对称性零件加工的对头镗铣复合加工中心、立式线性导轨加工中心、五轴立式加工中心等。机床数控加工技术升级换代，实现了复杂生产工艺的制定、汽车零件的制造。

（3）航空航天领域

我国的航空航天事业发展迅速，在世界上处于领先地位，高精尖、差异化的零件需求日益剧增，涉及机翼、机身等大型零件，螺旋桨、涡轮叶片等有复杂曲面的零件，有薄壁和薄筋的零件。这些零件对强度、刚度和可靠性要求很高，但材料刚度差、结构复杂，在普通机床上无法完成加工，高档数控机床就能满足高速、高精和高柔性的加工要求。

（4）智能机器人自动化生产领域

科技快速发展，机器人代替工人作业逐步进入不同行业。在智能机器人自动化生产中，数控技术也有着出色表现，比如在汽车制造过程中，智能机器人与数控技术有机结合，实现了零部件制造、自动焊接、自动组装，改变了传统的汽车生产环境，提高了生产效率和产品质量，减少了现场工作人员数量，节约了企业生产成本。

7.2　工业机器人

7.2.1　工业机器人的发展历程

1946 年，第一台数字电子计算机问世，它与人们在农业、工业社会中创造的那些只是增强体力劳动的工具相比完全不同，有了质的飞跃，为以后进入信息社会奠定了基础。同时，大批量生产的迫切需求推动了自动化技术的进展。6 年后，即在 1952 年，计算机技术应用到机床上，在美国诞生了第一台数控机床。与数控机床相关的控制系统、机械零件的研究又为机器人的开发奠定了基础。

从国外的技术发展历程来看，工业机器人技术的发展经历了三个阶段。

（1）产生和初步发展阶段：1958～1970 年

1954 年，乔治·德沃尔申请了一个"可编辑关节式转移物料装置"的专利；1958 年，他与约瑟夫·恩格尔伯格合作成立了世界上第一个机器人公司 Unimation；1959 年，Unimation 公司研制出第一台工业机器人 Unimate，如图 7.6 所示。Unimation 是 Universal 和 Automation 的组合，意思是"万能自动"，德沃尔和恩格尔伯格也被称为工业机器人之父。Unimate 机器人的精确率达 1/10000 英寸，率先于 1961 年在通用汽车的生产车间里开始使用，用于将铸件中的零件取出。Unimate 机器人的使用为工业机器人的历史拉开了帷幕。

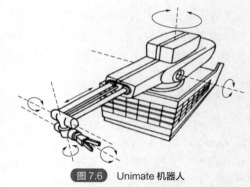

图 7.6　Unimate 机器人

20 世纪 60 年代到 70 年代期间，美国当时失业率高达 6.65%，政府担心发展机器人会造成更多人失业，因此既未投入财政支持，也未组织研制机器人。在这一阶段，美国的工业机器人主要处于研究阶段，只是几所大学和少数公司开展了相关的研究工作，并未把工业机器人列入重点发展项目。

（2）技术快速进步与商业化规模运用阶段：1971～1984 年

1973 年，第一台机电驱动的 6 轴机器人面世。德国库卡公司（KUKA）将其使用的 Unimate 机器人研发改造成一台产业机器人，命名为 FAMULUS，这是世界上第一台机电驱动的 6 轴机器人。

1974 年，瑞典通用电机公司（ASEA，ABB 公司的前身）开发出世界上第一台全电力驱动、由微处理器控制的工业机器人 IRB-6。IRB-6 采用仿人化设计，其手臂动作模仿人类的手臂，可承受 6kg 载荷，有 5 轴，主要应用于工件的取放和物料的搬运。

1978 年，美国 Unimation 公司推出通用工业机器人（programmable universal machine for assembly，PUMA），如图 7.7 所示，应用于通用汽车装配线，这标志着工业机器人技术已经完全成熟。PUMA 至今仍然工作在工厂一线。

1978 年，日本山梨大学的牧野洋发明了选择顺应性装配机器手臂（selective compliance assembly robot arm，SCARA）。这是世界第一台 SCARA 工业机器人。

1979 年，日本不二越株式会社（Nachi）研制出第一台电机驱动的机器人。

1984 年，美国 Adept Technology 公司开发出第一台直接驱动的选择顺应性装配机械手臂（SCARA），命名为 AdeptOne，如图 7.8 所示。AdeptOne 的驱动电机直接和机器手臂连接，省去了中间齿轮或链条传动，所以显著提高了机器人合成速度及定位精度。

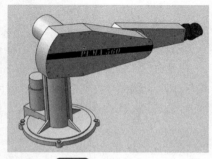

图 7.7　PUMA 机器人

图 7.8　SCARA 机器人

工业机器人在这一时期的技术有很大进步，开始具有一定的感知功能和自适应能力的离线编程，可以根据作业对象的状况改变作业内容。同时，伴随着技术的快速进步发展，工业机器人商业化运用迅猛发展，工业机器人的"四大家族"——库卡、ABB、安川、FANUC 公司就是在这一阶段开始了全球专利的布局。

（3）智能机器人阶段：1985 年至今

智能机器人带有多种传感器，可以将传感器得到的信息进行融合，有效地适应变化的环境，因而具有很强的自适应能力、学习能力和自治功能。在 2000 年以后，美国、日本等都开始了智能军用机器人研究，并在 2002 年由美国波士顿公司和日本 SONY 公司共同申请了第一件"机械狗"（Boston Dynamics Big Dog）智能军用机器人专利。

我国的工业机器人发展历程具有不同于国外的特点，起步相对较晚。从 20 世纪 70 年代引入了工业机器人之后，我国的工业机器人大致经历了 4 个发展阶段。

① 工业机器人理论研究阶段：20 世纪 70 年代到 80 年代初。改革开放后，我国开始关注西方发达国家在工业机器人方面的发展潜力，但由于当时国家经济条件等因素的制约，我国主要从事工业机器人基础理论的研究，在机器人运动学、机构学等方面取得了一定的进展，为后续工业机器人的研究奠定了基础。

② 工业机器人创新阶段：20 世纪 80 年代中后期。随着工业发达国家开始大量应用和普及工业机器人，我国的工业机器人研究得到政府的重视和支持，国家组织了对工业机器人需求行业的调研，投入大量的资金开展工业机器人的研究，进入了样机创新开发阶段。1985 年，上海交通大学机器人研究所完成了"上海一号"弧焊机器人的研究，这是中国自主研制的第一台 6 自由度关节机器人。很多技术的出现使工业机器人进入到了小规模的生产阶段，但是，因技术还不成熟，工业机器人并没有大范围得到生产运用。

③ 工业机器人实用阶段：20 世纪 90 年代。我国在这一阶段研制出平面关节型装配机器人、直角坐标机器人、弧焊机器人、点焊机器人等 7 种工业机器人系列产品，共 102 种特种机器人，实施了 100 余项机器人应用工程。工业机器人已逐渐趋于成熟，各个行业对工业机器人的使用更加广泛。我国在 20 世纪 90 年代末建立了 9 个机器人产业化基地和 7 个科研基地，为促进国产机器人的产业化发展奠定了坚实的基础。

④ 初步产业化阶段：21 世纪以来。在这一阶段，国内一大批企业或自主研制或与科研院所合作，加入工业机器人研制和生产行列，我国工业机器人进入初步产业化阶段。

7.2.2　工业机器人的定义和特点

工业机器人是机器人家族中的重要一员，也是目前在技术上发展最成熟、应用最广泛的一类机器人。世界各国对工业机器人的定义不尽相同，目前公认的是国际标准化组织（ISO）的定义。

美国工业机器人协会（U.S.RIA）对工业机器人的定义：工业机器人是用来搬运物料、零件、工具或专用装置的，通过不同程序地调用来完成各种工作任务的多功能机械手。

日本工业机器人协会（JIRA）对工业机器人的定义：工业机器人是一种装备有记忆装置和末端执行器的，能够通过自动化的动作代替人类劳动的通用机器。

国际标准化组织（ISO）对工业机器人的定义：工业机器人是一种能自动控制、可重复编程、多功能、多自由度的操作机，能搬运物料、工件，或操持工具来完成各种作业。

我国国家标准将工业机器人定义为：自动控制的、可重复编程的、多用途的操作机，并可对 3 个或 3 个以上的轴进行编程。它可以是固定式或移动式的，在工业自动化中使用。

和传统的工业设备相比，工业机器人的主要特点如下：

① 拟人化。工业机器人可以是固定式或者是移动式，在机械结构上能实现类似于人的行走、腰部回转、大臂回转、小臂回转、腕部回转、手爪抓取等功能，通过示教器和控制器可以进行编程，控制机器人的运动。

② 通用性。工业机器人一般分为通用和专用两类，除了专门设计的专用的工业机器人外，一般通用工业机器人能执行不同的作业任务，完成不同的功能。比如，更换工业机器人手部末端操作器（手爪、工具等）便可执行搬运、焊接等不同的作业任务。

③ 可编程。工业机器人可随其工作环境变化的需要而再编程，因此它在小批量、多品种的柔性制造过程中能发挥很好的功用，是柔性制造系统中的一个重要组成部分。

④ 智能化。智能化工业机器人上安装有多种类型的传感器，如皮肤型接触传感器、力传感器、负载传感器、视觉传感器、声觉传感器等。传感器提高了工业机器人对周围环境的自适应能力，使工业机器人具有不同程度的智能功能。

7.2.3　工业机器人的分类

目前，关于工业机器人的分类方法，国际上尚未统一。本节将主要从机器人的结构特征、控制方式、驱动方式、用途、技术等级等几个方面进行划分。

（1）按结构特征划分

① 直角坐标型机器人。这种机器人的外形轮廓与数控镗铣床或三坐标测量机相似，如图 7.9 所示。3 个关节都是移动关节，关节轴线相互垂直，相当于笛卡儿坐标系的 x、y 和 z 轴。其主要用于生产设备的上下料，也可用于高精度的装卸和检测作业。

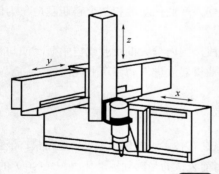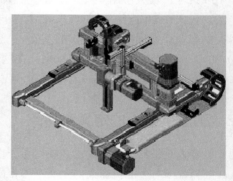

图 7.9　直角坐标型机器人

这种形式主要特点如下：

a. 结构简单、直观，刚度高，多做成大型龙门式或框架式机器人；

b. 3 个关节的运动相互独立，没有耦合，运动学求解简单，不产生奇异状态，采用直线滚动导轨后，速度和定位精度高；

c. 工件的装卸、夹具的安装等受到立柱、横梁等构件的限制；

d. 容易编程和控制，控制方式与数控机床类似；

e. 导轨面防护比较困难，移动部件的惯量比较大，增加了驱动装置的尺寸和能量消耗，操作灵活性较差。

②　圆柱坐标型机器人。如图 7.10 所示，这种机器人以 θ、z 和 r 为参数构成坐标系。手腕参考点的位置可表示为 $P=f(\theta, z, r)$。其中，r 是手臂的径向长度，θ 是手臂绕水平轴的角位移，z 是在垂直轴上的高度。如果 r 不变，操作臂的运动将形成一个圆柱表面，空间定位比较直观。操作臂收回后，其后端可能与工作空间内的其他物体相碰，移动关节不易防护。

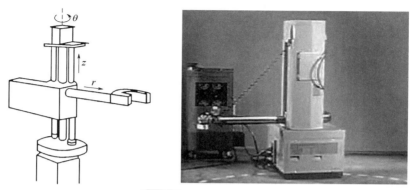

图 7.10　圆柱坐标型机器人

③　球（极）坐标型机器人。如图 7.11 所示，腕部参考点运动所形成的最大轨迹表面是半径为 r 的球面的一部分，以 θ、φ、r 为坐标，任意点可表示为 $P=f(\theta, \varphi, r)$。这类机器人占地面积小，工作空间较大，移动关节不易防护。

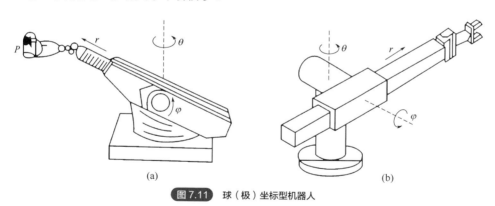

(a)　　　　　　　　　　　　　　　　(b)

图 7.11　球（极）坐标型机器人

④　平面双关节型机器人。SCARA 机器人有 3 个旋转关节，其轴线相互平行，在平面内进行定位和定向，另一个关节是移动关节，用于完成末端件垂直于平面的运动。手腕参考点的位置是由两旋转关节的角位移 φ_1、φ_2 和移动关节的 z 向位移决定的，即 $P=f(\varphi_1, \varphi_2, z)$，如图 7.12 所示。这类机器人结构轻便、响应快。例如 Adept I 型 SCARA 机器人的运动速度可达 10m/s，比一般关节式机器人快数倍。它最适用于平面定位，而在垂直方向进行装配的作业。

⑤　关节型机器人。这类机器人由 2 个肩关节和 1 个肘关节进行定位，由 2 个或 3 个腕关节进行定向。其中，一个肩关节绕铅直轴旋转，另一个肩关节实现俯仰，这两个肩关节轴线正

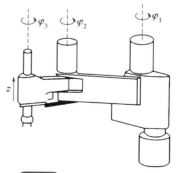

图 7.12　平面双关节型机器人

交，肘关节平行于第二个肩关节轴线，如图 7.13 所示。这种构形动作灵活，工作空间大，在作业空间内手臂的干涉最小，结构紧凑，占地面积小，关节上相对运动部位容易密封防尘。这类机器人运动学较复杂，运动学反解困难，确定末端件执行器的位姿不直观，控制时计算量比较大。

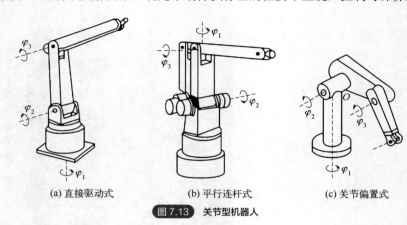

(a) 直接驱动式   (b) 平行连杆式   (c) 关节偏置式

图 7.13 关节型机器人

⑥ 并联机器人。并联机器人，可以定义为动平台和定平台通过至少两个独立的运动链相连接，机构具有两个或两个以上自由度，且以并联方式驱动的一种闭环机构，如图 7.14 所示。并联机器人的特点呈现为无累积误差，精度较高；驱动装置可置于定平台上或接近定平台的位置，这样运动部分重量轻，速度快，动态响应好。

（2）按控制方式划分

① 点位控制工业机器人。它采用点到点的控制方式，只在目标点处准确控制工业机器人手部的位姿，完成预定的操作要求，而不对点与点之间的运动过程进行严格的控制。

图 7.14 并联机器人

目前已经应用的工业机器人中，多数属于点位控制方式，如上下料搬运机器人、点焊机器人等。

② 连续轨迹控制工业机器人。其各关节同时做受控运动，准确控制工业机器人手部按预定轨迹和速度运动，而手部的姿态也可以通过腕关节的运动得以控制。

工业中常用的弧焊、喷漆和检测机器人均属连续轨迹控制方式。

（3）按驱动方式划分

工业机器人的驱动系统，按动力源不同可以划分为液压驱动、气压驱动、电力驱动、新型驱动方式共四种基本类型，根据需要驱动系统也可以是四种基本类型的组合。

① 气压驱动。气压驱动机器人是以压缩空气来驱动执行机构的，具有速度快、系统结构简单、维修方便、价格低等特点。气压系统的压力一般为 0.7MPa，因空气具有可压缩性，其工作速度稳定性差，定位精度不高，所以适用于节拍快、负载小且精度要求不高的场合，在上下料或冲压机器人中应用较多。

② 液压驱动。液压驱动机器人是以液体油液来驱动执行机构的，结构紧凑，传动平稳，负

载能力大，适用于重载搬运或零件加工。但液压驱动系统对密封要求较高，并且存在管路复杂、清洁困难等问题，因此，不宜用于高温、低温或装配作业的工作场合。

③ 电力驱动。电力驱动机器人是以电机产生的力矩来驱动执行机构的，在工业机器人中应用最为普遍。电机可分为步进电机、直流伺服电机、交流伺服电机三种。电力驱动不需能量转换，使用方便，控制灵活，运动精度高，大多数电机后面需安装精密的传动机构，适用于中等负载，尤其是动作复杂、运动轨迹严格的各类机器人。

④ 新型驱动方式。伴随着机器人技术的发展，出现了利用新的工作原理制造的新型驱动器，如静电驱动器、压电驱动器、形状记忆合金驱动器、人工肌肉、磁致伸缩驱动器、超声波电机和光驱动器等。

（4）按机器人用途划分

工业机器人依据具体的作业用途，可分为搬运、堆垛、焊接、涂装、装配机器人等。

① 搬运机器人被广泛应用于机床上下料、冲压机自动化生产线、自动装配流水线、堆垛搬运、集装箱等的自动搬运。

② 堆垛机器人被广泛应用于化工、饮料、食品、塑料等生产企业，对纸箱、袋装、罐装、啤酒箱、瓶装等各种形状的包装成品都适用。

③ 焊接机器人最早应用在装配生产线上，开拓了一种柔性自动化生产方式，实现了在一条焊接机器人生产线上同时自动生产若干种焊件。

④ 涂装机器人被广泛应用汽车、汽车零配件、铁路、家电、建材、机械等行业。

⑤ 装配机器人被广泛应用于各种电器的制造行业及流水线产品的组装作业，具有高效、精确、不间断工作的特点。

（5）按机器人技术等级划分

① 示教再现机器人。第一代工业机器人能够按照人类预先示教的轨迹、行为、顺序和速度重复作业，示教可由操作员手把手进行或通过示教器完成。

② 感知机器人。第二代工业机器人具有环境感知装置，能在一定程度上适应环境的变化，目前已经进入应用阶段。

③ 智能机器人。第三代工业机器人具有发现问题，并且能自主地解决问题的能力，尚处于实验研究阶段。到目前为止，世界范围内还没有一个统一的智能机器人定义。大多数专家认为智能机器人至少要具备以下三个要素：

a. 感觉要素：用来认识周围环境状态；

b. 运动要素：对外界做出反应性动作；

c. 思考要素：根据感觉要素所得到的信息，思考出采用什么样的动作。

7.2.4　工业机器人的组成

一般来说，工业机器人由三大部分、六个子系统组成。三大部分是：机械本体、传感器部分和控制部分。六个子系统分别是：机械结构系统、驱动系统、感知系统、机器人-环境交互系统、人机交互系统和控制系统。工业机器人的组成结构框图如图7.15所示。

（1）机械结构系统

从机械结构来看，工业机器人总体上分为串联机器人和并联机器人。串联机器人的特点是一个轴的运动会改变另一个轴的坐标原点，而并联机器人一个轴运动则不会改变另一个轴的坐标原点。早期的工业机器人都是采用串联机构。并联机构定义为动平台和定平台通过至少两个独立的运动链相连接，机构具有两个或两个以上自由度，且以并联方式驱动的一种闭环机构。并联机构有两个构成部分，

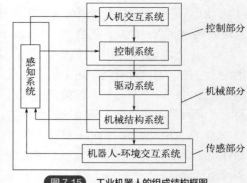

图 7.15　工业机器人的组成结构框图

分别是手腕和手臂。手臂活动区域对活动空间有很大的影响，而手腕是工具和主体的连接部分。与串联机器人相比较，并联机器人具有刚度大、结构稳定、承载能力大、微动精度高、运动负荷小的优点。在位置求解上，串联机器人的正解容易，但反解十分困难；而并联机器人则相反，其正解困难，反解却非常容易。

（2）驱动系统

驱动系统是向机械结构系统提供动力的装置。

根据动力源不同，驱动系统的传动方式分为液压式、气压式、电气式和机械式 4 种。早期的工业机器人采用液压驱动。由于液压系统存在泄漏、噪声和低速不稳定等问题，并且功率单元笨重和昂贵，目前只有大型重载机器人、并联加工机器人和一些特殊应用场合使用液压驱动的工业机器人。气压驱动具有速度快、系统结构简单、维修方便、价格低等优点。但是气压装置的工作压强低，不易精确定位，一般仅用于工业机器人末端执行器的驱动。气动手爪、旋转气缸和气动吸盘作为末端执行器可用于中、小负荷的工件抓取和装配。电力驱动是目前使用最多的一种驱动方式，其特点是电源取用方便，响应快，驱动力大，信号检测、传递、处理方便，并可以采用多种灵活的控制方式。驱动电机一般采用步进电机或伺服电机，目前也有采用直接驱动电机的，但是造价较高，控制也较为复杂。和电机相配的减速器一般采用谐波减速器、摆线针轮减速器或者行星齿轮减速器。由于并联机器人中有大量的直线驱动需求，直线电机在并联机器人领域已经得到了广泛应用。

（3）感知系统

机器人感知系统把机器人各种内部状态信息和环境信息从信号转变为机器人自身或者机器人之间能够理解和应用的数据和信息，除了需要感知与自身工作状态相关的机械量，如位移、速度和力等，视觉感知技术是工业机器人感知的另一个重要方面。视觉伺服系统将视觉信息作为反馈信号，用于控制调整机器人的位置和姿态。机器视觉系统还在质量检测、识别工件、食品分拣、包装等各个方面得到了广泛应用。感知系统由内部传感器模块和外部传感器模块组成，智能传感器的使用提高了机器人的机动性、适应性和智能化水平。

（4）机器人–环境交互系统

机器人-环境交互系统是实现机器人与外部环境中的设备相互联系和协调的系统。机器人与

外部设备集成为一个功能单元，如加工制造单元、焊接单元、装配单元等。当然也可以是多台机器人集成为一个去执行复杂任务的功能单元。

（5）人机交互系统

人机交互系统是人与机器人进行联系和参与机器人控制的装置。例如：计算机的标准终端、指令控制台、信息显示板、危险信号报警器等。

（6）控制系统

控制系统的任务是根据机器人的作业指令以及从传感器反馈回来的信号，支配机器人的执行机构去完成规定的运动和功能。如果机器人不具备信息反馈特征，则控制系统为开环控制系统；具备信息反馈特征，则控制系统为闭环控制系统。控制系统根据控制原理可分为程序控制系统；适应性控制系统和人工智能控制系统；根据控制运动的形式可分为点位控制和连续轨迹控制。

7.2.5　工业机器人的主要技术参数

工业机器人的技术参数是各工业机器人制造商在产品供货时所提供的技术参数，反映了机器人的适用范围和工作性能。工业机器人的主要技术参数包括自由度、工作空间、承载能力、最大工作速度、定位精度、重复定位精度、分辨率等。

（1）自由度

自由度是指机器人具有的独立坐标轴运动的数目，不包括末端执行器的动作。机器人的自由度一般等于关节数目，机器人常用的自由度一般为 3～6 个，也就是常说的 3 轴、4 轴、5 轴和 6 轴机器人。通常来说，自由度越多，机器人动作越灵活，可以完成的动作越复杂，通用性越强，应用范围也越广，但机械臂结构也越复杂，会降低机器人的刚性，增大控制难度。

（2）工作空间

工作空间也称为工作范围，是指机器人在运动时，其手腕参考点或末端执行器安装点所能到达的所有点所占的空间体积，一般用侧视图和俯视图的投影表示。为真实反映机器人的特征参数，工作空间一般不包括末端执行器本身所能到达的区域。如图 7.16、图 7.17 所示，型号为 IRB 120 的 ABB 机器人工作空间可达 580mm，轴 1 旋转范围为 ±165°。

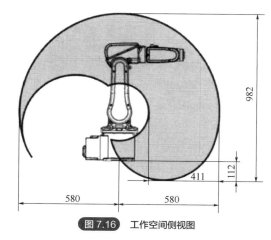

图 7.16　工作空间侧视图

（3）承载能力

承载能力是指机器人在工作空间内的任何位姿上均能承受的最大质量。机器人的承载能力不仅取决于负载的质量，而且还和机器人的运行速度和加速度的大小和方向有关。为了安全起见，承载能力是指高速运行时的承载能力。通常情况下，承载能力不仅包括负载质量，也包括末端执行器的质量。

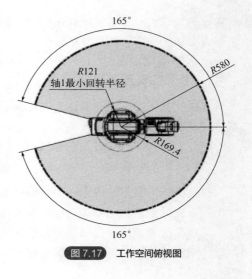

图 7.17　工作空间俯视图

（4）最大工作速度

不同的工业机器人厂家对最大工作速度规定的内容有不同之处，有的厂家定义为工业机器人主要关节上最大的稳定速度；有的厂家定义为工业机器人手臂末端所能达到的最大的合成线速度。工作速度越大，相应的工作效率就越高，但是也要花费更多的时间去升速或降速。

（5）定位精度、重复定位精度、分辨率

定位精度和重复定位精度是机器人的两个精度指标。工业机器人的定位精度是指每次机器人末端执行器定位一个位置产生的误差，重复定位精度是机器人反复定位一个位置产生误差的均值，而分辨率则是指机器人的每个关节能够实现的最小移动距离或者最小转动角度。

7.2.6　工业机器人在智能制造中的应用

在智能制造领域，多关节工业机器人、并联机器人、移动机器人的本体开发及批量生产，使得机器人技术在焊接、搬运、喷涂、加工、装配、检测、清洁生产等领域得到规模化集成应用，极大地提高了生产效率和产品质量，降低了生产和劳动力成本。

（1）焊接机器人

有着"工业裁缝"之称的焊接在工业生产领域起着举足轻重的作用。近些年来，随着科学技术的不断发展，高质量产品的需求量大大增加了，同时也对焊接技术提出了更高的要求。传统的手工焊接技术在质量和效率上已经无法满足当今产品生产的需要了，所以焊接的自动化逐渐为世人所重视起来。焊接机器人作为工业机器人最重要的应用板块发展非常迅速，已广泛应用于工业制造各领域，占整个工业机器人应用的 40% 左右。焊接机器人已经成为焊接自动化的标志。

焊接机器人是从事焊接（包括切割与喷涂）的工业机器人。焊接机器人主要包括机器人和焊接设备两部分。机器人由机器人本体和控制柜（硬件及软件）组成。而焊接装备，以弧焊及点焊为例，则由焊接电源（包括其控制系统）、送丝机（弧焊）、焊枪（钳）等部分组成。对于智能机器人还应有传感系统，如激光或摄像传感器及其控制装置等。

焊接机器人是工业机器人的重要组成部分。在中国工业机器人市场，焊接同样是工业机器人最重要的应用领域之一。焊接机器人在汽车、摩托车、工程机械等领域都得到了广泛的应用。焊接机器人在提高生产效率、改善工人劳动强度及环境、提高焊接质量等方面发挥着重要作用。焊接机器人消除了对人力的需求，通过有效且高效地执行重复任务来确保卓越的操作。此外，

各个行业对机器人技术进行研发活动的巨额投资鼓励使用新的先进技术来开发焊接机器人。焊接机器人如图 7.18 所示。

（2）喷涂机器人

喷涂机器人又叫喷漆机器人（spray painting robot），是可进行自动喷漆或喷涂其他涂料的工业机器人，1969 年由挪威 Trallfa 公司（后并入 ABB 集团）发明。喷涂机器人主要由机器人本体、计算机和相应的控制系统组成，如图 7.19 所示，液压驱动的喷涂机器人还包括液压油源，如油泵、油箱和电机等。它多采用 5 或 6 自由度关节式结构，手臂有较大的运动空间，并可做复杂的轨迹运动，其腕部一般有 2～3 个自由度，可灵活运动。较先进的喷涂机器人腕部采用柔性手腕，既可向各个方向弯曲，又可转动，其动作类似人的手腕，能方便地通过较小的孔伸入工件内部，喷涂其内表面。喷涂机器人一般采用液压驱动，具有动作速度快、防爆性能好等特点，可通过手把手示教或点位示教来实现示教。喷涂机器人广泛用于汽车、仪表、电器、搪瓷等工业生产部门。

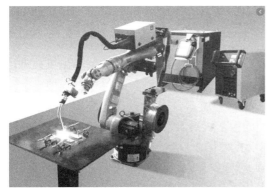

图 7.18　焊接机器人　　　　图 7.19　喷涂机器人

喷涂机器人的主要优点：柔性大，工作范围大；提高喷涂质量和材料使用率；易于操作和维护；可离线编程，大幅缩短现场调试时间；设备利用率高，喷涂机器人的利用率可达 90%～95%。

喷涂机器人与人工相比，可以提升 60%的效率、节省 30%的涂料。同时，机器人喷涂的产品良品率可以接近 100%，这是人工所消除不了的偏差。传统往复机由于不够机动灵活，尤其是无法完成精细化操作，且对涂料的利用率低以及喷漆成品的良品率偏低也是传统往复机的短板，与喷涂机器人相比，可运用的领域受限。喷涂机器人的适用范围则相对较广，与往复机和人工相比，除了设备投资与维护费用较大外，其他指标均有明显优势，特别是涂料的利用率和喷漆成品质量均较高。

综合来讲，喷涂机器人的总涂装成本最小，优势较为明显。与手工喷涂和往复机喷涂相比，喷涂机器人在良品率、误差、总成本方面有较明显的优势。

（3）装配机器人

装配是工业产品生产的后续工序，在制造业中占有重要地位。随着劳动力成本的不断上升，以及现代制造业的不断换代升级，机器人在工业生产中装配方面的应用越来越广泛，与人工装配相比，机器人装配可使工人从繁重、重复、危险的体力劳动中解放出来。用机器人来实现自动化装配作业是现代化生产的必然趋势。

据统计，机器人装配作业中的 85% 是轴与孔的插装作业，如销、轴、电子元件引脚等插入相应的孔，螺栓拧入螺纹孔，等。如图 7.20 所示，在轴与孔存在误差的情况下进行装配，需要机器人具有动作的柔顺性。主动柔顺性是根据传感器反馈的信息调整机器人手部动作，而从动柔顺性则利用不带动力的机构来控制手爪的运动以补偿其位置误差。用于装配的机器人比一般工业机器人具有柔顺性好、定位精度高、工作范围小、能与其他系统配套使用等特点。

装配机器人是柔性自动化装配系统的核心设备。常用的装配机器人是由机器人本体、末端执行器、控制系统和感知系统组成。其中机器人本体的结构类型有垂直多关节、水平多关节、直角坐标型、柱面坐标型、并联机器人等，以适应不同的装配作业，企业可根据需要进行合理选择；末端执行器种类很多，有吸附式、夹钳式、专用式和组合式，可根据夹持需求合理选择；与其他机器人相比，装配机器人的控制系统能够使机器人实现更高的速度、加速度、定位精度，能够对外部信号实时反应；在机器人上安装有各种传感器，组成机器人的感知系统，用于获取装配机器人与装配对象、外部环境之间的相互作用信息。

（4）搬运机器人

搬运作业是指用一种设备握持工件，从一个加工位置移到另一个加工位置。使用机器人代替人工来完成搬运作业，不仅减轻了工人的体力劳动强度，而且提高了工作效率。根据安装在机器人本体末端的执行器不同（机械手爪、电磁铁、真空吸盘等），可以实现不同形状和状态的工件搬运工作，目前世界上已有超过 10 万台各类型的搬运机器人，它们被主要应用于自动化装配流水线、物料搬运、堆垛、集装箱搬运等各种自动搬运作业。

用于搬运作业的机器人包括：可以移动的搬运小车（AGV），用于实现自主循迹、规避障碍、抓放物品等功能；多关节 6 轴机器人，多用于各行业的重载搬运作业；4 轴堆垛机器人，如图 7.21 所示，运动轨迹接近于直线，在搬运过程中，物体始终平行于地面，适合于高速堆垛、包装等作业；SCARA 机器人，具有 4 个独立运动关节，多用于高速轻载的工作场合；并联机器人，多用于食品、医药和电子等行业，目前 ABB 公司的最新产品加速度可达 15g，每分钟抓取次数可达 180 次。

图 7.20 装配机器人

图 7.21 搬运机器人

搬运机器人在国外已经形成了非常成熟的理论体系和产品，并得到了广泛的应用，国内起步虽然比较晚，但近些年的发展非常迅速，取得了一系列成果。随着科技的发展和技术的进步，搬运机器人越来越朝着智能化、高负载、高可靠性以及和谐的人机交互等方向发展。

（5）加工机器人

随着生产制造向着智能化和信息化发展，机器人技术越来越多地应用到制造加工的打磨、抛光、钻削、铣削、钻孔等工序当中。与进行加工作业的工人相比，加工机器人对工作环境的要求相对较低，具备持续加工的能力，同时加工产品质量稳定、生产效率高，能够加工多种材料类型的工件，如铝、不锈钢、铜、复合材料、树脂、木材和玻璃等，有能力完成各类高精度、大批量、高难度的复杂加工任务。

相比机床加工，工业机器人的缺点在于其自身的弱刚性。但是加工机器人具有较大的工作空间、较高的灵活性和较低的制造成本，对于小批量、多品种工件的定制化加工，机器人在灵活性和成本方面显示出较大优势。同时，机器人更加适合与传感器技术、人工智能技术相结合，在航空、汽车、木制品、塑料制品、食品等领域具有广阔的应用前景。

7.2.7 工业机器人的发展趋势

在智能制造领域中，以机器人为主体的制造业体现了智能化、数字化和网络化的发展要求，现代工业生产中大规模应用工业机器人正成为企业重要的发展策略。现代工业机器人已从功能单一、仅可执行某些固定动作的机械臂，发展为多功能、多任务的可编程、高柔性智能机器人。尽管系统中工业机器人个体是柔性可编程的，但目前采用的大多数固定式自动化生产系统柔性较差，适用于长周期、单一产品的大批量生产，而难以适应柔性化、智能化、高度集成化的现代智能制造模式。为了应对智能制造的发展需求，未来工业机器人系统有以下的发展趋势。

（1）一体化发展趋势

一体化是工业机器人未来的发展趋势。可以对工业机器人进行多功能一体化的设计，使其具备进行多道工序加工的能力，对生产环节进行优化，实现测量、操作、加工一体化，能够减少生产过程中的累积误差，大大提升生产线的生产效率和自动化水平，降低制造中的时间成本和运输成本，适合集成化的智能制造模式。

（2）智能信息化发展趋势

未来以"互联网+机器人"为核心的数字化工厂智能制造模式将成为制造业的发展方向，真正意义上实现机器人、互联网、信息技术和智能设备在制造业的完美融合，涵盖了工厂制造的生产、质量、物流等环节，是智能制造的典型代表。结合工业互联网技术、机器视觉技术、人机交互技术和智能控制算法等相关技术，工业机器人能够快速获取加工信息，精确识别和定位作业目标，排除工厂环境以及作业目标尺寸、形状多样性的干扰，实现多机器人智能协作生产，满足智能制造的多样化、精细化需求。

（3）柔性化发展趋势

现代智能制造模式对工业机器人系统提出了柔性化的要求。通过开发工业机器人开放式的控制系统，使其具有可拓展和可移植的特点；同时设计制造工业机器人模块化、可重构化的机械结构，例如关节模块中实现伺服电机、减速器、检测系统三位一体化，使得生产车间能够根据生产制造的需求自行拓展或者组合系统的模块，提高生产线的柔性化程度，有能力完成各类小批量、定制化生产任务。

（4）人机/多机协作化发展趋势

针对目前工业机器人存在的操作灵活性不足、在线感知与实时作业能力弱等问题，人机/多机协作化是其未来的发展趋势。通过研发机器人多模态感知、环境建模、优化决策等关键技术，强化人机交互体验与人机协作效能，实现机器人和人在感知、理解、决策等不同层面上的优势互补，能够有效提高工业机器人的复杂作业能力。同时通过研发工业机器人多机协同技术，实现群体机器人的分布式协同控制，其协同工作能力提高了任务的执行效率，以及具有的冗余特性提高了任务应用的鲁棒性，能完成单一系统无法完成的各种高难度、高精度和分布式的作业任务。

（5）大范围作业发展趋势

现代柔性制造系统对物流运输、生产作业等环节的效率、可靠性和适应性提出了较高的要求，在需要大范围作业的工作环境中，固定基座的工业机器人很难完成工作任务。通过引入移动机器人技术，有效地增大了工业机器人的工作空间，提高了机器人的灵巧性。

7.3　智能物流设备

德国提出的工业4.0战略得到广泛认同，主要分为智能工厂、智能生产和智能物流三大主题。其中，智能物流主要通过互联网、物联网、物流网整合物流资源，充分发挥现有物流资源供应方的效率，需求方则能够快速获得服务匹配，得到物流支持。在工业4.0智能工厂框架内，智能物流是核心组成部分，是连接供应商、制造企业和客户的重要环节，也是构建未来智能工厂的基石。

7.3.1　智能物流设备分类

智能物流设备包括存储类智能物流设备、堆垛搬运类智能物流设备、输送分拣类智能物流设备以及拣选类智能物流设备几种。

（1）存储类智能物流设备

这种设备包括自动化立体库和智能货架。自动化立体库可以利用巷道堆垛机和电子计算机进行控制，不仅能够满足传统仓库的功能需求，同时还可以完成理货和分拣工作。这种设备的应用，能够实现无人作业。智能化货架具体包括轻型货架和配套穿梭机的多层货架，其智能性主要体现在货架总体的承重性和便捷性，通过与人工智能元素融合，进一步提升了仓储的准确性。随着现代物流货物运输量的增加，市场对该设备的需求量不断提升。

（2）堆垛搬运类智能物流设备

堆垛搬运类智能物流设备具体包括堆垛机、穿梭车、AGV 小车等。智能堆垛机能够对货物进行及时存储。AGV 综合了智能制造的特征，以电池为原动力，通过磁条和轨道激光的引导设备，实现货物的灵活搬运和堆积。这种设备的成本较高，但也带来了较好的灵活性，自动化程度较高，在物流搬运方面能够实现无人操作的效果。

（3）输送分拣类智能物流设备

在智能制造时代，生产设备朝着智能化和机械化的方向发展。利用先进的智能设备，企业的输送机能够更好地完成货物的传输。快速扫描和快速检测软件的应用，在输送物品时能够结合对应的入库位置，完成扫描工作。在货物输送过程中，利用输送带斗式提升机和悬挂输送机等设备，可以通过控制输送路径、控制自动识别、控制数据实现货物的自动分拣和运输。

（4）拣选类智能物流设备

从物流设备的发展过程来看，货物的拣选包括人工拣选、语音拣选、穿梭车和智能眼镜拣选。目前语音拣选是国外常用的一种方式，能够结合具体的设备，按照相应的指令完成货物的选择。货品在实施运输时具有很强的针对性和目的性，通过应用智能拣选设备能够降低工作人员的劳动强度，减轻工作人员的劳动负担。在穿梭车和 AGV 小车的作用下，可以实现货物到人的自动拣选工作。合理应用智能设备能够大大降低运输时间，提升运输效率。使用智能眼镜进行拣选是目前最高端的方式，配合导航、条码以及语音识别系统，能够提升物流拣选的效率。

下面，重点介绍 AGV 和智能仓储系统。

7.3.2　AGV 系统

智能物流是构建智慧工厂的基石，而 AGV 是智能物流的重要设备。智能物流的主要任务是降低库存，提高灵活性，降低成本，减少生产时间和资源消耗。AGV 的应用体现了智能物流的自动化和智能化。由多个 AGV 组成的自动运输系统，是实现物流自动运输的重要手段，对于提高灵活性，降低成本、生产时间和资源耗费方面具有重要意义，是实现智能工厂、智能制造和智能物流的关键设备。

（1）概述

AGV（automated guided vehicle），通常也称为 AGV 小车、无人搬运车、自动导航车、激光导航车，指装备有电磁或光学等自动导引装置，能够沿规定的导引路径行驶，具有安全保护以及各种移载功能的运输车，在工业应用中不需驾驶员，以可充电的蓄电池作为其动力来源。一般可通过电脑来控制其行进路线以及行为，或利用电磁轨道来设立其行进路线。电磁轨道粘贴于地板上，无人搬运车则依靠电磁轨道所带来的信息进行移动与动作。

其显著特点是无人驾驶。AGV 上装备有自动导向系统，可以保障系统在不需要人工引航的情况下就能够沿预定的路线自动行驶，将货物或物料自动从起始点运送到目的地。AGV 的另一个特点是柔性好、自动化程度高和智能化水平高，AGV 的行驶路径可以根据仓储货位要求、生产工艺流程等改变而灵活改变，并且改变运行路径的费用与传统的输送带和刚性的传送线相比非常低廉。AGV 一般配备有装卸机构，可以与其他物流设备自动对接，实现货物和物料装卸与搬运全过程自动化。此外，AGV 还具有清洁生产的特点，AGV 依靠自带的蓄电池提供动力，运行过程中无噪声、无污染，可以应用在许多要求工作环境清洁的场所。

（2）AGV 分类

随着应用领域的扩展，AGV 的种类和形式变得多种多样。

① 根据 AGV 自动行驶过程中的导航方式划分。

a. 电磁感应引导式 AGV、电磁感应式引导一般是在地面上，沿预先设定的行驶路径埋设电线，当高频电流流经导线时，导线周围产生电磁场。AGV 上左右对称安装有两个电磁感应器，它们所接收的电磁信号的强度差异可以反映 AGV 偏离路径的程度。AGV 的自动控制系统根据这种偏差来控制车辆的转向，连续的动态闭环控制能够保证 AGV 对设定路径的稳定自动跟踪。这种电磁感应引导式导航方法在绝大多数商业化的 AGV 上使用，尤其是适用于大中型的 AGV，如图 7.22 所示。

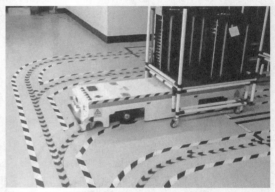

图 7.22　电磁感应引导式 AGV

b. 激光引导式 AGV：该种 AGV 上安装有可旋转的激光扫描器，在运行路径沿途的墙壁或支柱上安装有高反光性反射板制成的激光定位标志。AGV 依靠激光扫描器发射激光束，然后接收由四周定位标志反射回的激光束，车载计算机计算出车辆当前的位置以及运动的方向，通过和内置的数字地图进行对比来校正方位，从而实现自动搬运，如图 7.23 所示。

图 7.23　激光引导式 AGV

该种 AGV 的应用越来越普遍，依据同样的引导原理，若将激光扫描器更换为红外发射器或超声波发射器，则激光引导式 AGV 可以变为红外引导式 AGV 和超声波引导式 AGV。

c. 视觉引导式 AGV：视觉引导式 AGV 是正在快速发展和成熟的 AGV。该种 AGV 上装有 CCD 摄像机和传感器，在车载计算机中设置有 AGV 欲行驶路径周围环境图像数据库。AGV 行驶过程中，摄像机动态获取车辆周围环境图像信息并与图像数据库进行比较，从而确定当前位置并对下一步行驶做出决策，如图 7.24 所示。

图 7.24　视觉引导式 AGV

这种 AGV 由于不要求人为设置任何物理路径，因此在理论上具有最佳的引导柔性。随着计算机图像采集、储存和处理技术的飞速发展，该种 AGV 的实用性越来越强。

此外，还有铁磁陀螺惯性引导式 AGV、光学引导式 AGV 等多种形式的 AGV。

② 按物料搬运的作业流程要求划分。

a. 牵引式 AGV：牵引式 AGV 使用最早，它只起拖动作用，货物则放在挂车上，大多采用 3 个挂车，转弯和坡度行走时要适当减低。牵引式 AGV 小车主要用于中等运量或大批运量，运送距离在 50～150m 或更远。目前牵引式 AGV 多用于纺织工业、造纸工业、塑胶工业、一般机械制造业，提供车间内和车间外的运输。

b. 托盘式 AGV：托盘式 AGV 的车体工作台上主要运载托盘。托盘与车体移载装置不同，有辊道、链条、推挽、升降架和手动形式，适合于整个物料搬运系统处于地面高度时，从地面上一点送到另一点。AGV 的任务只限于取货、卸货，完成即返回待机点，车上可载 1～2 个托盘。

c. 单元载荷式 AGV：单元载荷式 AGV，根据载荷大小和用途分成不同形式，一般用于总运输距离比较短、行走速度快的情况，适合大面积、大重量物品的搬运，且自成体系，还可以变更导向线路，迂回穿行到达任意地点适应性也强。

d. 叉车式 AGV：叉车式 AGV 根据载荷装卸叉子方向、升降高低程度可分成各种形式。叉车式 AGV 不需复杂的移载装置，能与其他运输仓储设备相衔接，叉子部件根据物品形状，采用不同的形式，如对大型纸板、圆桶形物品则采用夹板、特种结构或双叉结构。为了保持 AGV 有载行走的稳定性，车速不能太快，且搬运过程速度要慢。有时由于叉车伸出太长，需要的活动面积和行走通道较大。

e. 轻便式 AGV：考虑到轻型载荷和用途的日益广泛，各种形式的轻便式 AGV 应运而生。轻便式 AGV 是一种轻小简单、使用非常广泛的 AGV。它的体形不大、结构相对简化许多、自重很轻、价格低廉。由于采用计算机控制，其组成的 AGVS（自动导向搬运车系统）具有相当大的柔性，主要用于医院、办公室、精密轻量部件加工等行业。

f. 专用式 AGV：专用式 AGV 根据其用途可分为：装配用 AGV、特重型物品用 AGV、特长型物品用 AGV、SMT 专用 AGV、冷库使用的叉车式 AGV、处理放射性物品的专用搬运 AGV、超洁净室使用的 AGV、胶片生产暗房或无光通道使用的 AGV 等。

g. 悬挂式 AGV：日本某些公司把沿悬挂导向电缆行走的搬用车也归入 AGV，多用于半导体、电子产品洁净室，其载重在 50～700kg。这种 AGV 轻型的较多，多为单轨承重，如日本的 Muratec 公司生产的公众空中无人导引运输车（SKY-RAV）。

③ 按自主程度划分。

a. 智能型 AGV：每台 AGV 小车的控制系统中通过编程存有全部的运行线路和线路区段

控制的信息，AGV 小车只需知道目的地和到达目的地后所需完成的任务，就可以自动选择最优线路完成指定的任务。这种方式下，AGVS 中使用的主控计算机可以比较简单。主控计算机与各 AGV 车载计算机之间通过通信装置进行连续的信息交换，主控计算机可以实时监控所有 AGV 的工作状态和运行位置。

b. 普通型 AGV：每台 AGV 小车的控制系统一般比较简单，其本身的所有功能、路线规划和区段控制都由主控计算机进行控制。此类系统的主控计算机必须有很强的处理能力。小车每隔一段距离通过地面通信站与主控计算机交换信息，因此 AGV 小车在通信站之间的误动作无法及时通知主控计算机。当主控计算机出现故障时，AGV 小车只能停止工作。

（3）AGV 工作原理

AGV 小车的导引是指根据 AGV 导向传感器所得到的位置信息，按 AGV 的路径所提供的目标值计算出 AGV 的实际控制命令值，即给出 AGV 的设定速度和转向角，这是 AGV 控制技术的关键。简而言之，AGV 小车的导引控制就是 AGV 轨迹跟踪。AGV 小车的控制目标就是通过检测参考点与虚拟点的相对位置，修正驱动轮的转速以改变 AGV 的行进方向，尽力让参考点位于虚拟点的上方，这样 AGV 就能始终跟踪引导线运行。

当接收到物料搬运指令后，控制器系统就根据所存储的运行地图和 AGV 小车当前位置及行驶方向进行计算、规划分析，选择最佳的行驶路线，自动控制 AGV 小车的行驶和转向。当 AGV 到达装载货物位置并准确停位后，移载机构动作，完成装货过程。然后 AGV 小车启动，驶向目标卸货点，准确停位后，移载机构动作，完成卸货过程，并向控制系统报告其位置和状态。随后，AGV 小车启动，驶向待命区域，待接到新的指令后再进行下一次搬运。

（4）AGV 系统组成

AGV 系统一般由控制台、通信系统、地面导航系统、充电系统、AGV 和地面移载设备组成，如图 7.25 所示。

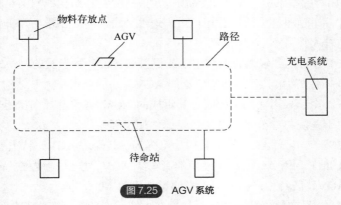

图 7.25 AGV 系统

其中主控计算机负责 AGV 系统与外部系统的联系与管理，它根据现场的物料需求状况向控制台下达 AGV 的输送任务。AGV 电池容量降到预定值后，充电系统给 AGV 自动充电。地面移载设备一般采用滚道输送机、链式输送机等将物料从自动化仓库或工作现场自动移载到 AGV 上，反之也可以将物料从 AGV 上移载下来并输送到目的地。AGV、充电系统、地面移载设备等都可以根据实际需要及工作场地任意布置，这也体现了 AGV 在自动化物流中的柔性特点。

①　控制台。控制台可以采用普通的 PC 机，条件恶劣时，也可采用工业控制计算机。控制台通过计算机网络接收主控计算机下达的 AGV 输送任务，通过无线通信系统实时采集各 AGV 的状态信息，根据需求情况和当前各 AGV 运行情况，将调度命令传递给选定的 AGV。AGV 完成一次运输任务后在待命站等待下次任务。如何高效地、快速地进行多任务和多 AGV 的调度，以及复杂地形的避碰等一系列问题都需要软件来完成。

②　通信系统。通信系统一方面接收监控系统的命令，及时、准确地传送给其他各相应的子系统，完成监控系统所指定的动作；另一方面又接收各子系统的反馈信息，回送给监控系统，作为监控系统协调、管理、控制的依据。

由于 AGV 位置不固定，且整个系统中设备较多，控制台和 AGV 间的通信最适宜用无线通信的方式。控制台和各 AGV 就组成了一点对多点的无线局域网，在设计过程中要注意两个问题。

a.　无线电的调制问题：无线电通信中，信号调制可以用调幅和调频两种方式。在系统的工作环境中，电磁干扰较严重，调幅方式的信号频率范围大，易受干扰，而调频信号频率范围很窄，很难受干扰，所以应优先考虑调频方式。而且调幅方式的比特率比较低，一般都小于 3200kbit/s，调频的比特率可以达到 9600kbit/s 以上。

b.　通信协议问题：在通信中，通信的协议是一个重要问题。协议的制定要遵从既简洁又可靠的原则。简洁有效的协议可以减少控制器处理信号的时间，提高系统运行速度。

③　AGV 导航系统。AGV 导航系统的功能是保证 AGV 小车沿正确路径行走，并保证一定行走精度。AGV 的制导方式按有无导引路线分为三种：一是有固定路线的方式；二是半固定路线的方式，包括标记跟踪方式和磁力制导方式；三是无路线方式，包括地面帮助制导方式、用地图上的路线指令制导方式和在地图上搜索最短路径制导方式。

④　AGV 的结构。AGV 基本结构由机械系统、动力系统和控制系统三大系统部分组成，如图 7.26 所示。

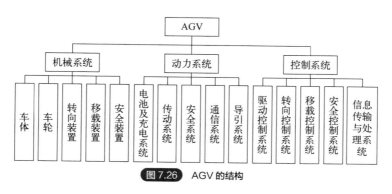

图 7.26　AGV 的结构

a.　机械系统：机械系统包含车体、车轮、转向装置、移载装置、安全装置几部分。

● 车体。AGV 的车体主要由车架、驱动装置等组成，是基础部分，是其他总成部件的安装基础。车架通常为钢结构件，要求具有一定的强度和刚度。驱动装置由驱动轮、减速器、制动器、驱动电机及速度控制器（调速器）等部分组成，是一个伺服驱动的速度控制系统，驱动装置可由计算机或人工控制，可驱动 AGV 正常运行并具有速度控制、方向控制和制动控制的能力。

● 车轮。AGV 常用的车轮主要有以下几种：

驱动轮：车轮安装一个牵引电机，只驱动车轮前进或后退，但可以使驱动轮成组使用，组成双轮差速驱动系统；

转向轮：安装一个转向电机，只可以使轮子绕其中心做旋转运动，并无前进动力，不能驱动车体前进；

万向轮：又称活动脚轮，可进行万向旋转，一般固定在车体底盘下，起辅助支撑作用；

定向轮：即固定轮，只有一个自由度，安装在车体下用于导引车体运动，保证车体行进过程中的稳定性。

目前使用较为广泛的车轮包括球轮、正交轮、偏心轮、Mutual YoYo 轮、Mecanum 轮、轮毂电机和舵轮，它们的结构决定了它们的运动方式和使用场合。

- 转向装置。根据 AGV 小车运行方式的不同，常见的 AGV 转向机构有铰轴转向式、差速转向式和全轮转向式等形式。通过转向机构，AGV 可以实现向前、向后或纵向、横向、斜向及回转的全方位运动。

- 移（运）载装置。AGV 小车根据需要还可配置移（运）载装置如滚筒、牵引棒等，用于货物的装卸、运载等。

- 安全装置。AGV 小车的安全措施至关重要，必须确保 AGV 在运行过程中的自身安全，以及现场人员与各类设备的安全。

一般情况下，AGV 都采取多级硬件和软件的安全监控措施。例如，在 AGV 前端设有非接触式防碰传感器和接触式防碰传感器；AGV 顶部安装有醒目的信号灯和声音报警装置，以提醒周围的操作人员；对需要前后双向运行或有侧向移动需要的 AGV，则防碰传感器需要在 AGV 的四面安装。一旦发生故障，AGV 自动进行声光报警，同时采用无线通信方式通知 AGV 监控系统。

b. 动力系统：动力系统主要由电池及充电系统、传动系统、安全系统、通信系统、导引系统等组成。

- 电池及充电系统。AGV 小车的动力装置一般为蓄电池及其充放电控制装置，电池为 24V 或 48V 的工业电池，有铅酸蓄电池、镉镍蓄电池、镍锌蓄电池、镍氢蓄电池、锂离子蓄电池等可供选用，需要考虑的因素除了功率、容量、功率密度、体积等外，最关键的因素是需要考虑充电时间的长短和维护的容易性。

快速充电为大电流充电，一般采用专业的充电装备。AGV 本身必须有充电限制装置和安全保护装置。

充电装置在 AGV 小车上的布置方式有多种，一般有地面电靴式、壁挂式等，并需要结合 AGV 的运行状况，综合考虑其在运行状态下，可能产生的短路等因素，从而考虑配置 AGV 的安全保护装置。

AGV 运行路线的充电位置上安装有自动充电机，AGV 小车底部装有与之配套的充电连接器，AGV 运行到充电位置后，AGV 充电连接器与地面充电连接器的充电滑触板连接，最大充电电流可达到 200A 以上。

- 传动系统。AGV 可采用多种类型的电机进行驱动，电机通过电机减速器带动其出力轴，电机出力轴连接至驱动轮键槽带动驱动轮实现 AGV 的行走。

- 导引系统。导引系统提供方向信息，通过导引+地标传感器来实现 AGV 的前进、后退、出站等动作。

　　c. 控制系统：控制系统是 AGV 的核心，AGV 的运行、监测及各种智能化控制，均需通过控制系统实现。AGV 的控制系统一般包括驱动控制系统、转向控制系统、移载控制系统、安全控制系统和信息传输与处理系统等。

　　一般来说，AGV 小车控制系统通常包括车上控制器和地面（车外）控制器两部分，目前均采用微型计算机，由通信系统联系。通常，由地面（车外）控制器发出控制指令，经通信系统输入车上控制器控制 AGV 运行，如图 7.27 所示。其中，车上控制器完成 AGV 的手动控制、安全装置启动、蓄电池状态监控、转向极限控制、制动器解脱、行走灯光控制、驱动和转向电机控制、充电接触器的监控及行车安全监控等；地面控制器完成 AGV 调度、控制指令发出和AGV 运行状态信息接收。

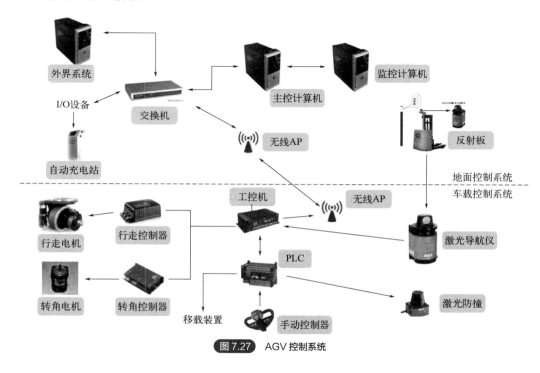

图 7.27　AGV 控制系统

（5）AGV 的关键技术

　　AGV 涉及的技术众多，此处主要介绍导引技术、信息融合技术、定位技术和智能控制技术。

　　① 导引技术。导引技术一直是 AGV 技术研究的核心部分，导引技术的好坏直接关系到AGV 的精确性和性能稳定性，同时也决定了 AGV 功能性、实用性、自动化程度等关键因素，进而也影响着整个 AGV 系统运行的功能可靠性。

　　a. 电磁感应导引方式（wire guidance）：电磁导引是 AGV 应用最多、技术最为成熟的一种导引方式。此导引方式是利用电磁感应原理，将埋设的金属线加以一定频率的导引电流，通过对导引频率的识别来实现 AGV 的导引。通过 AGV 小车左右两个电磁感应器的检测作用，检测磁场强度大小并根据一定的规律来控制 AGV 小车的行驶方向，由于采用连续的动态闭环控制，故控制精度较高且能实现稳定跟踪导引，保证 AGV 导引控制的安全可靠性和行驶平稳性。其优点是铺设于地面之下，不易磨损，能较好、较长久地保持磁信号，原理简单，成本低。但正是由于其铺设于地表下，故补充或更改路径较困难，且路径复杂性有限。

　　b．磁导引方式（magnetic guidance）：磁导引与电磁感应导引方式类似，不同的是这种方式是在运行路线上铺设地表磁条，由磁导航传感器循迹地表磁条感应磁力信号。磁导航传感器上的每一个微型霍尔传感器分别对应一个探测点，通过多组探测点的检测结果分析，可以实时确定当前 AGV 小车中轴线偏离磁条的相对位置，根据纠偏控制 AGV 转向，从而使 AGV 沿预定路线行驶。这种方式可灵活调整路径、成本低、不易受光线变化的影响，使用寿命长，但由于磁带外露，易受到磨损、污染及机械损伤，且易受附近磁性和金属物质影响，所以其稳定性受到环境因素影响较大，故较适用于室内环境。

　　c．光学导引方式（optical guidance）：光学导引是将磁导引中的磁条换成涂漆或者色带，磁导航传感器换成光学传感器，工作原理是采集颜色路径信息，再通过计算机对图像色彩信号进行简单识别和分析来实现导引。其优点是方便灵活、易于更改。其缺点是它对机械损伤非常敏感，且受地面条件影响较大，一旦色带污染到一定程度时，会导致导引的可靠性变差，精确度也变低。

　　d．激光导引方式（laser navigation）：激光导引是不需要提前对地面进行处理的一种先进的导引方式，但是需要在 AGV 小车上安装发射和接收激光的装置，并通过运行区域四周安装的高反光性的反射板，作为定位标志。工作原理是接收端采集反射板反射的信号，并通过一系列几何计算得出当前车辆的精确位置与运动方向，从而便于校正运行方向。激光导引优点是 AGV 定位精确，可行走路线不固定且易于更改，适用性广；缺点是成本高，对环境光线、地面要求均较高。

　　e．视觉导引（visual navigation）：视觉导引又称图像识别导向，通过 CCD 系统动态获取 AGV 小车行驶区域图像和地面导引标示信号，通过图像识别及处理，判断 AGV 小车偏离路径的角度及距离，并通过控制转向系统对 AGV 小车下一步行驶方向做出决策，使得 AGV 行驶距离偏差及方向偏差始终保持在允许的范围内。视觉导引获取信息直接，且可靠性高，智能化程度也十分优越，但由于成本高及技术尚未成熟，目前此技术大多应用在制导系统、无人直升机着落系统等国防军事设备装置中，还未应用于民用 AGV 系统中。

　　② 信息融合技术。信息融合的前身为数据融合，数据融合这一概念在 20 世纪 70 年代就出现在了一些文献中，其最早是作为军事应用技术。随着计算机信息处理技术的发展和应用，"信息融合"这一概念被美国国防部提出，并由美国国防部实验室领导组织对其做出了如下定义：利用多源信息的关联组合，充分识别、分析、估计、调度数据，完成下达决策和精确处理信息的任务，并对周围环境、战况等进行适度的估计。AGV 作为智能搬运工具，既需要感知和判断周围环境，也需要监控自身实时状态，准确地应用传感器技术有助于 AGV 小车准确稳定运行，具有十分重要的意义。

　　③ 定位技术。定位技术好坏直接决定了 AGV 的可靠性和功能性。定位是通过传感器来感知外部信息，通过主控制器的有效控制来确定被控装置在现场布局中的位姿。定位技术可以控制 AGV 在路径中的位置，通过位置信息准确下达对应任务，根据信号种类来划分，有 GPS 定位、信标定位、惯性定位等。GPS 定位精度高、对地面监控系统要求高，故成本高昂，且信号易受外界环境及空间距离干扰；信标定位包括 RFID 定位、视觉定位和激光定位等方式；惯性定位具有完全自主定位的功能，但是需要定期对累积的定位误差进行修正，以提高准确性。

　　④ 智能控制技术。从 20 世纪初，控制理论就得以发展，随着现代控制理论不断融入新学科技术，如模糊数学、神经网络等，目前传统的控制技术已逐步发展为能更好地解决复杂系统

控制问题的"智能控制"技术。智能控制（intelligent controls）是效仿人的智能，具备自主学习、推测及决策等功能，并且无须人为干预或帮助，能自主根据控制对象或控制环境的变化做出有效的推测和决策。

智能控制是控制理论发展的必然趋势，在深度和广度上明显优于传统控制方式，是计算机科学技术、信息技术等学科知识的互相渗透。AGV 系统的运动控制模型和动力控制模型存在不确定性、复杂性、非线性等特点，而智能控制正好能很好地实现控制。目前应用于 AGV 的控制方法有模糊控制、神经网络控制、遗传算法控制、模式识别控制等，且前两者应用较多。

（6）AGV 主要应用

近年来 AGV 技术得到大幅度提升，其应用领域也在不断扩展。AGV 系统在智能工厂的主要应用范围有如下几个方面。

① 柔性装配线。传统生产线一般都是由一条连续的刚性传送设备组成，短则数米，长则数千米，如汽车装配线等。采用 AGV 之后，生产线更加灵活，当产品发生变动时，生产线做少量改进或做程序调整就能随产品的变化而变化。AGV 不仅可作为无人自动搬运车辆使用，也可当作是一个个可移动的装配台、加工台使用，它们既能自由独立地分开作业，又能准确有序地组合衔接，形成没有物理隔断，但是能起动态调节作用的高度柔性的生产线。目前这种 AGV 柔性装配线在轿车总装线、家电生产线、发动机装配线、试车线、机床加工线均有应用。

② 物料搬运。在工厂的物料搬运中，AGV 小车能轻松运载车间物料，不需要人的参与，可以根据设定的站点随意放置物料。米克力美 AGV 项目工程师表示：一台 AGV 的工作量是一个工人加一台叉车的 3～3.5 倍。使用 AGV 搬运物料，不仅能节约成本，更能提升产能。在生产线往往需要 4 个人才能完成的搬运任务，只需要配备 1 台 AGV 小车就可以轻松完成。

③ 特殊应用场合。AGV 无人自动搬运解决了一些不适宜人在其中生产或工作的特殊环境下的物料搬运问题，如核材料、危险品（农药、有毒物品、腐蚀性物品、生物物品、易燃易爆物品）等。在钢铁厂，AGV 用于炉料运送，减轻了工人的劳动强度。在核电站和利用核辐射进行保鲜储存的场所，AGV 用于物品的运送，避免了辐射危险。在胶卷和胶片仓库，AGV 可以在黑暗的环境中，准确可靠地运送物料和半成品。

AGV 系统是智能工厂的一个重要组成部分，它能高效地完成原材料的供送、成品的转移输送、仓储货物柔性配送等。在生产制造过程中，AGV 系统还可以与 MES（制造执行系统）、WMS（仓储管理系统）、LCS（生产线控制系统）等进行数据交换与对接。随着社会物流体系的迅速发展与逐步完善，AGV 的应用范围也会越来越广泛，同时，AGV 技术也将越来越先进。图像识别技术、激光导引技术、导航技术等技术结合将推动 AGV 的发展，从而推动柔性生产线、自动化工厂、智能物流的快速发展。

7.3.3 智能仓储系统

传统仓储运输体系采用"人到货"的拣选方式，存在劳动力成本高、拣选速度慢以及运输效率低等问题。智能制造中的现代物流具备订单量大、仓储面积广以及拣选路径复杂等特点，传统仓储运输体系已经无法满足现代物流的需求。因此，全面建设无人化智能仓储系统，降低人力成本和出错率，提高系统整体作业效率，成为现代物流发展的首要目标。2020 年，国务院办公厅通过了《关于进一步降低物流成本的实施意见》，其中提出要推进新兴技术和智能化设备应用，提高仓储、运输、分拨配送等物流环节的自动化、智慧化水平。

（1）智能仓储系统的发展历程

智能仓储系统是传统立体仓库与新兴科技相结合的一种智能化物流仓储技术。它以计算机控制技术为核心控制系统，去命令或管理下属的各个分支设备完成现代化的大批量生产和贸易相关的生产。

早在 1953 年，美国 Basrrett 公司就将一款拖拉机智能化改装成了一辆具有一定功能的导航车，世界上第一台真正意义上的智能导航车就此诞生，随后这台导航车被放在仓库中运输货物，这是后来仓库引导小车 AGV 的雏形。世界上第一座高层货架仓库在 1959 年出现于美国，高8.5m。20 世纪 60 年代，随着科学技术的进一步发展，美国人西德又将计算机控制系统运用在仓库管理中。此时自动化仓库广泛应用于烟草、汽车制造、医疗器械等行业。随后，智能自动化仓库在世界各地都发展迅速。

物流和仓储是制造业中极为重要的阶段，尽管在智能自动化仓库方面我国的发展总体上晚于国外，但是从 20 世纪 70 年代起，我国也开始尝试建立高层货架仓库。1976 年，北京起重机研究所研究成功了我国历史上第一台自动引导小车，象征着在仓储运输方面我国逐渐走向智能化，我国也第一次建立起了一套完备的 AGV 自动引导车使用系统。1977 年，中国机械部研制出第一座计算机控制的自动化立体仓库，随后在上海宝钢、北京汽车制造厂等单位建立了不同尺寸、规格的高层货架仓库，此后，中国的智能仓库发展迅猛。根据相关信息统计表明，中国自动化仓库正以每年 20% 的速度增长，具有广阔的市场前景以及应用。

总体来说，自动化立体仓库从诞生到现在共经历了四个阶段。

① 第一阶段：机械化阶段。该阶段不再是传统的依靠人力搬运货物了，它最主要的标志就是有了机械设备，如货物传送带、吊车、升降机、堆垛机等。20 世纪 60 年代的工人可以按动按钮控制机械设备完成货物的存取，进入机械化存取货物阶段。

② 第二阶段，自动化阶段。20 世纪 70 年代末，立体仓库最明显的特征就是引入了自动化技术。随着可编程控制器、自动导向搬运车、巷道式堆垛机、条码扫描器、自动识别和自动分拣设备等在仓库中的应用，该阶段实现了控制自动化，但每个设备都是独立工作的，所以这种自动化只是局部自动化，这就是"自动化孤岛"现象。

③ 第三阶段，集成自动化阶段。"自动化孤岛"现象使得研究人员想到了集成，即把各个设备有序地串在一起工作。20 世纪 80 年代末，计算机技术成功应用到了立体仓库中，这一技术的应用解决了"自动化孤岛"问题。计算机管理系统充当大脑的作用，以通信的形式控制各个设备有序工作，实现管理微机化。

④ 第四阶段，智能自动化阶段。进入 20 世纪 90 年代末，自动化立体仓库引入了人工智能技术和采用了部分人工智能算法，随即出现了智能自动化立体仓库系统。该系统能根据存储原则选择合理的仓位进行存储并根据管理系统中掌握的库存信息提出外购建议或调整生产计划。

自动化仓库系统正向着操作智能化、管理精细化、装卸合理化、模式多元化、技术高度化、仓库作业柔性化、设备模块化的方向发展。

（2）系统组成

智能仓储系统是由立体货架、有轨巷道、堆垛机、运输系统、仓库管理系统、仓库控制系统、货物识别系统、计算机监控系统以及其他辅助设备组成的智能化系统，如图 7.28、图 7.29 所示。系统采用一流的集成化物流理念设计，通过先进的控制、总线、通信和信息技术应用，协调各类设备动作实现自动出/入库作业。

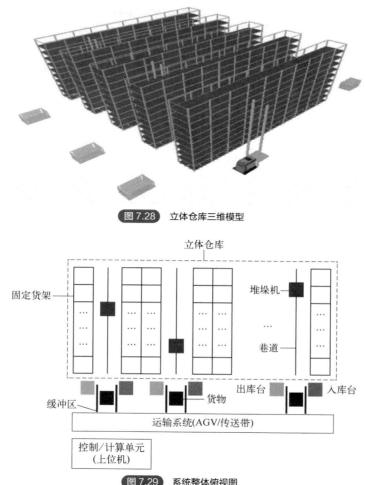

图 7.28 立体仓库三维模型

图 7.29 系统整体俯视图

图 7.29 所示虚线框中的立体仓库为系统的主要仓储及管理单元，其包括固定货架、巷道以及在巷道中穿行的堆垛机或者 RGV（轨道穿梭车）。在两排独立的货架中间，堆垛机可以对其左右两侧的货架进行搬运操作。每两排货架中存在一辆或几辆堆垛机，在巷道的起点处，设置出/入库台，以便于货物的分拣和流通。不同的存取任务会将不同的货物置于出库台或者入库台，在这个位置提供了货物所需的托盘，货物只有在托盘上才能顺利地在传送带上行进。

① 立体货架。由于货架有多种结构形式，因此在不同的仓储系统中，一切的硬件配置都要随着货架的变化而变化。比如，在分离式货架结构中，巷道和堆垛机在空间上穿透立库；若在密集式货架结构中，巷道则是包围仓库的四周，堆垛机将以环绕行进的方式对货物进行摆放。无论是哪种结构，只有足够高的自身强度和稳定性才是系统可以使用的前提。立体货架的存在保证了空间的利用率并且降低了人工成本。

② 堆垛机。堆垛机是仓储系统的执行单元，在不同的仓储系统中，还存在 RGV、AGV 等设备，其根本作用等同于堆垛机，都是将货物和货架二者相连，起到代替人工的作用。它们是使仓库变成自动化仓库的关键设备。近些年的堆垛机一般都采用电力驱动等方式进行控制，通过上位机下达指令，实现路径选取、货物存取等操作。其从半自动走向全自动，机械结构也从高而宽变成低而窄，故障率降低，通信方式越来越成熟。

③ 运输系统。运输系统将货架与人工物流连接起来，其主要作用于出入库台与分拣区之间。它通过输送机、AGV、传送带等设备，将已经完成取货的货物或者待完成存入的货物进行有序运输，让物料在指定的路线上移动，使整个物流环节连通起来。根据不同的仓库种类和货物种类选取合适的运输方式。运输系统完成任务后，通过人工分拣或者半自动分拣的方式，将货物集中装箱，然后运送到目标位置。

④ 仓库管理系统（WMS）。仓库管理系统通过对货物的入库、出库等操作进行管理，帮助企业更好地跟踪货物和对货物进行管理。通过 WMS 系统可以对入库、出库、调拨、盘点、批次管理、库存预警等仓库内的作业流程进行全方位的管理。应用 WMS 系统进行仓库管理可以有效控制库内的作业流程，对成本进行全面掌控。同时 WMS 系统还可以同企业的其他管理系统进行对接，为企业管理提供相应的便利。

一般来说，WMS 系统都有以下功能模块：

a. 入库管理：本模块主要完成入库任务单的生成、条形码的扫描、标签的打印等工作；

b. 出库管理：主要是对出库中的货物进行分拣、包装、出库等操作，其中主要有出库任务单的生成、分拣单的打印、条形码的扫描等功能；

c. 库存管理：主要是对库存的数量、位置、状态等信息进行记录，包括库存的清点、库存的调整、库存的查询等功能；

d. 物料管理：主要是对物料的基础信息（名称、规格、品牌、型号、单位等）进行管理，包含物料的分类、物料的组织、物料的维护等功能；

e. 订单管理：主要是对客户订单、采购订单、生产订单进行处理，包括订单生成、订单查询、订单分配等功能；

f. 系统管理：主要是对 WMS 系统中的用户、权限、配置及参数进行管理，包括用户登录、角色管理、系统设置等功能；

g. 数据报表：本模块主要完成各项数据的分析与统计报告的制作，以协助管理者掌握仓库的运作状况、物料的库存状况等。

⑤ 仓库控制系统（WCS）。仓库控制系统也可称为控制与计算单元，它的存在就好比人体中的大脑与心脏。它负责所有货物数据信息的更新、反馈，对各种算法进行计算，对下属设备下达指令并且监控系统内各环节的情况，通常由一个主计算机实现，承担着庞大的数据管理与运算任务。其基本作用有以下几点。

a. 与仓库内系统对接，实现仓库内信息交互。

在制造业中，WCS 系统需要对接 WMS 仓储管理系统、MES 生产执行系统、ERP 系统等主要企业管理软件。WCS 从上游系统中接收指令，传递至 PLC 系统中，指导仓库作业。

b. 流程平稳对接现场自动化设备。

WCS 系统不是直接同硬件设备进行对接，而是通过通信协议和硬件设备的底层 PLC 进行对接，进而控制设备的前进、后退等动作。

　　c. 仓库现场监控，反馈设备状态。

　　提供实时监控大屏，监控堆垛机实时动作，实现对于堆垛机任务执行的顺序调整；监控所有仓库库位信息，实现对于堆垛机任务执行的顺序调整。

　　⑥ 货物识别系统。货物识别系统从以前由工作人员识别货物逐渐发展为现在不需要人工的机器自动识别货物。

　　自动识别技术就是一种通过使用具有个体代码的令牌（扫描仪或机器视觉器等），收集相关事物的信息以及将该信息自动传送到计算机系统中来自动识别事物的技术。将此技术应用到自动化立体仓库货物识别中，不仅能提高仓库运行效率、优化仓库存储空间、方便仓库货物出入库管理等，还对供应链管理起到举足轻重的作用。此技术提高了货架可用性（及时发现并补货，减少缺货）、产生了自动交货凭证（取消发票调整）、增强了产品安全性（减少供应链中的收缩），能够为整个供应链降低成本、改善服务、增创收益，对供应商、消费者都提供了便利。到目前为止，已经应用于自动化立体仓库的自动识别技术有：条码识别技术、磁卡（条）识别技术、RFID 无线射频识别技术、机器视觉图像识别技术等。

　　a. 条码识别技术：条码识别技术是集条形编码理论、光电传输技术、计算机技术、通信技术、条码印制技术于一体的一种自动识别技术。它是将纸质条码贴于货物表面，再由条码阅读器扫描识别的技术，最早进入流通领域的自动识别技术就是条码。条码识别技术出现于 20 世纪中期的美国，是计算机技术带动发展起来的，具有输入速度快、准确率高、可靠性强、寿命长、成本低廉等特点，是现如今最为经济实用的一种自动识别技术，广泛应用于物流仓储。

　　b. 磁卡（条）识别技术：磁卡（条）识别技术和条码识别技术类似，成本较低，实现方便。磁卡是一种磁记录介质卡片，它由高强度、耐高温的塑料或纸质涂覆塑料制成，能防潮、耐磨且有一定的柔韧性。磁条从本质意义上讲和计算机用的磁带或磁盘是一样的，它可以用来记载字母、字符及数字信息，通过树脂粘合或热合与塑料或纸牢固地整合在一起形成磁卡。磁条上有 3 个磁道。磁道 1、磁道 2、磁道 3 为读写磁道，在使用时可以读出，也可以写入，其中所包含的信息一般比长条码大。

　　磁卡（条）识别技术的缺点为：磁卡（条）中的数据极易被损坏，因此必须要求磁卡（条）不能折叠或者损坏，然而在运输过程中这很难保证，而且磁卡（条）在运输过程中容易受外界环境干扰（如强磁性），从而消磁，内部信息损坏。所以磁卡目前在仓储中应用并不广泛。

　　c. RFID 无线射频识别技术：射频识别技术（radio frequency identification，RFID），也称无线射频识别技术，是利用射频信号通过空间耦合（交变磁场或电磁场）实现无接触信息传递，并通过所传递的信息达到自动识别的目的。相比于其他贴标签的自动识别技术，RFID 的优势在于：标签可以嵌入和隐藏，无须在视线范围内；标签携带的信息可以通过除金属之外的任何材料读取；标签可以即时重新编程；适用于恶劣环境，如室外、化学品、潮湿和高温环境。

　　d. 图像识别技术：图像识别技术是一种利用机器视觉获取货物图像，根据货物本身的属性，对货物图像进行处理，通过将货物图像与后台货物图像库进行匹配，从而获取货物相关信息的自动识别技术。其最大的优点是从客观事物的图像中提取信息进行处理，将像人眼一样的技术用于识别货物本身，而不是通过识别标签来识别货物，并且这种方法对识别对象不加选择，适用范围广。

　　⑦ 其他辅助设备。根据仓库的工艺流程及用户的一些特殊要求，可适当增加一些辅助设备，包括：手持终端、叉车、平衡吊等。

（3）智能仓储系统的应用

智能立体仓库是机械、电气与信息技术相结合的产品，属于高度集成化的综合系统。在土地投资、人工成本日趋提升的今天，智能立体仓库凭借其具有的提高空间利用率、实现物料先进先出、节省人力资源成本及提高综合效率等优点，成为众多生产制造企业的优质选择。在未来，智能立体仓库将拥有更广泛的应用。

① 医药生产领域。医药生产是最早应用智能仓储系统的领域之一，如今我国很多的知名医药企业很早就启用了自己的智能仓储系统。一般的智能仓储系统采用的是托盘单元存储方式和自动作业方式，在药品存储的过程中，需要对药品进行温度监控、批号管理、效期管理，药品存储的安全性得到保障。智能仓储系统提高了医药企业的物流作业效率，降低了药品出库的出错率，提高了作业的准确率，降低了企业的生产成本。

② 汽车制造。汽车制造领域分为供应物流和生产物流。汽车制造对物流的供应要求十分精确。智能仓储技术能够满足汽车制造领域，能够确保汽车制造的准确化、高效化运作。目前，大多数汽车制造企业几乎都已经应用了智能仓储系统。

③ 机械制造领域。现在机械制造领域制造工序复杂，企业的外购件和自制件都是整个仓库存储的重要环节。企业对订货、设计、规划、生产安排和生产发货的要求都非常高。机械制造领域建立的物流系统与企业生产管理系统间的实时连接是目前智能仓库发展的另一个明显技术趋势。

本章小结

智能制造装备门类复杂，涵盖了智能机床、工业机器人、智能物流装备以及其他自动化装备，是智能制造发展的基石。本章从基本概念、工作原理、发展历程、关键技术及智能制造中的应用等方面，重点介绍了智能制造装备中的智能机床、工业机器人和智能物流设备。

 思考题

7-1　如何理解智能机床的内涵与特征，其与普通数控机床有何不同？

7-2　说明工业机器人的定义、分类及其具体组成，并举例说明。

7-3　进一步查找文献和资料，举例说明工业机器人在智能制造中的地位。

7-4　进一步查找文献和资料，举例说明 AGV 系统在智能制造中的地位。

7-5　进一步查找文献和资料，举例说明智能仓储系统在智能制造中的地位。

第 8 章

智能工厂

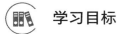

学习目标

① 掌握数字化工厂与智能工厂的基本概念、CPS 与 CPPS 的基本概念及系统构架。

② 熟悉智能工厂的集成、特征及基本架构。

③ 了解智能工厂的建设模式及在企业中的应用实例。

思维导图

扫码获取本章课件

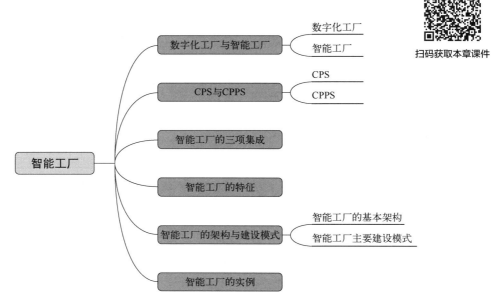

周济提出，智能生产是智能制造的主线，而智能工厂是智能生产的主要载体。新一代人工智能技术和先进制造技术的融合，将使得生产线、车间、工厂发生革命性大变革，提升到历史性的新高度，将从根本上提高制造业质量、效率和企业竞争力。在今后相当一段时间里面，生产线、车间、工厂的智能升级将成为推进智能制造的一个主要战场。

8.1 数字化工厂与智能工厂

数字化本身其实就是智能的一部分，是一个入口。智能工厂在数字化工厂的基础上附加了物联网技术和各种智能系统等新兴技术于一体，可提高生产过程可控性，减少生产线人工干预。数字化工厂是智能工厂的落脚点，而智能工厂又是工业 4.0 的基础和落脚点。只有实现了数字化工厂，才有可能实现工业 4.0。

8.1.1 数字化工厂

（1）数字化工厂的定义

数字化工厂是一种全新的生产组织方式，它以虚拟制造技术为基础，以所有存在于产品生命周期中的相关数据为依据，在计算机虚拟环境中通过对产品生产制造全过程的模拟、仿真和重组，来实现优化工业生产的目的。

对于数字化工厂，德国工程师协会的定义是：数字化工厂（digital factory，DF）是由数字化模型、方法和工具构成的综合网络，包含仿真和 3D/虚拟现实可视化，通过连续的没有中断的数据管理集成在一起。数字化工厂集成了产品、过程和工厂模型数据库，通过先进的可视化、仿真和文档管理，来提高产品的质量和生产过程所涉及的质量和动态性能。

在国内，对于数字化工厂接受度最高的定义是：数字化工厂是在计算机虚拟环境中，对整个生产过程进行仿真、评估和优化，并进一步扩展到整个产品生命周期的新型生产组织方式；是现代数字制造技术与计算机仿真技术相结合的产物，主要作为沟通产品设计和产品制造之间的桥梁。从定义中可以得出一个结论，数字化工厂的本质是实现信息的集成。

迄今为止，尽管数字化工厂使用案例越来越多，相关的应用研究也日渐深入，但是国内外对其的定义却一直没能达成共识。目前广泛被接受的定义有以下两种。

① 广义的数字化工厂侧重于企业管理，是指由众多企业组成的动态系统，包括生产产品的核心企业以及与核心企业相关联的上下游合作企业或组织，如图 8.1 所示。在产品的整个生产制造、运输销售过程中，所有产品相关的信息都能在系统中各个企业之间快速流通、彼此共享，便于该系统中的各成员及时进行高度协调配合，实现相互间利益的最大化。

② 狭义的数字化工厂侧重于产品制造过程控制，它以原始材料、成形产品和制造过程为核心，利用产品的数字化信息，在真实生产环境对应的虚拟空间中对产品生产制造全过程进行模拟仿真，实现对生产制造过程的预演，通过对产品生命周期中各个阶段的功能测试，优化生产制造过程，达到缩短研发周期、降低设计成本、保证顺利生产的目的。数字化工厂的本质是现实环境下的生产制造系统在计算机上的一种虚拟映射，其组织方式如图 8.2 所示。

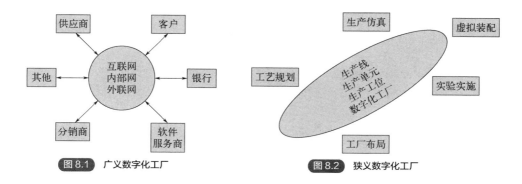

图 8.1　广义数字化工厂　　　　　　　图 8.2　狭义数字化工厂

（2）数字化工厂的主要环节

数字化工厂主要涉及产品设计、生产规划与生产执行三大环节。

① 产品设计环节——三维建模是基础。在产品研发设计环节利用数字化建模技术为产品构建三维模型，能够有效减少物理实体样机制造和人员重复劳动所产生的成本。同时，三维模型涵盖了产品所有的几何信息与非几何制造信息，这些属性信息会通过 PDM/cPDM（产品数据管理/协同产品定义管理）这种统一的数据平台，伴随产品整个生命周期，是实现产品协同研制、产品从设计端到制造端一体化的重要保证。

经历了三十余年的发展，数字化建模技术已经相当成熟，至今使用三维 CAD 设计软件的全三维建模技术在制造业的应用已经相当普及。数字化建模技术的应用始于航空航天领域，由于对产品和零部件的精度、质量、加工工艺有着比其他行业更加苛刻的要求，航空航天工业让数字化建模技术的效用得以充分发挥。

② 生产规划环节——工艺仿真是关键。在生产规划环节，基于 PDM/cPDM 中所同步的产品设计环节的数据，利用虚拟仿真技术，可以对于工厂的生产线布局、设备配置、生产制造工艺路径、物流等进行预规划，并在仿真模型"预演"的基础之上，进行分析、评估、验证，迅速发现系统运行中存在的问题和有待改进之处，并及时进行调整与优化，减少后续生产执行环节对于实体系统的更改与返工次数，从而有效降低成本、缩短工期、提高效率。

③ 生产执行环节——数据采集实时通。早期的数字化工厂，其实并不包含生产执行环节，但随着制造业企业具体实践与应用的发展，数字化工厂的概念开始向覆盖产品整个生命周期的全价值链拓展与延伸。作为将产品从设计意图转化为实体产品的关键环节，生产执行环节无疑应该是数字化工厂的关键一环。

这个环节的数字化，体现在制造执行系统（MES）与其他系统之间的互联互通上。MES 与 ERP、PDM/cPDM 之间的集成，能够保证所有相关产品属性信息从始至终保持同步，并实现实时更新。

（3）数字化工厂的核心系统

产品全生命周期管理（PLM）、企业资源计划（ERP）、仓储管理系统（WMS）、制造运营管理系统（MOM）和分散控制系统（DCS）是数字化工厂的五大核心系统，如图 8.3 所示。

MOM 是 MES 的进阶版，即 MES 是用于解决具体问题的标准软件产品，而 MOM 是多种MES 软件组成的制造管理集成平台。五大核心系统的应用对象各异。PLM 与 ERP 属于企业层，WMS 和 MOM 属于管理层，DCS 属于操作层。

SCM、APS、QMS 和 CRM 是除五大核心系统外构成数字化工厂的重要信息系统，其管理对象各不相同，例如 SCM 和 CRM 分别管理供应链和客户关系。

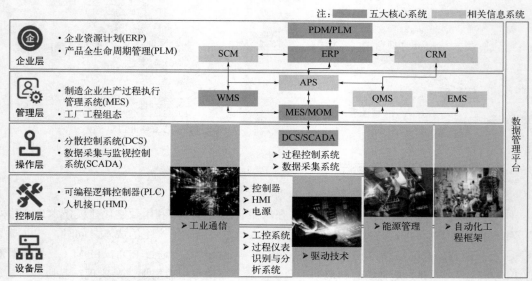

图 8.3　数字工厂五大核心系统（来源：新核云，头豹研究院编辑整理）

（4）数字化工厂的总体技术构架

数字化工厂涉及的技术类型包含云计算、物联网、人工智能和移动互联网。工厂通过物联网实现生产要素全连接，在互联互通的基础上应用人工智能技术和云计算技术实现生产自动化、管理平台化、应用服务化和决策无人化，支撑工厂实现可视化和协同化的高效运维管理，满足日益个性化、动态化和定制化发展的市场需求。

PLM、DCS、WMS、ERP、MOM 是管理核心生产要素的信息系统。PLM 覆盖产品全生命周期，DCS 提升工艺流程管理的便捷性，WMS 提升仓储物流效率，ERP 辅助决策从而提升工厂精细化管理能力，MOM 通过集成功能性软件实现工厂高效运维。其总体技术架构如图 8.4 所示。

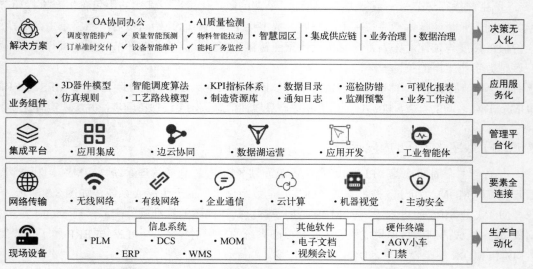

图 8.4　数字化工厂的总体技术架构（来源：华为，头豹研究院编辑整理）

8.1.2　智能工厂

智能工厂是实现智能制造的重要载体，主要通过构建智能化生产系统、网络化分布生产设施，实现生产过程的智能化。

智能工厂是在数字化工厂的基础上，利用物联网技术和监控技术加强信息管理服务，提高生产过程可控性，减少生产线人工干预，以及合理计划排程。同时，智能工厂是集初步智能手段和智能系统等新兴技术于一体，构建高效、节能、绿色、环保、舒适的人性化工厂。其本质是人机交互。

智能工厂概念首先由美国 ARC 顾问集团提出，实现了数字化产品设计、数字化产品制造、数字化管理生产过程和业务流程，以及综合集成优化的过程，可以用工程技术、生产制造、供应链三个维度描述智能工厂模型，如图 8.5 所示。

数字化工厂与智能工厂的区别有以下几点。

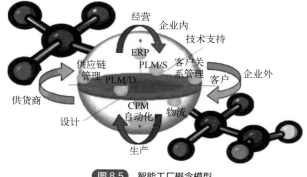

图 8.5　智能工厂概念模型

（1）概念上的不同

数字化工厂是由数字化模型、方法和工具构成的综合网络，包含仿真和 3D/虚拟现实可视化，通过连续的没有中断的数据管理集成在一起，是现代数字制造技术与计算机仿真技术相结合的产物，同时具有其鲜明的特征。它的出现给基础制造业注入了新的活力，主要作为沟通产品设计和产品制造之间的桥梁。

智能工厂是现代工厂信息化发展的新阶段，是在数字化工厂的基础上，利用物联网技术、设备监控技术加强信息管理和服务，实现工厂的办公、管理及生产自动化，达到加强及规范企业管理、减少工作失误、堵塞各种漏洞、提高工作效率、进行安全生产、提供决策参考、加强外界联系、拓宽国际市场的目的。

（2）关系的不同

数字化工厂是实现各种信息的集成。智能工厂实现人与机器的相互协调合作，其本质是人机交互。智能制造系统不只是人工智能系统，还是人机一体化智能系统，是混合智能。

智能工厂是在数字化工厂基础上的升级版，是实现智能制造的重要载体。智能制造不仅包括工厂的智能化，更包括各种制造业企业的分析推理、管理决策和发展判断的智能化。

（3）本质的不同

数字化工厂是在计算机虚拟环境中，对整个生产过程进行仿真、评估和优化，并进一步扩展到整个产品生命周期的新型组织方式；是数字化技术与计算机仿真技术结合的产物，主要用作沟通产品设计和产品制造的一个桥梁。数字化工厂的本质是实现信息的集成。

智能工厂已经具有了一定的自主能力，可采集、分析、判断、规划；通过整体可视技术进行推理预测，利用仿真及多媒体技术，将实景扩增展示设计与制造过程。系统中各部分可自行组成最佳系统结构，具备协调、重组等特点。智能工厂实现了人与机器的相互协调合作，其本质是人机交互。

8.2 CPS 与 CPPS

8.2.1 CPS

（1）CPS 的基本概念

信息物理系统（又可以称为赛博物理系统，CPS）是实现智能制造的主要途径之一，将信息物理系统与传统工业深度结合起来，最终可以实现传统工业的智能化和自动化。信息物理系统就是将环境感知与计算、通信和控制等信息技术进行深度融合，最终实现监测、控制物理实体。CPS 的终极目标就是构建一个可控、可信、可扩展并且安全高效的 CPS 网络，实现信息世界和物理世界的完全融合，并最终从根本上改变人类构建工程物理系统的方式。

在智能工厂中，承担大脑和指挥系统作用信息系统就是 CPS。

CPS 由于正处于发展阶段，整体技术尚未成熟，所以其具体概念目前还没有统一的明确定义，但其主要是指物理世界和信息世界高度融合的智能化系统。其中高度融合是指外部设备环境与数据信息之间更深层次的交互，设备环境也会拥有计算、通信、决策能力。而通过处理后的信息又将反作用于物理环境，最终形成一个网络化的物理设备系统。表 8.1 总结了各国主要机构和专家对 CPS 的认识。

表 8.1 各国机构及专家对 CPS 的认识

机构或学者	观点认识
美国国家科学基金会（NSF）	CPS 是通过计算核心（嵌入式系统）实现感知、控制、集成的物理、生物和工程系统。在系统中，计算被"深深嵌入"到每一个相互连通的物理组件中，甚至可能嵌入到物料中。CPS 的功能由计算和物理过程交互实现
美国国家标准与技术研究院 CPS 公共工作组（NIST CPS PWG）	CPS 将计算、通信、感知和驱动与物理系统结合，并通过与环境（含人）进行不同程度的交互，来实现有时间要求的功能
Smart America	CPS 是物联网与系统控制相结合的名称。因此，CPS 不仅仅是能够"感知"某物在哪里，还增加了"控制"某物并与其周围物理世界互动的能力
欧盟第七框架计划	CPS 包含计算、通信和控制，它们紧密地与不同物理过程，如机械、电子和化学，融合在一起
加利福尼亚大学伯克利分校 Edward A.Lee	CPS 是计算过程和物理过程的集成系统，利用嵌入式计算机和网络对物理过程进行监测和控制，并通过反馈环实现计算和物理过程的相互影响
中国科学院何积丰院士	CPS 从广义上理解，就是一个在环境感知的基础上，深度融合了计算、通信和控制能力的可控可信可扩展的网络化物理设备系统，它通过计算进程和物理进程相互影响的反馈循环实现深度融合和实时交互来增加或扩展新的功能，以安全、可靠、高效和实时的方式监测或者控制一个物理实体

（2）CPS 的体系结构

CPS 是信息世界与物理世界的融合体，因此有部分学者从 CPS 名字的含义和特点进行分析，提出了"3C"的概念，即"计算（computation）、控制（control）、通信（communication）"，对应于"cyber""physics"和"system"。由这三种核心要素两两相连形成三角形的抽象结构，如图 8.6 所示。

图 8.6 三元式 CPS 抽象结构模型图

2017 年 3 月 1 日，中国电子技术标准化研究院发表了《信息物理系统白皮书》，白皮书中提出了将 CPS 划分为单元级 CPS、系统级 CPS、SoS 级（system of systems，系统之系统级）CPS 三个层次。单元级 CPS 可以通过 CPS 总线结合和集成，形成更高水平的 CPS，即系统级 CPS；系统级 CPS 可以通过云平台或者大数据相互结合，多个系统级 CPS 可以组成 SoS 级的 CPS，从而达到企业层次的数字化经营和管理。CPS 的层次演进如图 8.7 所示。

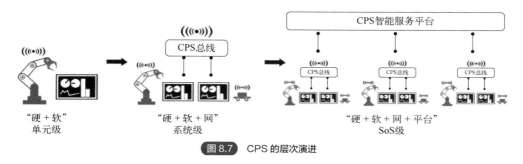

图 8.7 CPS 的层次演进

① 单元级 CPS。CPS 最小单元，称为单元级 CPS，它可由部件（如一个智能轴承），或者由一台设备（如关节机器人）构成。单元级 CPS 可看作一个整体，具有不可分割和拆解性，其内部不能再细分出更小的 CPS 单元。单元级 CPS 能够通过物理硬件（如一个轴承、一个机械手臂、一个电源设备）、嵌入式系统及网络通信等几个部分构成，组成具有"可靠感知—数据分析—快速决策—精准执行"的闭环功能体系，以达到系统在有限的资源范围内能够高效完成任务的目的，如生产过程中优化机械手臂的执行效率，物料运输中优化 AGV 的行驶路径等。因此，在 CPS 单元中它的最大功能就是利用主动感知、网络通信、制定决策来使设备能够智能化运行。

② 系统级 CPS。比单元级 CPS 更高一层级的是系统级 CPS，它是由多个单元级 CPS 和非 CPS 单元设备组成。系统级 CPS 是以单元级 CPS 为基础，将通信网络引入系统中，就能达到系统级 CPS 之间相互合作、智能调配的目标。它就像制造企业的智能生产装配线一样，多个单元级 CPS 聚合到统一的网络（如 CPS 总线）后，系统级 CPS 可以对系统内部的多个单元级 CPS 进行统一指挥，实体管理（如根据机械设备的运行状态，随时优化调度整个智能生产装配线的生产计划），以达到提高各设备间协作效率，实现产线范围内的资源最优化配置的目的。因而，在这一层级中，网络连接（CPS 总线）显得尤为重要，它的功能是确保多个单元级 CPS 能够相互协调，分工协作。

③ SoS 级 CPS。比系统级 CPS 更高层级的是 CPS 智能服务平台。CPS 智能服务平台由多

个系统级 CPS 共同构成，简称为 SoS 级 CPS。CPS 智能服务平台可以实现系统级 CPS 之间的深度协作。这一层级上，SoS 级 CPS 就像多条生产流水线或多个工厂之间的相互通信、相互联系，达到对产品生命周期全流程及企业全系统进行整合的目的，在实现相互通信的同时，还能对各个工厂的生产线进行统一监控，集中管理，从而利用异构数据融合、分布式网络计算、大数据平台分析技术对多个系统级 CPS 的生产计划、运行状态、寿命估计统一监管，实现企业级远程监控诊断、供应链相互协调、预防性维护决策，从而实现企业中更大范围内的资源优化配置，避免资源浪费。

（3）CPS 的基本特征

综合三个层次的 CPS 特点所体现出来的集合，总结发现 CPS 区别于其他系统或技术的六大典型特征：数据驱动、软件定义、泛在连接、虚实映射、异构集成、系统自治。

① 数据驱动。CPS 通过构建"状态感知、实时分析、科学决策、精准执行"数据自动流动的闭环赋能体系，能够将数据源源不断地从物理空间中的隐性形态转化为信息空间的显性形态，并不断迭代优化形成知识库。在这一过程中状态感知的结果是数据；实时分析的对象是数据；科学决策的基础是数据；精准执行的输出还是数据。因此，数据是 CPS 的灵魂所在。

② 软件定义。软件正和芯片、传感器与控制设备等一起对传统的网络、存储、设备等进行定义，并正在从 IT 领域向工业领域延伸。工业软件是对各类工业生产环节规律的代码化，支撑了绝大多数的生产制造过程。作为面向制造业的 CPS，软件就成为了实现 CPS 功能的核心载体之一。

③ 泛在连接。CPS 能够实现任何时间、任何地点、任何人、任何物之间顺畅通信，必须有强大的泛在网络连接。泛在连接通过对物理世界状态的实时采集、传输，以及信息世界控制指令的实时反馈下达，提供无处不在的优化决策和智能服务。

④ 虚实映射。CPS 构筑信息空间与物理空间数据交互的闭环通道，能够实现信息虚体与物理实体之间的交互联动。在这一过程中，物理实体与信息虚体之间交互联动、虚实映射、共同作用，提升资源优化配置效率。

⑤ 异构集成。CPS 能够将大量的异构硬件、软件、数据、网络集成起来实现数据在信息空间与物理空间不同环节的自动流动，实现信息技术与工业技术的深度融合，因此，CPS 必定是一个对多方异构环节集成的综合体。

⑥ 系统自治。更高层次的 CPS 能够实现在多个层面上的自组织、自配置、自优化。在这一过程中，大量现场运行数据及控制参数被固化在系统中，形成知识库、模型库、资源库，使得系统能够不断自我演进与学习提升，提高应对复杂环境变化的能力。

CPS 系统的特点可以针对性地解决未来智能工厂中大数据、高复杂性、高自动化等需求，这是现有的工业控制系统都无法达到的。因此采用 CPS 模块是研究智能工厂的首选，在未来应用中也有很大发展空间。

8.2.2 CPPS

CPS 的发展是从嵌入系统开始的，最初把计算机芯片嵌入各种机械、电气装置，以提高其性能，进一步与传感器连接，使其具有数据采集功能，成为智能传感器。智能传感器与执行器集成后，数据就可以控制装置的运作，成为智能系统或产品（如智能空调）。当智能系统具有通信功能，可以互联互通，同时有数字模型可以仿真，就成为信息物理系统。把 CPS 应用于生产制造领域就称为信息物理生产系统（又可称为赛博物理生产系统，CPPS），如图 8.8 所示。

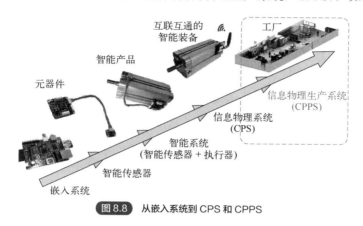

图 8.8 从嵌入系统到 CPS 和 CPPS

（1）CPPS 的基本概念

信息物理生产系统（cyber physical production system，CPPS）是信息物理系统（CPS）在生产领域的应用，是多维度的智能制造技术体系。CPPS 以大数据、网络和云计算为依托，通过智能感知、分析、预测、优化及协同等技术手段，使计算、通信和控制三者有机融合与协作，将所获取的各种信息与对象的物理性能特征相结合，实现虚拟空间与实体空间深度融合、实时交互、互相耦合、及时更新，在虚拟空间中构建实体生产系统的虚拟镜像，通过自感知、自记忆、自认知、自决策、自重构的运算和分析，实现生产系统的智能化和网络化。

（2）CPPS 的基本结构

CPPS 的基本结构与原理如图 8.9 所示。在赛博空间中，包含了产品全生命周期中所有对象及其活动的模型与知识，通过这些模型与知识，制造过程中的所有环节将能够在赛博空间中得到基于全资源的仿真与优化，进而发现并避免生产过程中存在的问题及风险。这有赖于对物理系统及其行为的建模与仿真技术，以及基于这些模型对物理系统可能发生的紧急情况的预测与处理等技术。物理系统中包含了大量能够自主运行并相互合作的元器件或子系统，如智能制造设备、智能物流系统、智能产品等。赛博空间与物理系统之间的组织模式、过程控制、信息传递等方式将更加多样化，并可能根据需求实时发生动态变化，这与传统的自动化生产中的"金字塔模型"之间存在显著不同，如图 8.10 所示。

此外，作为系统中最重要的决策者，人与具有部分智能的机器共同构成决策主体，并在 CPPS 中也将发挥重要的作用。在 CPPS 中，人工智能将广泛应用于制造过程的各阶段、各环节，并构成具有不同程度智能行为的智能执行单元。每一个智能执行单元均包含人与"机器"，两者之间实现交互，共同构成决策主体。人进行基于知识与经验的思维，形成正向和主导的决策与指令；具有智能行为的机器通过自检测、自分析，形成自适应的决策调整，反馈到系统的前端，构成新一轮的决策指令，并丰富知识与积累经验。多个智能执行单元共同组成特定的智能制造系统，其中，赛博系统与物理系统互为支撑、深度融合。

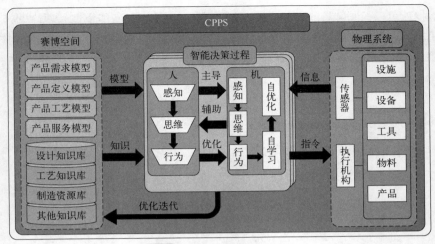

图 8.9　CPPS 的基本结构与原理

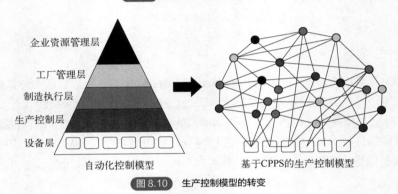

图 8.10　生产控制模型的转变

（3）CPPS 的基本特征

CPPS 具有如下特征：高度自主化、赛博物理深度融合、人机交叉融合、生产灵活高效、定制化生产。

① 高度自主化。赛博空间中具有整个制造系统与制造过程的完整模型，能够对物理系统中的实际制造过程进行全过程的仿真。同时，赛博空间中具有支持生产过程决策的设计、工艺、制造等相关知识，这些知识能够用于支持系统对制造过程的决策。在生产过程中，物理系统中的元器件能够采集相关制造数据并将这些数据传递到赛博空间，赛博空间将基于历史数据及实时数据进行系统优化。通过这一闭环过程的不断迭代，CPPS 拥有了自学习、自决策、自主控制等能力，并且随着系统的运行，系统中的知识不断积累，系统的智能化程度不断提升，自主性也随之逐步完善。

② 赛博物理深度融合。传统的自动化生产系统中重点关注生产过程的实时控制。而在 CPPS中，赛博空间与物理系统进行深入交互与融合，并实现对制造活动的先验预判、实时控制以及后置优化。在制造过程开始之前，赛博空间首先对制造过程进行全资源的仿真，验证制造方案的正确性；在制造过程中，赛博空间与物理系统之间进行实时控制与数据传递，并实时优化制造过程；在制造过程完毕之后，赛博空间将通过对本次制造过程的分析，进一步抽取其中的数据，通过分析形成制造知识，并服务于后续的制造过程。

③ 人机交叉融合。如前所述，与自动化制造中所强调的"无人制造"不同，人在 CPS 中占有非常重要的地位，人与机器共同组成决策主体且人机分工的方式发生了显著变化。从劳动量的角度来看，基于 CPPS，人类大量的体力劳动将被机器取代，且人类的少部分脑力劳动也将被机器取代。从劳动的复杂度来看，繁琐复杂的人类体力劳动将逐渐减少，人类将更加专注于复杂度较高的脑力劳动，而机器能够从事的辅助性智能劳动将明显增多。

随着 CPS 的灵活性与可依赖性程度不断提升，人类与机器之间的信息交互内容与交互方式也正在逐渐丰富，协作过程更加安全顺畅。目前，大量的先进技术手段也将改变人类的劳动方式，例如增强现实技术目前已在制造领域中得到广泛的应用。

④ 制造系统灵活可控。计算机技术、通信技术突飞猛进地发展，近年来正在逐渐与制造业发生融合，并推动着制造业的不断进步。在 CPS 中，具有自主性、可自我调节的生产资源形成一个循环网络，通过大量智能技术的运用，制造系统的自动化、柔性化水平逐步提高，系统单元之间能够根据需求实现灵活的组织重构，与传统自动化制造相比，企业可以根据形势与环境来控制、调节智能制造资源网络与生产过程，制造系统的灵活性更为显著。

⑤ 定制化、众创生产。由于制造系统具有非常高的灵活性，企业面对客户定制化需求，可以高效、快速且成本低廉地实现制造系统的重组，即便是生产很小批量的产品也能够获利。同时，通过全价值链的集成，具有特殊需求的用户可以直接或间接地参与生产过程，可以更好地支持产品的定制化生产。随着 CPPS 的不断延拓，制造企业将在全社会领域内形成全新的制造生态环境，制造过程中的各个环节将会交由更加专业化的人员或单位专门负责，专业分工将更加细致和灵活。这些制造技术与模式的变革将使制造业形成定制化、众创化的生态环境，极大地满足了未来社会对制造的复杂需求。

8.3 智能工厂的三项集成

工业 4.0 通过 CPS，将生产设备、传感器、嵌入式系统、生产管理系统等融合成一个智能网络，使得设备与设备以及服务与服务之间能够互联，从而实现横向、纵向和端对端的高度集成。

横向集成是指网络协同制造的企业间通过价值链以及信息网络所实现的一种资源信息共享与资源整合。其确保了各企业间的无缝合作，提供实时产品与服务。横向集成主要体现在空间跨度上，主要是指从企业的集成到企业间的集成，再到企业间产业链、企业集团甚至跨国集团这种基于企业业务管理系统的集成，产生新的价值链和商业模式的创新。

纵向集成是指基于智能工厂中网络化的制造体系，实现分散式生产，替代传统的集中式中央控制的生产流程。纵向集成主要体现在时间跨度上，从侧重于产品的设计和制造过程，到产品全生命周期的集成过程，建立有效的纵向的生产体系。

端对端集成是指贯穿整个价值链的工程化信息系统集成，以保障大规模个性化定制的实施。端对端集成以价值链为导向，实现端到端的生产流程，实现信息世界和物理世界的有效整合。端对端集成将会由单元技术产品通过集成平台，形成企业的集成平台系统，并朝着工厂综合能力平台发展。

智能工厂的三项集成，从多年来以信息共享为集成的重点，走到了过程集成的阶段，并不断向智能发展的集成阶段迈进。工业 4.0 推动在现有高端水平上的纵向、横向以及端到端的集成，包括企业内部、企业与网络协同合作企业之间以及企业和顾客之间的全方位的整合。

8.4 智能工厂的特征

智能工厂具有以下显著特征。

（1）设备互联

互联互通是通过 CPS 系统将人、物、机器与系统进行连接，以物联网作为基础，通过传感器、RFID、二维码和无线局域网等实现信息的采集，通过 PLC 和本地及远程服务器实现人机界面的交互，在本地服务器和云存储服务器实现数据读写，在 ERP、PLM、MES 和 SCADA 等平台实现无缝对接，从而达到信息的畅通、人机的智能。一方面，通过这些技术实现智能工厂内部订单、采购、生产与设计等信息的实时处理与通畅，另一方面相关设计供应商、采购供应商、服务商和客户等与智能工厂实现互联互通，确保生产信息、服务信息等的同步，采购供应商随时可以提取生产订单信息，客户随时可以提交自己的个性化订单且可以查询自己订单的生产进展，服务商随时保持与客户等的沟通，处理相关事务。

（2）数字化

数字化包含两方面内容。一方面是指智能工厂在工厂规划设计、工艺装备开发及物流等过程中全部应用三维设计与仿真，通过仿真分析，消除设计中的问题，将问题提前进行识别，减少后期改进改善的投入，从而达到优化设计成本与质量，实现数字化制造，进而实现真正的精益。通过仿真，运营成本降低 10%～30%，劳动生产率提高 15%～30%。

另一方面，在传感器、定位识别、数据库分析等物联网基础数字化技术的帮助下，数字化贯穿产品创造价值链和智能工厂制造价值网络，从研发 BOM 到采购 BOM 和制造 BOM，甚至到营销服务的 BOM 准确性与及时性直接影响是否能实现智能化，从研发到运营，乃至商业模式也需要数字化的贯通，从某种程度而言数字化的实现程度也成为智能制造战略成功的关键。

（3）广泛应用工业软件

广泛应用 MES（制造执行系统）、APS（先进生产排程）、能源管理、质量管理等工业软件，实现生产现场的可视化和透明化。在新建工厂时，可以通过数字化工厂仿真软件，进行设备和生产线布局、工厂物流、人机工程等仿真，确保工厂结构合理。在推进数字化转型的过程中，必须确保工厂的数据安全、设备和自动化系统安全。在通过专业检测设备检出次品时，智能工厂不仅要能够自动将次品与合格品分流，而且要能够通过 SPC（统计过程控制）等软件，分析出现质量问题的原因。

（4）充分结合精益生产理念

智能工厂充分体现工业工程和精益生产的理念，能够实现按订单驱动，拉动式生产，尽量减少在制品库存，消除浪费。推进智能工厂建设要充分结合企业产品和工艺特点。在研发阶段也需要大力推进标准化、模块化和系列化，奠定推进精益生产的基础。

（5）实现柔性自动化

结合企业的产品和生产特点，持续提升生产、检测和工厂物流的自动化程度。产品品种少、生产批量大的企业可以实现高度自动化，乃至建立黑灯工厂；小批量、多品种的企业则应当注重少人化、人机结合，不要盲目推进自动化，应当特别注重建立智能制造单元。工厂的自动化生产线和装配线应当适当考虑冗余，避免由于关键设备故障而停线；同时，应当充分考虑如何快速换模，以适应多品种的混线生产。物流自动化对于实现智能工厂至关重要，企业可以通过AGV、桁架式机械手、悬挂式输送链等物流设备实现工序之间的物料传递，并配置物料超市，尽量将物料配送到线边。质量检测的自动化也非常重要，机器视觉在智能工厂的应用将会越来越广泛。此外，还需要仔细考虑如何使用助力设备，减轻工人劳动强度。

（6）注重环境友好，实现绿色制造

及时采集设备和生产线的能源消耗信息，实现能源高效利用。在危险和存在污染的环节，优先用机器人替代人工，能够实现废料的回收和再利用。

（7）可以实现实时洞察

智能工厂中从生产排产指令的下达到完工信息的反馈，实现闭环。智能工厂通过建立生产指挥系统，实时洞察工厂的生产、质量、能耗和设备状态信息，避免非计划性停机；通过建立工厂的 Digital Twin（数字映射），方便洞察生产现场的状态，辅助各级管理人员做出正确决策。

仅有自动化生产线和工业机器人的工厂，还不能称为智能工厂。智能工厂不仅生产过程应实现自动化、透明化、可视化、精益化，而且，在产品检测、质量检验和分析、生产物流等环节也应当与生产过程实现闭环集成。一个工厂的多个车间之间也要实现信息共享、准时配送和协同作业。智能工厂的建设充分融合了信息技术、先进制造技术、自动化技术、通信技术和人工智能技术。每个企业在建设智能工厂时，都应该考虑如何能够有效融合这五大领域的新兴技术，与企业的产品特点和制造工艺紧密结合，确定自身的智能工厂推进方案。

8.5　智能工厂的架构与建设模式

8.5.1　智能工厂的基本架构

从不同的角度来看，智能工厂的架构也不尽相同。

（1）智能工厂的三层架构

智能工厂包含三项流程，分别为顶层的计划层、中间层的执行层以及底层的控制层。可再细分为五个层面，层与层之间相互联系，形成闭环，如图 8.11 所示。

① 计划

a. 协同层：在商业生态环境中，企业与其他参与者进行互动，将各自的实时数据上传至共享平台，形成数据库；

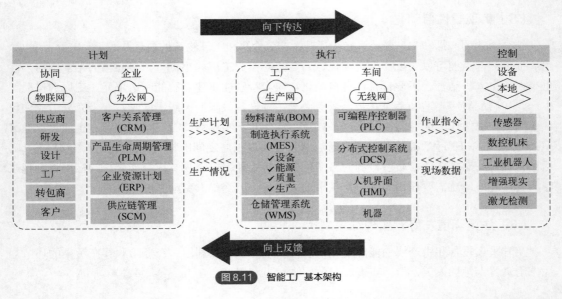

图 8.11　智能工厂基本架构

　　b. 企业层：企业内部的生产管理软件从共享平台获取数据并进行分析，展开预测性分析，制定工作计划并排产，向下传达至执行部门。

　　② 执行

　　a. 工厂层：接收派发的生产任务，同时从企业内部平台获取数据进行分析，根据实时生产能力调整流程、分配任务；

　　b. 车间层：根据流程执行生产任务。

　　③ 控制

　　设备层：对生产设备进行实时监控与中期检测，保证产品质量，协助必要维修工作。

（2）智能工厂的"人、机、料、法、环"体系构架

智能工厂实现了人与机器的相互协调合作，其本质是人机交互，如图 8.12 所示。

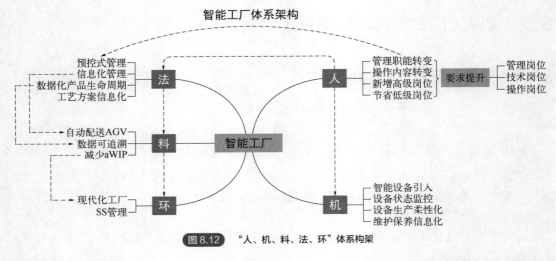

图 8.12　"人、机、料、法、环"体系构架

　　"人、机、料、法、环"是对全面质量管理理论中的五个影响产品质量的主要因素的简称。

人，指制造产品的人员；机，指制造产品所用的设备；料，指制造产品所使用的原材料；法，指制造产品所使用的方法；环，指产品制造过程中所处的环境。而智能生产就是以智能工厂为核心，将"人、机、料、法、环"连接起来，多维度融合的过程，如图8.13所示。

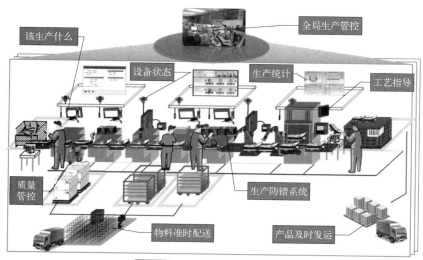

图 8.13 智能生产多维度融合过程

在智能工厂的体系架构中，质量管理的五要素也相应发生变化，因为在未来智能工厂中，人员、机器和资源能够互相通信。智能产品"知道"它们被制造出来的细节，也知道它们的用途。它们将主动地对制造流程，回答诸如"我什么时候被制造的""对我进行处理应该使用哪种参数""我应该被传送到何处"等问题。

（3）智能工厂的五层级架构

按照德国的 Scheer 教授提出的智能工厂架构理论，可以将智能工厂分为基础设施层、智能装备层、智能产线层、智能车间层和工厂管控层五个层级，如图8.14所示。

图 8.14 智能工厂五层级架构（来源：e-works Research）

① 基础设施层。企业首先应当建立有线或者无线的工厂网络，实现生产指令的自动下达和设备与生产线信息的自动采集；形成集成化的车间联网环境，解决不同通信协议的设备之间，以及 PLC、CNC、机器人、仪表/传感器和工控/IT 系统之间的联网问题；利用视频监控系统对车间的环境、人员行为进行监控、识别与报警。此外，工厂应当在温度、湿度、洁净度的控制和工业安全（包括工业自动化系统的安全、生产环境的安全和人员安全）等方面达到智能化水平。

② 智能装备层。智能装备是智能工厂运作的重要手段和工具。智能装备主要包含智能生产设备、智能检测设备和智能物流设备。制造装备在经历了机械装备到数控装备后，目前正在逐步向智能装备发展。智能化的加工中心具有误差补偿、温度补偿等功能，能够实现边检测、边加工。工业机器人通过集成视觉、力觉等传感器，能够准确识别工件，自主进行装配，自动避让人，实现人机协作。金属增材制造设备可以直接制造零件，DMG MORI 已开发出能够同时实现增材制造和切削加工的混合制造加工中心。智能物流设备则包括自动化立体仓库、智能夹具、AGV、桁架式机械手、悬挂式输送链等。

③ 智能产线层。智能产线的特点是，在生产和装配的过程中，能够通过传感器、数控系统或 RFID 自动进行生产、质量、能耗、设备绩效（OEE）等数据的采集，并通过电子看板显示实时的生产状态；通过安灯系统实现工序之间的协作；生产线能够实现快速换模，实现柔性自动化；能够支持多种相似产品的混线生产和装配，灵活调整工艺，适应小批量、多品种的生产模式；具有一定冗余，如果生产线上有设备出现故障，能够调整到其他设备生产；针对人工操作，能够给予智能的提示。

④ 智能车间层。要实现对生产过程进行有效管控，需要在设备联网的基础上，利用制造执行系统（MES）、先进生产排产（APS）、劳动力管理等软件进行高效的生产排产和合理的人员排班，提高设备利用率（OEE），实现生产过程的追溯，减少在制品库存，应用人机界面（HMI）以及工业平板等移动终端，实现生产过程的无纸化。另外，还可以利用 Digital Twin（数字映射）技术将 MES 系统采集到的数据在虚拟的三维车间模型中实时地展现出来，不仅提供车间的 VR（虚拟现实）环境，而且还可以显示设备的实际状态，实现虚实融合。

车间物流的智能化对于实现智能工厂至关重要。企业需要充分利用智能物流装备实现生产过程中所需物料的及时配送。企业可以用 DPS（digital picking system）实现物料拣选的自动化。

⑤ 工厂管控层。工厂管控层主要是实现对生产过程的监控，通过生产指挥系统实时洞察工厂的运营，实现多个车间之间的协作和资源的调度。流程制造企业已广泛应用 DCS 或 PLC 控制系统进行生产管控，近年来，离散制造企业也开始建立中央控制室，实时显示工厂的运营数据和图表，展示设备的运行状态，并可以通过图像识别技术对视频监控中发现的问题进行自动报警。

8.5.2　智能工厂主要建设模式

由于各个行业生产流程不同，加上各个行业智能化情况不同，智能工厂有以下几个不同的建设模式。

（1）从生产过程数字化到智能工厂

在石化、钢铁、冶金、建材、纺织、造纸、医药、食品等流程制造领域，企业发展智能制造的内在动力在于产品品质可控，侧重从生产数字化建设起步，基于品控需求从产品末端控制向全流程控制转变。

其智能工厂建设模式为：一是推进生产过程数字化，在生产制造、过程管理等单个环节信息化系统建设的基础上，构建覆盖全流程的动态透明可追溯体系，基于统一的可视化平台实现产品生产全过程跨部门协同控制；二是推进生产管理一体化，搭建企业 CPS 系统，深化生产制造与运营管理、采购销售等核心业务系统集成，促进企业内部资源和信息的整合和共享；三是推进供应链协同化，基于原材料采购和配送需求，将 CPS 系统拓展至供应商和物流企业，横向集成供应商和物料配送协同资源和网络，实现外部原材料供应和内部生产配送的系统化、流程化，提高工厂内外供应链运行效率；四是整体打造大数据化智慧工厂，推进端到端集成，开展个性化定制业务。

（2）从智能制造生产单元（装备和产品）到智能工厂

在机械、汽车、航空、船舶、轻工、家用电器和电子信息等离散制造领域，企业发展智能制造的核心目的是拓展产品价值空间，侧重从单台设备自动化和产品智能化入手，基于生产效率和产品效能的提升实现价值增长。

其智能工厂建设模式为：一是推进生产设备（生产线）智能化，通过引进各类符合生产所需的智能装备，建立基于 CPS 系统的车间级智能生产单元，提高精准制造、敏捷制造能力；二是拓展基于产品智能化的增值服务，利用产品的智能装置实现与 CPS 系统的互联互通，支持产品的远程故障诊断和实时诊断等服务；三是推进车间级与企业级系统集成，实现生产和经营的无缝集成和上下游企业间的信息共享，开展基于横向价值网络的协同创新；四是推进生产与服务的集成，基于智慧工厂实现服务化转型，提高产业效率和核心竞争力。

例如，广州数控通过工业以太网将单元级的传感器、工业机器人、数控机床，以及各类机械设备与车间级的柔性生产线总控制台相连，利用以太网将总控台与企业管理级的各类服务器相连，再通过互联网将企业管理系统与产业链上下游企业相连，打通了产品全生命周期各环节的数据通道，实现了生产过程的远程数据采集分析和故障监测诊断。

三一重工的 18 号厂房是总装车间，有混凝土机械、路面机械、港口机械等多条装配线，通过在生产车间建立"部件工作中心岛"，即单元化生产，将每一类部件从生产到下线所有工艺集中在一个区域内，犹如在一个独立的"岛屿"内完成全部生产。这种组织方式，打破了传统流程化生产线呈直线布置的弊端，在保证结构件制造工艺不改变、生产人员不增加的情况下，实现了减少占地面积、提高生产效率、降低运行成本的目的。目前，三一重工已建成车间智能监控网络和刀具管理系统，公共制造资源定位与物料跟踪管理系统，计划、物流、质量管控系统，生产控制中心（PCC）中央控制系统，等智能系统，还与其他单位共同研发了智能上下料机械手、基于DNC 系统的车间设备智能监控网络、智能化立体仓库与 AGV 运输软硬件系统、基于 RFID 设备及无线传感网络的物料和资源跟踪定位系统、高级计划排程系统（APS）、制造执行系统（MES）、物流执行系统（LES）、在线质量检测系统（SPC）、生产控制中心管理决策系统等关键核心智能装置，实现了制造资源跟踪，生产过程监控，计划、物流、质量集成化管控下的均衡化混流生产。

（3）从个性化定制到互联工厂

在家电、服装、家居等距离用户最近的消费品制造领域，企业发展智能制造的重点在于充分满足消费者多元化需求的同时实现规模经济生产，侧重通过互联网平台开展大规模个性定制模式创新。

其智能工厂建设模式为：一是推进个性化定制生产，引入柔性化生产线，搭建互联网平台，促进企业与用户深度交互、广泛征集需求，基于需求数据模型开展精益生产；二是推进设计虚拟化，依托互联网逆向整合设计环节，打通设计、生产、服务数据链，采用虚拟仿真技术优化生产工艺；三是推进制造网络协同化，变革传统垂直组织模式，以扁平化、虚拟化新型制造平台为纽带集聚产业链上下游资源，发展远程定制、异地设计、当地生产的网络协同制造新模式。

8.6 智能工厂的实例

（1）安徽海螺集团有限责任公司

该公司基于数据传感监测、信息交互集成及自适应控制等关键技术，创新应用了数字化矿山管理系统、专家自动操作系统、智能质量控制系统等，实现了水泥工厂运行自动化、管理可视化、故障预控化、全要素协同化和决策智慧化，形成了"以智能生产为核心""以运行维护做保障""以智慧管理促经营"的水泥生产智能制造模式，为传统产业的转型升级和高质量发展起到了良好的示范引领作用。

① 行业特性分析。水泥制造属于典型的流程行业，具有流程行业所共有的特性，主要表现为生产过程的流程性、运行维护的保障性和运营管理的关联性：

a. 水泥生产过程的流程性，表现为从石灰石开采、原燃材料进场到产品发运出厂，整个生产过程全部采取流程化、自动化封闭作业，基本实现生产过程的无人化。因此提高其生产过程中资源利用、质量控制和生产控制的智能化是快速提高生产效率的有力手段。

b. 运行维护系统保障了工厂设备的稳定运行和物流通道的畅通，同时能源监控、安全管理和环保清洁生产都是水泥生产安全稳定运行的重要保障。

c. 水泥工厂的日常管理包含了生产调度、物资、能源、设备、质量、安全、环保、统计等环节和要素的生产全过程管理及水泥产品的营销物流管理。各系统数据的真实有效和互联互通，是智能化应用后有效提高管理效率的重要条件。

② 总体规划。海螺集团水泥智能工厂包含智能生产、智能运维和智慧管理三大平台，如图 8.15 所示，具体包括数字化矿山管理系统、专家自动操作系统和智能质量控制系统等八个涵盖水泥生产全过程的智能化控制及管理系统。水泥智能工厂的整体架构如图 8.16 所示。

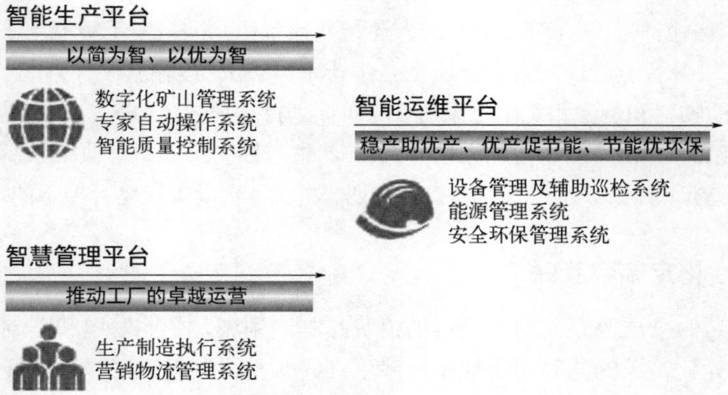

智能生产平台

以简为智、以优为智

数字化矿山管理系统
专家自动操作系统
智能质量控制系统

智能运维平台

稳产助优产、优产促节能、节能优环保

设备管理及辅助巡检系统
能源管理系统
安全环保管理系统

智慧管理平台

推动工厂的卓越运营

生产制造执行系统
营销物流管理系统

图 8.15 水泥智能工厂三大平台

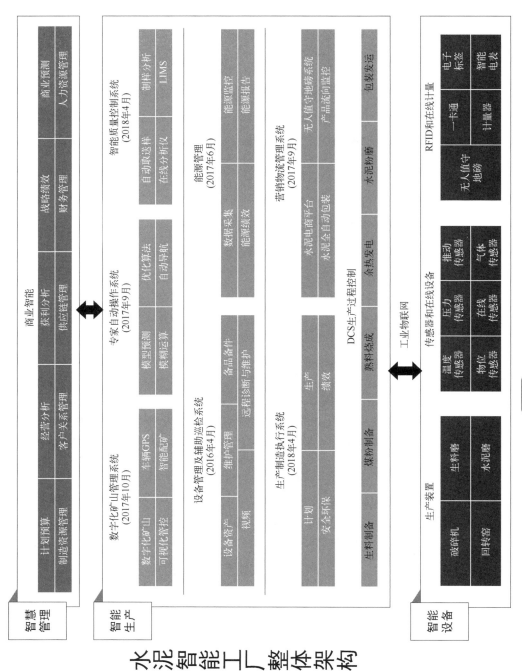

图 8.16　水泥智能工厂整体架构

③ 实施内容。

a. 基于智能生产平台,实现"一键输入、全程智控"的生产模式。

智能生产平台包括数字化矿山管理系统、智能质量控制系统和专家自动操作系统,如图 8.17 所示。

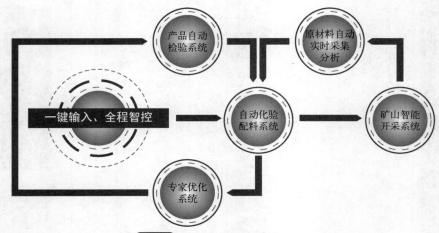

图 8.17　水泥智能生产平台功能示意图

该平台在行业内率先实现"一键输入、全程智控"的生产模式,只需在智能质量控制系统中输入熟料或水泥的质量预控目标,系统自动根据原燃材料信息完成生产配料,并向数字化矿山管理系统下达开采和配矿指令。专家自动操作系统按照配料参数和品质要求在节能稳产模式下自动引导生产。进入智能生产闭环后,开采的矿石品位和终端产品的质量数据则又会由系统自动实时采集分析,用以不断优化生产方案,使产品品质、能源消耗等控制目标不断逼近预设的最优参数,最终实现降低人员劳动强度、提高产品生产品质和降低资源/能源消耗的运营目标。

- 数字化矿山管理系统。该系统涵盖了矿山三维模型、中长期采矿计划、爆破管理、取样化验、采矿日计划、精细化配矿、GPS 车辆调度、卡车装载量监控、混矿品位在线分析、配矿自动调整、生产管理、司机考核等矿山管理的各领域,实现三维采矿的智能设计、配矿质量在线分析、矿车调度优化管理、矿山生产立体化管控,解决水泥生产企业在矿山生产方面存在的配矿、监督和管理问题,提高矿山生产效率、资源利用率和安全保障水平。

- 智能质量控制系统。进厂原煤、入堆场石灰石等大宗原燃材料采用在线式跨带中子活化分析仪进行实时检测,并建立堆场质量数据三维模型;生料、熟料、水泥等经全自动取样器取样,由炮弹输送系统送至中央实验室,通过机械手、粉磨压片一体机等全自动制样设备(见图 8.18)进行制样,并由中子活化在线分析仪、激光粒度仪、X荧光分析仪及 XRD 衍射仪等检测分析设备进行自动检测;结合海螺集团多年来

图 8.18　智能质量控制系统—自动制样机械手

的生产控制经验，开发了自动配料软件系统，形成了集自动采样、样品传输、在线检验、自动化验和智能配料一体化的管理平台，实现对原料、燃料、熟料和水泥等各类物料的全程自动取样、化验分析和配料调控。

- 专家自动操作系统。利用世界先进的实时智能专家系统开发平台，针对水泥生产过程中长滞后、多变量、难检测和多扰动的特点，总结梳理近万条水泥矿山开采、工艺控制、生产操作、质量管理等相关技术知识和管理经验，建立海螺集团水泥生产知识库，并将大数据分析、人工智能技术与海螺工匠实操经验完美结合，搭建最符合水泥生产的专家自动操作系统。

b. 基于智能运维平台，实现能耗精细化管理、设备预测性维护。

智能运维平台主要为智能生产平台提供高效、安全、节能、环保的运行环境，包括设备管理及辅助巡检、能源管理和安全环保管理三大系统，具有"稳产助优产、优产促节能、节能优环保"的特点。

- 设备管理及辅助巡检系统。该系统利用现代化网络和通信技术，通过温度压力传感器、振动检测器、高清视频摄像机和移动巡检设备等先进仪器，实现对原料立磨减速机、回转窑主电机、高温风机等设备运行、保养、检修和故障诊断的管理，并通过 PC 端与手机 App 数据交互，达到"降低劳动强度、信息实时共享、提高管理效率"的目标；将重大设备故障自检测、主要设备实时在线监测、点巡检移动物联网化、三维仿真全息管理四大功能全面融合，实现设备在线监管、重大故障提前预判。

- 能源管理系统。通过实施能源管理系统，可实现对水泥生产过程的用煤、用电、用油等能源消耗数据的在线收集、实时传输，结合各工序产量、设备开停状态等生产过程数据，实现各工序电耗的统计、分析，对石灰石、熟料、水泥能耗进行对标分析，以及能源指标数据的横向比较等功能，有效提升水泥工厂能源管理水平，从而使水泥企业的能源管理由传统方式、常规方式，向可视化、数字化、网络化、智能化转变，达到节约用煤、减少用电的效果。

- 安全环保管理系统。海螺集团安全环保管理系统，从企业领导决策者、安全环保管理者、安全环保参与者等多角度出发，围绕"事前、事中、事后"三条业务主线，利用 AI 视频分析、GPS 定位等信息化技术手段，为企业建立"日常监管、提前预警、事中救援、事后提高"的包含安全环保管理全过程的业务系统，实现危险区域作业风险智能监控、污染物排放指标预测预警、人员轨迹跟踪及安全风险分析警示、安全培训、应急演练、事故处置等功能，大幅提升企业安全环保管理水平。

c. 基于智慧管理平台，实现企业经营决策数字化。

智慧管理平台包含生产制造执行系统和营销物流管理系统，在系统整合智能生产和智能运维平台数据的基础上，推动工厂的卓越运营。

- 制造执行系统。水泥制造是典型的流程化生产，在生产过程中，各工序的生产调度、生产部门间的组织协调、销售部门的发运组织、各职能部门的职能管理，乃至企业级的整体运营决策等行为，都需要及时、有效的数据支撑。通过制造执行系统的实施，打通智能工厂各系统间数据壁垒，实现各大工业智能系统的互联互通、全面融合，建成以产品生产为主线，贯穿生产调度、物资、能源、设备、质量、安全环保、统计等生产全过程管理环节，支撑生产管理业务全面信息化，提高生产效率，降低生产成本，使企业始终以最经济、优化的方式生产。MES 架构如图 8.19 所示。

- 营销物流管理系统。传统的水泥工厂都设有销售大厅，车辆排队签单、开票，工作既耗时又繁琐。通过"互联网+物联网"技术的应用，建设包含水泥电商平台、物流通道无人值守系统、水泥全自动包装子系统、产品流向监控子系统的营销物流管理系统。将互联网销售、工厂智能发运和水泥运输在线监管全面融合，实现工厂订单处理、产品发送、货物流向监控等业务流程无人化和数据应用智能化，提升服务质量与效率、互动参与度以及便捷性，为客户提供更为方便、快捷的服务，实现水泥传统营销、管理模式的创新和升级。

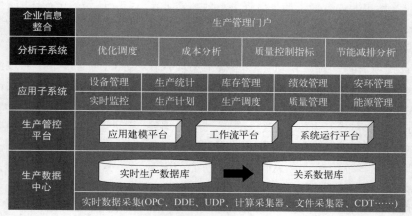

图 8.19　MES 构架

④ 实施成效。海螺集团水泥智能工厂充分融合了生产工艺特征和海螺集团多年来在生产过程管控方面深厚的工业积淀，实现了数据的大平台、大交换、大融合，真正建成了生产工序操作全自动、过程分析全数据的智能化工厂。以 2 条标准的 5000t/d 生产线进行智能工厂综合效能考核评测，系统运行效果如下：

a. 数字化矿山管理系统通过对矿体三维地质建模、采剥编制、计算机优化，集成在线质量分析与检测等设备，实现了自动化配矿和车辆智能调度，每月可多搭配低品位矿石 2 万吨，柴油消耗同比下降 7%，轮胎消耗同比下降 36%。

b. 专家自动操作系统通过"小幅多频"自动优化控制代替人工操作，使原料磨、回转窑、煤磨、水泥磨、余热发电机组等水泥生产主机设备始终逼近最佳状态运行，实现标准煤耗下降 1.17kg/t，操作员劳动强度降低 90%，综合在线达到 98% 以上，产品稳定性显著提升。

c. 智能质量控制系统投入运行后，入堆石灰石（CaO）平均合格率提升 7.2%，熟料（f-CaO）合格率提升 3.67%，熟料 28 天强度上升 1.10MPa；取消矿山化验及部分过程样品的人工取、制、检工作，大幅降低了取样人员劳动强度和安全风险。

d. 设备管理及辅助巡检系统投入运行以后，水泥烧成系统机电设备故障率下降 70%，现场巡检工作量下降 40%，设备运行周期延长 37%，专业用工优化 20% 以上。

海螺集团水泥智能工厂实施后，生产线设备自动化控制率达 100%，生产效率提升 21%，资源综合利用率提升 5%，能源消耗下降 1.2%，质量稳定性提升 3.7%，工厂主要经济技术指标得到持续优化，员工劳动强度得到有效减轻，取得了良好的经济及社会效益。

（2）无锡普洛菲斯电子有限公司

面向多品种、小批量柔性制造的需求，无锡普洛菲斯电子有限公司通过智能制造的系统规划和设计，结合精益数字化理念，持续开展工业物联网（industrial internet of things，IIoT）技术、自动机器人、自主非标准自动化和检测技术创新，不断致力于从价值链的角度挖掘，持续改善潜力；应用数字化精益生产系统，实现工业控制和配电产品生产的全流程管控；利用数据的采集、传输与过程质量的监控，实现"端到端"的质量与交付预测和管理；最终实现工厂多品种、小批量的柔性高效生产。

① 行业特性分析。工业自动控制系统装置制造行业中，多数生产企业是典型的离散型制造企业，具有小批量、多品种的生产特点。多数生产企业按订单组织生产，客户需求与项目关联大，订单预测波动大，临时插单现象多；电子原材料市场波动大，采购周期长；原材料种类多，库存管理和快速交付较难平衡。

此类产品大多应用在工业领域，产品特点主要为以下两个方面：

a．产品设计鲁棒性要求高，针对配电、自动化、轨道交通等场景要有高可靠性，以提供安全保障；

b．产品常使用在高温、高湿、强干扰、多粉尘的现场，对产品的原材料和制造工艺流程管控的可靠性要求高。由于工业类产品大多涉及电子原材料、精密传感器等元件，在产品的生产过程中，要求温湿度和灰尘可控，同时需要全流程追踪生产原材料来源、生产过程信息，生产组织较复杂，需要有大量的信息系统进行辅助，以保证产品质量，提高生产效率。

② 总体规划。集团公司率先提出了 EcoStruxure 架构，以精益制造理念为基础，打造"端到端"的数字化平台，囊括从人才培养、产品设计、生产制造到物流管理等环节，加以智能化装备和新技术的广泛导入，最终实现了小批量、多品种柔性制造，以及供应商端到客户端的全供应链数字化管理。

普洛菲斯 EcoStruxure 平台三层架构如图 8.20 所示。

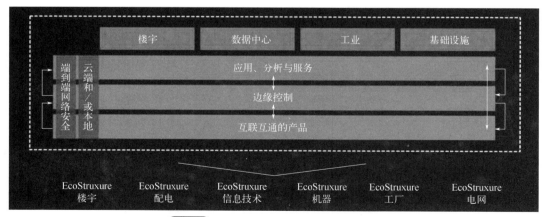

图 8.20　普洛菲斯 EcoStruxure 平台三层架构

第一层实现设备的互联互通，以及采集关键数据；第二层通过边缘控制实现安全优先、操作员优先的本地控制；第三层通过应用、分析和服务实现云计算。

在智能制造需求调研和集团公司的资源基础上，形成了普洛菲斯的智能制造业务需求，即有效提升智能化装备使用比例，进一步打通不同系统的"信息孤岛"问题，实现生产数据的贯通和使用，以智能制造实现生产模式的变革和管理模式的改进。由此形成了普洛菲斯智能制造业务需求整体框架，如图 8.21 所示。

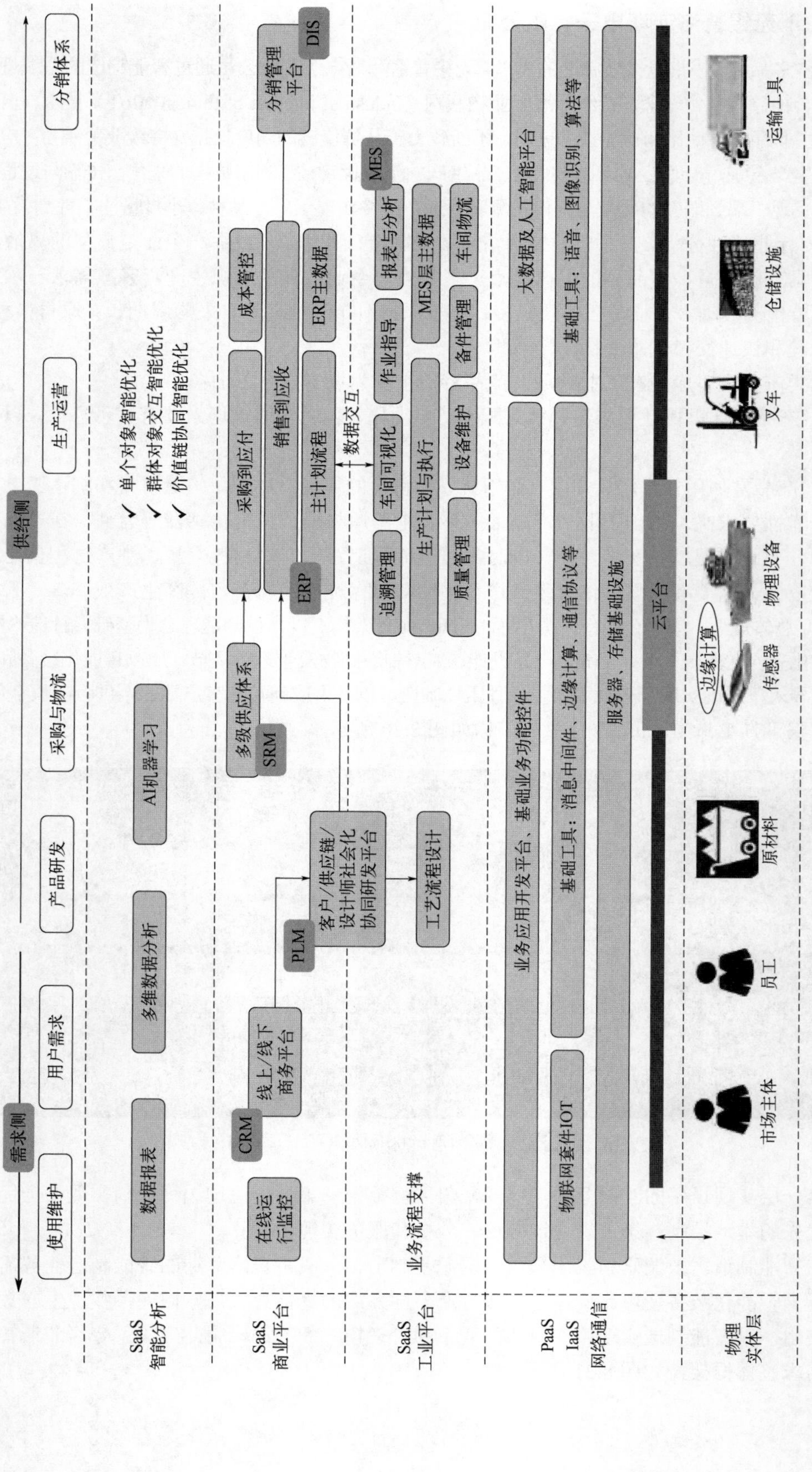

图8.21 普洛菲斯智能制造业务需求整体框架

在整体规划方案实施的过程中，普洛菲斯首先打造了智能制造系统的管控平台，实现对所有软件的管控、分批管理，保证软件之间的系统连接，此外，分批构建子系统，开放不同的子系统接口，实现以制造执行系统为核心的智能制造系统。

③ 实施内容。普洛菲斯数字化车间项目加快以数字化、网络化、智能化为主要特征的基础设施，以更大范围、更高效率、更加精准地优化生产和服务资源配置，实现制造过程中数字化管理与控制，包括生产计划、生产作业、库存、质量等管理，以及设备联网、数据自动实时采集、工业大数据分析、决策支持和现场看板化展示等功能。与同行业其他企业相比，其在工艺流程方面具有较强的先进性。

a. 5G+柔性生产线，提高生产效率与产品质量，实现多品种、小批量的生产。

普洛菲斯车间生产设备年代跨度大、数据通信不畅、经常需要人工干预，造成生产线停产，无法做出可靠的预测性维护与质量管控。在智能化改造中，工业及配电产品数字化车间广泛使用工业机器人、全自动产品功能测试平台、智能化物流等智能化设备，使车间智能设备占比超过了 99%，进一步提升生产线的生产效率和产品质量。机器顾问、工业机器人、智能物流 AGV、智能仓储如图 8.22～图 8.25 所示。

图 8.22　机器顾问

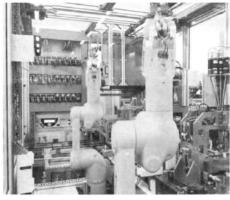
图 8.23　工业机器人

图 8.24　智能物流 AGV

图 8.25　智能仓储

普洛菲斯的业务特点是小批量、多品种，在按订单组织生产的过程中，客户需求与项目关联大，订单预测和电子原材料市场波动大。其工厂车间累计建成了 50 多条不同的产品生产线，但负荷极不均衡且不能共用，随着业务的快速发展，产能和快速交付的矛盾、新增业务和车间面积的矛盾愈发突显，原有生产组织模式遇到了瓶颈。在这种情况下，普洛菲斯创新性地提出并开发了"5G+柔性生产模式"，依托 5G 网络的大带宽、低时延通信性能，建成各生产单元可移动、自由组织的柔性生产线，做到同种类的产品零换型、跨种类的产品换型时长在 10min 以内。合适的场景节约了设备的投资和车间场地的占用，提高了交付能力，解决了企业痛点，实现了前期网络建设投资和财务收益的平衡。

生产现场的所有智能化制造设备均具备联网功能，能够实现远程设备状态监控及异常报警、生产运行状况数据实时显示、制造过程质量实时监控等功能，所有数据均上传至服务器，实时监控各工序运行状况。企业管理解决方案软件 SAP 中的 PM 模块用于设备管理、设备信息记录、设备备件、维修记录等。EcoStruxure 设备顾问系统通过边缘控制设备，将设备参数采集到云端，实现对运行趋势的判断和监控，并提供反馈。

b. 精益数字 LDS 系统助力车间管理，实现生产数据实时管控与分析。

普洛菲斯虽然有着 20 多年精益方面的积累和沉淀，但是 200 多家工厂制造管理的标准化仍是一个很大的挑战。集团公司和工厂精益专家的知识如何能够快速地被每家工厂的现场工程师理解和执行，如何应对一线工人的不断变更，如何改变传统的生产现场管理更依赖人工记录与分析的现状，如何提升数据准确和时效性等问题仍然存在。面对这一系列问题，在数字化理念推动下，普洛菲斯决定将精益理念和数字化融合，将知识用软件的形式固化下来。普洛菲斯导入的精益数字 LDS 系统用于生产现场管理订单、人员与异常。该系统包括计划排产、生产实时绩效监控、电子作业指导书、异常实时处理、人员技能管理、仓库物料供给管理等模块。其中，计划排产模块可对生产线工单生产情况进行实时监控和状态更新，让车间管理人员更清晰地看到订单进度与完成状态；生产实时绩效监控模块能够实时采集监控车间生产数据、生产量、人员效率、人员分配、红色时间产生原因，并自动形成分析报表，方便车间进行效率管理的持续改善；Andon 模块可实时采集监控车间设备状态，将生产线故障发送至对应的支持人员的 Andon 手表上，便于技术人员及时响应解决问题，处理后系统记录停机时间和原因。通过精益数字 LDS 系统，工厂生产效率提升 36%，不良品率下降 24%，成效斐然。集团公司通过精益和数字化的融合方式提升绩效，实现了 200 多家工厂的标准化管理。

c. 协同调度的厂内智能物流系统，实现物料的及时配送与监督。

工厂有 50 多条生产线，每天需完成大约 400 个订单的生产，拣配与配送超过 4000 个物料种类，对仓储协同的要求非常高。为此，普洛菲斯开发了物料运送系统和智能仓储协同管控系统，以满足快速换型与准确的物料供给。基于智能的路线优化算法和厂内物流模型，工厂仅需配备适量 AGV 协助运料，实现了物料配送零错误、98% 的及时率。

物料运送系统用于管理车间内的 AGV 路线和调度协同，为 AGV 找到最合适的线路，以最大效率实现物料及时、准确地配送。物料运送系统使用工业控制计算机、站点自动识别、引入图像识别和 RFID 射频识别技术，当 AGV 运行通过站点时，自动读取该点的站点编号，与工控系统交互，显示当前运行站点信息。系统掌握 AGV 当前运行信息后发送动作指令，控制 AGV 在运行线路各站点的启停及呼叫作业。普洛菲斯 AGV 中央管理系统如图 8.26 所示。

智能仓储协同管控系统覆盖了物料需求计划制定与发布、计划接收、下架分拣、组盘、配送清单生成、配送过程跟踪、收货入库/退库、更换、零星领料、盘点等业务流程，其输入为作业计划和配送指令，其输出为物料配送清单。通过智能仓储协同管控系统，并借助智能柜式库等先进仓储装置，有效实现了如下五个功能。

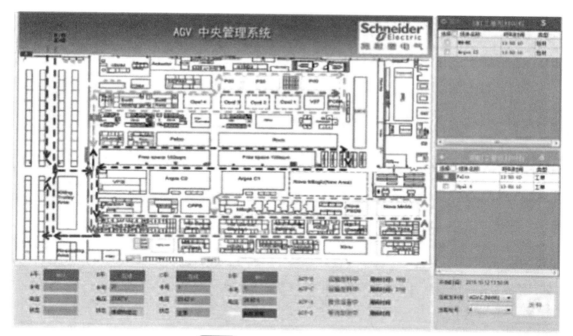

图 8.26　普洛菲斯 AGV 中央管理系统

- 生产物流建模与基础数据管理。针对拉动式生产的目标和实际需求，面向计划件、序列件、看板件等多种物料类型，支持单工位多台套配送、单台套多工位配送、按需补料配送、准时制配送、拉动配送等多种配送模式。

- 物料计划与需求分布。根据上线计划，通过 BOM 分解计算得到物料需求，拉动生成物流配送需求计划并发布到仓库，使其能提前进行物料准备。具体功能包括总装上线计划导入、计划批次管理、上架计划、下架计划、分拣计划、配送计划、拣配单管理、订单工位补缺、零星领料管理、退库管理等。

- 仓库物料分拣组盘。在物料仓库，实现物料的存、取、拣、核、发、退、换等一系列流程的优化，具体功能包括线边物料仓储管理、工单齐套配发、物流调度配送、盒装物料管理、盘料管理、看板监控配置等。

- 物料配送流程管理。建立从厂内到仓库到线边的配送流程，支持物料分解规则定义、物料分解、计划看板管理、外部序列件管理、紧急要货管理、循环看板、物料收货等过程。

- 物流执行与监控。具体功能包括仓库库位管理与跟踪、制造执行系统监控、组盘管理、异常管理、订单物料查询、立体库下架单管理、制造执行系统上线需求、制造执行系统物料配送等。

d. 构建商业智能和机器学习平台，为企业经营管理、设备预测性维护提供决策支撑。

各平台产生的数据繁多，没有形成可供使用的数据分析。针对这个问题，普洛菲斯开发了数字化变革平台（即洛菲斯商业智能平台 Tableau），从底层设备中获取数据，并对数据进行筛选、加工和分析，从而形成能够服务于企业战略的数据，并实现数据的共享和利用。

同时，普洛菲斯开发了机器学习平台，其中包括设备故障提前预测、缺陷自动识别、三维物体检测、深度学习等技术。该平台在生产线中通过对设备的振动参数进行收集，利用振动分析模型，提前预测设备的故障，实现了设备维护的预测模式，减少了生产线停线时间。

e．实时的 SIOP（销售库存运营计划）业务管理系统，保证供应链端到端的有效管理，提升客户满意度。

供应链的管理囊括了从客户端需求到工厂计划生产，再到供应商需求计划的全过程。公司需要对海量的数据进行分析，打通供应链"端到端"的需求传递。基于这些需求，需要有一个机理模型，对上述需求进行预测性分析。集团公司联合软件供应商开发了 Kinaxis Rapid Response 供应链运营平台，集成了 7 个模块，包括客户联合计划、协同销售计划、分销中心需求计划、主生产计划、供应商需求计划、供应商联合计划和新项目创建流程，实现"端到端"的需求创建、传递和管理。普洛菲斯结合 SIOP（销售库存运营计划）业务管理系统，3 年内分批上线了主生产计划和供应商需求计划两大模块，对超过 10000 个活跃的成品料号的基本属性、库存信息、物料清单、客户订单信息，以及 20000 个原材料的基础数据、采购信息进行录入，同时，连接 38 家分销中心和子公司之间的需求信息，打通信息传递的壁垒，调整了超过 400 家供应商的预测发布途径。普洛菲斯在运用这些模块后，保证了订单管理的准确性，实现对人力需求的 100%预测准确；供应商管理更加有效，库存管理更加合理，大大减少了不必要的库存，及时交货率达到了 99%以上，客户满意度逐年提升。

Kinaxis Rapid Response 供应链运营平台能够快速获取需求信息，灵活运用公司资源，模拟规划分析，优化生产计划，驱动物料需求计划，确保生产计划切实可行，且能最大限度满足客户需求。该平台打通了从客户、分销中心、工厂到供应商的需求网络，实现了整个供应链"端到端"的需求传递，实现信息实时共享，降低和消除过程中的牛鞭效应，整个供应链的透明度更高，促进资源更好地整合。

f．能源管控系统通过能耗的实时管理与监控，实现配电设施安全和能耗降低。

对制造工厂而言，能耗的管理和动力供应的稳定非常重要，由于整个供能系统的监控是分段的管理，加大了管理的难度，数据分析也无法做到实时监控。普洛菲斯围绕能源、网络和用户展开，运用集团公司 EcoStruxure 能源和楼宇管理系统，连接所有用能设备，对水、电、气的使用进行监控和管理，实现了从产能、能源网络到能源系统的整体优化。普洛菲斯 Power Monitoring Expert 监控系统（见图 8.27），可实时监控全厂的每一个高能耗设备，包括电力、水能及氮气的消耗情况；通过对每个设备设定正常情况下的消耗参数及对比实时采集数据，实现即时自动报警功能；资产顾问平台的健康预测模型实现对配电设备的剩余寿命预测，从而对发生异常的设备进行分析处理，达到提前预防异常发生、稳定生产状态的目的。经过系统导入，普洛菲斯实现了持续每年 5%的能耗降低，能源利用率累计提高了 14.8%。

④ 实施成效。

a．经济效益明显提升：普洛菲斯的数字化车间通过智能制造的高度规划和设计，结合精益理念规划，持续引入精益数字系统、制造执行系统、生产及时管理和建议系统、SPC 系统、智能物流系统、AGV 管理系统、设备管理 SAP PM 系统、远程维修支持系统、EcoStruxure 设备顾问系统、费用管理系统，实现数据的自动采集、传输、过程质量的自动监控、预警，决策分析报表的自动生成；不断致力于从价值链的角度挖掘隐藏的潜在浪费，实现生产运营成本降低 17%、生产效率提升 36%、不良品率下降 24%、用工人数下降 33.18%。此外，工厂生产节拍、产品符合率等均得到明显提升，为企业降低成本、提高生产效率提供了切实的支持。

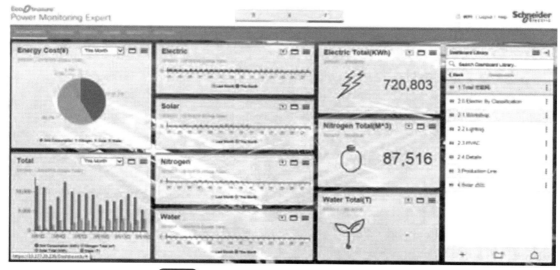

图 8.27　普洛菲斯 Power Monitoring Expert 监控系统

b. 制造模式和管理模式同步升级：车间广泛应用工业机器人等智能装备，智能装备占比 99.5%，并通过制造执行系统和 EcoStruxure 平台实现了智能设备的 100%联网，以精益数字系统为核心，实现产品研发设计平台、人工智能平台、质量管理系统、物流系统等多系统集成，生产过程更加透明，生产效率更加快速，生产成本有效降低，进一步推动企业生产模式和管理模式的变革。同时，进一步实现从单点优化走向全局优化、从静态优化走向动态优化、从实体优化走向虚实结合优化，从信息技术、控制技术、管理方法三个方面统筹要素，从人、数据、应用三个方面体现价值，向更高智能制造成熟度目标迈进。

本章小结

智能生产是智能制造的主线，而智能工厂是智能生产的主要载体。本章首先介绍了数字化工厂和智能工厂的内涵与特征，然后介绍了智能工厂的核心 CPS 及其进一步发展 CPPS，在此基础上，介绍了智能工厂的三项集成和基本特征，进一步介绍了智能工厂架构与建设模式，最后介绍了国内典型的智能工厂的实际案例。

 思考题

8-1　如何理解数字化工厂与智能工厂的内涵与特征？

8-2　如何理解 CPS 与 CPPS 的内涵与特征？

8-3　智能工厂的基本架构是什么？

8-4　进一步查找文献和资料，举例说明不同行业的智能工厂建设实例。

参考文献

[1] 李培根，高亮. 智能制造概论[M]. 北京：清华大学出版社，2021.

[2] 刘强. 智能制造概论[M]. 北京：机械工业出版社，2021.

[3] Zhou J, Li P G, Zhou Y H, et al. Toward new-generation intelligent manufacturing[J]. Engineering, 2018, 4(1): 11-20.

[4] 王云波，李铁. 智能制造发展过程的阶段及其特征[J]. 冶金自动化，2020, 44: 3-5.

[5] "新一代人工智能引领下的智能制造研究"课题组. 中国智能制造发展战略研究[J]. 中国工程科学，2018, 20(4): 1-8.

[6] 刘惠玲，许可嘉. 智能制造关键技术概述[J]. 质量与认证，2020, No. 169(11): 48-49.

[7] 李伟，海本禄，易伟. 智能制造关键使能技术发展及应用[J]. 制造技术与机床，2020(04): 26-29.

[8] 中国制造 2025. 国务院，国发〔2015〕28 号.

[9] 工业和信息化部，国家标准化管理委员会. 国家智能制造标准体系建设指南(2018 年版). 2018.

[10] 周济. 智能制造——"中国制造 2025"的主攻方向[J]. 中国机械工程，2015, 26(17): 2273-2284.

[11] 臧冀原，王柏村，孟柳，等. 智能制造的三个基本范式：从数字化制造，"互联网+"制造到新一代智能制造[J]. 中国工程科学，2018, 20(4): 6.

[12] 周济，李培根，周艳红，等. 走向新一代智能制造[J]. Engineering, 2018, 4(01): 28-47.

[13] 李晓华. 全球工业互联网发展比较[J]. 甘肃社会科学，2020(6): 10.

[14] 东营市互联网和信息化推进科. 全球工业互联网发展比较[EB/OL]. 东营市工业和信息化局，2021. 8. 19.

[15] 何宇豪. 先进制造技术在传统铸造企业中的应用[J]. 集成电路应用，2021, 38(03): 148-149.

[16] 尹中. 先进制造技术在汽车发动机曲轴生产中的应用[J]. 金属加工(冷加工)，2019, No. 819(10): 8+1-2.

[17] 孙定华. 先进制造技术及其在机械制造业中的应用[J]. 中国科技纵横，2016(20): 1.

[18] 牟海，王怀坤. 浅谈先进制造的几种关键技术及其发展趋势[J]. 新材料产业，2019, 312(11): 49-51.

[19] 王磊，卢秉恒. 我国增材制造技术与产业发展研究[J]. 中国工程科学，2022, 24(04): 202-211.

[20] 张衡，杨可. 增材制造的现状与应用综述[J]. 包装工程，2021, 42(16): 9-15.

[21] 杨占尧，赵敬云. 增材制造与 3D 打印技术及应用[M]. 北京：清华大学出版社，2017.

[22] 周维富. 以数字化制造引领制造业高质量发展[EB/OL]. 经济日报，2020-04-14.

[23] 吕琳，胡海明. 浅谈数字化制造技术[J]. 机电产品开发与创新，2009(1): 87-8857.

[24] 张新民，段雄. 绿色制造技术的概念、内涵及其哲学意义[J]. 科学技术与辩证法，2002(01): 47-50.

[25] 刘培基，刘飞，王旭，等. 绿色制造的理论与技术体系及其新框架[J]. 机械工程学报，2021, 57(19): 165-179.

[26] 刘志峰，黄海鸿，李磊，等. 绿色制造：碳达峰、碳中和目标下制造业的必然选择[J]. 金属加工：冷加工，2022(1): 15-19.

[27] 曹华军，李洪丞，曾丹，等. 绿色制造研究现状及未来发展策略[J]. 中国机械工程，2020, 31(2): 10.

[28] 陈孝荣，周国梁. 碳中和背景下机械绿色制造技术的发展[J]. 中文科技期刊数据库(全文版)工程技术，2021(1): 226-227.

[29] 哈丽旦·艾山. 浅谈机械制造过程中的绿色制造技术[J]. 中文科技期刊数据库(全文版)工程技术，2022(5): 87-89.

[30] 姜集伟. 现代机械工程设计中的虚拟制造技术分析[J]. 中文科技期刊数据库(文摘版)工程技术，2022(5): 99-101.

[31] 慕灿. 虚拟制造及其在制造业的应用研究[D]. 合肥：合肥工业大学，2008.

[32] 王振忠，郭隐彪. 虚拟制造技术浅析[J]. 机电技术，2004, 27(B10): 140-144.

[33] 陈畴镛，徐伟佳，张嘉伟，等. 云制造综述：基于文献计量学视角[J]. 信息与管理研究，2022, 7(01): 81-94.

[34] 朱光宇，贺利军，居学尉. 云制造研究及应用综述[J]. 机械设计与制造工程，2015，44(11)：1-6.

[35] 齐二石，李天博，刘亮，等. 云制造理论、技术及相关应用研究综述[J]. 工业工程与管理，2015，20(01)：8-14.

[36] 李学东，张敏，陈志新. 云制造系统及其关键技术初探[J]. 甘肃科技，2014，30(4)：47-50.

[37] 孙巍伟，卓奕君，唐凯，等. 面向工业4.0的智能制造技术与应用[M]. 北京：化学工业出版社，2022.

[38] 巢鹰. S公司制造执行系统MES的规划与实施[D]. 南京：南京理工大学，2020.

[39] 胡先锋. HT公司制造执行系统(MES)应用优化研究[D]. 郑州：河南财经政法大学，2019.

[40] 王凯学. 轴承加工企业制造执行系统研究与开发[D]. 沈阳：沈阳工业大学，2022.

[41] 吴东宇. 基于工业物联网技术的产品全生命周期管理系统[D]. 杭州：浙江大学，2020.

[42] 李金峰. A公司PLM系统设计及实施的研究[D]. 南京：东南大学，2021.

[43] 何恩琪. 基于PLM的B公司产品研发流程管理改进研究[D]. 上海：华东师范大学，2021.

[44] 潘祖聪. PLM技术及其在汽车制造业中的应用研究[D]. 合肥：合肥工业大学，2010.

[45] 林坤. PLM系统在单件小批量特种电机研制项目管理中应用的案例分析[D]. 成都：西南交通大学，2016.

[46] 冯立刚. 基于CIMS环境下的制造企业流程再造研究[D]. 成都：成都理工大学，2012.

[47] 曾议. 计算机集成制造系统中若干重要技术的研究[D]. 合肥：中国科学技术大学，2006.

[48] 李美芳. CIMS及其发展趋势[J]. 现代制造工程，2005(9)：113-115.

[49] 康永刚. 基于实例和知识的夹具智能CAD系统研究[D]. 西安：西北工业大学，2004.

[50] 张小兵. 大装配体智能CAD系统的开发及模型轻量化技术研究[D]. 上海：上海交通大学，2011.

[51] 支含绪. 基于知识工程的夹具智能CAD技术研究[D]. 镇江：江苏科技大学，2019.

[52] 于地. 智能CAD技术在机械制造中的应用[J]. 造纸装备及材料，2021，50(09)：86-87.

[53] 孟庆智. 智能CAPP系统关键技术研究[D]. 秦皇岛：燕山大学，2010.

[54] 高刚. 智能CAPP中的决策技术研究[D]. 秦皇岛：燕山大学，2018.

[55] 颜志刚. 空调钣金外壳工艺智能决策系统的研究[D]. 上海：上海工程技术大学，2021.

[56] 李智. CAPP系统中智能动态标注方法的设计与实现[D]. 北京：北京理工大学，2016.

[57] 侍磊. 基于实例推理的叶片智能化CAPP-NC系统研究与开发[D]. 镇江：江苏大学，2020.

[58] 李田. 数控雕铣轨迹规划算法与CAM软件的研发[D]. 厦门：厦门理工学院，2022.

[59] 张庆功. 基于抛光机的CAM软件的开发[D]. 西安：长安大学，2016.

[60] 牛其林. 超硬刀具系列产品的CAD/CAPP/CAM集成技术研究[D]. 郑州：河南工业大学，2011.

[61] 侯代友. 基于支持向量机的FMS故障诊断研究[D]. 西安：长安大学，2020.

[62] 刘泽锋. 柔性制造系统优化调度理论研究[D]. 西安：长安大学，2012.

[63] 徐平. 智能传感技术是实现智能制造的关键[J]. 智能制造，2022，310(02)：120-124.

[64] 胡建华. 物联网发展趋势及瓶颈破解思路分析[J]. 中国储运，2023，270(03)：141-142.

[65] 陈志勇，翁羽翔. 工业物联网，开启智能制造新篇章[J]. 单片机与嵌入式系统应用，2021，21(09)：92.

[66] 李志博，曾鹏，李栋. 第一讲：工业互联网架构与关键技术[J]. 仪器仪表标准化与计量，2020，211(01)：17-19+38.

[67] 余晓晖，刘默，蒋昕昊，等. 工业互联网体系架构2.0[J]. 计算机集成制造系统，2019，25(12)：2983-2996.

[68] 亓晋，王微，陈孟玺，等. 工业互联网的概念、体系架构及关键技术[J]. 物联网学报，2022，6(02)：38-49.

[69] 钟云峰. 工业互联网云边协同计算任务卸载策略研究[D]. 南昌：东华理工大学，2022.

[70] 王爱民. 面向智能制造的人工智能发展与应用态势分析[J]. 人工智能，2023，32(01)：1-7.

[71] 工业和信息化部电信研究院. 大数据白皮书[R]. 2014.

[72] 工业和信息化部电信研究院. 大数据白皮书[R]. 2019.

[73] 郭子英. 基于大数据的信息系统关键技术[J]. 电子技术与软件工程，2021，000(020)：140-141.

[74] 中国电子技术标准化研究院，全国信息技术标准化技术委员会大数据标准工作组. 大数据标准化白皮书(2018 版)[R]. 2018.

[75] 郑树泉，覃海焕，王倩. 工业大数据技术与架构[J]. 大数据，2017, 3(4): 67-80.

[76] 李杰. 工业大数据：工业 4.0 时代的工业转型与价值创造[M]. 邱伯华，译. 北京：机械工业出版社，2015.

[77] 刘士军. 工业 4.0 下的企业大数据[M]. 北京：电子工业出版社，2016.

[78] 中国电子技术标准化研究院，全国信息技术标准化技术委员会大数据标准工作组. 工业大数据白皮书(2019 版)[R]. 2019.

[79] 杨鹏飞. 基于 Hadoop 云计算技术的旅游信息数据采集模型的构建研究[D]. 桂林：桂林理工大学，2017.

[80] 丁国军. 云计算技术及主机资源池实现方法研究[D]. 杭州：浙江工业大学，2017.

[81] 张世霞. 基于云计算技术的社区医联体信息系统的设计与实现[D]. 济南：齐鲁工业大学，2016.

[82] 景天一. 基于区块链的边缘计算服务迁移安全机制研究[D]. 南京：南京邮电大学，2022.

[83] 张雅文. 基于边缘计算的高效节能任务迁移研究[D]. 南京：南京邮电大学，2022.

[84] 边缘计算产业联盟，工业互联网产业联盟. 边缘计算参考架构 3.0[R]. 2018.

[85] 韩伊凡. 基于数字孪生的边云协同生产调度研究[D]. 北京：北京邮电大学，2021.

[86] 刘珊珊. 基于增强现实的工业物联网移动交互系统研究[D]. 武汉：武汉轻工大学，2021.

[87] 尹文泽. 装配示教和引导的增强现实技术研究与实现[D]. 成都：电子科技大学，2022.

[88] 郭子军. 增强现实技术在虚拟拆装训练系统的应用研究[D]. 太原：中北大学，2022.

[89] 赛迪智库电子信息研究所，虚拟现实产业联盟. 虚拟现实产业发展白皮书(2019 年) [R]. 2019.

[90] 赵林. 物流装备数字孪生模型构建及虚拟调试研究[D]. 北京：机械科学研究总院，2022.

[91] 工业互联网产业联盟. 工业数字孪生白皮书[R]. 2021.

[92] 刘强. 数控机床发展历程及未来趋势[J]. 中国机械工程，2021, 32(07): 757-770.

[93] 陈吉红，胡鹏程，周会成，等. 走向智能机床[J]. Engineering, 2019, 5(04): 186-210.

[94] 麦健新，文志江，冯方平. 智能制造与智能机床——传统产业转型升级的制高点[J]. 广东科技，2017, 26(03): 41-43.

[95] 毕承恩. 现代数控机床[M]. 北京：机械工业出版社，1991.

[96] 鄢萍，阎春平，刘飞，等. 智能机床发展现状与技术体系框架[J]. 机械工程学报，2013, 49(21): 1-10.

[97] 段好运. 机床数控技术在智能制造中的应用探讨[J]. 中国设备工程，2021, 477(14): 257-258.

[98] 牟富君. 工业机器人技术及其典型应用分析[J]. 中国油脂，2017, 42(04): 157-160.

[99] 包峰，程常浩，李帅. 智能物流设备发展现状和趋势[J]. 科技新时代，2022(7).

[100]胡楠. 自动导引车(AGV)控制系统的研究与设计[D]. 武汉：湖北工业大学，2014.

[101]张天星. 智能仓储系统储位优化与拣选效率研究[D]. 长春：吉林大学，2021.

[102]柏仕超. 小商品市场中智能仓储关键技术的设计与实现[D]. 合肥：安徽大学，2021.

[103]张亭. 自动化立体仓库实训系统开发[D]. 太原：太原科技大学，2017.

[104]杜健. 基于数字化工厂的自动化立体仓库设计与仿真研究[D]. 广州：华南理工大学，2018.

[105]陈广. 基于 CPS 模型的智能工厂复合通信技术研究[D]. 武汉：武汉科技大学，2016.

[106]殷玉萍. 信息物理系统资源调度关键技术研究[D]. 西安：西安科技大学，2017.

[107]郭楠，贾超.《信息物理系统白皮书(2017)》解读(上)[J]. 信息技术与标准化，2017, 0(4): 36-40.

[108]中国电子技术标准化研究院. 信息物理系统白皮书(2017) [R]. 2017.

[109]王勃，杜宝瑞，王金海. CPPS 及在航空领域的应用[J]. 航空制造技术，2016, 0(13): 67-72.

[110]工业和信息化部装备工业一司. 智能工厂案例集[R]. 2021.